Heiner Bohn · TECHNOLOGIE FÜR AUGENOPTIKER

Heiner Bohn

TECHNOLOGIE FÜR AUGENOPTIKER

Ein Schulbuch und Leitfaden

Herausgeber: Zentralverband der Augenoptiker, Düsseldorf

ISBN 3-922269-07-9

Verlag der Deutschen Optikerzeitung
Gesamtherstellung: Druckerei Scharr GmbH, Stuttgart

Vorwort

Der Zentralverband der Augenoptiker (ZVA), Düsseldorf, dankt dem DOZ-Verlag dafür, daß er seine Anregung aufgegriffen hat, sich verstärkt der Herausgabe von Fachbüchern für das Augenoptikerhandwerk zuzuwenden.

Insbesondere für Augenoptikerlehrlinge und Augenoptikergesellen gibt es ein großes Vakuum an geeigneter Fachliteratur. Die Gründe liegen auf der Hand: Die Erstellung eines Fachbuches erfordert nicht nur eine besondere Qualifikation, sondern auch einen erheblichen zeitlichen und finanziellen Aufwand. Diesen Investitionen stehen keine wirtschaftlich erfolgversprechenden Perspektiven gegenüber. Die absetzbare Auflage kann aufgrund des relativ kleinen Augenoptikmarktes nur gering sein. Der Verkaufspreis kann nur im unteren Bereich angesetzt werden, um die Bücher für Lehrlinge und Gesellen noch erschwinglich zu machen. Dem DOZ-Verlag gebührt daher Lob dafür, daß er im Interesse des Berufsstandes die Herausgabe von Fachbüchern subventioniert.

Der Verlag trägt mit der vorliegenden Veröffentlichung nicht nur dazu bei, das hohe fachliche Niveau der deutschen Augenoptik zu stärken und auszubauen, sondern er erfüllt auch ein großes Informationsbedürfnis der Augenoptikerschaft. Seit vielen Jahren warten Lehrlinge, Gesellen und auch Meister auf entsprechende Informationsmittel. Wegen der geringen wirtschaftlichen Erfolgsaussichten haben sich andere Verlage aus diesem Marktsegment weitgehend zurückgezogen. Andere Herausgeber sind nicht zu finden.

Dem Verfasser H. Bohn sei Dank dafür, daß er sich neben seiner beruflichen Belastung der Mühe und dem Zeitaufwand unterzogen hat, die vorliegende Fachpublikation zu erstellen. Sie ist vom ZVA-Arbeitskreis „Fachbücher" fachlich und organisatorisch begleitet worden. Hierdurch ist sichergestellt, daß die Arbeit allen fachlichen Anforderungen genügt und auch die pädagogischen Aspekte beachtet.

Der ZVA ist davon überzeugt, daß die „Technologie für Augenoptiker" große Beachtung und weite Verbreitung finden wird. Es ist im Interesse jedes Berufsangehörigen, sich mit dem neuen Fachbuch vertraut zu machen.

Düsseldorf, im September 1993

Zentralverband der Augenoptiker

Manfred L. Müller
Präsident

Quellennachweis:
Für die Bereitstellung bzw. Beschaffung von Abbildungsunterlagen bedanke ich mich bei „der Augenoptiker“ 43(9):1988 (Abb. 6.7), Dr. Heinz Baron „Kontaktlinsen“ (Abb. 9.1 bis 9.13), De Beers „Diamanten“ (Abb. 14.4), Beuth-Verlag/Berlin (Abb. 7.27, 7.28), DESAG/Grünenplan (Abb. 7.10, 7.11), DOZ Deutsche Optikerzeitung 34(7):1979 (7.29, 7.30), 41(11):1986 (Abb. 18.3), Europa-Lehrmittel/Haan (S.20/21), Helbrecht/Hilden (Abb. 15.2), Marwitz und Hauser/Stuttgart (Abb. 5.1, 5.6, 5.7, 5.12, 6.4, 10.1, 12.20), NOJ Neues Optikerjournal 28(10):1986 (Abb. 2.23), Optyl/München (Abb. 6.6), Rodenstock/München (Abb. 4.5, 5.4, 5.21, 5.22, 5.26, 7.1, 7.4, 7.6, 7.8, 7.13, 7.14, 7.15, 7.34, 7.36, 7.45), Schöne/Nettetal (Abb. 14.13, 14.15, 17.1, 17.2), Schott/Mainz (Abb. 7.33), Wagner/Pforzheim (Abb. 5.15 bis 5.18), Weco/Düsseldorf (Abb. 14.14, 14.18, 14.22, 14.24 bis 14.26, 14.28, 15.1, 15.3, 15.4, 16.1, 16.2), WVAO (7.31), Zeiss/Oberkochen (Abb. 7.16 bis 7.20, 7.22, 7.23, 7.25, 7.43, 8.2, 8.3).
Meinem Kollegen Johannes Eber danke ich herzlich für die Bereitstellung der Abb. 14.7 bis 14.12 sowie 19.2 bis 19.5.

Inhaltsverzeichnis

Seite

1 Physikalische Grundlagen

1.1 Basisgrößen und Einheiten

Die Brechung des Lichts durch ein Brillenglas ist eine physikalische Erscheinung. Allgemein beschäftigt sich die Physik mit den Vorgängen in der unbelebten Natur, bei denen keine Stoffveränderung vorkommt. Typisch für die physikalische Vorgehensweise ist, daß sie diese Vorgänge beobachtet, beschreibt und ordnet.
Mit dem Versuch stellt der Physiker Fragen an die Natur, zum Beispiel: „Wie beeinflussen die Durchbiegung, der Werkstoff, die Mittendicke des Brillenglases die Lichtablenkung?“ Abb. 1.1 zeigt schematisch den Vorgang Messung der Brennweite.

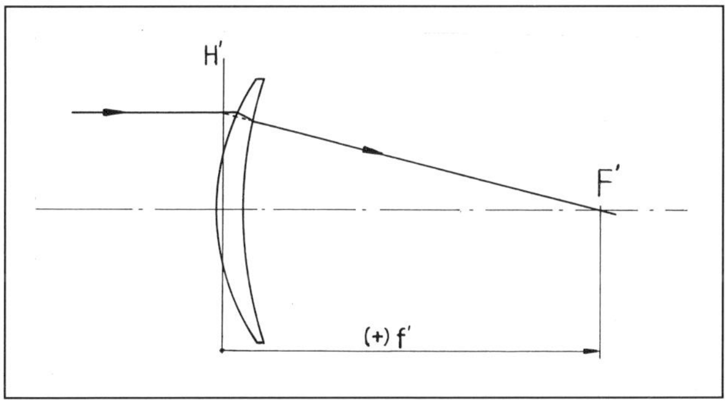

Abb. 1.1 Physikalische Vorgehensweise. Meßbare Eigenschaften von Vorgängen, hier: Länge der Brennweite f'

Das Ergebnis des Versuchs sind gemessene physikalische Größen.
Beispiel:

Länge der Brennweite	f'	=	1,333 m
Mittendicke des Brillenglases	d	=	0,0045 m
Geschwindigkeit des Lichts	v	=	300 000 km/s
Masse einer Brillenfassung	m	=	0,022 kg.

Um verschiedene Meßergebnisse einer Größenart (Brennweiten von Brillengläsern, von Teleobjektiven und von Mikroskopokularen) vergleichen zu können, benötigt man für jede physikalische Größe eine Maßeinheit, kurz Einheit genannt.
Zur Beschreibung der Größe „Länge der Brennweite“ benutzt man die Längeneinheit Meter. Da es in der Physik viele meßbare Größen gibt, braucht man entweder viele Maßeinheiten oder ein einheitliches Maßsystem.

1.1.1 Das SI-System

In der Bundesrepublik Deutschland ist durch das Gesetz über „Einheiten im Meßwesen“ vom 2. 7. 1969 für alle Messungen die Anwendung des internationalen SI-Systems vorgeschrieben. SI steht als Abkürzung für Système International d'Unités. Hierin werden Grund- oder Basiseinheiten für sieben Basisgrößen festgelegt (DIN 1301). Alle weiteren hieraus entstandenen Größen und Einheiten nennt man abgeleitete Größen und abgeleitete Einheiten. Die sieben Grundgrößen sind einschließlich ihrer Formel- und Einheitenzeichen in der folgenden Tabelle aufgelistet.

Tabelle SI – System

Physikalische Größe	Formelzeichen	SI-Einheit	Einheitenzeichen
Länge	l, s	Meter	m
Masse	m	Kilogramm	kg
Zeit	t	Sekunde	s
Stromstärke	I	Ampere	A
Temperatur	T	Kelvin	K
Lichtstärke	I	Candela	cd
Stoffmenge	n	Mol	mol

Größenwert

Der Wert einer Größe, der in obigem Beispiel als Meßwert f' gewonnen wurde, heißt Größenwert.
Der Größenwert ist der quantitative Ausdruck einer Größe, er benötigt zu seiner Beschreibung die Faktoren Zahlenwert und Einheit. Der Zahlenwert gibt an, wie oft die Einheit in dem Größenwert enthalten ist. Die Faktoren Zahlenwert und Einheit werden nicht durch ein Multiplikationszeichen verbunden, sondern durch einen Zwischenraum getrennt. Wählt man für den Größenwert eine andere Einheit, so muß der Zahlenwert entsprechend geändert werden, damit das Produkt den gleichen Größenwert behält.
Beispiel:

Größenwert	=	Zahlenwert	Einheit	
↓		↓	↓	
f'	=	1,333	m	
t	=	5	min	oder:
t	=	300	s	

Größengleichung

Mit der Größengleichung stellt man Beziehungen zwischen Größen her. Die Beziehung zwischen der Geschwindigkeit v, der Strecke s und der Zeit t wird in Form einer Größengleichung aufgestellt. Üblich ist hierfür der Gebrauch des Wortes Formel. Mit der gleichen Formel bestimmt man auch die Einheit der abgeleiteten Größe v.
Einige abgeleitete SI-Einheiten haben eigene Namen und Einheitenzeichen, wie zum Beispiel der Druck p mit der Einheit Pascal (Pa). Auch nicht mehr gültige, aber noch allgemein anwendbare Einheiten wie die Einheit Bar (bar) sind noch in Gebrauch.
Bei der Berechnung von Aufgaben ist der Größengleichung der Vorzug zu geben, da sie unabhängig von der Wahl der Einheiten ist.

Einheit der Größe v: $[v] = \frac{[s]}{[t]} = \frac{m}{s}$

Falsch ist diese Schreibweise: $[v] = \left[\frac{m}{s}\right]$

Einheit des Drucks p: $[p] = \frac{N}{m^2} = Pa$

$1\ bar = 10^5\ Pa$

Teile und Vielfache von Einheiten

Würde man für alle Meßergebnisse nur die Basiseinheiten verwenden, so könnten sich schwer zu handhabende Zahlen ergeben. Beispiel: Die Wellenlänge des grünen Lichts beträgt 0,000 000 546 m. Zweckmäßig verwendet man Zehnerpotenzen oder setzt vor die Einheitenzeichen ohne Zwischenraum Buchstaben, die das dezimale Vielfache oder Teile der Einheiten verkörpern. Beide zusammen sind das Zeichen der neuen Einheit.
Beispiel: 0,000 000 546 m = 546 · 10^{-9} m = 546 nm.

Beispiele

c = 0,3 Gm/s, Lichtgeschwindigkeit im Vakuum beträgt 0,3 Gigameter pro Sekunde
W = 10 MJ, Energieaufnahme eines Menschen pro Tag von 10 Megajoule
P = 60 kW, Leistung eines Pkw von 60 Kilowatt

Tabelle Vorsätze für Vielfache und Teile

Faktor	Vorsatz	Vorsatzzeichen
10^9	Giga	G
10^6	Mega	M
10^3	Kilo	k
10^2	Hekto	h
10^1	Deka	da
10^{-1}	Dezi	d
10^{-2}	Zenti	c
10^{-3}	Milli	m
10^{-6}	Mikro	µ
10^{-9}	Nano	n

p = 1010 hPa, Luftdruckangabe von 1010 Hectopascal
m = 10 dag, österreichische Massenangabe von 10 Dekagramm = 100 Gramm
ϱ = 2,55 kg/dm^3, Dichte von Kronglas mit 2,55 Kilogramm pro Dezimeter hoch 3 (Kubikdezimeter)
V = 5 cm^3, Volumen eines sphärischen Brillenglases von 5 Zentimeter hoch 3 (Kubikzentimeter)
I = 25 mA, Stromstärke von 25 Milliampere
l = 10 µm, Ablesung auf einer Meßschraube von 10 Mikrometer
λ' = 546 nm, Wellenlänge der grünen Quecksilber e-Linie von 546 Nanometer.

1.1.2 Grundgrößen Länge, Masse, Zeit

Länge	Formelzeichen l	Einheitenzeichen m

Die SI-Definition der Länge gibt die Einheit Meter als das Vielfache einer bestimmten atomaren Strahlung an. Man verwendet als Lichtquelle eine orangefarbene Linie des Edelgases Krypton unter zahlreichen

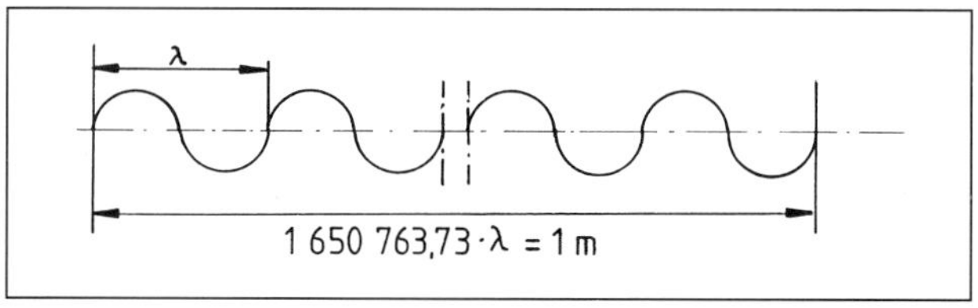

Abb. 1.2 Definition der Grundgröße Meter

festgelegten Normbedingungen. Die Abbildung 1.2 zeigt die Definition der Längeneinheit Meter nach SI- und DIN-Norm.
In der technischen Zeichnung wird die Längeneinheit Millimeter verwendet. Steht in einer Zeichnung bei der Längenangabe nur der Zahlenwert, so handelt es sich stets um eine Millimeter-Angabe.

Masse	Formelzeichen m	Einheitenzeichen kg

Die Einheit der Masse ist das Kilogramm (kg). Sie wird durch den Internationalen Kilogramm-Prototyp verkörpert. Die Masse von 1 dm^3 = 1 Liter Wasser beträgt bei einer Temperatur von 4 °C ebenfalls genau ein Kilogramm. Abb. 1.3 verdeutlicht den Zusammenhang.

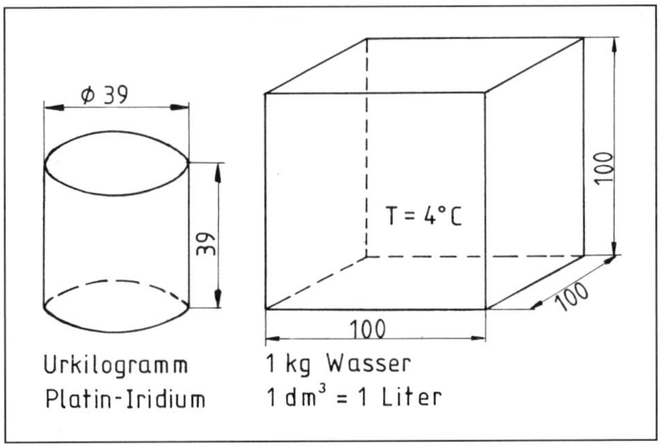

Abb. 1.3 Definition der Grundgröße Kilogramm

Obwohl die Masse eine Basisgröße ist, ist ihre Beschreibung und einwandfreie Deutung schwierig.
Kennzeichen der Masse:

- Jeder ausgedehnte Körper, der ein Volumen hat, besteht aus einer Stoffmenge (Masse).
- Die Masse eines Körpers ist unabhängig von seinem Ort. Massen sind auch im Weltraum gleich.
- Massen sind träge. Sie wollen ihren augenblicklichen Ruhe- oder Bewegungszustand beibehalten.
- Massen üben aufeinander Kräfte aus.

Abb. 1.4 zeigt Beispiele der Wirkungen von Massen.
Massen kann man mit einer Balkenwaage messen (wiegen), indem man sie mit Körpern bekannter Masse vergleicht. Die Massen zweier Körper sind gleich groß, wenn sie sich auf einer Balkenwaage das

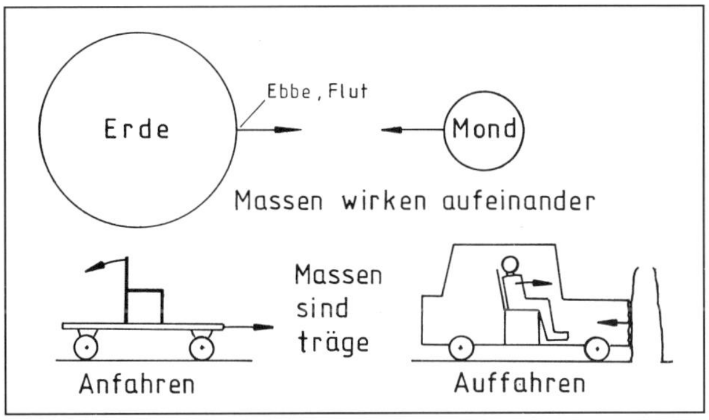

Abb. 1.4 Beschreibung der Grundgröße Masse durch ihre Wirkungen

Gleichgewicht halten. In Handel und Gewerbe darf, gesetzlich erlaubt, das Wort Gewicht anstelle von Masse verwendet werden, wenn die Masse durch Wägung bestimmt wurde. In Abb. 1.5 sind die Volumina der Massen unterschiedlich, ihre Massen aber gleich.

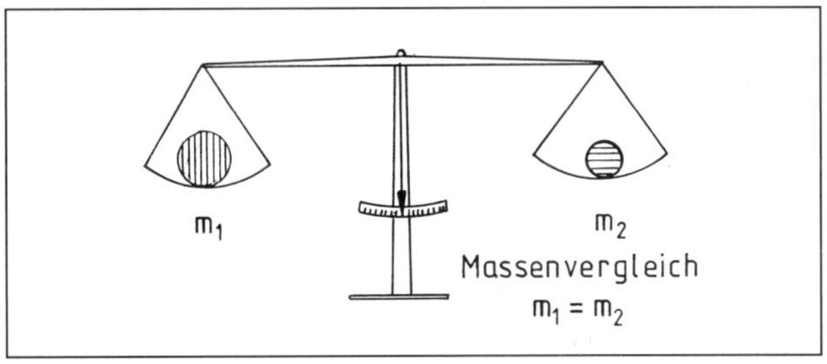

Abb. 1.5 Massenvergleich durch Wägung

Zeit	Formelzeichen t	Einheitenzeichen s

Die SI-Definition der Basiseinheit Sekunde gibt die Sekunde als das Vielfache der Periodendauer einer bestimmten atomaren Strahlung des Nuklids Cäsium 133 an. Die so gewonnene Zeit wird über Rundfunksender – DCF 77 in Mainflingen – verbreitet und gilt als amtliche Zeitangabe.
Vielfache der Einheit Sekunde
die Minute (min): 1 min = 60 s
die Stunde (h): 1 h = 60 min = 3600 s.

1.1.3 Abgeleitete Größen, Dichte

Abgeleitete Größen setzen sich aus zwei oder mehr Grundgrößen zusammen bzw. aus der Kombination abgeleiteter Größen. Sie beschreiben Vorgänge, für die keine Basisgröße existiert, zum Beispiel die Dichte.

Dichte	Formelzeichen ϱ	Einheitenzeichen g/cm³

Die Dichte eines Körpers ist eine abgeleitete Größe. Jeder Werkstoff hat eine für ihn typische Massenkenngröße; es ist der Quotient aus seiner Masse und seinem Volumen.

$$\text{Dichte} = \frac{\text{Masse}}{\text{Volumen}} \quad \varrho = \frac{m}{V} \quad [\varrho] = \frac{kg}{m^3} \text{ oder } \frac{g}{cm^3}$$

Tabelle	**Dichte einiger Stoffe**	**g/cm³**		
Wasser		1,00	Aluminium	2,7
Luft		$1{,}29 \cdot 10^{-3}$	Eisen	7,8
Kunststoff	CR 39	1,32	Kupfer	8,9
Kronglas	B 270	2,54	Nickel	8,9
Schwerflint	SF 64	3,00	Quecksilber	13,5
Hi-Crown	HC 45	2,64	Gold	19,3

Abb. 1.6 zeigt, wie Körper bei gleicher Masse aber unterschiedlicher Dichte ein unterschiedliches Volumen haben.

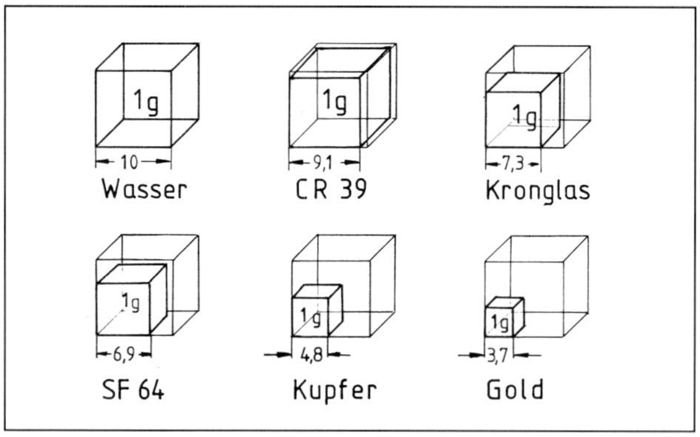

Abb. 1.6 Körper verschiedener Materialien haben bei gleicher Masse von 1 g unterschiedliche Rauminhalte

1.2 Mechanik

Die Mechanik als Teilgebiet der Physik befaßt sich mit:
- den Bewegungen von Körpern,
- den Kräften, die auf Körper einwirken,
- den Zusammenhängen zwischen Kraft und Bewegung.

Man unterscheidet verschiedene Arten der Bewegung.

Bewegung kann:
- gleichförmig oder ungleichförmig,
- geradlinig oder kreisförmig sein.

1.2.1 Gleichförmige Bewegung

Bei der gleichförmigen Bewegung legt ein Körper in gleichen Zeitabschnitten gleiche Wegstrecken zurück.

Beispiel: Vorschubbewegung beim Bohren und Fräsen; fahrendes Auto auf der Autobahn, das weder beschleunigt noch abbremst; Licht auf dem Weg von der Sonne zur Erde.

Die Geschwindigkeit v eines Körpers ist der Quotient aus dem Wegabschnitt s und dem zugehörigen Zeitabschnitt t.

$$\text{Geschwindigkeit } v = \frac{\text{Wegstrecke } s}{\text{Zeitabschnitt } t} \quad v = \frac{s}{t} \quad [v] = \frac{s}{m}$$

Umrechnung m/s in km/h: 1 m/s · 3,6 =1 km/h

$$\text{km/h in m/s: } 1 \text{ km/h} = \frac{1000 \text{ m}}{3600 \text{ s}} = \frac{1}{3{,}6} \frac{m}{s} = 0{,}277 \text{ m/s}$$

Abb. 1.7 zeigt die gleichförmige Bewegung eines Körpers mit v = 2 m/s. Links ist das Weg-Zeit-Diagramm (s-t-Diagramm) und rechts das Weg-Geschwindigkeits-Diagramm (v-t-Diagramm) eingezeichnet.

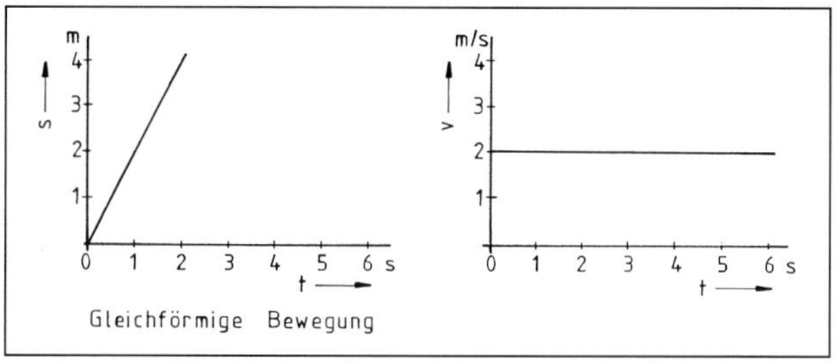

Abb. 1.7 Gleichförmige Bewegung im s-t- und v-t-Diagramm dargestellt

Ungleichförmige Bewegung

Ein Bewegungsvorgang ist ungleichförmig, wenn sich die Geschwindigkeit ändert. Beispiel: Ein Auto, das aus dem Stand anfährt, ändert seine Geschwindigkeit, es beschleunigt. Die Bewegung einer Feile am Werkstück besteht aus einer Beschleunigung von der Geschwindigkeit $v = 0$, einer kurzen Phase gleichförmiger Geschwindigkeit und einer Verzögerung zu $v = 0$.

Allgemein ist festgelegt:

Die Beschleunigung a (oder Verzögerung a) eines Körpers ist der Quotient aus der Geschwindigkeitsänderung Δ v im zugehörigen Zeitabschnitt Δ t

$$\text{Beschleunigung } a = \frac{\text{Geschwindigkeitsänderung } \Delta v}{\text{Zeitabschnitt } \Delta t}$$

$$a = \frac{\Delta v}{\Delta t} \quad [a] = \frac{m/s}{s} \quad [a] = \frac{m}{s^2}$$

Abb. 1.8 zeigt im s-t- und v-t-Diagramm eine ungleichförmige Bewegung, wobei im (rechten) v-t-Diagramm sowohl der Fall einer gleichmäßigen als auch der einer ungleichmäßigen Beschleunigung gezeichnet ist.

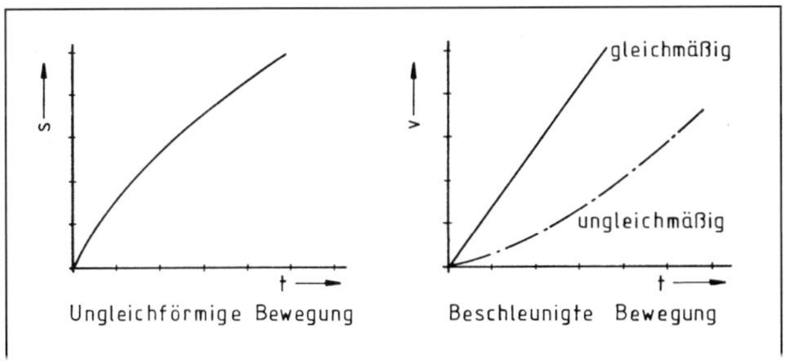

Abb. 1.8 Beschleunigte Bewegung im s-t- und v-t-Diagramm dargestellt

Die Beschleunigung selbst kann durchaus gleichmäßig sein (a = konstant), das heißt, die Geschwindigkeit nimmt in jeder Sekunde um den gleichen Betrag zu. Bei den meisten technischen Geräten (Auto, Bohr-, Schleifmaschine) ist die Beschleunigung jedoch ungleichförmig.

Ein Sonderfall der gleichmäßig beschleunigten Bewegung ist der **freie Fall.** Darunter versteht man den gleichmäßig beschleunigten Fall eines Körpers im luftleeren Raum. Jeder Körper fällt dort gleich schnell. Der wirkliche Fall eines Körpers auf der Erde wird entsprechend durch den Luftwiderstand beeinflußt.

Der freie Fall eines Körpers ist eine gleichmäßig beschleunigte Bewegung mit der Fallbeschleunigung g.

$$v = g \cdot t$$

v	Fallgeschwindigkeit	m/s
g	Fallbeschleunigung	m/s^2
t	Fallzeit	s

Infolge der ungleichen Massenverteilung der Erdkugel ist die Fallbeschleunigung unterschiedlich.

Sie beträgt in Mitteleuropa	$g = 9{,}81\ m/s^2$
am Äquator	$g = 9{,}78\ m/s^2$
an den Polen	$g = 9{,}83\ m/s^2$

Der während eines Beschleunigungs- (Verzögerungs-) Vorganges zurückgelegte Weg wird bestimmt durch:

$$s = \tfrac{1}{2}\, a\, t^2$$

Abb. 1.9 zeigt, wie ein Körper im freien Fall gleichmäßig an Geschwindigkeit zunimmt (v-t-Diagramm links). Rechts kann man im s-t-Diagramm ablesen, wie der zurückgelegte Weg ungleichförmig größer wird: In der 1. Sekunde fällt der Körper 4,9 Meter tief; in der 2. Sekunde legt er 14,7 Meter zurück, so daß er insgesamt bereits 19,6 Meter tief gefallen ist usw.

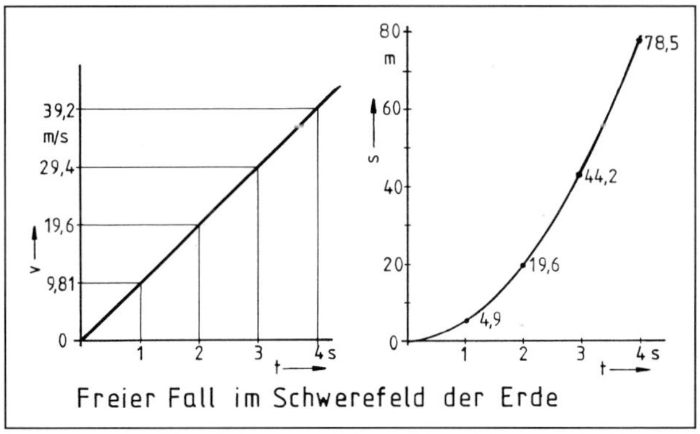

Abb. 1.9 Freier Fall ohne Luftwiderstand im Schwerefeld der Erde dargestellt im v-t- und s-t-Diagramm

1.2.2 Kreisbewegung

Sämtliche bis hierher genannten Gleichungen und Erkenntnisse gelten sowohl für die geradlinige als auch für die Kreisbewegung.

Wegen der überragenden Bedeutung der Kreisbewegung in der Technik hat man die geometrischen Größen des Kreises (Umfang, Zahl π) in die Bewegungsgleichungen eingebaut. Es handelt sich also um keine neuen Gleichungen, sondern lediglich um Einsetzungen und Umformungen.

Drehzahl

Das Schleifkorn auf einer Schleifscheibe oder die Schneide eines Fräsers führen eine kreisförmige Bewegung aus. Im Leerlauf, ohne äußere Belastung, wird sich eine gleichförmige Geschwindigkeit einstellen. Damit ist auch die Drehzahl n konstant. Man ermittelt die Drehzahl, indem man ein Korn markiert, die Anzahl z der Umdrehungen zählt und diese durch den Zeitabschnitt t teilt.

Die Drehzahl n ist der Quotient aus der Anzahl z der Umdrehungen im Zeitabschnitt t.

$$\text{Drehzahl } n = \frac{\text{Zahl der Umdrehungen } z}{\text{Zeitabschnitt } t} \qquad n = \frac{z}{t}$$

Gebräuchlich sind die Zeitabschnitte Sekunde und Minute:

$$[n] = \frac{1}{s} = s^{-1} \text{ oder auch: } [n] = \frac{1}{min} = min^{-1}$$

Umfangsgeschwindigkeit

Die Geschwindigkeit eines Punktes P auf der Kreisbahn heißt Umfangsgeschwindigkeit.

Abb. 1.10 zeigt den abgewickelten Weg eines Punktes P auf der Kreisbahn.

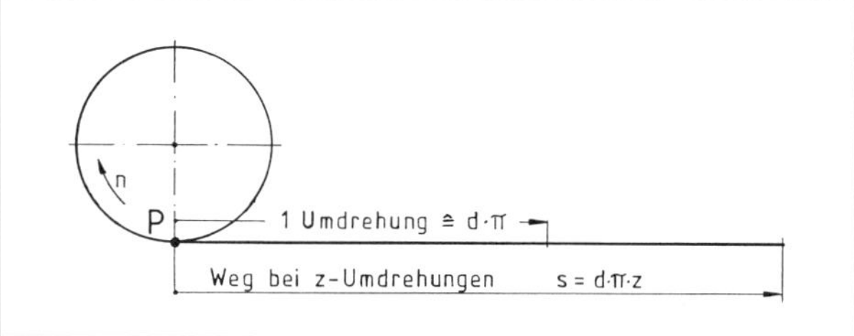

Abb. 1.10 Umfangsgeschwindigkeit, Abwicklung eines Punktes auf der Kreisbahn

Im technischen Sinne handelt es sich hierbei meist um die **Schnitt- oder Schleifgeschwindigkeit.** Auch hier gilt die allgemeine Grundgleichung v = s/t.

Setzt man für den Weg s die obige Beziehung s = d ·π · z ein und verwendet zusätzlich die Definition der Drehzahl n, so erhält man

$$v = d \cdot \pi \cdot n$$

Diese Gleichung ist vielseitig nutzbar, da sie die technisch leicht faßbaren Größen v, d und n in einer Formel zusammenfaßt.

Beispiel:

Eine Diamantscheibe hat folgende Daten:

Durchmesser d = 110 mm = 0,11 m

Drehzahl $n = 4500\ min^{-1} = 75\ s^{-1}$

Wie groß ist die Geschwindigkeit v eines Diamantkorns auf dem Umfang der Scheibe?

Lösung: $v = 0{,}110\ m \cdot \pi \cdot 75\ s^{-1}$

$v = 25{,}9\ m/s = 93{,}2\ km/h$

Das ist nur der **Betrag** der Umfangsgeschwindigkeit; ihre **Richtung** ändert sich ständig. Sie verläuft in jedem Augenblick in Richtung der Kreistangente. Abb. 1.11 zeigt, wie beim Schleifen abgesprengte Teilchen immer tangential fortgeschleudert werden.

Die besondere Beziehung zwischen Drehzahl und

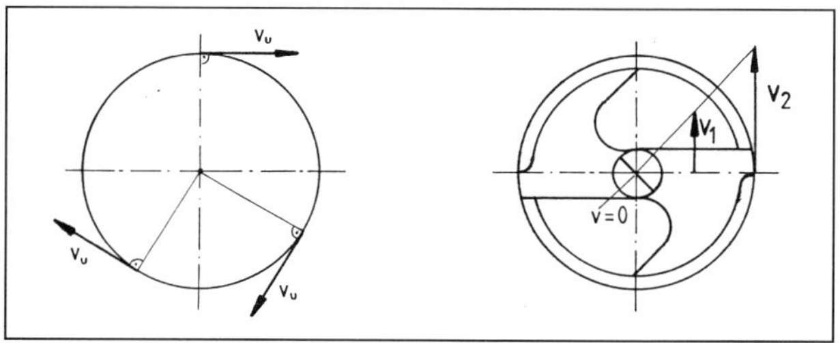

Abb. 1.11 Die Richtung der Umfangsgeschwindigkeit ändert sich ständig. Der Betrag der Umfangsgeschwindigkeit ist abhängig vom Radius. Im Mittelpunkt ist v = 0

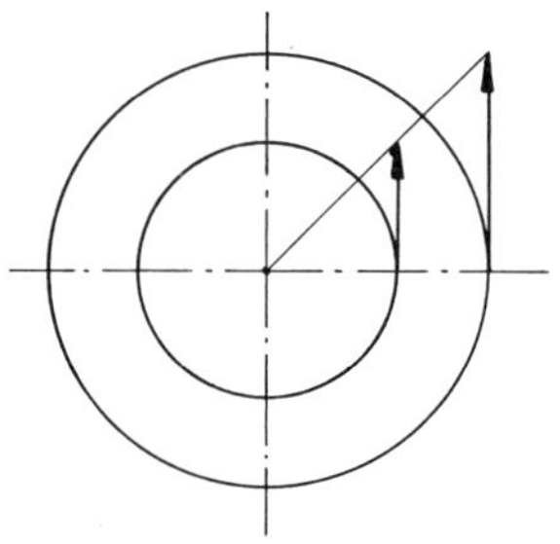

Beispiel:

Drehzahl $n_1 = n_2 = 1450 \frac{1}{min}$

Scheibendurchmesser

$d_1 = 50\ mm;\ d_2 = 80\ mm$

Umfangsgeschwindigkeiten $v_1 = 0{,}05\ m \cdot \pi \cdot 1450 \frac{1}{min} = 227{,}8 \frac{m}{min}$

$v_2 = 0{,}08\ m \cdot \pi \cdot 1450 \frac{1}{min} = 364{,}4 \frac{m}{min}$

Abb. 1.12 Zusammenhang zwischen Durchmesser, Drehzahl und Umfangsgeschwindigkeit

Umfangsgeschwindigkeit liegt darin, daß die Umfangsgeschwindigkeit vom Radius abhängig ist, die Drehzahl aber unabhängig von r ist.
Das Beispiel in Abb. 1.12 berechnet die unterschiedlichen Umfangsgeschwindigkeiten: Eine große und eine kleine Riemenscheibe sind fest auf der Welle eines Elektromotors verkeilt. Beide haben die gleiche Drehzahl, die größere Scheibe hat aber die größere Umfangsgeschwindigkeit.

1.2.3 Kräfte, Gewichtskraft

Die Kraft F ist eine gerichtete physikalische Größe (Vektor); sie ist die Ursache jeder Bewegungs- oder Formänderung eines Körpers.
Beim Schleifen von Glas, Sägen von Metall oder Biegen eines Bügels muß der Zusammenhalt von Werkstoffteilchen überwunden werden. Je nach Art des Werkstoffs muß zum „Trennen" oder „Biegen" eine kleinere oder größere Kraft aufgebracht werden. Da die Kraft für das Trennen, Biegen, Schrauben und viele andere Bereiche der Technik von großer Bedeutung ist, wird zunächst der physikalische Begriff Kraft erläutert. Beim Begriff Kraft denkt man zunächst an die Ursache der Kraft und nennt sie demzufolge: Muskelkraft, Federkraft, Magnetkraft, Reibkraft, Gewichtskraft, Biegekraft usw. Ebenso ist es üblich, Kräfte nach der erreichten physikalischen Wirkung zu benennen: Zugkraft, Druckkraft, Beschleunigungskraft, Bremskraft, Schnittkraft usw. Abb. 1.13 zeigt, wie Kräfte die Form und/oder den Bewegungszustand eines Körpers verändern können.

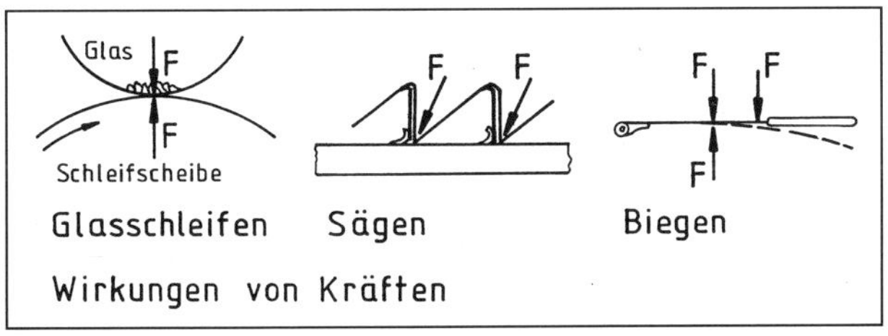

Abb. 1.13 Wirkungen von Kräften

Die Einheit der Kraft

Die Kraft F ist gleich dem Produkt aus der Masse m eines Körpers und der Beschleunigung a, die er erfährt.

$$F = m \cdot a$$

$$[F] = \text{N (Newton)} \quad 1\,\text{N} = 1\,\frac{\text{kg} \cdot \text{m}}{\text{s}^2}$$

Die Einheit kg m/s^2 nennt man Newton (N). Eine Kraft hat eine Größe von 1 Newton, wenn sie einer Masse m = 1 kg eine Beschleunigung von a =1 m/s^2 erteilt.
Zur Bestimmung der Kraft sind zwei Angaben erforderlich:
– die Größe der Kraft,
– die Richtung der Kraft.
Die Gewichtskraft F_g ist hierbei von besonderer Bedeutung; ihre Wirkrichtung kann sofort angegeben werden: in Richtung des Erdmittelpunktes. Abb. 1.14 zeigt an zwei Beispielen Kraftwirkung und Kraftrichtung.

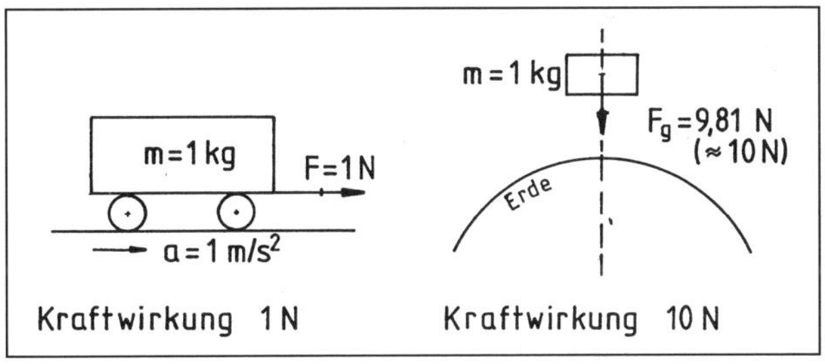

Abb. 1.14 Kraftwirkungen

Die Gewichtskraft F_g

Jeder frei bewegliche Körper im Schwerefeld der Erde wird zum Erdmittelpunkt hin beschleunigt. Diese Beschleunigung nennt man Fallbeschleunigung g. Nach dem dynamischen Grundgesetz $F = m \cdot a$ ist die Ursache jeder Beschleunigung eines Körpers eine Kraft F. Im Schwerefeld der Erde ist dies die Erdanziehungs- oder Gewichtskraft F_g. Die Größe von F_g erhält man aus dem Produkt der Masse m eines Körpers und der am jeweiligen Ort herrschenden Fallbeschleunigung g. Da diese aber an verschiedenen Orten verschieden groß ist, ändert sich auch die Gewichtskraft F_g von Ort zu Ort. Im Gegensatz dazu bleibt die Masse m eines Körpers stets gleich groß. Es lag daher nahe, die konstante Masse m als Basisgröße zu wählen.
Beispiel:
Wie „schwer" muß eine Masse m sein, um auf der

Erde eine Gewichtskraft von F_g = 1 Newton auszuüben?

$F = m \cdot g$

$$m = \frac{F}{g} \quad m = \frac{1}{9{,}81} \frac{N}{m/s^2} = 0{,}102 \ \frac{kg\ m/s^2}{m/s^2} = 0{,}102\ kg$$

Mit guter Näherung darf dieses Ergebnis auf m = 0,1 kg oder 100 g gerundet werden. Multipliziert man das Ergebnis mit 10, so erhält man:

Eine Masse m = 1 kg hat auf der Erde eine Gewichtskraft von F_g = 10 N.

1.2.4 Zeichnerische Darstellung von Kräften

Die beiden Angaben zur Bestimmung einer Kraft – Größe und Richtung – können sehr leicht und anschaulich durch einen Vektorpfeil dargestellt werden. Darüber hinaus führt die zeichnerische Darstellung in vielen Fällen zu einer ausreichend genauen Lösung. In der Augenoptik ist die Darstellung prismatischer oder zylindrischer Wirkungen durch die gleichen Vektorpfeile und Lösungsmethoden weit verbreitet.

In der Zeichnung wird
- die **Kraftrichtung** durch die Pfeilrichtung,
- die **Kraftgröße** durch die Pfeillänge dargestellt.

Dazu legt man in einem Kräftemaßstab fest, welche Kraftgröße einer Pfeillänge von 1 cm entspricht. Abb. 1.15 zeigt in drei Beispielen (F_1, F_2 und F_3) im Maßstab 1 cm = 10 N die Darstellung von Kräften.

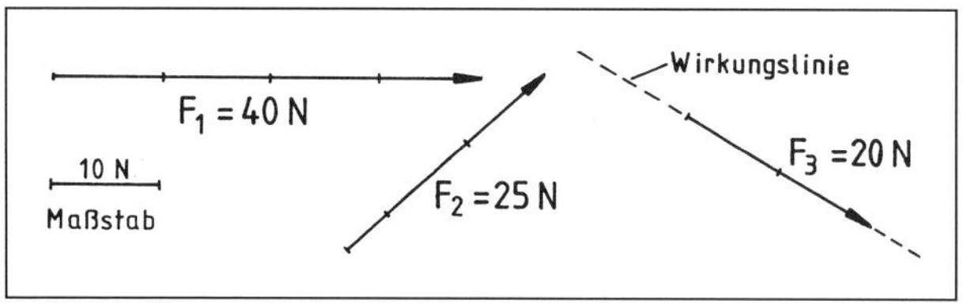

Abb. 1.15 Zeichnerische Darstellung von Kräften

Kräfteaddition und -subtraktion; Wirkungslinie

Die Richtung, in die eine Kraft wirkt, nennt man auch Wirkungslinie der Kraft. Auf der Wirkungslinie darf der Angriffspunkt der Kraft verschoben werden, ohne daß sich an der Kraftwirkung etwas ändert. Beispiel: Ein Auto kann genausogut an einem 50 cm langen Seil wie an einem 5 m langen Seil gezogen werden; ebenso kann es mit einer 1 m langen Stange geschoben werden. Fazit: Für die Kraftwirkung ist es gleichgültig, wo der Angriffspunkt der Kraft liegt. Demzufolge werden Kräfte auf gleicher Wirkungslinie addiert, indem man ihre Zahlenwerte addiert; sie werden subtrahiert, indem man ihre Zahlenwerte subtrahiert. Abb. 1.16 zeigt je ein Beispiel für die Kräfteaddition und -subtraktion.

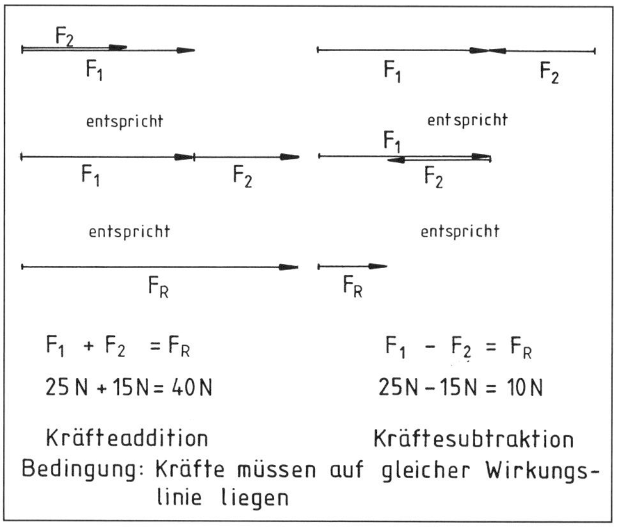

Abb. 1.16 Kräfteaddition und -subtraktion mittels Vektorpfeilen

Sollen Kräfte addiert werden, die nicht auf einer Wirkungslinie liegen, so verschiebt man die Kräfte so lange, bis ihre Fußpunkte im Schnittpunkt der Wirkungslinien liegen. Jetzt konstruiert man durch Parallelverschiebung der Kräfte ein Parallelogramm, das sogenannte Kräfteparallelogramm. Die Diagonale hierin ist die Gesamtwirkung oder Resultierende Kraft F_R.

Die Resultierende Kraft F_R übt auf einen Körper die gleiche Wirkung aus wie die Einzelkräfte.

Abb. 1.17 zeigt die Addition zweier Einzelkräfte zur Resultierenden Kraft F_R mit Hilfe des Kräfteparallelogramms, und Abb. 1.18 in Umkehrung das Zerlegen einer Kraft in zwei vorgegebene Richtungen.

Kraft und Gegenkraft

Eine Kraft ist immer nur dann wirksam, wenn eine – zumindest gleich große – Gegenkraft vorhanden ist.

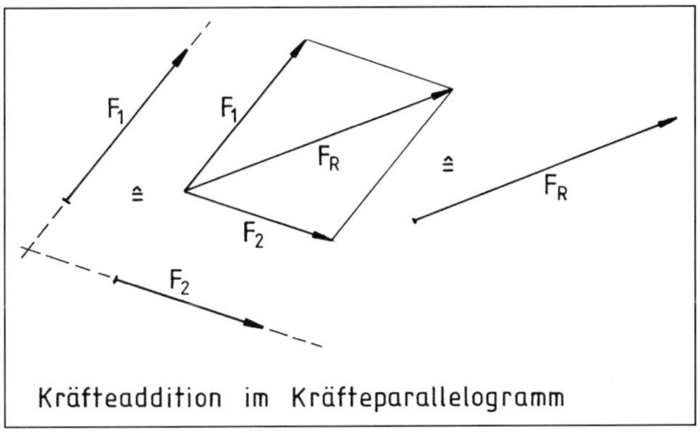

Abb. 1.17 Addition zweier gegebener Kraftvektoren

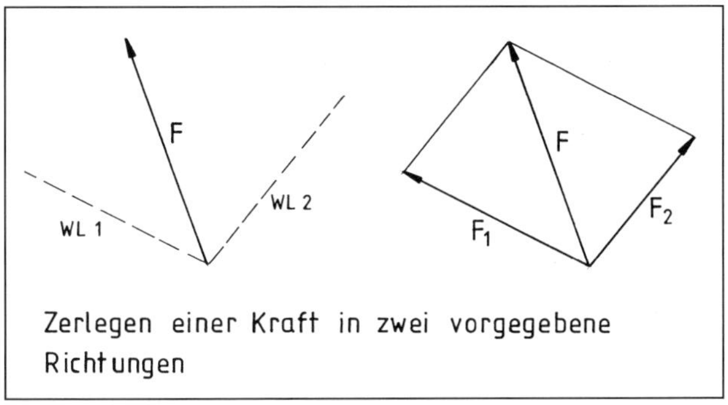

Abb. 1.18 Zerlegung eines Kraftvektors in zwei vorgegebene Wirkungslinien

Beispiel: Eine Brille rutscht auf einer (fettigen) Nase, wenn die Reibkräfte zwischen Nase und Pads nicht ausreichend groß sind.

Oder: Ein Auto kann auf Eis nur sehr langsam anfahren. Die Gegenkraft ist stets gleich groß **(actio = reactio),** aber entgegengesetzt gerichtet.

1.2.5 Reibungskraft

Bei einer Tischbohrmaschine oder Schleifmaschine wird die Kraft und die Bewegung des Elektromotors mittels Riementrieb zur Maschine übertragen. Ein solcher Antrieb ist nur dann möglich, wenn an der Grenzfläche zwischen Riemen und Riemenscheibe eine große Gegenkraft wirkt. Man nennt diese Kraft Reibungskraft: je größer sie ist, desto geringer ist der Schlupf zwischen Keilriemen und Scheibe. Diese Art von Kraft ist durchaus erwünscht; nur so können Kräfte übertragen werden.

An der gleichen Maschine tritt zwischen den Lagerbauteilen, also zwischen Welle und Gehäuse bzw. Kugellager, eine Kraft auf, die die Bewegung abbremst. Auch die Lagerreibung ist eine Reibungskraft, diesmal aber eine unerwünschte Kraft, da sie den Bewegungsfluß hemmt.

Reibungskräfte können erwünscht oder unerwünscht sein; gänzlich verhindern lassen sie sich nicht.

Größe der Reibungskraft

Die Größe der Reibungskraft zwischen verschiedenen Körpern (Werkstoffpaarungen) kann nur experimentell bestimmt werden. Dazu wird ein Probekörper durch eine Gewichtskraft gegen eine Unterlage gepreßt. Da die Anpreßkraft senkrecht in Richtung der Berührfläche Probekörper/Unterlage wirkt, nennt man sie Normalkraft F_N. Zieht man jetzt den Probekörper über die Unterlage, so entsteht an den Berührflächen der Werkstoffe ein Widerstand gegen diese Bewegung. Mit einem Kraftmeßgerät (Federwaage) kann die Kraft bestimmt werden, die der Bewegung entgegenwirkt: es ist die Reibungskraft F_R. Trägt man die Reibungskraft F_R in einem Diagramm über der Normalkraft F_N auf, so zeigt der Versuch: Die Reibungskraft F_R nimmt im gleichen Maße zu wie die Normalkraft F_N.

Abb. 1.19 zeigt anhand zweier Beispiele den Zusammenhang zwischen Reibungs- und Normalkraft.

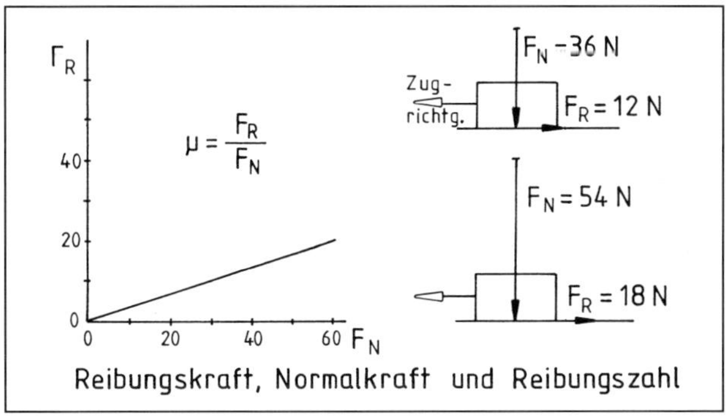

Abb. 1.19 Zusammenhang zwischen Reibungskraft und Normalkraft

Die Konstante $\frac{F_R}{F_N}$ nennt man **Reibungszahl** μ**.**

Weitere Versuche zeigen:

Die Reibungszahl μ ist abhängig von der Werkstoffpaarung.

Die Reibungskraft F_R ist unabhängig von der Größe der Berührfläche.

Werkstoffpaarung	μ
Stahl auf Stahl (Gleitreibung)	0,05 – 0,15
Stahl auf Stahl (Rollreibung)	0,001
Gummi auf Stahl (Haftreibung)	0,2 – 0,5
Neusilber auf Bronze (Haftr. im Gelenk)	0,1 – 0,2

Reibungsarten

Neben den unterschiedlichen Werkstoffpaarungen muß noch berücksichtigt werden, ob das Bauteil sich schon bewegt oder noch in Ruhe ist. Ebenso muß der Zustand der Berührflächen – trocken oder geschmiert – ins Kalkül gezogen werden.
Man unterscheidet:
Die **Haftreibung,** die zwischen zwei ruhenden festen Körpern wirkt.
Die **Gleitreibung,** die zwischen zwei sich berührenden Körpern wirkt, die sich in entgegengesetzter Richtung bewegen.
Die **Rollreibung,** die zwischen zwei aufeinander abrollenden Körpern wirkt.
Allgemein gilt: Die Gleitreibung ist geringer als die Haftreibung, aber größer als die Rollreibung.

Schmierung

Reibungskräfte können gemindert, aber nie ganz aufgehoben werden. Beim Betrieb von Maschinen wird ein Teil der Antriebskraft zur Überwindung der Reibungskräfte vergeudet.
Die dabei entstehende Reibungswärme kann so groß werden, daß im Extremfall starke Verschleißerscheinungen die Folge sind. Eine Verringerung der Reibungskräfte erfolgt im wesentlichen durch konstruktive Maßnahmen wie besondere Lagerwerkstoffe, sorgfältige Oberflächenbehandlung, spezielle Lagerkonstruktionen, Gleitlager, Wälzlager usw.

Wirkung von Schmiermitteln

Das Aufbringen geeigneter Schmierstoffe auf Lager- oder Gleitflächen wirkt ebenfalls reibungsmindernd. Die metallischen Bauteile werden durch den anhaftenden Schmierfilm getrennt. Werden jetzt Teile gegeneinander bewegt, so verschieben sich nur die Teilchen innerhalb des Schmierfilms, die Lagerflächen selbst berühren sich nicht: Reibung und Verschleiß sind sehr gering. Die Wirkung des Schmiermittels bleibt so lange erhalten, wie der Schmierfilm nicht abreißt. Vorrangige Forderung an ein Schmiermittel ist ein gut haftender und auch bei großer Belastung nicht abreißender Schmierfilm.

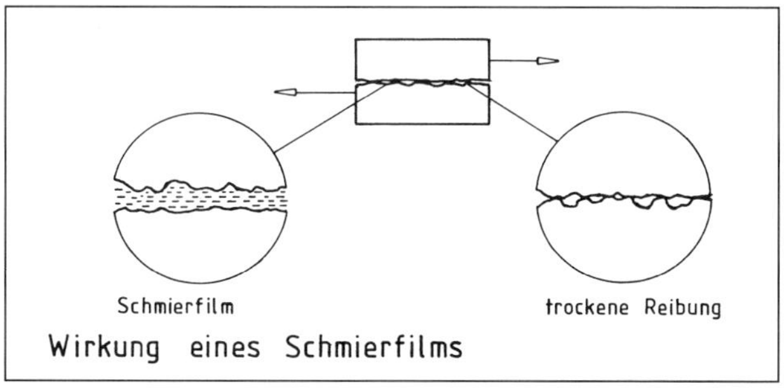

Abb. 1.20 Wirkung von Schmiermitteln

Abb. 1.20 zeigt innerhalb der beiden Kreisflächen stark vergrößert, wie der Schmierfilm die beiden Maschinenteile voneinander trennt.

1.2.6 Hebel und Hebelgesetz

Ein Hebel ist ein drehbar gelagerter starrer Körper. Hebel dienen dazu, große Kräfte zu erzeugen. Hebelwirkungen beobachtet man bei Trennwerkzeugen, um die erforderlichen großen Kräfte beim Trennen von Werkstoffen aufzubringen.
Ebenso kommen die erheblichen Kräfte in Schraubenverbindungen durch die Hebelübersetzung des Schraubenschlüssels und die Kraftverstärkung im Gewindegang (schiefe Ebene) zustande. Auch das Gelenk des Brillenbügels wird durch Hebelkräfte in großem Maße beansprucht.
Man unterscheidet und definiert:
Beim **einarmigen Hebel** wirken alle Kräfte auf einer Seite des Drehpunktes.
Beim **zweiarmigen Hebel** wirken auf beiden Seiten des Drehpunktes Kräfte.
Der **Hebelarm** ist der senkrechte Abstand einer Kraft vom Drehpunkt.
Ein **Moment** (Drehmoment) ist das Produkt aus Hebelarm s und der hieran angreifenden Kraft F.
Moment = Kraft F · Länge des Hebelarms s

$$M = F \cdot s$$

[M] = Nm (Newtonmeter)

An einem Hebel herrscht **Gleichgewicht,** wenn die Summe der linksdrehenden Momente gleich der Summe der rechtsdrehenden Momente ist.
Abb. 1.21 zeigt das Hebelgesetz zeichnerisch.
Abb. 1.22 stellt den senkrechten Abstand vom Drehpunkt als Hebelarm dar. Die rechte Bildhälfte zeigt die Hebelübersetzung am Schraubenschlüssel.

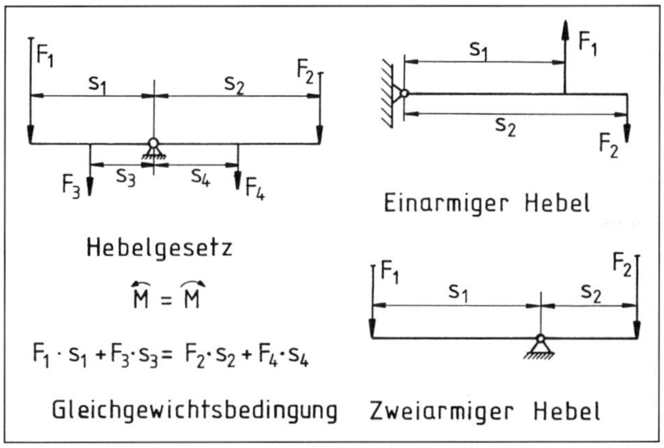

Abb. 1.21 Definition des Hebels, Hebelgesetz

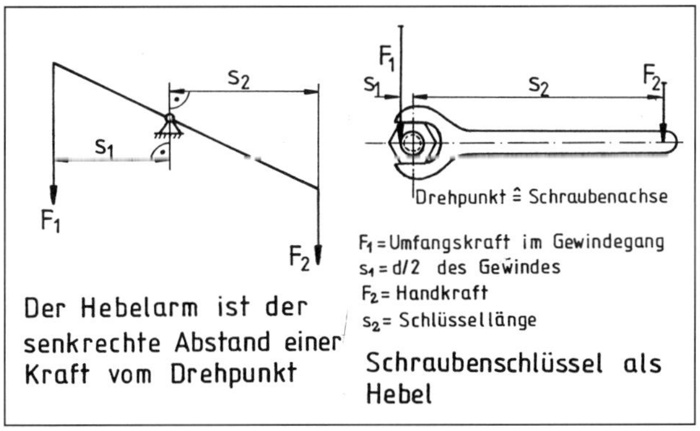

Abb. 1.22 Definition Hebelarm, Beispiel Schraubenschlüssel

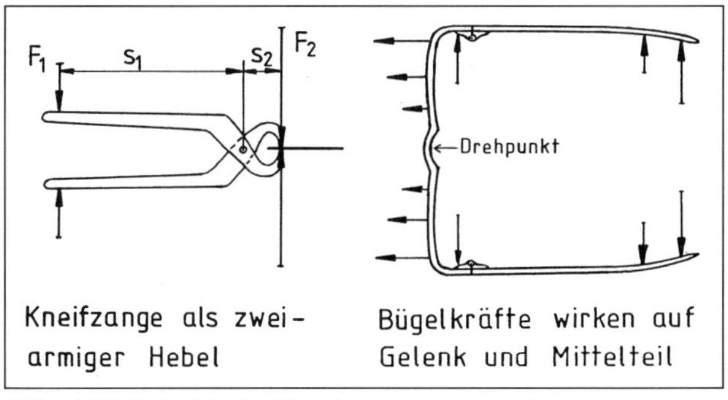

Abb. 1.23 Beispiele für Hebelarm und Momente

Die Abb. 1.23 zeigt als Beispiele die Kneifzange und den Brillenbügel mit ihren Hebelwirkungen.

1.2.7 Drehzahl- und Kraftmomentenänderung

Zahlreiche Arbeitsverfahren in der Augenoptik erfordern Arbeitsmaschinen, die dem jeweiligen Werkstoff und der Arbeitssituation entsprechend wählbar sind. Andererseits ist die Energieaufnahme und gute Leistungsabgabe des Motors oft nur in engen Drehzahlbereichen gewährleistet. Die Berücksichtigung beider Gegebenheiten erfordert die Einschaltung eines Getriebes zwischen Antriebsmotor und Arbeitsmaschine.
Bei den relativ geringen Antriebsleistungen in augenoptischen Maschinen setzt sich heute eine Motorregelung immer mehr durch. Die Motordrehzahl kann durch eine moderne Elektronik mit sehr geringen Verlusten stufenlos eingestellt werden.

Das Übersetzungsverhältnis

Das Verhältnis von Ausgangsdrehzahl n_1 (treibende Welle) zu Enddrehzahl n_2 (getriebene Welle) heißt Übersetzungsverhältnis i.

$$i = \frac{n_1}{n_2}$$

Riementrieb

Beim Riementrieb wird über einen Riemen eine kraftschlüssige Verbindung zwischen zwei Riemenscheiben hergestellt. Riemen sind elastisch und stoßdämpfend; bei Überlast tritt ein Rutschen ein. Die Übertragung zwischen Motor und Maschine erfolgt bei den Geräten der augenoptischen Werkstatt üblicherweise durch Zahnriemen aus Polyurethan oder Neoprene. Diese modernen Übertragungsmittel besitzen eine Einlage aus Glasfasern und laufen geräuscharm mit sehr hohen Geschwindigkeiten. Die exakte Ausbildung der Zähne erlaubt zum Beispiel die genaue Steuerung von Glashaltewellen und Antriebswellen. Das Übersetzungsverhältnis des Riementriebes ist durch die Durchmesser der Riemenscheiben bestimmt. Da die Riemengeschwindigkeiten v_1 und v_2 übereinstimmen und für

$n_1 = \frac{v_1}{d_1 \cdot \pi}$ und $n_2 = \frac{v_2}{d_2 \cdot \pi}$

gesetzt werden kann, wird das Übersetzungsverhältnis i

$i = \frac{d_2}{d_1}$ oder $\frac{n_1}{n_2} = \frac{d_2}{d_1}$

Bei mehrfachen Übersetzungen gilt:

$i_{ges} = i_1 \cdot i_2 \cdot i_3 \cdots$

Beispiel: Eine Tischbohrmaschine wird von einem Elektromotor mit 2800 min^{-1} angetrieben. Die Spindeldrehzahl beträgt 7100 min^{-1}. Wie groß ist das Übersetzungsverhältnis i?

$i = \frac{7100\ min^{-1}}{2800\ min^{-1}} = 2{,}536$

1.2.8 Arbeit, Energie und Leistung

Die Arbeit W ist das Produkt aus der Kraft F und dem zurückgelegten Weg s in Richtung der Kraft.

$$W = F \cdot s$$

[W] = Nm (Newtonmeter)

1 Nm = 1 J 1 Newtonmeter = 1 Joule

Verschiebt man einen Körper mit der Kraft F = 1 N um 1 m in Richtung der Kraftwirkungslinie, so hat man eine Arbeit von 1 Joule =1 Nm verrichtet. Den Zusammenhang zwischen Kraft- und Wegrichtung verdeutlicht die folgende Abb. 1.24.

Ein Koffer wird zum Bahnhof getragen. Das Anheben des Koffers ist Arbeit gegen die Schwerkraft, das Weitertragen in gleicher Höhe ist keine Arbeit, da hier Kraft- und Wegrichtung nicht zusammenfallen.

Je nach Art der Arbeit, die durch sie verrichtet wird, nennt man sie:

- Hubarbeit: Arbeit gegen die Schwerkraft
- Beschleunigung: Arbeit gegen die träge Masse
- Reibungsarbeit: Arbeit gegen die Reibungskraft
- Federarbeit: Arbeit gegen die Spannkraft einer Feder.

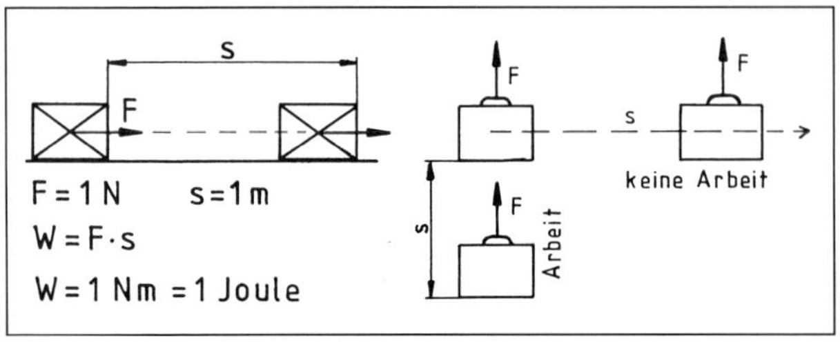

Abb. 1.24 Links: Definition der Arbeit W. Rechts: Beispiel für Arbeit (Koffer tragen)

Energie

Die Fähigkeit eines Körpers, Arbeit zu verrichten, nennt man Energie. Energie ist die „Arbeitsfähigkeit" eines Körpers, sie ist **gespeicherte Arbeit.**

Da zunächst Arbeitsaufwand betrieben werden muß, um in einem Körper Energie zu speichern, muß die Energie die gleiche Maßeinheit haben wie die Arbeit. Arbeit und Energie haben die gleiche Maßeinheit „Joule".

Wie die Arbeit, so wird auch die Energie vielfach in verschiedene Arten unterteilt:

- Energie der Bewegung (kinetische Energie)
- Energie der Lage (potentielle Energie)
- magnetische Energie
- Wärmeenergie
- chemische Energie
- Atomenergie (Strahlungsenergie).

Beispiel: Die Energie eines Schleifkorns der Masse m = 1 g, das mit v = 30 m/s weggeschleudert wird, beträgt:

$W = \frac{1}{2} \cdot m \cdot v^2 = \frac{1}{2} \cdot 0{,}001\ kg \cdot 30^2 \frac{m^2}{s^2}$

$W = 0{,}45\ J$

Alle technischen Vorgänge beruhen darauf, daß die verschiedenen Energiearten ineinander umgewandelt werden.

Beispiel: Wärmeenergie → Generator → elektrische Energie → Motor → Bewegungsenergie oder Energie der Lage.

Abb. 1.25 zeigt in der linken Bildhälfte die Energieumwandlung beim Pendel. Rechts sind Energie und Leistung der Schleifscheibe dargestellt.

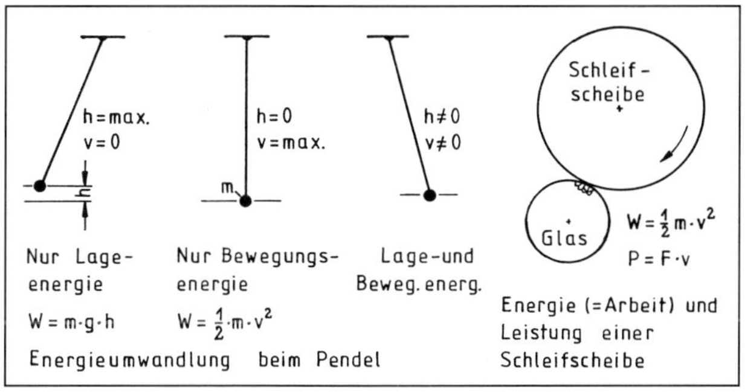

Abb. 1.25 Energieumwandlung beim Pendel. Energie und Leistung einer Schleifscheibe

Allgemein gilt, daß Energie weder erzeugt noch vernichtet werden kann. Sie kann nur von einer Art in eine andere umgewandelt werden. Im Regelfall ist aber die Energieumwandlung auf der Erde mit unseren technischen Möglichkeiten stets mit Verlusten an Wärmeenergie verbunden.

Leistung

Zur Beurteilung von Maschinenanlagen ist es nicht ausreichend, nur ihr Arbeitsvermögen zu kennen. Entscheidend ist stets, innerhalb welcher Zeit eine bestimmte Arbeitsmenge ausgeführt werden kann. Hierfür hat man die Größe „Leistung" eingeführt. Der tägliche Sprachgebrauch des Wortes Leistung entspricht dem der physikalischen Definition: Eine große Menge Arbeit in kurzer Zeit ausgeführt, ist eine gute Leistung.

Die Leistung P (Power) ist der Quotient aus der Arbeit W im zugehörigen Zeitabschnitt t.

$$\text{Leistung } P = \frac{\text{Arbeit}}{\text{Zeit}} \quad P = \frac{W}{t}$$

$$[P] = \frac{Nm}{s} = \frac{J}{s} = W \text{ (Watt)}$$

$$1 \text{ Watt} = \frac{1 \text{ Newtonmeter}}{1 \text{ Sekunde}} = \frac{1 \text{ Joule}}{1 \text{ Sekunde}}$$

Greift man das obige Beispiel des Schleifkorns auf, so kann jetzt bestimmt werden, welche Leistung es erhält, wenn es in 1/100 Sekunde weggeschleudert wird.

$$P = \frac{W}{t} \quad P = \frac{0{,}45 \text{ J}}{0{,}01 \text{ s}} = 45 \text{ Watt}$$

Als Vielfaches der Einheit wird das Kilowatt verwendet: 1 kW = 1000 Watt

Da bei jeder Art von Energieumwandlung durch Reibung „Energie verlorengeht" (besser gesagt: in Wärmeenergie verwandelt wird), ist die abgegebene Leistung stets kleiner als die zugeführte Leistung. Das Verhältnis von abgegebener Leistung zu zugeführter Leistung ist der **Wirkungsgrad.**

$$\eta = \frac{P_{ab}}{P_{zu}} \text{ oder in Prozent } \eta = \frac{P_{ab}}{P_{zu}} \cdot 100\%$$

1.3 Wärme und Temperatur

Wärme ist die Bewegungsenergie der Moleküle eines Körpers. Die **Wärmemenge Q** ist eine **Energieform** und hat die gleiche Einheit wie diese, nämlich Joule.

Die **Temperatur** hingegen ist ein **Maß für die Geschwindigkeit der Moleküle.** Sie ist eine von drei Meßgrößen zur Bestimmung des Wärmezustandes, das heißt der Energiegröße Q. Die Einheit der Temperatur ist Kelvin (K). Die Einheit Celsius (C) ist daneben noch zulässig.

Die Deutung des Begriffs Temperatur ist eng verknüpft mit der Kelvinskala. Bei null Grad Kelvin, dem Beginn der Skala, ist die Geschwindigkeit der Moleküle gleich Null.

Die Celsiusskala ist bekanntermaßen durch den Schmelzpunkt von Eis (0° Celsius) und den Siedepunkt von Wasser (100° Celsius) bei Normalluftdruck = 1013 hPa gekennzeichnet.

Demnach entsprechen 0° K = −273,15 °C.

Die Temperaturdifferenz beider Skalen ist gleich groß: 1° K = 1 °C

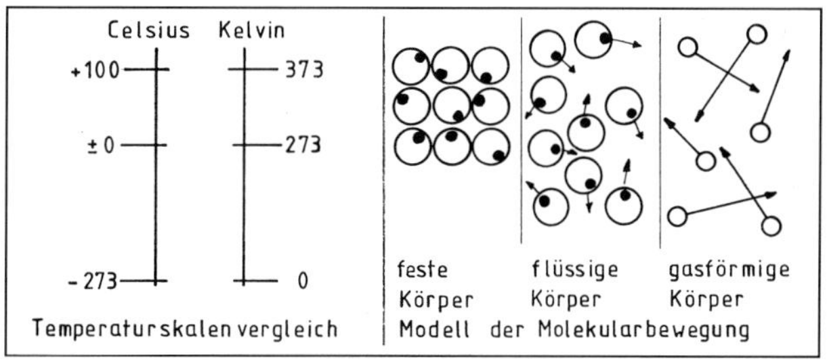

Abb. 1.26 Links: Temperaturskalenvergleich. Rechts: Modell der Molekularbewegung für feste, flüssige und gasförmige Körper

Abb. 1.26 zeigt die Temperaturskalen von Celsius und Kelvin im Vergleich. Rechts ist das Modell der Molekularbewegung skizziert.

Wärmeausdehnung

Die Moleküle fester Körper führen bei höherer Temperatur heftigere Schwingungen um ihre Ruhelage aus. Dies äußert sich darin, daß die meisten Stoffe sich bei Erwärmung meßbar ausdehnen. (Ausnahmen: Leder, Wasser bei 4 °C, einige Kunststoffe). Die Größe der Längenänderung Δ l ist abhängig von der Ausgangslänge l_0, der Temperaturdifferenz Δ T, und dem Werkstoff.

Die Längenausdehnung der verschiedenen Materialien ist werkstoffspezifisch und wird als **Längenausdehnungskoeffizient** beschrieben. Die Konstante α hat die Einheit (1/K).

Längenausdehnung eines **festen Körpers**

$l_1 = l_0 \cdot (1 + \alpha \cdot \Delta T)$

Analog gilt für die **Volumenausdehnung**

$V_1 = V_0 \cdot (1 + \gamma \, \Delta T)$

l_1 bzw. V_1 = Länge bzw. Volumen bei Temperatur T_1

l_0 bzw. V_0 = Länge bzw. Volumen bei Temperatur T_0

Δ T = Temperaturdifferenz zwischen T_0 und T_1

α bzw. γ = Längen- bzw. Volumenausdehungskoeffizient des Stoffes in 1/K zwischen 0 °C und 100 °C.

In erster Näherung gilt hierfür $\gamma \approx 3\,\alpha$

Werkstoff	α in 1/K	Ausdehnung in mm für 1 m Stablänge
Quarzglas	$0{,}5 \cdot 10^{-6}$	0,05
Jenaer Glas	$4{,}5 \cdot 10^{-6}$	0,45
Kronglas	$9 - 11 \cdot 10^{-6}$	0,9 – 1,1
Flintglas	$8 - 10 \cdot 10^{-6}$	0,8 – 1,0
Stahl	$12{,}0 \cdot 10^{-6}$	1,2
Nickel	$13{,}0 \cdot 10^{-6}$	1,3
Gold	$14{,}2 \cdot 10^{-6}$	1,42
Kupfer	$16{,}5 \cdot 10^{-6}$	1,65
Neusilber	$18{,}0 \cdot 10^{-6}$	1,8
Aluminium	$23{,}8 \cdot 10^{-6}$	2,38
Fassungskunststoffe	$80–150 \cdot 10^{-6}$	8,0 – 15,0
Epoxidharz	$90{,}0 \cdot 10^{-6}$	9,0

Tabelle: Längenausdehnung fester Werkstoffe

Die Angabe α gilt für den Bereich zwischen 0 °C und 100 °C.

Die 3. Spalte gibt die Ausdehnung eines 1 m Stabes bei Erwärmung um 100 °C an.

Beispiel: Einsprengen eines Glases in eine Epoxidfassung.

Temperaturdifferenz von 20 °C auf 120 °C = 100 °C

Ausdehnungskoeffizient $\alpha = 90 \cdot 10^{-6}$ 1/K

gestreckte Länge des Fassungsrandes l_0 = 160 mm

$l_1 = 160 \text{ mm} \cdot (1 + 90 \cdot 10^{-6} \text{ 1/K} \cdot 100 \text{ K})$

$l_1 = 160 \text{ mm} \cdot (1 + 0{,}009)$

$l_1 = 161{,}44$ mm

Die Längenzunahme bei dieser Temperaturdifferenz beträgt also 1,44 mm.

Diese beträchtliche Längendifferenz sollte nicht zum Anlaß genommen werden, Gläser in Kunststoffassungen zu groß einzuschleifen, denn der Werkstoff zieht sich ja um den gleichen Betrag wieder zusammen. Als Faustregel gilt: Läßt sich ein Glas etwa zur Hälfte seines Umfanges in die Fassungsnut einlegen, kann weiter erwärmt und eingesprengt werden.

Berechnet man die Längendehnung einer Metallfassung, so wird diese, bedingt durch den geringeren Ausdehnungskoeffizienten, erheblich kleiner ausfallen.

Beispiel: Brille aus Neusilber, die im Sommer auf der Ablage eines Pkw liegt.

Temperaturdifferenz Δ T = 60°

Randlänge l_0 = 170 mm, $\alpha = 18 \cdot 10^{-6}$ 1/K

$l_1 = 170 \text{ mm} \cdot (1 + 18 \cdot 10^{-6} \text{ 1/K} \cdot 60 \text{ K})$

l_1 = 170,184 mm oder 0,184 mm Längendifferenz.

Beispiel: Meßschieber aus Stahl, der für eine Meßtemperatur von 20 °C geeicht ist. Das Gerät soll unachtsamerweise in der Nähe der Heizung oder in der Sonne auf der Fensterbank liegen und eine Temperaturerhöhung von 20 °C erfahren.

Wie groß wird die Meßungenauigkeit bei 200 mm Meßlänge?

$l_1 = 200 \text{ mm} \cdot (1 + 12 \cdot 10^{-6} \text{ 1/K} \cdot 20 \text{ K})$

l_1 = 200,048 mm oder 1/20 mm Differenz.

Eine solche Differenz liegt bereits an der Grenze der Meßgenauigkeit des Meßschiebers!

Weitere für den Augenoptiker interessante Wärmewirkungen existieren beim Golddoublé, eingeschmolzenen Nah- und Zwischenteilen bei Bi- und Trifokal-

gläsern sowie in der Brillenglasherstellung, speziell bei der Abkühlung von Gläsern.
Beim Golddoublé wird bekanntlich eine Goldhaut durch Drucklöten auf einen unedlen Kern – meist Neusilber – aufgebracht. Die Verbindung kann nur dann dauerhaft sein, wenn gleiche oder zumindest ähnliche Ausdehnungskoeffizienten vorliegen. Das ist bei Gold/Neusilber der Fall. Hinzu kommt positiv die hohe Dehnbarkeit der Goldhaut.
Unter den gleichen Gesichtspunkten muß die Verschmelzung von hochbrechenden Flint-Nahteilen in geringer brechende Kron-Fernteile gesehen werden. Da Glas nicht die Dehnbarkeit von Gold hat, müssen hier die Ausdehnungszahlen exakt übereinstimmen. Glasbruch, mindestens aber Spannungen wären sonst die Folge.
Bei der Glasherstellung schließlich ist der Abkühlung des Glasrohmaterials besondere Aufmerksamkeit zu schenken. Da Glas ein schlechter Wärmeleiter ist, wird eine rasche Abkühlung ein Zusammenziehen der Oberfläche über einem noch heißen Kern bedeuten. Die Folgen sind Spannungen, die das Glas für optische Zwecke unbrauchbar machen können.

Temperaturmeßgeräte

Die Temperaturmessung mit Thermometern beruht im wesentlichen auf folgenden Wärmewirkungen:

Art	Funktionsprinzip	Beispiel
Flüssigkeits-thermometer	Volumenänderung von Flüssigkeiten	Spiritus-, Quecksilberthermometer
Bimetallthermometer	Ein Metallstab mit zwei fest verbundenen Metallstreifen krümmt sich bei Erwärmung infolge der unterschiedlichen Ausdehnung der Metalle und betätigt einen Zeiger	Messing/rostfreie Stähle Nickel/Mangan-Eisen-Legierung
Elektrische Thermometer	Änderung des elektrischen Widerstandes eines Stoffes bei Erwärmung	Platin/Platin-Legierungen NTC-Widerstände
	Thermoelemente: Kontaktspannung zweier verschiedener Metalle	Kupfer/Konstantan Nickel/Nickelchrom
Optische Thermometer	Messung der von einem glühenden Körper ausgehenden Strahlung	Strahlungspyrometer als Teil- oder Gesamtstrahlungs-messer

– Längen bzw. Volumenausdehnungen
– optischen Wirkungen
– elektrischen Wirkungen.

1.4 Druck

Der Druck P sagt aus, welche Kraft F auf ein Flächenteil A wirkt.
Zweckmäßig ist hierfür die Vorstellung eines Würfels (Volumenelements) von 1 m Kantenlänge. Dieser Würfel bleibt in Ruhe, wenn auf jede seiner Flächen die gleiche Kraft wirkt.

Druckeinheiten

Die SI-Einheit für den Druck ist das Pascal (Kurzzeichen Pa).
1 Pa ist der Druck, der durch eine Kraft F = 1 N senkrecht und gleichmäßig auf eine Fläche von A = 1 m^2 ausgeübt wird.

$$\text{Druck} = \frac{\text{Kraft}}{\text{Fläche}} \qquad P = \frac{F}{A}$$

$$[\text{Pa}] = \frac{\text{N}}{\text{m}^2}$$

Da ein Pascal eine sehr kleine Einheit ist, verwendet man vielfach die Einheit Hectopascal (hPa). Sie entspricht einem Millibar (mbar). Abb. 1.27 zeigt die Definition der Druckeinheit Pascal und ihre Umrechnungsfaktoren.

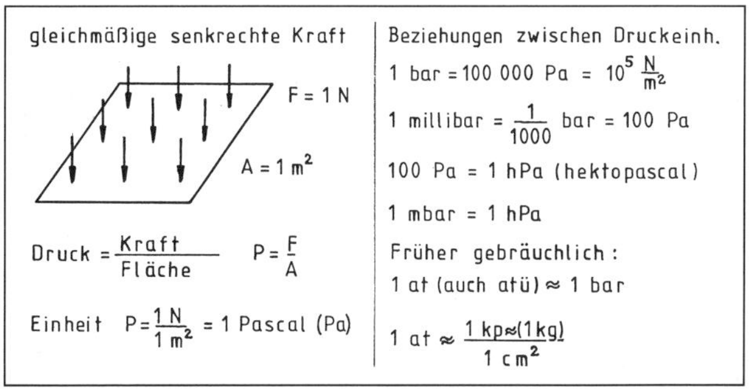

Abb. 1.27 Modellvorstellung der Druckeinheit

Druckwirkungen

Die Wirkungen des Drucks sind bei Gasen, Flüssigkeiten und festen Körpern sehr verschieden. Gase sind sehr leicht zusammendrückbar; Flüssigkeiten

kaum kompressibel; feste Körper haben ein sehr unterschiedliches Verhalten auf Druckkräfte. Es gibt sehr druckfeste und sehr weiche Materialien. Allgemein besteht die Wirkung des Drucks auf feste Werkstoffe (zum Beispiel Metalle, Kunststoffe, Glas) in der Erzeugung von Spannungen. Spannungen sind mit dem bloßen Auge nicht sichtbar, es sei denn, sie werden so groß, daß die Druckfestigkeit des Materials überschritten wird. Der sichtbare Bruch ist dann die Folge. Spannungen im Material können mit dem Spannungsprüfer sichtbar gemacht werden. Für den Augenoptiker sind insbesondere die Druckspannungen im Glas von Interesse.
Beispiel: eine Schraubendreherspitze von $A = 1\ mm^2$ drückt mit der Kraft $F = 100\ N$ auf ein Brillenglas. Wie groß ist der ausgeübte Druck?

$$P = \frac{100}{1}\frac{N}{mm^2} = 100\ N/mm^2$$

Die Folge sind Spannungen im Glas. Ein Metallfassungsrand mit vergleichbarer Druckfläche würde eine ebensolche Spannung erzeugen.
Setzt man mit der gleichen Kraft F das Schneidrädchen eines Glasschneiders $A = 1/10\ mm^2$ auf das Glas, so erhält man einen Druck.

$$P = \frac{100}{1/10}\frac{N}{mm^2} = 1000\ N/mm^2$$

Da die Druckfestigkeit von Glas zwischen 800 und 2000 N/mm^2 liegt, können hier erste Risse oder Sprünge im Glas bereits auftreten.
Man erkennt, daß weniger die Kraft F als vielmehr die Fläche A, auf die diese Kraft wirkt, für die Größe des Druckes ausschlaggebend ist.
Fassungsrand und Facette üben aufgrund ihrer Form oft hohe Drücke aufeinander aus.

Druck auf das Brillenglas – Ursache von Spannungen

1) Das Brillenglas ist größer als der Fassungsrand

Besonders für Metallfassungen gilt, daß ein gewaltsam zusammengeschraubter Fassungsrand erhebliche Druckspannungen auf das Glas ausüben kann. Ursache hierfür ist die hohe Zugfestigkeit des Metallrandes, der große Kräfte ohne nennenswerte Dehnung aufnehmen und damit auch weitergeben kann. Je nach Kraftanstrengung sind Ausplatzer an der Facette möglich bis wahrscheinlich.

2) Ungleiche Form zwischen Glas und Fassung

Folge einer ungleichen Form ist eine ungleichmäßige Druckverteilung auf der Facette und weiter im Brillenglas. Ausplatzer sind möglich, Spannungen im Glas wahrscheinlich.

3) Ungleiche Durchwölbung (Muschelung) zwischen Glas und Fassungsform

Folge einer nicht genügenden Muschelung sind großflächige Spannungen auf der Facette und weiter auf dem Glas.

4) Falscher Facettenwinkel

Der Facettenwinkel sollte 120° betragen; ist dies nicht der Fall, so drückt der Fassungsrand entweder nur auf die Facettenspitze oder punktförmig nur auf den Rand der Facettenfläche. Der Druck kann so groß werden, daß Facettenbruch und/oder Ausplatzer fast unvermeidlich sind.

5) Die Facette hat Absätze

Auch hier gilt, daß entweder nur die Facettenspitze oder der Rand an einigen Stellen punktförmig belastet wird.

6) Glasbruch durch falsches Bröckeln

Versucht man beim Bröckeln, das Brillenglas „abzukneifen“ (und nicht sachgerecht abzubrechen), so ist Glasbruch beinahe unvermeidlich. Er führt typischerweise quer durch das Glas.

2 Chemische Grundlagen

Chemie begleitet uns lebenslang in allen Lebensbereichen. Dem Augenoptiker begegnet sie besonders in Form organischer Fassungs- und Brillenglaswerkstoffe sowie im Bereich der Kontaktlinsen und ihrer Pflege in breitem Umfang.

2.1 Aufbau der Elemente

Die Chemie beschäftigt sich mit der Stoffumwandlung; sie beschreibt Aufbau und Eigenschaften der Stoffe und ihrer Verbindungen. Alle Stoffe sind aus Grundstoffen aufgebaut, die man Elemente nennt. In der Natur existieren 92 Elemente; die Atomphysik ist in der Lage, einige weitere künstliche Elemente herzustellen. Die Elemente sind auf der Erde in sehr unterschiedlicher Menge vorhanden. Sauerstoff ist mit großem Abstand das häufigste Element der Erdrinde. Er findet sich in der Luft, ist Bestandteil des Wassers und der meisten Gesteine und Böden. 50% der Masse der Erdrinde bestehen aus Sauerstoff, ein Viertel aus Silizium (Sand) und 7,5% aus Aluminium. 83 andere, für uns technisch wichtige Stoffe, haben zusammen nur 1,4% Anteil.
Alle Stoffe bestehen aus Grundstoffen, den chemischen Elementen. Sie lassen sich chemisch nicht in andere Teile zerlegen.
Jedes Element hat einen Namen, der durch ein Symbol dargestellt wird. Das Symbol besteht aus Buchstaben des lateinischen Namens des Elementes.

Wasserstoff= Hydrogenium = H
Sauerstoff = Oxigenium = O
Kohlenstoff = Carboneum = C
Eisen = Ferrum = Fe

Rund 70 Elemente haben gemeinsame Merkmale und werden als Metalle bezeichnet. Ihre Kennzeichen sind:
- glänzende Oberfläche
- gute Wärmeleitfähigkeit
- gute elektrische Leitfähigkeit
- Umformbarkeit.

Traditionell werden die Metalle in Eisen- und Nichteisenmetalle sowie nach ihrer Dichte > < 5 g/cm^3 in Leicht- und Schwermetalle unterschieden.

Die übrigen Elemente nennt man Nichtmetalle. Unter ihnen nehmen die Elemente Kohlenstoff, Sauerstoff und Wasserstoff eine besondere Stellung ein. Kohlenstoff ist die Grundlage aller Stoffe der lebenden Natur und der modernen Kunststoffe. Sauerstoff ist unser Atemelement und bildet mit Wasserstoff zusammen Wasser.

2.1.1 Bohrsches Atommodell

Um den Aufbau der Elemente zu begreifen, denkt man sich ein Element immer weiter zerkleinert, bis man an seinem kleinsten Baustein angelangt ist. Dieses kleinste, chemisch nicht weiter zerlegbare Teilchen nennt man Atom. Jedes Element hat seine eigene Atomsorte.

Ein Atom ist das kleinste Teilchen eines Elementes.

Der Teilungsvorgang ist nur gedanklich möglich. Die Vorstellung vom Aufbau der Atome nennt man ein Modell. Ein „Modell" ist kein verkleinertes Abbild der Wirklichkeit, wie etwa ein Spielzeugauto im Verhältnis zu einem realen Auto, es ist vielmehr ein anschauliches Bild komplizierter mathematischer Beziehungen. Das Atom selbst „denkt" man sich aus weiteren Bausteinen zusammengesetzt. Die wichtigsten drei sind:
- **Proton:** elektrisch positiv geladenes Teil,
- **Elektron:** elektrisch negativ geladenes Teil,
- **Neutron:** elektrisch neutrales Teil.

Abb. 2.1 zeigt links im Säulendiagramm die prozentuale Verteilung der ersten sechs Elemente. Rechts

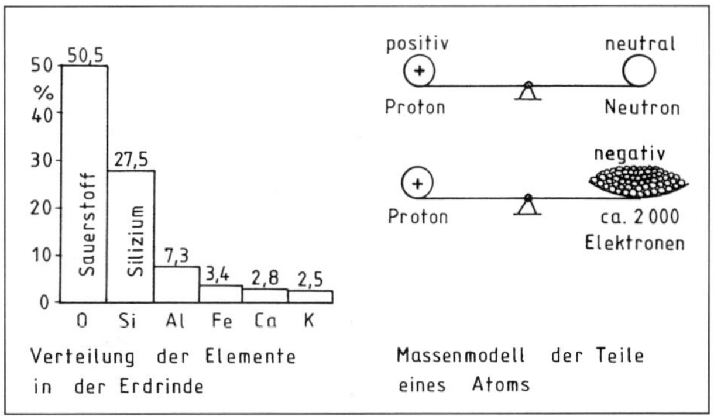

Abb. 2.1 Verteilung der Elemente in der Erdrinde. Massenmodell der Teile eines Atoms

ist das Massenmodell der Teile eines Atoms dargestellt.

Außer durch ihre Ladung unterscheiden sich die Teilchen auch durch ihre Masse und ihre Verteilung. Protonen und Neutronen sind etwa gleich schwer und bilden zusammen den Atomkern.

Ein Elektron hat nur etwa 1/2000 der Masse eines Protons/Neutrons. **Elektronen bilden die Atomhülle.** Sie bewegen sich mit hoher Geschwindigkeit auf unterschiedlichen Bahnen um den Kern. Die Bahnwege **– Schalen –** werden von innen beginnend mit den Buchstaben K, L, M, N, O, P, Q bezeichnet.

Das Zusammenspiel zwischen Kern und Hülle beruht auf:

– den elektrischen Anziehungskräften zwischen den Protonen im Kern und den Elektronen auf den Schalen,

– den elektrischen Abstoßungskräften zwischen den Elektronen auf den Schalen.

Nach außen hin wirkt ein Atom elektrisch neutral.

Abb. 2.2 skizziert die Modellvorstellung vom Aufbau des Wasserstoffatoms und seine räumliche Ausdehnung.

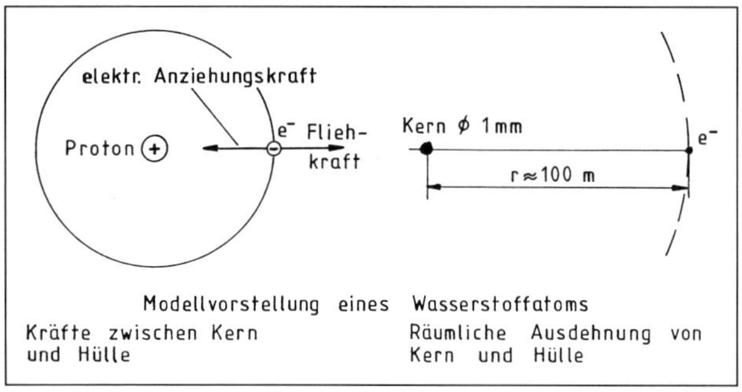

Abb. 2.2 Modellvorstellung eines Wasserstoffatoms

Der Erklärungsbereich der älteren Atommodelle ist allerdings gering; wesentliche wissenschaftliche Erkenntnisse wie das Herstellen und Lösen von Bindungen, die auf Ladungswechselwirkungen zurückzuführen sind, bleiben bei diesen Modellen unberücksichtigt.

Die Stärke des „Bohrschen Atommodells" liegt in ihrer besonderen Anschaulichkeit. Die Besetzung der Schalen mit Elektronen ist nach Bohr nur in bestimmten Grenzen möglich:

Die innere K-Schale kann maximal 2 Elektronen, die L-Schale schon 8, die übrigen noch mehr Elektronen aufnehmen.

Beispiel: Das Wasserstoffatom hat den einfachsten Aufbau und die kleinste Atommasse. Sein Kern besteht aus einem Proton, dessen positive Ladung durch ein einzelnes Hüllenelektron ausgeglichen wird. Bei fehlender Rotation, also ohne radial nach außen wirkende Fliehkraft, müßte das Elektron in den Kern hineinfallen und ihn neutralisieren.

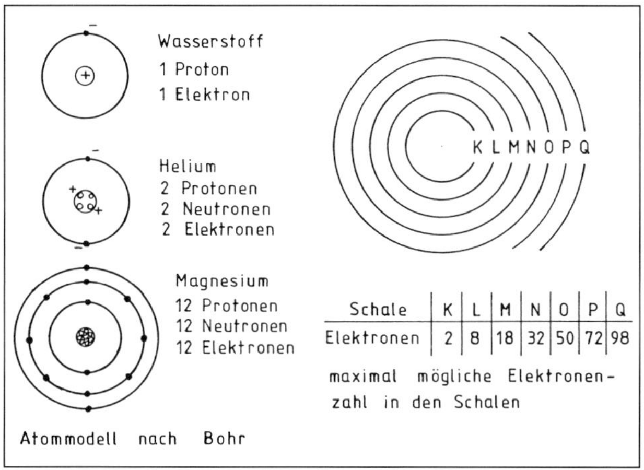

Schale	K	L	M	N	O	P	Q
Elektronen	2	8	18	32	50	72	98

Abb. 2.3 Atommodell nach Bohr

Das Atommodell nach Bohr ist in Abb. 2.3 für die Elemente Wasserstoff, Helium und Magnesium schematisch skizziert. Rechts ist die Anordnung der Schalen und ihre maximale Besetzung mit Elektronen dargestellt.

2.1.2 Periodensystem der Elemente (PSE)

Im Periodensystem (siehe Seiten 20/21) sind die Elemente nach steigender Kernladungszahl (= Protonenzahl) geordnet. Die in der waagerechten Reihe stehenden Elemente bilden eine **Periode,** die senkrecht untereinander stehenden Elemente eine **Gruppe.** Es existieren acht Hauptgruppen sowie Nebengruppen, die mit dem Index „a" gekennzeichnet sind.

Als Lanthaniden bezeichnet man die dem Element Lanthan (La) folgenden 14 Elemente, als Actiniden, die auf das Element Actinium (Ac) folgenden 14 Elemente.

Vor dem Symbol des Elements steht die **Ordnungszahl,** die die Protonenzahl angibt. Im Regelfall ist sie

mit der Zahl der Elektronen und der Neutronen identisch. Die Besetzung der Elektronenschalen erkennt man an den kleinen Zahlen: Innerhalb einer Periode (waagerechte Zeile) wird die äußere Schale auf 8 Elektronen angefüllt. Ganz rechts stehen die Edelgase mit ihrer idealen Auffüllung auf 8 Elektronen.
Außer den Edelgasen sind noch folgende Elemente gasförmig: H, N, O, F, Cl.
Brom und Quecksilber sind bei 20 °C flüssig, alle anderen Stoffe sind fest.
Unterhalb des Symbols findet man die **relative Atommasse.** Sie gibt an, um wievielmal schwerer das Atom eines Elements ist als der 12. Teil des Kohlenstoffisotops ^{12}C.
Isotope sind Abarten der Atome bei gleicher Protonen- und Elektronenzahl, aber unterschiedlicher Neutronenzahl; sie haben folglich eine geringfügig andere Masse als das Atom des Elements. Dem natürlichen (radioaktiven) Isotop des Kohlenstoffs hat man die Atommasse 12 zugeordnet und vergleicht hiermit alle anderen Isotope.
Die Anordnung der Elemente nach steigender Ordnungszahl folgt nicht immer der Atommasse. Das Element Kalium ($_{19}K$, Atommasse 39,102) ist seinen Eigenschaften nach eindeutig ein Alkalimetall, das Argon ($_{18}Ar$, Atommasse 39,948) ebenso eindeutig ein Edelgas. Deshalb mußte das Argon trotz höherer Atommasse vor das Kalium eingereiht werden. Aus ähnlichen Gründen steht Tellur vor Jod und Kobalt vor Nickel.

2.1.3 Entstehung des Lichts

Die Entstehung des Lichts läßt sich mit dem Aufbau des Atoms nach Bohr folgendermaßen deuten:
Bahnen nahe dem Atomkern sind relativ energiearm. Weiter außen liegende Bahnen sind für die Elektronen nur mit größerer Energie „befahrbar". Zwischen den einzelnen Bahnen liegen sogenannte verbotene Zonen. Weiter gilt nach Bohr, daß nicht alle Bahnen ständig mit Elektronen besetzt sein müssen. Erhält nun ein Elektron einen Impuls – zum Beispiel durch Wärmeenergie – so kann es kurzfristig auf eine Bahn höheren Energieniveaus (weiter außen) angehoben werden. Das Elektron kann schon nach außerordentlich kurzer Zeit – 10^{-8} bis 10^{-9} Sekunden – wieder auf seine alte Bahn zurückfallen. Hier benötigt es weniger Energie, die es dann als Lichtquant abstrahlt. Solche Übergänge verlaufen nicht stetig, sondern stets in Sprüngen. Durch rasche Wiederholung des Vorgangs und das Zusammenspiel zahlloser Atome entsteht – modellhaft – die Lichtemission. Abb. 2.4 verdeutlicht den Vorgang der Ausstrahlung des Lichts.

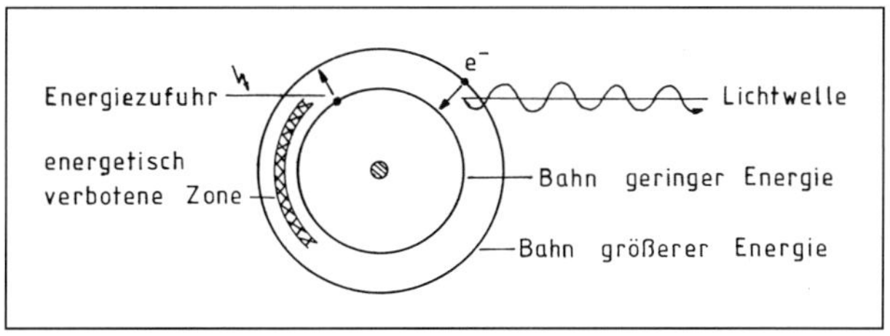

Abb. 2.4 Modellvorstellung zur Entstehung des Lichts

2.1.4 Chemische Verbindungen, Moleküle und Ionen

Auf der Erde existieren einige Millionen verschiedener Stoffe; sie entstehen durch Zusammenschluß mehrerer Atome verschiedener Elemente. Die neuen Stoffe haben völlig andere Eigenschaften als die einzelnen Elemente, man bezeichnet sie als chemische Verbindung. Beispiel: Wasser ist eine chemische Verbindung von Wasserstoff und Sauerstoffatomen. Das kleinste Teilchen Wasser besteht aus zwei Wasser- und einem Sauerstoffatom. Solch ein Teilchen nennt man Wassermolekül. Jede chemische Verbindung hat ihre eigene Molekülsorte.
Ein **Molekül** ist das kleinste Teilchen einer chemischen Verbindung. Es besteht aus mehreren Atomen, hat aber andere Eigenschaften als die beteiligten Atome.
In anderen Verbindungen sind die kleinsten Teilchen Ionen. **Ionen sind elektrisch geladene Atome oder Molekülteile.** Beispiel: Kochsalz NaCl ist eine Verbindung der Elemente Natrium und Chlor. Sie wird aus Natrium- und Chlorid-Ionen aufgebaut, die nach einem regelmäßigen Muster den Kochsalzkristall bilden. Die Ionen ziehen sich gegenseitig an, da Natrium elektrisch positiv und das Chlorion elektrisch negativ geladen ist. Ebenso sei erwähnt, daß es eine Reihe von Elementen gibt, deren kleinste existierende Einheit ein Molekül darstellt. Dies gilt zum Beispiel für Wasserstoff H_2 oder Chlor Cl_2.

DAS PERIODENSYSTEM

Hauptgruppen: I, II — Nebengruppen: IIIa, IVa, Va, VIa, VIIa, VIIIa

Perioden	I	II	IIIa	IVa	Va	VIa	VIIa	VIIIa	VIIIa
1.	1 Wasserstoff 1,00797 I −252,5 −259,1 0,0899 **H** 2,1 $1s^1$								
2.	3 Lithium 6,939 I 1336 180,5 0,534 **Li** 1,0 $1s^2 2s^1$	4 Beryllium 9,0122 II 2970 1285 1,85 **Be** 1,5 $1s^2 2s^2$							
3.	11 Natrium 22,9898 I 892 97,81 0,971 **Na** 0,9 $[Ne]3s^1$	12 Magnesium 24,305 II 1107 651 1,745 **Mg** 1,2 $[Ne]3s^2$							
4.	19 Kalium 39,098 I 774 63,65 0,862 **K** 0,8 $[Ar]4s^1$	20 Calcium 40,08 II 1482 851 1,53 **Ca** 1,0 $[Ar]4s^2$	21 Scandium 44,956 III 2727 1539 2,99 **Sc** 1,3 $[Ar]3d^1 4s^2$	22 Titan 47,90 IV, III 3260 1668 4,51 **Ti** 1,5 $[Ar]3d^2 4s^2$	23 Vanadium 50,941 V, IV, II 3380 1890 6,12 **V** 1,6 $[Ar]3d^3 4s^2$	24 Chrom 51,996 VI, III, II 2200 1890 7,19 **Cr** 1,6 $[Ar]3d^5 4s^1$	25 Mangan 54,938 II, III, IV VI, VII 2097 1244 7,34 **Mn** 1,5 $[Ar]3d^5 4s^2$	26 Eisen 55,847 II, III 3000 1535 7,874 **Fe** 1,8 $[Ar]3d^6 4s^2$	27 Cobalt 58,933 II, III 2900 1495 8,90 **Co** 1,8 $[Ar]3d^7 4s^2$
5.	37 Rubidium 85,467 I 688 38,7 1,53 **Rb** 0,8 $[Kr]5s^1$	38 Strontium 87,62 II 1380 768 2,67 **Sr** 1,0 $[Kr]5s^2$	39 Yttrium 88,906 III 2927 1495 4,47 **Y** 1,3 $[Kr]4d^1 5s^2$	40 Zirkonium 91,22 IV 4370 1852 6,50 **Zr** 1,4 $[Kr]4d^2 5s^2$	41 Niob 92,906 V, III 4927 2468 8,58 **Nb** 1,6 $[Kr]4d^4 5s^1$	42 Molybdän 95,94 VI, V IV, III, II 5560 2610 10,22 **Mo** 1,8 $[Kr]4d^5 5s^1$	43 Technetium (98) VII 5030 2140 11,5 **Tc** 1,9 $[Kr]4d^5 5s^2$	44 Ruthenium 101,07 III, IV 3900 2500 12,30 **Ru** 2,2 $[Kr]4d^7 5s^1$	45 Rhodium 102,905 II, III 3727 1966 12,41 **Rh** 2,2 $[Kr]4d^8 5s^1$
6.	55 Cäsium 132,905 I 705 28,5 1,90 **Cs** 0,7 $[Xe]6s^1$	56 Barium 137,34 II 1640 725 3,7 **Ba** 0,9 $[Xe]6s^2$	57 Lanthan 138,91 III 3469 920 6,16 **La** 1,1 $[Xe]5d^1 6s^2$	72 Hafnium 178,49 IV 5400 2150 13,31 **Hf** 1,3 $[Xe]4f^{14} 5d^2 6s^2$	73 Tantal 180,948 V 5425 2996 16,60 **Ta** 1,5 $[Xe]4f^{14} 5d^3 6s^2$	74 Wolfram 183,85 VI, V IV, III, II 5900 3387 19,27 **W** 1,7 $[Xe]4f^{14} 5d^4 6s^2$	75 Rhenium 186,2 VII, VI, IV II, −I 5627 3180 21,04 **Re** 1,9 $[Xe]4f^{14} 5d^5 6s^2$	76 Osmium 190,2 IV, II, III, VI, VIII 5027 3045 22,48 **Os** 2,2 $[Xe]4f^{14} 5d^6 6s^2$	77 Iridium 192,2 IV, II, III, VI 4527 2443 22,42 **Ir** 2,2 $[Xe]4f^{14} 5d^7 6s^2$
7.	87 Francium — I — — — **Fr** 0,7 $[Rn]7s^1$	88 Radium 226,03 II 1140 700 5,5 **Ra** 0,9 $[Rn]7s^2$	89 Actinium (227) III 3200 1050 (10,07) **Ac** 1,1 $[Rn]6d^1 7s^2$	104 Kurtschatovium (261) IV — — — **Ku** — $[Rn]5f^{14} 6d^2 7s^2$	105 Hahnium (262) V — — — **Ha** — $[Rn]5f^{14} 6d^3 7s^2$				

Lanthaniden-Elemente	58 Cer 140,12 III, IV 3468 795 6,67 **Ce** 1,1 $[Xe]4f^2 5d^0 6s^2$	59 Praseodym 140,907 III, IV 3127 935 6,77 **Pr** 1,1 $[Xe]4f^3 5d^0 6s^2$	60 Neodym 144,24 III 3027 1024 7,00 **Nd** 1,2 $[Xe]4f^4 5d^0 6s^2$	61 Promethium (147) III — 1068 7,2 **Pm** — $[Xe]4f^5 5d^0 6s^2$	62 Samarium 150,4 III, II 1804 1072 7,54 **Sm** 1,2 $[Xe]4d^6 5d^0 6s^2$
Actiniden-Elemente	90 Thorium 232,04 IV 3850 1750 11,7 **Th** 1,3 $[Rn]5f^0 6d^2 7s^2$	91 Protactinium 231,04 V, IV — 1560 15,37 **Pa** 1,5 $[Rn]5f^2 6d^1 7s^2$	92 Uran 238,03 VI, V, IV, III 3818 1132 19,1 **U** 1,7 $[Rn]5f^3 6d^1 7s^2$	93 Neptunium (237) VI, V, IV, III — 637 20,45 **Np** 1,3 $[Rn]5f^4 6d^1 7s^2$	94 Plutonium (242) IV, VI, V, III 3327 640 19,81 **Pu** 1,3 $[Rn]5f^6 6d^0 7s^2$

Erklärung

26 Eisen
55,847 II, III
3000
1535
7,874
Fe 1,8
$[Ar]3d^6 4s^2$

- Ordnungszahl
- Atommasse
- Siedepunkt in °C
- Schmelzpunkt in °C
- Dichte in g/cm³ (fest, flüssig) oder **g/dm³** (gasförmig)
- Elementname
- Oxidationszahl in Verbindungen (Wertigkeit)
- Elektronegativität (nach Pauling)
- **Elementsymbol**: schwarz = fest, rot = gasförmig, blau = flüssig, Hohlschrift = künstlich hergestelltes Element
- Aufbau der Elektronenhülle (Orbitalmodell)

DER ELEMENTE

Hauptgruppen

	Ia	IIa	III	IV	V	VI	VII	VIII
								2 **Helium** 4,0026 −268,9 −269,7 0,1785 **He** $1s^{2}$
			5 **Bor** 10,811 III 2550 2300 2,0 2,34 **B** $1s^{2}2s^{2}2p^{1}$	6 **Kohlenstoff** 12,01115 ±IV, II 4830 3550 2,5 2,1 2,3 (Graphit) **C** $1s^{2}2s^{2}2p^{2}$	7 **Stickstoff** 14,0067 ±III, V, IV, II −195,8 −210 3,0 1,251 **N** $1s^{2}2s^{2}2p^{3}$	8 **Sauerstoff** 15,999 −II −182,9 −218,4 3,5 1,4289 **O** $1s^{2}2s^{2}2p^{4}$	9 **Fluor** 18,9984 −I −188,1 −219,6 4,0 1,696 **F** $1s^{2}2s^{2}2p^{5}$	10 **Neon** 20,183 −245,9 −248,7 0,8999 **Ne** $1s^{2}2s^{2}2p^{6}$
			13 **Aluminium** 26,9815 III 2467 660,2 1,5 2,70 **Al** $[Ne]3s^{2}3p^{1}$	14 **Silicium** 28,086 IV 2355 1410 1,8 2,33 **Si** $[Ne]3s^{2}3p^{2}$	15 **Phosphor** 30,9738 ±III, V, IV 280 44,1 2,1 1,82 (weiß) **P** $[Ne]3s^{2}3p^{3}$	16 **Schwefel** 32,06 ±II, IV, VI 444,6 119,0 2,5 2,07 **S** $[Ne]3s^{2}3p^{4}$	17 **Chlor** 35,453 ±I, III, V, VII −34,1 −101 3,0 3,214 **Cl** $[Ne]3s^{2}3p^{5}$	18 **Argon** 39,948 −185,9 −189,3 1,784 **Ar** $[Ne]3s^{2}3p^{6}$
28 **Nickel** 58,70 II, III 2732 1453 1,8 8,90 **Ni** $[Ar]3d^{8}4s^{2}$	29 **Kupfer** 63,546 II, I 2595 1083 1,9 8,94 **Cu** $[Ar]3d^{10}4s^{1}$	30 **Zink** 65,38 II 907 419,5 1,6 7,13 **Zn** $[Ar]3d^{10}4s^{2}$	31 **Gallium** 69,72 III 2400 29,8 1,6 5,904 **Ga** $[Ar]3d^{10}4s^{2}4p^{1}$	32 **Germanium** 72,59 IV 2830 937,4 1,8 5,32 **Ge** $[Ar]3d^{10}4s^{2}4p^{2}$	33 **Arsen** 74,922 ±III, V 613 (817) 2,0 5,73 **As** $[Ar]3d^{10}4s^{2}4p^{3}$	34 **Selen** 78,96 IV, ±II, VI 685 220 2,4 4,81 **Se** $[Ar]3d^{10}4s^{2}4p^{4}$	35 **Brom** 79,904 ±I, V 58,78 −7,2 2,8 3,12 **Br** $[Ar]3d^{10}4s^{2}4p^{5}$	36 **Krypton** 83,80 −152,3 −156,6 3,733 **Kr** $[Ar]3d^{10}4s^{2}4p^{6}$
46 **Palladium** 106,4 II, IV 2927 1552 2,2 12,02 **Pd** $[Kr]4d^{10}5s^{0}$	47 **Silber** 107,87 I 2140 960,8 1,9 10,50 **Ag** $[Kr]4d^{10}5s^{1}$	48 **Cadmium** 112,40 II 767 320,9 1,7 8,65 **Cd** $[Kr]4d^{10}5s^{2}$	49 **Indium** 114,82 III 2000 156,6 1,7 7,30 **In** $[Kr]4d^{10}5s^{2}5p^{1}$	50 **Zinn** 118,69 IV, II 2270 231,9 1,8 7,29 **Sn** $[Kr]4d^{10}5s^{2}5p^{2}$	51 **Antimon** 121,75 ±III, V 1635 630,5 1,9 6,69 **Sb** $[Kr]4d^{10}5s^{2}5p^{3}$	52 **Tellur** 127,6 -II, IV, VI 980 449 2,1 6,25 **Te** $[Kr]4d^{10}5s^{2}5p^{4}$	53 **Iod** 126,9 ±I, V, VII 184,5 113,5 2,5 4,93 **I** $[Kr]4d^{10}5s^{2}5p^{5}$	54 **Xenon** 131,3 −108 −111,9 5,897 **Xe** $[Kr]4d^{10}5s^{2}5p^{6}$
78 **Platin** 195,09 IV, II 3827 1769 2,2 21,45 **Pt** $[Xe]4f^{14}5d^{9}6s^{1}$	79 **Gold** 196,967 III, I 2966 1063 2,4 19,32 **Au** $[Xe]4f^{14}5d^{10}6s^{1}$	80 **Quecksilber** 200,59 II, I 356,6 −38,9 1,9 13,59 **Hg** $[Xe]4f^{14}5d^{10}6s^{2}$	81 **Thallium** 204,37 I, III 1457 303,5 1,8 11,85 **Tl** $[Xe]4f^{14}5d^{10}6s^{2}6p^{1}$	82 **Blei** 207,2 II, IV 1740 327 1,8 11,35 **Pb** $[Xe]4f^{14}5d^{10}6s^{2}6p^{2}$	83 **Bismut** 208,98 III, V 1560 271,3 1,9 9,79 **Bi** $[Xe]4f^{14}5d^{10}6s^{2}6p^{3}$	84 **Polonium** (210) II, IV 962 254 2,0 (9,2) **Po** $[Xe]4s^{14}5d^{10}6s^{2}6p^{4}$	85 **Astat** (210) ±I, III, V — — 2,2 — **At** $[Xe]4f^{14}5d^{10}6s^{2}6p^{5}$	86 **Radon** (222) −61,8 −71 9,97 **Rn** $[Xe]4f^{14}5d^{10}6s^{2}6p^{6}$

63 **Europium** 151,96 III, II 1439 826 — 5,26 **Eu** $[Xe]4f^{7}5d^{0}6s^{2}$	64 **Gadolinium** 157,25 III 3000 1312 1,1 7,89 **Gd** $[Xe]4f^{7}5d^{1}6s^{2}$	65 **Terbium** 158,925 III, IV 2800 1356 1,2 8,253 **Tb** $[Xe]4f^{9}5d^{0}6s^{2}$	66 **Dysprosium** 162,50 III 2600 1407 — 8,56 **Dy** $[Xe]4f^{10}5d^{0}6s^{2}$	67 **Holmium** 164,93 III 2600 1461 1,2 8,80 **Ho** $[Xe]4f^{11}5d^{0}6s^{2}$	68 **Erbium** 167,26 III 2900 1497 1,2 9,16 **Er** $[Xe]4f^{12}5d^{0}6s^{2}$	69 **Thulium** 168,93 III, II 1727 1545 1,2 9,32 **Tm** $[Xe]4f^{13}5d^{0}6s^{2}$	70 **Ytterbium** 173,04 III, II 1427 824 1,1 6,96 **Yb** $[Xe]4f^{14}5d^{0}6s^{2}$	71 **Lutetium** 174,97 III 3327 1652 1,2 9,84 **Lu** $[Xe]4f^{14}5d^{1}6s^{2}$
95 **Americium** (243) III, IV, V, VI — 994 1,3 13,67 **Am** $[Rn]5f^{7}6d^{0}7s^{2}$	96 **Curium** (247) III 3540 1350 — 13,5 **Cm** $[Rn]5f^{7}6d^{1}7s^{2}$	97 **Berkelium** (247) III, IV — 1000 — — **Bk** $[Rn]5f^{9}6d^{0}7s^{2}$	98 **Californium** 252 III 1200 — — — **Cf** $[Rn]5f^{10}6d^{0}7s^{2}$	99 **Einsteinium** (254) — — — — — **Es** $[Rn]5f^{11}6d^{0}7s^{2}$	100 **Fermium** — — — — — — **Fm** $[Rn]5f^{12}6d^{0}7s^{2}$	101 **Mendelevium** — — — — — — **Md** $[Rn]5f^{13}6d^{0}7s^{2}$	102 **Nobelium** — — — — — — **No** $[Rn]5f^{14}6d^{0}7s^{2}$	103 **Lawrencium** — — — — — — **Lr** $[Rn]5f^{14}6d^{1}7s^{2}$

2.1.5 Gemenge

Ein Gemenge ist ein Gemisch von mindestens zwei Elementen in beliebigem Mischungsverhältnis. Es ist nicht chemisch gebunden und läßt sich durch einfache physikalische Methoden trennen.
Beispiel: Ein Gemenge aus Schwefel und Eisenpulver läßt sich durch physikalische Methoden (Magnet) in seine beiden Bestandteile zerlegen. Abb. 2.5 zeigt diesen Zusammenhang im Bild.

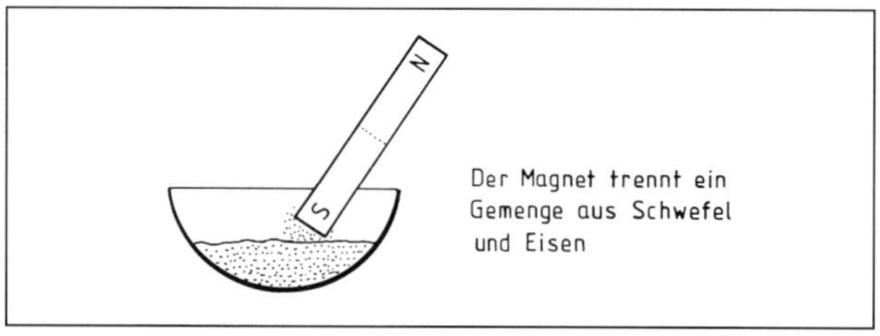

Ab. 2.5 Trennung eines Gemenges

Von überragender technischer Bedeutung sind die Gemenge von Metallen. Man nennt sie Legierungen. Stahl ist eine solche Legierung aus Eisenkarbiden, Eisen und weiteren Stoffen. Gemenge können homogen (gleichmäßig) oder heterogen (ungleichmäßig) sein.
Ein homogenes Gemenge ist so gut vermischt, daß seine Bestandteile auch unter dem Mikroskop nicht mehr als Einzelelemente erkennbar sind.
Beispiel: Salzwasser. Weiteres Beispiel: Glas. Glas ist ein völlig gleichmäßiges Gemenge von Natrium- und Calziumsilikat.
Bei heterogenen Gemengen kann man die einzelnen Bestandteile oft sogar mit dem bloßen Auge erkennen. Beispiel: Nebel, Wasserdampf in Luft gelöst, oder: Milch, Fett in Wasser gelöst.
Trennung der Gemenge:
Die Bestandteile eines Gemenges lassen sich wegen ihrer unterschiedlichen physikalischen und chemischen Eigenschaften leicht trennen. Die üblichen Trennmethoden sind: Sieben, Filtrieren, Destillieren und andere einfache physikalische Methoden.

Die Löslichkeit von Substanzen

Lösungen von Substanzen spielen im Bereich der Tränenflüssigkeit und der Kontaktlinse eine große Rolle. In der Tränenflüssigkeit sind Salze, Proteine und Gase gelöst, als Lösungsmittel dient Wasser.
Die Löslichkeit ist eine stoffspezifische Größe (Angabe in Gramm pro Liter Lösungsmittel) und außerdem abhängig von der Temperatur. Dabei gilt:

Feste Stoffe und Flüssigkeiten:	Löslichkeit nimmt mit höherer Temperatur zu
Gase:	Löslichkeit nimmt mit höherer Temperatur ab
Bezugstemperatur : 25 °C	

2.1.6 Reaktionsgleichung

Bei chemischen Reaktionen entstehen neue Stoffe mit völlig anderen Eigenschaften. Um diese Veränderungen kurz und treffend zu beschreiben, stellt man eine Reaktionsgleichung auf. Man benutzt hierzu lediglich die minimalen Massen der Ausgangs- und Endstoffe; beschreibt aber nicht die neuen Stoffeigenschaften. Wesentlicher Bestandteil ist die Formelschreibweise des Elements oder der Verbindung. Ein Pluszeichen gibt an, welche Elemente miteinander reagieren; ein Pfeil gibt die Richtung der Reaktionen an. Dabei kann sich aus den einzelnen Elementen eine neue Verbindung aufbauen oder eine bestehende Verbindung in ihre Teile aufgespalten werden. Die Zahl bei dem Kurzzeichen des Elements gibt die Anzahl der Atome des Elements in einem Molekül an.
Beispiel: Die Reaktionsgleichung

$$Fe_2O_3 + 2\ Al \rightarrow Al_2O_3 + 2\ Fe$$

beschreibt die Einwirkung von Aluminium auf Eisenoxid, wobei als Produkte Eisen Fe und Aluminiumoxid Al_2O_3 entstehen.

2.1.7 Analyse und Synthese

Die Analyse ist ein chemischer Vorgang, bei dem ein Stoff in seine Bestandteile (Elemente oder einfachere Verbindungen) zerlegt wird.
Aus einem Stoff entstehen so zwei oder mehr neue Stoffe mit neuen Eigenschaften.

Beispiel: $CaCO_3$ + Wärme → CaO + CO_2
Erhitzt man Kalkstein ($CaCO_3$), so entstehen gebrannter Kalk (CaO) und Kohlendioxid (CO_2).
Synthese ist der Aufbau eines Stoffes aus seinen Elementen oder einfacheren Verbindungen.
Unter synthetischer Herstellung versteht man auch die „künstliche" Herstellung von Naturstoffen. Allgemein entsteht also durch Synthese aus zwei oder mehr Stoffen ein neuer Stoff mit neuen Eigenschaften.

Beispiel: CaO + H_2O → $Ca(OH)_2$ + Wärme

Fügt man zu gebranntem Kalk (CaO) Wasser hinzu, so entsteht durch chemische Reaktion ein neuer Stoff Calziumhydroxid (gelöschter Kalk) und Wärmeenergie.

2.1.8 pH-Wert

Selbst reinstes Wasser besitzt eine gewisse Leitfähigkeit für den elektrischen Strom. Sie kommt dadurch zustande, daß aus Wassermolekülen Ionen nach folgender Gleichung gebildet werden:

$$H_2O + H_2O = H_3O + OH^-$$

Mit Hilfe des Massenwirkungsgesetzes und nach einigen Umformungen läßt sich zeigen, daß das Ionenprodukt des Wassers konstant ist. Die Konstante beträgt bei 22° C $K_W = 10^{-14}$ oder:

$$[H_3O^+] \cdot [OH^-] = 10^{-14} \text{ mol}^2 \text{ l}^{-2}$$

Ein Liter reines Wasser enthält also 10^{-7} Mol Hydronium-Ionen und 10^{-7} Mol Hydroxid-Ionen.
Die Konzentration der beiden Ionenarten ist über das Ionenprodukt des Wassers miteinander verknüpft. Es genügt daher, nur die H_3O^+ Konzentration anzugeben. Als weitere Vereinfachung wurde eingeführt, nicht den gesamten Ausdruck, sondern nur den Zahlenwert des negativen Exponenten anzugeben.

Beispiel: $H_3O^+ = 10^{-5}$ mol/l → pH = 5
$H_3O^+ = 10^{-8,7}$ mol/l → pH = 8,7

Der pH-Wert reinen Wassers beträgt 7.

Alkalische Lösungen haben pH-Werte > 7, saure Lösungen Werte < 7.

Tabelle pH-Werte einiger Flüssigkeiten:

Blut	7,36	Tränenflüssigkeit	7,2 – 7,4
Speichel	6,7	Meerwasser	8,3
Weinessig	2,4	Seifenlösung	10 – 11

2.2 Bindungsarten

Die Bindung zwischen Atomen kommt in der Regel durch die Überlagerung der Elektronen der äußeren Schale zustande. Die zusammenhaltende Kraft (Bindungskraft) beruht darauf, daß alle Atome bestrebt sind, eine äußere Schale ähnlich den Edelgasen zu erhalten. Bei ihnen befinden sich jeweils acht Elektronen in der äußeren Schale; dies bedeutet eine erhebliche Stabilität für ein Molekül.

2.2.1 Ionenbindung

Durch Ionenbindung verbinden sich im Regelfall Metallatome mit Nichtmetallatomen, zum Beispiel in den Erzen und Salzen.
Die Metallatome geben dabei ihre Elektronen der äußeren Schale an die Nichtmetallatome ab. Das Gleichgewicht zwischen den positiven Protonen im Kern und den negativen Elektronen der Schalen ist gestört, es entsteht ein positiv geladenes Metallion. Umgekehrt nimmt das Nichtmetallion die negativen Elektronen auf und wird so zum negativ geladenen Nichtmetallion. Positiv und negativ geladene Ionen ziehen sich an: so entsteht die Ionenverbindung.
Beispiel: Ein Atom Beryllium verbindet sich mit einem Sauerstoffatom zu Berylliumoxid. Das Metall Beryllium gibt seine beiden äußeren Elektronen ab und wird zum zweifach positiv geladenen Metallion. Das Sauerstoffatom füllt seine äußere Schale mit diesen Elektronen voll auf und wird zum zweifach negativ geladenen Sauerstoffion. Berylliumion und Sauerstoffion ziehen sich gegenseitig an, es entsteht die Verbindung Berylliumoxid.
Abb. 2.6 skizziert den oben beschriebenen Vorgang der Ionenbindung.
Die Anziehungskräfte der Ionen sind nicht von Ion zu Ion gerichtet, sondern wirken allseitig. Das elektri-

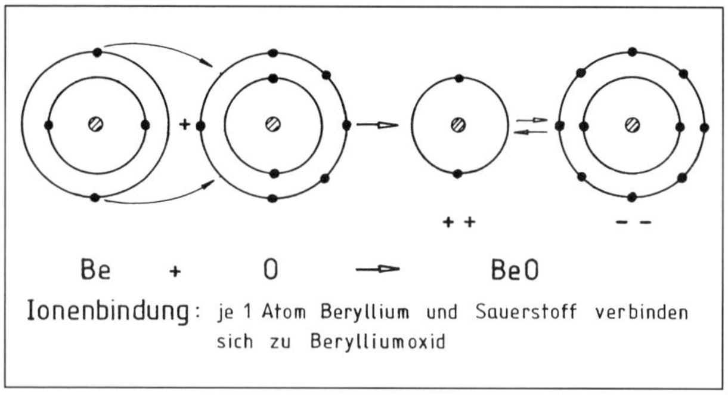

Abb. 2.6 Modell der Ionenbindung

sche Feld wirkt gleichmäßig nach allen Richtungen. Die Ionen versuchen daher, sich mit möglichst vielen Ionen anderer Ladungsart zu umgeben. Durch den notwendigerweise gleichmäßigen Wechsel der positiven und negativen Ionen entsteht so ein sehr regelmäßiger Aufbau, ein **Kristall.** Schon mit einer Lupe kann man den regelmäßigen Aufbau eines Kochsalzkristalls erkennen.

Typische Eigenschaften des Kristalls sind:

- hohe mechanische Festigkeit und hoher Schmelzpunkt,
- große Sprödigkeit und Spaltbarkeit,
- elektrische Leitfähigkeit und chemische Zersetzung durch den elektrischen Strom.

Beanspruchen äußere Kräfte den Kristall, so gelangen durch Verschiebung einzelner Schichten gleichgeladene Ionen übereinander. Sie stoßen sich wie gleichnamige Magnete ab. Elemente aus Ionen-Kristallen sind also spröde und nicht verformbar. Abb. 2.7 zeigt den Kristallaufbau und sein Verhalten unter Belastung.

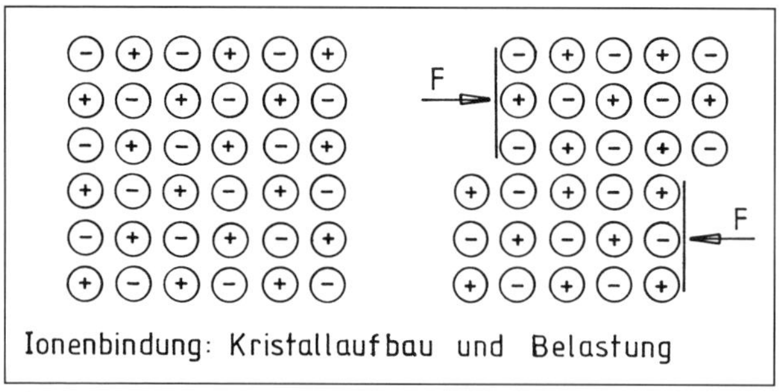

Abb. 2.7 Ionenbindung: Kristallaufbau unter Belastung.
Die elektrische Ladung jedes einzelnen Ions übt starke Anziehungskräfte auf die benachbarten, entgegengesetzt geladenen Ionen aus; abstoßende Kräfte werden auf die gleichgeladenen weiter entfernten Ionen ausgeübt. Der typische Kristallaufbau beruht auf dem Gleichgewicht zwischen Abstoßungs- und Anziehungskräften. Bereits geringe Verschiebungen längs einer Gitterebene bringen gleichgeladene Ionen nebeneinander, die sich dann stark abstoßen. Der Kristallaufbau ist gestört, der Kristall gespalten.

2.2.2 Metallbindung

Metalle verbinden sich untereinander, indem sie die Elektronen der äußeren Schale abgeben.

Es entstehen positiv geladene Metallionen, die von „Wolken" frei beweglicher Elektronen umgeben sind. Jedes Metallatom verfügt über ein bis zwei leicht verschiebbare Außenelektronen, die ähnlich den Gasmolekülen frei beweglich sind. Ihre negative Ladung bewirkt den Ausgleich zu den positiven Metallionen. Durch das Zusammenspiel der elektrischen Ladungen entsteht, ähnlich der Ionenbindung, ein kristalliner Aufbau. Da alle Metallionen einheitlich positiv geladen sind, können sich ihre einzelnen Schichten sehr leicht gegeneinander verschieben. Dies zeigt sich in der guten Verformbarkeit der Metalle.

Andererseits sind die frei beweglichen Elektronen die Ursache der guten elektrischen und thermischen Leitfähigkeit der Metalle.

Anders als die Salzionen oder Kristalle können die Metallatome besondere Metallkristallgitter bilden. Man nennt sie die Form „dichtester Kugelpackung". Jedes Atom umgibt sich mit so vielen anderen Atomen, wie geometrisch überhaupt möglich ist. Diese Metallatome sind allesamt kugelförmig. Die Folge sind weitere typische Metalleigenschaften:

- metallische Verformbarkeit,
- Fähigkeit zur Legierungsbildung.

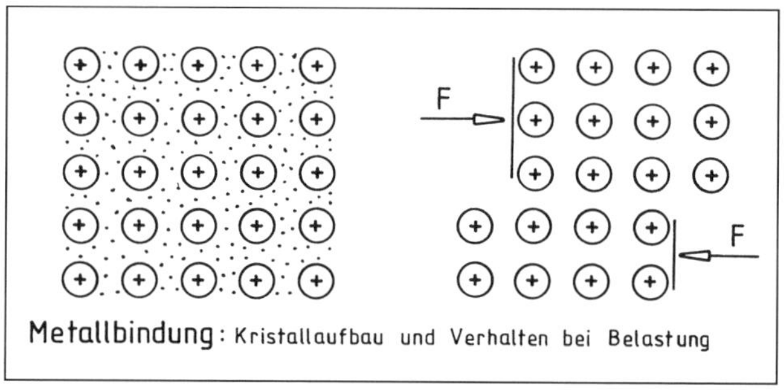

Abb. 2.8 Metallbindung und Verhalten unter Belastung.
In den Metallgittern bewirkt das frei bewegliche Elektronengas den Zusammenhalt zwischen den Metallatomen. Bei Belastung wird eine geringe Verschiebung längs einer Gitterebene den Zusammenhalt innerhalb des Werkstoffs nicht wesentlich verändern.

Abb. 2.8 zeigt den Kristallaufbau des metallischen Elements (Metallgitter) und sein Verhalten unter Belastung.
Der metallische Charakter eines Elements wird wesentlich durch die Anzahl der freien Außenelektronen bestimmt. So ist zum Beispiel das dreiwertige Aluminium härter als das zweiwertige Calzium.

2.2.3 Aufbau der Metalle

Den regelmäßigen Aufbau der Atome bei Metallen nennt man kristallin.
Die meisten Nichtmetalle sind regellos – amorph – aufgebaut. Der kristalline Aufbau eines Metalls läßt sich am besten am Erstarrungsvorgang einer Metallschmelze erklären. In der Schmelze bewegen sich die Metallionen mit hoher Geschwindigkeit regellos durcheinander. Kühlt man die Schmelze ab, werden die Bewegungen der Metallionen langsamer und die Anziehungskräfte zwischen den Ionen und Elektronen wirksam. Die Metallionen lagern sich an vielen Stellen der Schmelze gleichzeitig an. Ausgangspunkt ist entweder ein Eigenkeim oder ein Fremdkeim, eine Verunreinigung in der Schmelze. Mit fortschreitender Erstarrung stoßen die Kristalle gegeneinander. Der Kristallisierungsvorgang ist hier beendet. Die entstandenen Formen sind Kristallite oder Körner, ihre Berührungslinien nennt man Korngrenzen. Poliert man ein Stück Metall und ätzt es mit Säure an, so kann man unter dem Mikroskop Körner und Korngrenzen erkennen. Die Größe der Körner hängt unter anderem von der Abkühlgeschwindigkeit ab:
– rasche Abkühlung führt zur Bildung kleiner Körner,
– langsame Abkühlung zu großen Körnern.
Abb. 2.9 zeigt den Erstarrungsvorgang eines Reinmetalls in vier Phasen.
Typisch für ein Reinmetall ist, daß die Temperatur von Beginn bis zum Ende der Abkühlphase konstant

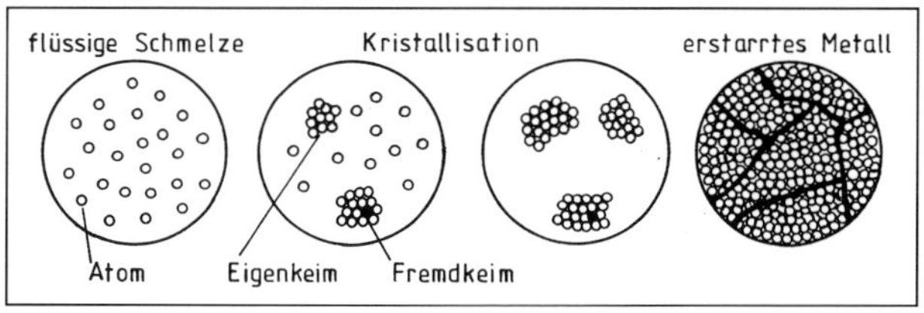

Abb. 2.9 Erstarrungsvorgang eines Reinmetalls aus der flüssigen Schmelze

bleibt. Die Erklärung hierfür liegt im Energiebedarf eines Metallions. Nimmt das einzelne, bisher frei bewegliche Metallion seinen Platz im Kristallgefüge ein, so kann es den Rest seiner Bewegungsenergie abgeben, da es im Verbund weniger Energie benötigt. Diese abgegebene Wärmemenge reicht aus, der äußeren Abkühlung das Gleichgewicht zu halten, bis die gesamte Schmelze erstarrt ist. Man spricht vom **Haltepunkt des Reinmetalls.**
Das metallische Gefüge besteht aus aneinandergewachsenen Kristallen. Die Kristalle nennt man **Körner,** die Grenzen zwischen ihnen **Korngrenzen.** Abb. 2.10 zeigt links die Erstarrungskurve mit dem Haltepunkt und rechts das Schliffbild des Reinmetalls am Beispiel Nickel.

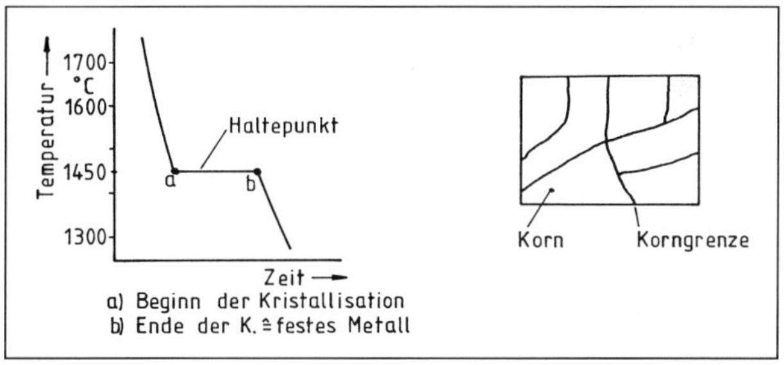

Abb. 2.10 Erstarrungskurve und Schliffbild eines Reinmetalls (Nickel)

2.2.4 Gitteraufbau

Die Art, wie die Metallionen innerhalb eines Kristalls angeordnet sind, ist typisch für die einzelne Metallsorte. Denkt man sich die Kerne der einzelnen Metallionen miteinander verbunden, so erhält man ein regelmäßiges geometrisches System, das als Gitter bezeichnet wird. Die einfachste Gitterbauweise wäre die eines Würfels (Kubus), in der aber kein Metall kristallisiert.
Die häufigsten Gittertypen sind:
– kubisch – raumzentriert
– kubisch – flächenzentriert
– hexagonal.

2.2.5 Kubisch-raumzentriertes Gitter (krz)

Das krz-Gitter entspricht einem Würfel, an dessen acht Eckpunkten Metallionen sitzen; in der Mitte des Würfels befindet sich zentral ein weiteres Ion. Metalle mit kubisch-raumzentriertem Gitteraufbau sind zum Beispiel Molybdän, Vanadium, Chrom sowie Eisen bei niedriger Temperatur.

2.2.6 Kubisch-flächenzentriertes Gitter (kfz)

Dieser Gittertyp entspricht gleichfalls einem Würfel mit acht Metallionen an seinen Eckpunkten; zusätzlich befindet sich in der Mitte jeder Würfelfläche ein weiteres Ion. Insgesamt bilden 14 Ionen eine Gitterzelle. Metalle mit kfz-Gitteraufbau sind zum Beispiel Aluminium, Blei, Kupfer, Silber, Gold sowie Eisen bei höherer Temperatur.

2.2.7 Hexagonales Gitter (hex)

Das Modell hierzu ist die Bienenwabe. Je sechs Metallionen besetzen die sechseckige Grund- und Deckfläche, dazu kommt ein weiteres Ion in jeder Flächenmitte. Zwischen den beiden Flächen finden drei Ionen Platz; insgesamt sind also 17 Ionen für eine hex-Zelle erforderlich. Metalle mit hexagonalem Gitteraufbau sind unter anderem: Magnesium, Titan, Zink.
Aus den unterschiedlichen Gittertypen resultieren andere unterschiedliche Eigenschaften, etwa in der Verformbarkeit oder der Wärmebehandlung. Metalle mit hexagonalem Gitter sind spröde und schlecht umformbar; kfz-Gitter-Metalle sind leicht umformbar, da ihr Gitter die meisten Gleitebenen besitzt. krz-Gittermetalle sind hochfest, ohne spröde zu sein.
Die drei Gittertypen sind in Abb. 2.11 dargestellt.

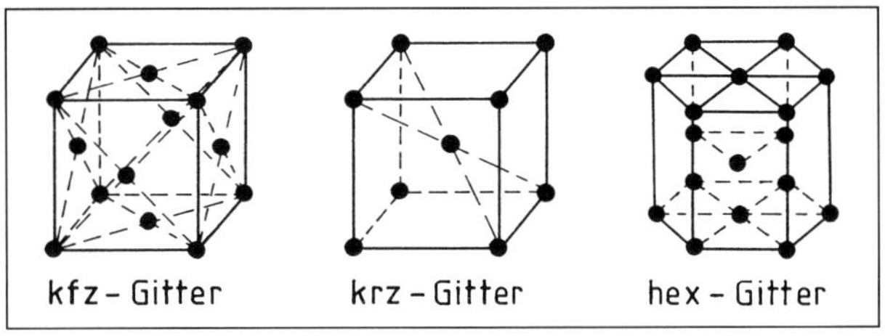

Abb. 2.11 Gitteraufbau der Metalle, Gittertypen

2.3 Säuren und Laugen

2.3.1 Säuren

Säuren sind Verbindungen eines Nichtmetalloxids mit Wasser.
Typischerweise bestehen sie aus Wasserstoff und dem Säurerest. Ihr Name rührt daher, daß einige Säuren „sauer" schmecken. Säurelösungen röten blaues Lackmuspapier.
Beispiel für die Entstehung einer Säure: Bei der Verbrennung von Schwefel verbindet sich dieser mit dem Sauerstoff zu Schwefeldioxid SO_2, einem farblosen, stechend riechenden Gas.

$4\ FeS_2 + 11\ H_2O \rightarrow 2\ Fe_2O_3 + 8\ SO_2$

Sperrt man das SO_2 über Wasser ab, so löst sich das Gas im Wasser zu schwefliger Säure.

$H_2O + SO_2 \rightarrow H_2SO_3$

Eine entscheidende Eigenschaft der schwefligen Säure ist ihre reduzierende Wirkung, wobei sie selbst zu Schwefelsäure oxidiert wird.

$H_2SO_3 + H_2O \rightarrow H_2SO_4$

Eigenschaften von Schwefel-, Salz- und Salpetersäure:
Schwefelsäure ist eine farblose ölige schwere Flüssigkeit, die viele Metalle angreift. Sie ist stark hygroskopisch (wasserentziehend) und wird auch als Trocknungsmittel verwendet. Die Säure verursacht auf Kleidungsstücken schnell Löcher und auf der Haut starke Verätzungen. Verwendung: Schwefelsäure wird in 10% Verdünnung zur Säuberung von Hartlötstellen verwendet. (In gleicher Verdünnung findet sie in Kfz-Bleiakkus Verwendung.) Die glasige Abdeckschicht der Lötstelle wird nach einigen Minuten entfernt sein, wobei auch kleinere Oxidflecken verschwinden. Die Säurereste sollten danach sofort mit reichlich Wasser abgespült werden. Bei der Herstellung der Verdünnung sollte immer die Säure vorsichtig in die Wassermenge gefüllt werden; nie umgekehrt! Wasser in Säure gebracht führt zu heftiger Erhitzung und zum Verspritzen der Säure.
Salzsäure (HCl) ist farblos bis gelblich, riecht stechend und raucht an der Luft. Daher ist das Salzsäuregefäß stets gut zu verschließen. Salzsäure ist eine sauerstofffreie Säure, da sie nur aus Wasserstoff und dem Nichtmetall (Cl) besteht.
Salpetersäure (HNO_3) verhält ganz sich ähnlich wie Salzsäure. Sie greift alle Metalle außer Gold und Platin an.

2.3.2 Laugen

Laugen (Basen) sind Verbindungen eines Metallatoms mit einer oder mehreren OH-Gruppen.
Im gesättigten Zustand spricht man von einer Base. Laugen färben rotes Lackmuspapier blau. Laugen fühlen sich seifig an und wirken ätzend.
Natriumoxid + Wasser → Natriumhydroxid (Natronlauge)

$Na_2O + H_2O \rightarrow 2\ NaOH$

Verwendung von Laugen: Zum Entfetten von Metallen und Reinigen von Brillen.
Natronlauge ($NaOH$): Hat eine starke Wirkung, greift die Haut an.
Salmiakgeist (NH_4OH) hat eine mildere Wirkung; er dient – verdünnt – zur Reinigung von Brillen.
Kalilauge (KOH): ist im Elektrolyten des Hydrozonlötgeräts enthalten.

2.3.3 Sicherheitsvorkehrungen beim Umgang mit Säuren und Laugen

- Säuren und Laugen dürfen nur in ihren dafür vorgesehenen Behältern aufbewahrt werden. Die Behälter müssen gekennzeichnet sein!
- Niemals Säuren und Laugen in Getränkeflaschen abfüllen. Lebensgefahr!
- Bei Verätzungen sofort mit viel klarem Wasser spülen!
- Flaschen geschlossen halten, da die Dämpfe Atemwege, Augen und Haut gefährden!
- Zur Verdünnung immer Säure in Wasser gießen, nie umgekehrt!

Abb. 2.12 zeigt die vorschriftsmäßige Kennzeichnung einer Säureflasche.

Abb. 2.12 Kennzeichnung von Laugen- und Säureflaschen

2.4 Sauerstoff

Sauerstoff ist nicht nur Bestandteil unseres Atemgases Luft, sondern auch vieler organischer und anorganischer Verbindungen; man schätzt seinen Anteil am Gesamtgewicht aller Stoffe auf 50%. Der technisch gebrauchte Sauerstoff wird nach dem Linde-Verfahren aus flüssiger Luft hergestellt. Als reiner Sauerstoff wird er im gasförmigen Zustand unter einem Druck von 100 bis 150 bar in Stahlflaschen gefüllt. Mit Hilfe eines Druckminderventils kann man das Gas unter geringem Überdruck entnehmen. Die Technik der Luftzerlegung und -verflüssigung beweist, daß die Luft ein Gemenge und keine Verbindung ist. Der Sauerstoff ist ein farb-, geruch- und geschmackloses Gas, dessen Siedepunkt bei −183 °C liegt. Das Gas allein ist nicht brennbar, es verbindet sich aber verschieden schnell mit anderen Stoffen. Besonders leicht reagiert der Sauerstoff mit Metallen, da diese in ihrer äußeren Schale nur wenige Elektronen haben. Der Sauerstoff hingegen hat auf seiner äußeren (zweiten) Schale 6 Elektronen. Er benötigt also nur 2 Elektronen, um eine stabile Achterschale aufbauen zu können.

2.4.1 Oxidation

Die Verbindung des Sauerstoffs mit anderen Stoffen nennt man Oxidation, die entstandenen Verbindungen Oxide. Eine sehr rasch ablaufende Oxidation ist eine Verbrennung.
Beispiele:
$2\ Cu + O_2 \rightarrow 2\ CuO$ (Kupferoxid)
$2\ Fe(OH)_2 + H_2O + \frac{1}{2}\ O_2 \rightarrow Fe(OH)_3$ (brauner Rost)
$2\ Fe(OH)_3 \rightarrow Fe_2O_3 + 3\ H_2O$ (dunkelbrauner Rost)
Die Oxidation wird durch höhere Temperaturen im Regelfall beschleunigt.
Die Oxidation beim Lötprozeß wird durch Abdecken der Lötzone zum Beispiel mit einer Boraxlösung verhindert.

2.4.2 Reduktion

Chemische Vorgänge, bei denen Oxiden Sauerstoff entzogen wird, nennt man Reduktionen.
Bei geringen Bindungskräften geschieht dies durch

Abspaltung des Sauerstoffs, bei größeren Bindungskräften durch Entzug des Sauerstoffs.

Beispiele:

Quecksilberoxid → Quecksilber + Sauerstoff (Abspaltung).

Kupferoxid + Eisen → Eisenoxid + Kupfer (Entzug).

Der Vorgang der Reduktion ist technologisch von ebensolcher Bedeutung wie die Oxidation; im allgemeinen finden beide Vorgänge auch gleichzeitig statt. Typisch hierfür ist die Reduktion der Metallerze (oxidiertes Metall) zu reinem Metall. Dabei muß das Reduktionsmittel zum Sauerstoff eine höhere Affinität (größeres Verbindungsstreben) haben als das zu reduzierende Metall.

Im Hochofen verwendet man als Reduktionsmittel:

- Kohlenmonoxid: $FeO + CO \rightarrow Fe + CO_2$
- Kohlenstoff: $FeO + C \rightarrow Fe + CO$

Oxidierende Stoffe werden schwerer, Gewicht und Volumen der beteiligten Luft nehmen ab. Ist nun die Gewichtsabnahme der Luft ebensogroß wie die Gewichtszunahme des oxidierten Stoffs?

Man hat bei allen chemischen Vorgängen gefunden, daß das Gesamtgewicht der reagierenden Stoffe gleich bleibt, und hieraus das Naturgesetz von der Erhaltung der Masse abgeleitet (Satz von Lavoisier).

2.5 Wasserstoff

Wasserstoff für technische Zwecke gewinnt man

- aus Erdgas und Wasserdampf bei Temperaturen von ca. 900° C,
- durch Reduktion von Wasser an glühender Kohle,
- durch Elektrolyse,
- aus Säure und unedlen Metallen.

Wasserstoff ist ein farb-, geruch- und geschmackloses Gas, dessen Siedepunkt bei −253° C liegt. Wasserstoff ist das leichteste Element (Gas für Luftballons), Wasserstoff brennt, unterhält aber alleine die Verbrennung nicht.

Verwendung:

Wasserstoff wird überwiegend als Brenngas verwendet, da das Gas billig in großen Mengen herstellbar ist und in Verbindung mit Sauerstoff eine hohe Brenntemperatur (bis 2400° C) erzeugt. In der Optik wird Wasserstoff im Hydrozonlötgerät benutzt.

Wasserstofflöten mit dem Hydrozonlötgerät

Dieses Lötgerät arbeitet auf der Basis der Leitfähigkeit eines Elektrolyten. Hierunter versteht man eine wäßrige Lösung von Säuren, Basen oder Salzen, die durch den Stromfluß eine chemische Veränderung erfährt. Die elektrische Leitfähigkeit beruht auf der Wanderung elektrisch geladener Atome oder Atomgruppen. Man nennt sie Ionen (griechisch: wandern). Dabei wandern die positiv geladenen Ionen zum Minuspol (Kathode), die negativ geladenen zum Pluspol (Anode). Die Ionen werden am Pol entladen, die entladenen Stoffe scheiden sich hier ab. In vielen Fällen jedoch schließen sich Sekundärreaktionen an, weil das an den Polen entstandene Produkt mit dem Wasser weiterreagiert. Beim Hydrozonlötgerät dient Kalilauge KOH als Stromleiter, damit das destillierte Wasser in Wasserstoff und Sauerstoff aufgespalten werden kann.

Kurzdarstellung der ablaufenden chemischen Vorgänge:

1) Elektrolytische Dissoziation

$2\,KOH \rightarrow 2\,K^+ + 2(OH)^-$

2) Reaktion an der Kathode

primär: $2\,K^+ + 2\,e^- \rightarrow 2\,K$

sekundär: $2\,K + 2\,H_2O \rightarrow 2\,KOH + H_2$ (Wasserstoffgas)

$K_2O + H_2O \rightarrow 2\,KOH$

3) Reaktion an der Anode

$2\,(OH)^- \rightarrow 2\,(OH) + 2e^-$

$2\,(OH) \rightarrow H_2O + \tfrac{1}{2}\,O_2$ (Sauerstoffgas)

Das Ergebnis der Reaktion ist Knallgas: Wasserstoff und Sauerstoff im Verhältnis 2:1 gemischt. Wichtig: Die Kalilauge wird nicht verbraucht; nur das verbrauchte destillierte Wasser muß nachgefüllt werden! Abb. 2.13 zeigt die Knallgasgewinnung.

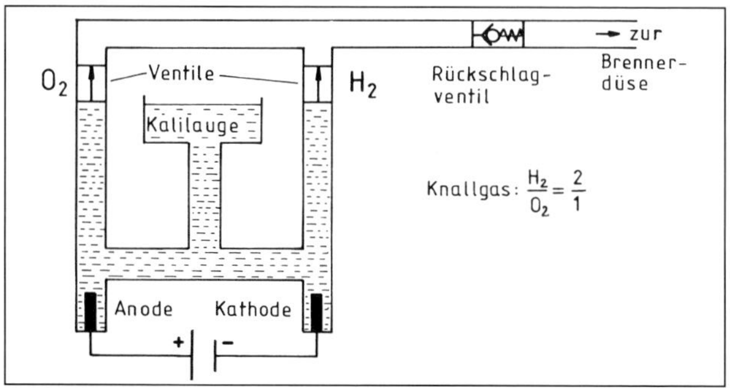

Abb. 2.13 Elektrolytische Dissoziation von Wasser in Wasserstoff und Sauerstoff

2.6 Silizium

Silizium stellt die Hälfte der Bestandteile der festen Erdrinde. Es kommt nur gebunden vor, zum Beispiel als Quarzsand, Feldspat oder Bergkristall. Elementares Silizium, das wichtig für die Elektronikindustrie ist, gewinnt man aus Quarzsand. Silizium verbindet sich vornehmlich mit Sauerstoff, Kohlenstoff und Metallen. Das Siliziumcarbid SiC wird durch Erhitzen von Kohle und Quarzsand im Elektroofen hergestellt. SiC ist ein thermisch und mechanisch hochfester Stoff, der in der Härte und Struktur dem Diamanten nahekommt. Unter dem Namen Carborundum wird er in der Metalltechnik und Augenoptik als Schleifmittel – Belag für Vorschleifscheiben – verwendet.
Siliziumdioxid SiO_2 ist der Hauptbestandteil aller mineralischen Brillengläser. Für optische Zwecke muß das SiO_2 eine Qualität haben, die weniger als 0,001% Verunreinigungen enthält.

2.7 Kohlenstoff

Verbindungen des Elements Kohlenstoff sind in jeder Zelle eines Lebewesens vorhanden. Sehr viele Kunststoffe enthalten Kohlenstoff, ebenso wie Nahrungsmittel Kohlenhydrate. Die Atome des Kohlenstoffs können sich in zwei verschiedenen Kristallgittern anordnen: Sie bilden entweder den Graphit oder den Diamant. Die Härte des Diamants ist eine Folge seiner dichten tetraederförmigen Packung und der festen Bindung seiner Atome. Beim Diamant bilden alle Elektronen eines Atoms Elektronenpaare mit ihren Nachbaratomen. Der Abstand der C-Atome untereinander in allen drei Dimensionen des Raumes beträgt einheitlich 15,4 nm.
Die Weichheit des Graphits ist durch den relativ großen Abstand seiner Schichten bedingt, die sich leicht (scheibenförmig) voneinander lösen. Die Atomabstände innerhalb einer Schicht betragen 14,2 nm, der Gitterabstand von Schicht zu Schicht aber 32,5 nm. Innerhalb einer Schicht, die einem regulären Sechseck entspricht, bestehen zwar relativ starke Bindungskräfte, aber zwischen den Schichten herrschen nur schwache Bindungskräfte. Ursache hierfür sind nur drei Bindungen des C-Atoms, das vierte Elektron bleibt ungebunden und kann Ladungen von Schicht zu Schicht transportieren. Graphit ist also ein elektrischer Leiter.
Kohle ist Graphit, der durch Gesteinsanteile verunreinigt ist. Abb. 2.14 zeigt den Kohlenstoff in seinen beiden Gitterformen als Diamant und als Graphit.

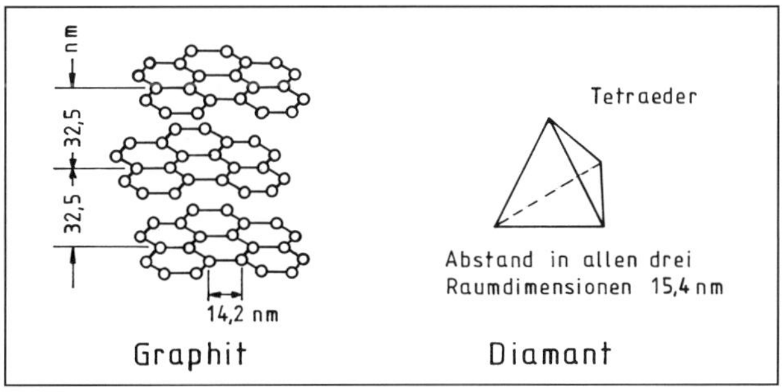

Abb. 2.14 Kristallgitter von Diamant und Graphit

2.7.1 Oxide des Kohlenstoffs

Bei der Verbrennung von Kohlenstoff entstehen Kohlenmonoxid oder Kohlendioxid.
Kohlenmonoxid (CO) entsteht bei unvollkommener Verbrennung. Es ist selbst brennbar, nicht wasserlöslich und hochgiftig, da es mit dem Hämoglobin des Blutes eine feste Verbindung eingeht, wodurch diese Blutteilchen für den Sauerstofftransport ausfallen.
Kohlendioxid (CO_2) entsteht bei vollkommener Verbrennung. Es ist selbst unbrennbar, in Wasser vollkommen löslich und nicht giftig. Es entsteht durch die Atmung der Menschen, Tiere und Pflanzen sowie durch die Verheizung der Brennstoffe. Umgekehrt wird durch die Assimilation der Pflanzen, die Verwitterung der Gesteine und durch den Austausch zwischen Luft und Meerwasser der Atmosphäre Kohlendioxid entzogen. Kohlendioxid ist schwerer als Luft; es erstickt die Flamme und macht die Atmung unmöglich. Kohlendioxid kommt in großen Mengen in verflüssigtem Zustand als „Kohlensäure" in den Handel.

2.7.2 Kohlenwasserstoffverbindungen als Grundlage der Kunststoffchemie

Das Kohlenstoffatom hat durch seine 4 Elektronen in der äußeren Schale und die 4 Freiplätze hervorragende Voraussetzungen zur Bildung von Ketten und Ringen. Geradezu ideal ist die Bindungsmöglichkeit mit

Wasserstoff. Die Fassungskunststoffe der Augenoptik basieren auf derartigen kettenförmigen Kohlenwasserstoffen. Unter Polymerisation versteht man den Bau von Riesen(Makro-)Molekülen aus Molekülen gleicher Art. Solche Moleküle nennt man Monomere; typisch für sie ist die Doppelbindung. Kohlenwasserstoffe mit Doppelbindung sind ungesättigt, weil ihre Doppelbindung besonders leicht mit anderen Stoffen chemisch reagiert. (Doppelbindungen sind nicht etwa doppelt so stabil wie eine Einzelbindung, im Gegenteil.) Sind weitere Stoffe in reaktionsfähiger Nähe vorhanden, so können sie eine Kette bilden. Abb. 2.15 zeigt drei Beispiele der Kettenbildung des Kohlenstoffs.

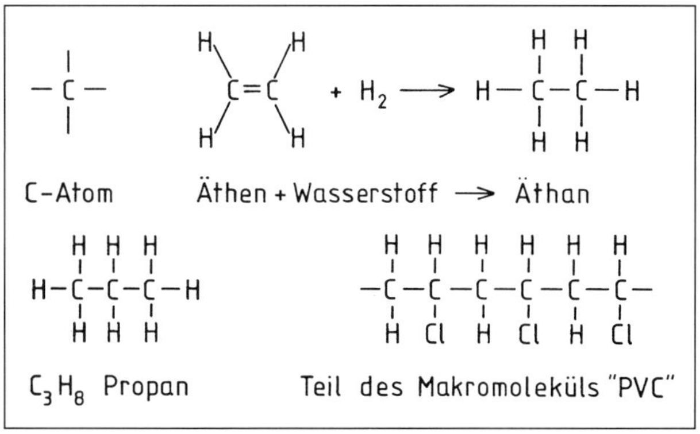

Abb. 2.15 Kohlenstoff und Kohlenwasserstoffverbindungen

Diese Ketten können sich parallel nebeneinander legen oder auch verknäulen. Typisch sind auch mehr oder weniger viele seitliche „Verzweigungen" der Kette. Der Abbruch der Kettenbildung kann durch einen Stoff erfolgen, der das freie Elektron am Kettenende absättigt. Hierfür eignet sich Wasserstoff. Je nach Menge des zugegebenen Wasserstoffs kann die Kettenbildung kurz – bei großer Wasserstoffzugabe – oder lang – bei geringer Wasserstoffzugabe – sein.
Nach den Verfahren zur Bildung der Kunststoffe unterscheidet man:
- Polymerisation,
- Polykondensation,
- Polyaddition.

2.7.3 Polymerisation

Durch Aufsprengen der Doppelbindungen eines Stoffes können sich die Monomere zu langen Ketten aneinanderreihen; die chemische Zusammensetzung unterscheidet sich nicht vom Ausgangsstoff; Nebenprodukte fallen keine an. Die Kettenmoleküle liegen in unvernetzter Knäuelform vor, oft als ein Filz von Fäden beschrieben. Die Bindungskräfte der einzelnen Moleküle können sich nur schwach ausbilden. Folglich ist die Festigkeit gering, andererseits aber die Verarbeitung durch Verformung relativ leicht.

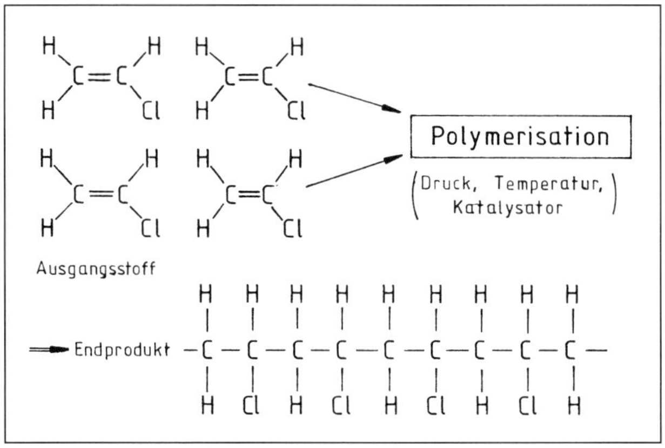

Abb. 2.16 Polymerisation

Abb. 2.16 zeigt die Polymerisation und ihr Endprodukt als Teil einer Riesenkette.
Zur Gruppe der linearen Polymerisate gehören:
- Polyäthylen PE (Hostalen, Vestolen, Lupolen),
- Polyvinylchlorid PVC (Vestolit, Pegulan, Hostalit),
- Polystyrol PS (Styropor, Luran, Hostyren).

Brillenfassungswerkstoffe dieser Art sind:
- Acetat, Propionat, Plexiglas (PMMA) auch für Linsen und Kontaktlinsen.

2.7.4 Polykondensation

Mindestens zwei verschiedene niedermolekulare Gruppen von Grundbausteinen reagieren miteinander, wobei Wasser oder Salzsäure als Nebenprodukte abgespalten werden.
Abb. 2.17 zeigt die Polykondensation, wobei die beiden niedermolekularen Gruppen als schwarze bzw. schraffierte Blöcke dargestellt sind.
Hierzu gehören die Polyamide, Polycarbonate, Aminoplaste und Phenoplaste. Handelsnamen: Perlon, Nylon, Ultramid, Vestamid, Makrolon, Lexan, Bakelit, Pertinax, Resopal.
Brillenfassungswerkstoffe: SPX, PC auch für Gläser.

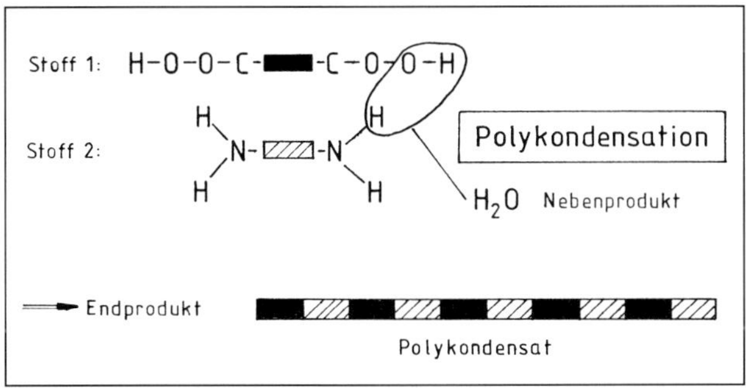

Abb. 2.17 Polykondensation

2.7.5 Polyaddition

Die Herstellung geschieht ähnlich der Polykondensation durch Reaktion verschiedener kleiner Elementgruppen, aber ohne Bildung von Nebenprodukten. Die Bindung der einzelnen Moleküle erfolgt durch Platzwechsel der Wasserstoffatome von Stoff 1 zu Stoff 2. Abb. 2.18 zeigt ähnlich der Abb. 2.17 die Kettenbildung, wobei die beiden Molekülgruppen auch hier abwechselnd das Endprodukt aufbauen.

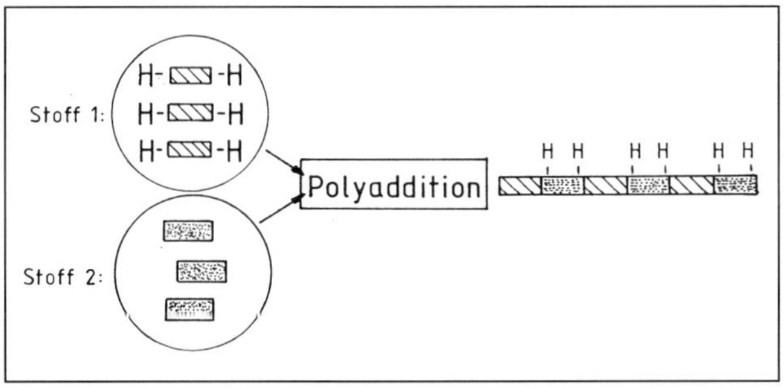

Abb. 2.18 Polyaddition

Hierzu zählen die Epoxidharze, Polyurethan und Polyester.
Markennamen: Desmodur, Moltopren, Araldit, Epoxin, UHU-Plus, Diolen, Trevira, Dracon.
Brillenfassungswerkstoff: Optyl

2.8 Korrosion

Ein leidiges Problem, mit dem Brillenträger und Brillenhersteller, und für sie stellvertretend der Augenoptiker, konfrontiert werden, ist die Korrosion an Metallfassungen. Da die Ursachen und Reaktionen sehr vielfältiger Natur sein können, sollen hier nur die wichtigsten Zusammenhänge geschildert werden.

Korrosion ist die von der Oberfläche ausgehende schädliche Veränderung eines Werkstoffes.

Bekannte Erscheinungsformen der Korrosion sind das Rosten von Eisen, Anlaufen des Silbers, der Zerfall des Zinngefüges (Zinnpest). Volkswirtschaftlich entstehen durch die Korrosion Schäden in Milliardenhöhe. Abb. 2.19 zeigt den Kreislauf zwischen Reduktion und Oxidation.

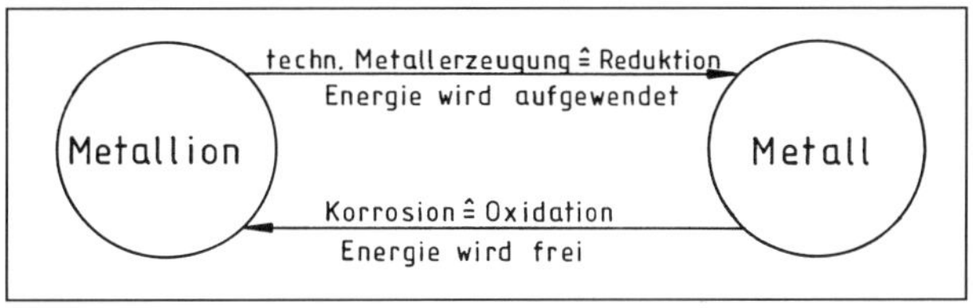

Abb. 2.19 Oxidation und Reduktion von Metall

Man unterscheidet die Korrosion in:
- chemische Korrosion,
- elektrochemische Korrosion,
- interkristalline Korrosion,
- Spaltkorrosion.

2.8.1 Chemische Korrosion

Trockene Gase, die chemisch leicht mit Metallen reagieren, wie zum Beispiel der Sauerstoff oder Chlor, greifen die Oberfläche der Metalle an. Typisch hierfür ist die Korrosion in heißen Gasen, die als Verzunderung bezeichnet wird. Die häufigsten Verbindungen sind Oxide, ferner kommen Chloride, Sulfate, Karbonate und andere vor. Diese Art der Korrosion kann etwa beim Löten von Brillenteilen auftreten. Metalle reagieren mit jenen Stoffen, die ihnen als Metallerz bei der Verhüttung entzogen wurden. Kupfer zum Beispiel reagiert mit dem Kohlendioxid der Luft zu Kupferkarbonat. Diese grünlich schimmernde Verbindung wird allgemein Patina genannt. Sie ist luftundurchlässig und schützt das darunterliegende Kupfer vor weiterer Korrosion. Ebenso bilden Aluminium, Blei und Zink schützende Oxidschichten.
Eisen bildet hingegen eine poröse und nicht festhaftende Oxidschicht. Darunter wird immer mehr Eisen in Eisenoxid (Rost) umgewandelt, so daß das Werkstück von der Oberfläche her völlig zerstört werden kann.

2.8.2 Elektrochemische Korrosion

Bei der elektrochemischen Korrosion erfolgt die **Zerstörung des Metalls durch Elektrolyse.**

Der weitaus häufigste Fall der Metallkorrosion ist die Bildung kleiner galvanischer Zellen, Lokalelemente genannt.

Nimmt man zwei verschiedene Metalle, verbindet sie durch einen Draht miteinander und stellt sie in eine elektrisch leitende Flüssigkeit (Säure, Lauge oder eine Salzlösung), so tritt eine chemische Reaktion ein. Das unedlere Metall löst sich auf und geht eine Verbindung mit der Flüssigkeit ein.

Eine solche Anordnung nennt man ein galvanisches Element, die Flüssigkeit heißt Elektrolyt und die Metallstäbe Elektroden.

Verwendet man beispielsweise einen Kupfer- und einen Zinkstab, so geht offenkundig das Zink leichter in die Lösung als das Kupfer. Die Ionenbildung des Zinks ist größer als die des Kupfers, der Zinkstab wird sichtbar „angefressen". Schaltet man einen Spannungsmesser in die Verbindung zwischen den beiden Metallstäben, so wird angezeigt, daß das Zink zum Minuspol und das Kupfer zum Pluspol wird. Die Spannung sollte etwa 1,1 Volt betragen. Abb. 2.20 zeigt das galvanische Element.

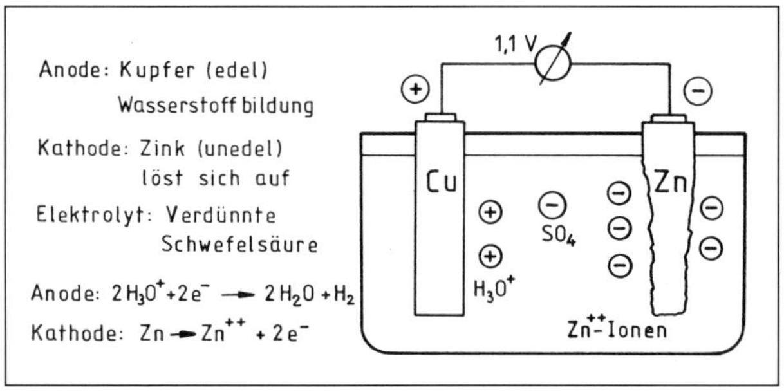

Abb. 2.20 Galvanisches Element

Um vergleichbare Werte über das Ionenbildungsvermögen der Metalle zu erhalten, hat man die verschiedenen Metalle jeweils im Vergleich zu einer „Normalelektrode", die von Wasserstoffgas umgeben ist, gemessen. Das Ergebnis ist die **elektrochemische Spannungsreihe der Metalle** wie in Abb. 2.21 skizziert.

Bei einem galvanischen Element mit Metallelektroden geht stets das unedlere Metall durch Ionenbildung in

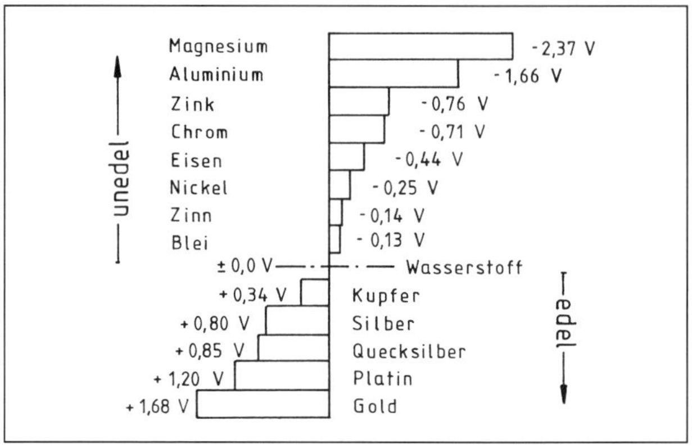

Abb. 2.21 Spannungsreihe der Metalle

Lösung. Die Ionenbildung ist um so intensiver, je weiter die Metalle in der Spannungsreihe auseinanderliegen.

Edelmetalle verbinden sich bei normaler Lagerung an Luft nicht mit dem Luftsauerstoff. Sie haben gegenüber Wasserstoff eine positive Spannung.

Zur Entstehung galvanischer Elemente ist neben zwei verschiedenen Metallen auch ein Elektrolyt notwendig. Elektrolyte bilden sich überall dort, wo eine normale mitteleuropäische Luftfeuchtigkeit vorhanden ist. Die in der Luft vorhandenen Gase bilden mit dem Wasserdampf der Luft Säuren bzw. Laugen, die dissoziieren und zu Elektrolyten werden. Abb. 2.22 stellt die unterschiedliche Dissoziation von Säure, Lauge und Metallatom dar.

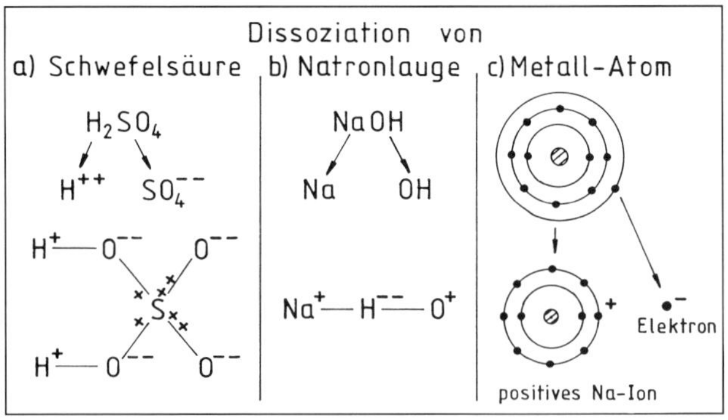

Abb. 2.22 Dissoziation einer Säure, einer Lauge und eines Metallatoms

Ein bekanntes Beispiel für eine elektrochemische Korrosion ist das (Dosen-)Weißblech, Es besteht aus **verzinntem Stahlblech,** bei dem im Falle der Korrosion das unedlere Eisen unter der edleren Zinndeckschicht wegrostet. Umgekehrt verhält es sich im Falle eines **verzinkten Gartenzauns;** das unedlere Zink wird sich solange opfern, wie noch ein Gramm von ihm vorhanden ist, erst dann wird das Grundmaterial Eisen zu rosten beginnen. Bei der Metallbrillenfassung liegen die gefährdeten Stellen im Bereich der Schließblöcke bzw. Gelenke sowie bei allen Lötstellen, bei denen unterschiedliche Materialien zusammenkommen.

2.8.3 Interkristalline Korrosion

Bei der interkristallinen Korrosion, die auch als Kornzerfall bezeichnet wird, ist der Korrosionsangriff auf die Korngrenze beschränkt. Die entlang der Korngrenze ins Innere des Werkstoffs fortschreitende Korrosion führt zu einer Auflockerung des Gefüges und damit zum Zerfall einzelner Körner.
Die meisten technisch verwendeten Werkstoffe sind Gemenge (Legierungen), das heißt, es treffen im Werkstoffgefüge zwei, drei oder mehr Stoffe aufeinander, die unterschiedlich edel sind.
Vielfach ist dann der Bereich der Korngrenze sehr viel unedler als das Korninnere. Beim Stahl ist das Eisen unedler als das Eisenkarbid, so daß das Eisen zerstört wird.

2.8.4 Spaltkorrosion

Die Spalt- oder Belüftungskorrosion ist eine örtlich verstärkte Korrosion durch unterschiedliche Sauerstoffkonzentration in engen – konstruktiv bedingten – Spalten. Korrosionsschäden dieser speziellen Art findet man häufig bei Metallfassungen, zum Beispiel zwischen den Bügelenden und den Golfenden oder im Bereich der Brücke und Augenränder zwischen dem Sattelsteg aus Kunststoff. Hinzu kommt, daß der Weichmacher des Kunststoffes den Elektrolyten noch aggressiver macht. Der Korrosionsangriff kann an diesen Stellen so stark sein, daß sogar galvanisch abgeschiedene Schichten oder die Goldauflage des Doublé zerstört werden kann. Sobald die Edelmetallschicht örtlich korrodiert ist, wird die unedle Unterlage rasch weiterrosten und die Brille wird unhygienisch und unästhetisch.
Abb. 2.23 zeigt eine angegriffene oxidierte Brillenfassung.

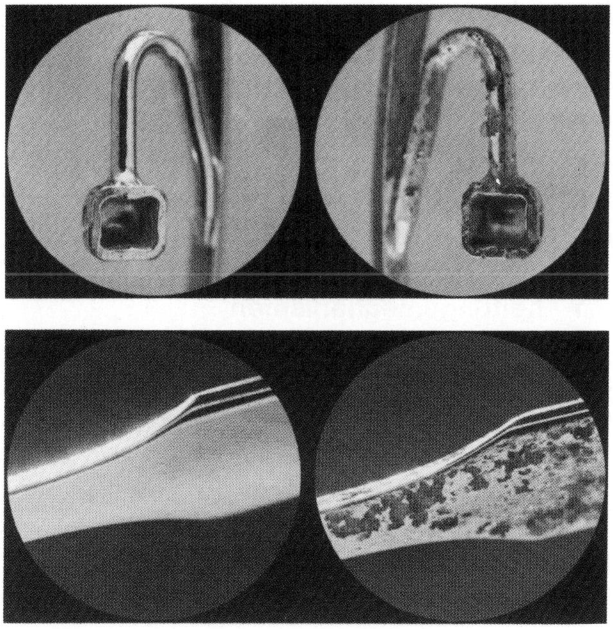

Abb. 2.23 Korrosion an einer Brillenfassung

3 Elektrotechnische Grundlagen

Auch in augenoptischen Betrieben sind einige grundlegende Kenntnisse der Elektrotechnik notwendig. Die elektrische Energie treibt die Maschinen in der Werkstatt an, die Elektronik regelt die Geräte und rechnet im Computer die betrieblichen Daten ab.

3.1 Leitungsmechanismen

3.1.1 Elektron als Ladungsträger

Der einfache Stromkreis besteht aus einer Spannungsquelle, der Leitung, dem Verbraucher (Glühlampe) und einem Schalter. Die Glühlampe leuchtet nur dann, wenn der Schalter und damit der Stromkreis geschlossen ist. Zur Darstellung eines solchen Stromkreises bedient man sich genormter Schaltzeichen.
Die elektrische Leitung besteht im Regelfall aus Kupfer. Kupfer hat wie alle Metalle einen kristallinen Aufbau mit freien Valenzelektronen, die sich scheinbar regellos zwischen den positiven Atomionen bewegen. Legt man nun eine elektrische Spannung an die Enden des Kupferdrahtes, so wirken Kräfte, die die Valenzelektronen langsam in eine bestimmte Richtung treiben. Es fließt ein elektrischer Strom. Abb. 3.1 zeigt die Modellvorstellung der Elektronenbewegung. Modellhaft wird der elektrische Stromkreis oft mit einem Wasserkreislauf verglichen. Dabei stellt eine Pumpe den Generator dar, der einen Druckunterschied (= Spannung) erzeugt. Durch die Rohrleitungen (= elektrischer Leiter) strömt die Flüssigkeit (= Elektronenstrom). Die Reibungsverluste in den engen Rohrleitungen sind dem Widerstand gleichzusetzen. Dieses Bild ist zwar wissenschaftlich „schief", hat aber den Vorteil einer großen Anschaulichkeit. Das Rohrmodell erklärt auch, weshalb eine Lampe sofort nach Betätigung des Schalters aufleuchtet. Die Fortpflanzungsgeschwindigkeit der Elektronen selbst ist nämlich gering. Wenn aber auch nur ein Elektron in ein gefülltes Rohr hineingedrückt wird, so wird am anderen Rohrende sofort ein anderes Elektron herausgedrückt werden. Man spricht hier von einer Fortpflanzung durch einen Impuls. Die Fortbewegung des Impulses ist ebensogroß wie die des optischen Lichts: 300 000 km/s. Die Geschwindigkeit der Elektronen beträgt hingegen nur wenige cm/s.

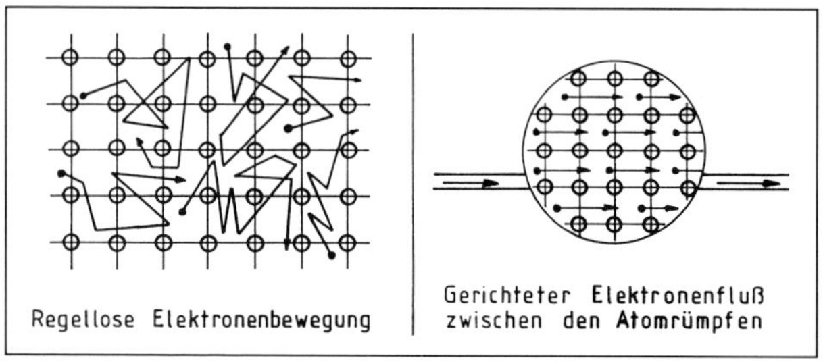

Abb. 3.1 Modellvorstellung der Elektronenbewegung

3.1.2 Elektrische Leiter

Bei allen metallischen Leitern ist die Bindung der Elektronen an ihre Ionen relativ gering, daher leiten alle Metalle den elektrischen Strom gut. Die wichtigsten Werkstoffe sind Kupfer und Aluminium, im Sonderfall (Elektronik) auch Gold und Silber, die sehr gute Leiter sind. Elektronenfluß und Ionenwanderung sind in Abb. 3.2 dargestellt.

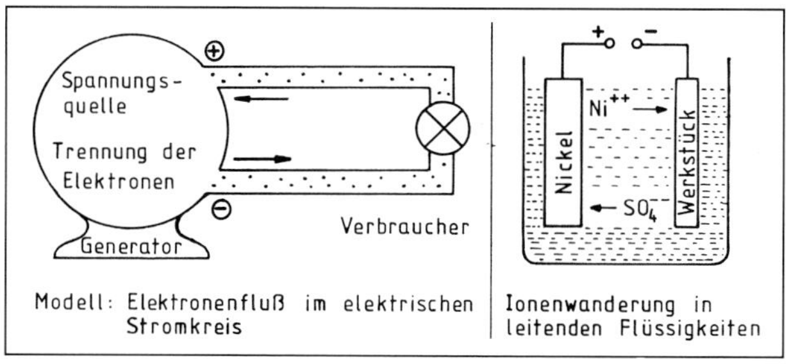

Abb. 3.2 Modellvorstellung des Elektronenflusses in einem elektrischen Stromkreis

3.1.3 Nichtleiter (Isolatoren)

Nichtleiter besitzen nur wenige freie Elektronen. Der Ladungstransport ist daher nicht oder nur sehr schlecht möglich. Hierzu zählen: Gummi, Kunststoffe, Glas, Porzellan, Öl, Papier. Isolatoren haben eine ebensogroße Bedeutung für die Elektrotechnik wie Leiter, denn ohne sie wäre der sichere Umgang mit elektrischer Energie nicht möglich.

3.1.4 Halbleiter

Halbleiter lassen durch gezielt hergestellte „Löcher" im Kristallgitter eine bestimmte Beweglichkeit der

Elektronen zu. Ohne Halbleiter wie Silizium oder Selen wäre der Bau von Transistoren oder Chips nicht möglich und ein moderner leistungsfähiger Computer undenkbar.

3.2. Wirkungen des elektrischen Stroms

Da der elektrische Strom durch die menschlichen Sinnesorgane nicht unmittelbar wahrgenommen werden kann, müssen wir ihn an seinen Wirkungen erkennen. Elektrischen Strom erkennt man durch:
- Wärmewirkung,
- Lichtwirkung,
- chemische Wirkung,
- magnetische Wirkung,
- physiologische Wirkung.

3.2.1 Wärmewirkung

Elektrischer Strom kann Stoffe erwärmen; im Lötkolben, der Ventilette oder im Heizgerät nutzt man diese Wirkung. Hierbei wird eine Heizwicklung, das ist eine Metall-Legierung mit einem hohen Widerstand, vom Strom durchflossen und erwärmt. Leider besitzen viele Motoren und Transformatoren auch die Eigenart unerwünschte Stromwärme zu produzieren; manche Geräte werden im Dauerbetrieb so heiß, daß sie vorübergehend abgeschaltet werden müssen.

3.2.2 Lichtwirkung

Die Lichtwirkung des elektrischen Stroms ist eine extreme Wärmewirkung bis zur Weißglut eines metallischen Leiters, im Regelfall eine Wolframlegierung. So wird die Energie in der Wendel einer Glühlampe nur zu 5% in sichtbares Licht umgesetzt, der große Rest ist überflüssige Wärmeenergie. Allerdings sind in den letzten Jahren wichtige Verbesserungen in die Serienproduktion übernommen worden, zum Beispiel Glaskolben mit lichtreflektierenden Schichten und Lampen mit einer Halogengasfüllung. Entladungslampen – meist Leuchtstofflampen genannt – benutzen ein anderes physikalisches Verfahren zur Lichterzeugung.
Hierbei findet zum Beispiel in Quecksilberdampf niedrigen Druckes beim Stromdurchgang eine Entladung statt. Sie erzeugt wenig sichtbares Licht, aber viel UV-Strahlung, die dann im Leuchtstoffbelag, an der Innenseite der Glasröhre, absorbiert und in sichtbares Licht umgewandelt wird. Durch unterschiedliche Zusammensetzung des Leuchtstoffs läßt sich die Lichtfarbe in weiten Grenzen verändern.

3.2.3 Magnetische Wirkung

Umwickelt man einen Eisenstab vielfach mit einem Kupferdraht und läßt einen Strom durch den Draht fließen, so erhält man eine „Spule". Sie zieht magnetische Werkstücke an, stellt also einen Elektromagneten dar. Ein stromdurchflossener Leiter erregt ein magnetisches Feld. Der eiserne Spulenkern verstärkt die Magnetkraft der Spule. Umgekehrt kann mit Hilfe eines Magneten in einer Spule eine Spannung erzeugt werden, ein Vorgang der als elektromagnetische Induktion bezeichnet wird. Er ist die Grundlage des Motoren-, Generatoren- und Transformatorenbaus. Generell gilt, daß jeder elektrische Strom in seiner Umgebung ein magnetisches Feld erzeugt. Abb. 3.3 skizziert Lichtwirkung und magnetische Wirkung des elektrischen Stroms.

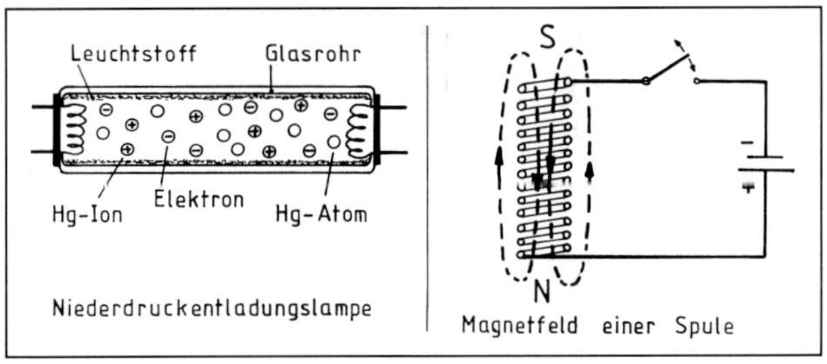

Abb. 3.3 Lichtwirkung und magnetische Wirkung des elektrischen Stroms

3.2.4 Chemische Wirkung

Der elektrische Strom zerlegt leitende Flüssigkeiten, zum Beispiel angesäuertes Wasser in Sauerstoff und Wasserstoff, die Bestandteile des Wassers. Technische Anwendung findet die chemische Stromwirkung beim Galvanisieren.
Das Kupfersalz $CuSO_4$ wird durch elektrischen Strom in Cu und SO_4 zersetzt. Das Kupfer lagert sich auf der Oberfläche des zu galvanisierenden Werkstücks ab; so kann zum Beispiel ein Stahlteil verkupfert werden,

mit anderen Elektrolyten auch vernickelt oder verchromt.
Der umgekehrte Vorgang stellt eine elektrochemische Spannungsquelle (Akku) dar. Stellt man zwei Bleiplatten in verdünnte Schwefelsäure und schließt sie an eine Spannungsquelle an, so fließt ein elektrischer Strom. Nach einigen Stunden kann umgekehrt zwischen den Bleiplatten eine Spannung nachgewiesen werden, der Akku wurde geladen und kann jetzt als Starterbatterie im Kfz verwendet werden.

3.2.5 Physiologische Wirkung

Der elektrische Strom wirkt auch – wie bekannt – auf den menschlichen Körper ein. Die Wirkung kann bei sorgfältiger Dosierung, unter ärztlicher Kontrolle, heilsam sein (Diathermie).
Der „Stromschlag" hat folgende Wirkungen:
- Verbrennungen,
- Störungen des Herzrhythmus,
- Zersetzung der Zellflüssigkeit (Vergiftung),
- Schockwirkung.

3.3 Elektrische Grundgrößen

3.3.1 Elektrischer Strom

Strom	Formelzeichen I	Einheitenzeichen A

Elektrischer Strom ist die gerichtete Bewegung von Ladungen (Elektronenfluß). Die Größe Stromstärke hat die Einheit Ampere (A). Das Ampere ist eine Basisgröße des SI-Systems. Das Formelzeichen der Stromstärke ist I.
Typische Stromstärken sind:
Radioempfang : 50 mA
Erwärmungsgerät (Ventilette): 2 A
Schleifautomat : 4 A
Glühlampe 100 Watt : 0,5 A

Stromarten

– Gleichstrom, hier fließen die elektrischen Ladungen in gleichbleibender Stromstärke in eine Richtung. Batterien und Akkus erzeugen Gleichstrom.

– Wechselstrom, hier wechselt die Ladungsströmung nach Richtung und Stromstärke periodisch. In unserem Wechselstromnetz ändert der Wechselstrom 50 mal pro Sekunde seine Richtung, das heißt er schwingt. Die Schwingungszahl pro Sekunde nennt man Frequenz, ihre Einheit ist das Hertz (Hz). Technischer Wechselstrom hat eine Frequenz von 50 Hz.
Abb. 3.4 zeigt Gleich- und Wechselstrom sowie die Schaltung eines Strommessers (Amperemeter).

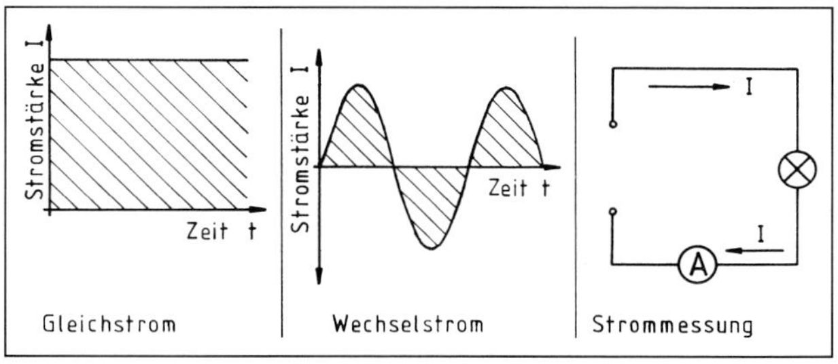

Abb. 3.4 Stromarten und Strommessung

3.3.2 Strommessung

Ströme werden mit Amperemetern gemessen. Ein Amperemeter mißt die Ladungsmenge, die durch den Leiter „strömt"; es muß deshalb in den Leiterkreis eingefügt werden (Reihenschaltung).

3.3.3 Elektrische Spannung

Spannung	Formelzeichen U	Einheitenzeichen V

Die elektrische Spannung ist, im strengen physikalischen Sinne, definiert als Arbeit pro transportierter Ladungsmenge. Da diese Definition schwer vorstellbar ist, sei die Spannung modellhaft umschrieben als

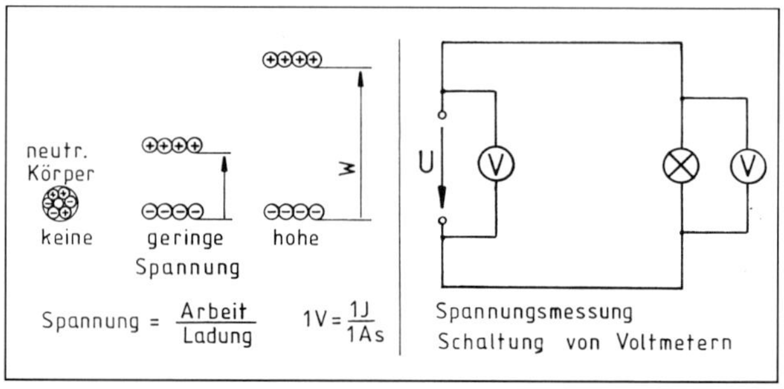

Abb. 3.5 Spannung und Spannungsmessung

Unterschied in der elektrischen Ladung zwischen zwei Polen. Abb. 3.5 zeigt das Modell der elektrischen Spannung und die Schaltung eines Spannungsmessers (Voltmeter).
Die Einheit der Größe Spannung ist das Volt (V); das Formelzeichen der Meßgröße Spannung ist U.
Die Bewegung elektrischer Ladung in Leitern wurde schon mehrfach angesprochen, ohne auf die Ursachen hierfür einzugehen. Im Normalzustand herrscht zwischen den positiv geladenen Atomrümpfen und den negativ geladenen Elektronen ein Gleichgewichtszustand. Nach außen hin ist ein metallischer Körper elektrisch neutral.
Erst wenn man die Elektronen „verschiebt" – unter Aufwendung von Arbeit – ist der normale Gleichgewichtszustand gestört. Zwischen den beiden Punkten, in denen das Gleichgewicht gestört wurde, herrscht eine Spannung. Verbindet man die beiden Punkte durch einen Leiter, so werden die Elektronen als Ladungsträger versuchen, einen Ausgleich herzustellen. Dieses Ausgleichsbestreben der Ladungsträger wird als Spannung bezeichnet, die beiden Punkte werden Pole genannt.
Infolge der Störung des Gleichgewichtszustandes hat der eine Pol einen Überschuß an Ladungen; das ist der Minuspol. Der Pol mit Ladungsmangel wird als Pluspol bezeichnet. Beim Ladungsausgleich wird die Ladung vom Minus- zum Pluspol transportiert (physikalische Stromrichtung).

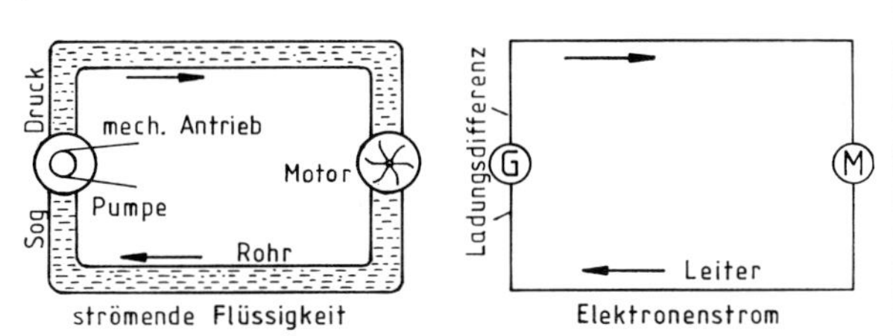

Abb. 3.6 Hydraulischer und elektrischer Stromkreis

Die Spannungserzeugung (Ladungstrennung) erfolgt in Generatoren; das sind umgekehrt gepolte Motore. Technische Systeme, die eine Ladungstrennung vornehmen und aufrechterhalten, nennt man Spannungsquellen. Modellhaft ist eine solche Anordnung in Abb. 3.6 skizziert, links der hydraulische und rechts zum Vergleich der elektrische Stromkreis.

3.3.4 Spannungsmessung

Zur Spannungsmessung benutzt man ein Voltmeter. Da eine Spannung stets zwischen zwei Punkten herrscht, muß ein Voltmeter auch zwischen den Polen die Spannung messen, das heißt, das Meßgerät wird parallel zum Verbraucher geschaltet.
Typische Spannungen sind:

Thermoelement:	10 mV
Batteriemonozelle:	1,5 V
Autobatterie:	12 V
Netzspannung (Licht):	220 V
Drehstrommotor:	380 V
Elektrolok:	15 000 V
große Überlandleitungen:	380 kV

3.3.5 Elektrischer Widerstand

Widerstand	Formelzeichen R	Einheitenzeichen Ω

Auf ihrem Weg vom Minuspol zum Pluspol stoßen die Elektronen mit den Atomionen zusammen, zwischen ihnen tritt Reibung auf. Jeder Leiter setzt dem Elektronenfluß einen Widerstand entgegen, der elektrischer Widerstand genannt wird.
Die Größe Widerstand hat die Einheit Ohm (Ω – Omega). Ihr Formelzeichen ist R.
Liegt an einem Leiter die Spannung $U = 1$ V an, und fließt dabei ein Strom der Stärke $I = 1$ A, so besitzt der Leiter den Widerstand $R = 1\ \Omega$.

3.3.6 Spezifischer Widerstand

Der spezifische Widerstand – Formelzeichen ϱ – wurde eingeführt, um Widerstände verschiedener Leiter vergleichen zu können. Seine Größe ist abhängig von der Leiterlänge l, dem Querschnitt A und dem Werkstoff. Man vergleicht Leiter von 1 m Länge und 1 mm^2 Querschnitt bei einer Meßtemperatur von 20 °Celsius.
Der spezifische Widerstand einiger gebräuchlicher Leiterwerkstoffe beträgt bei

Kupfer	$\varrho = 0{,}0178\ \Omega mm^2/m$
Silber	$\varrho = 0{,}016\ \Omega mm^2/m$
Aluminium	$\varrho = 0{,}028\ \Omega mm^2/m$
Eisen	$\varrho = 0{,}120\ \Omega mm^2/m$

Länge, Querschnitt, Material	Widerstand R	Berechnung
l_1	klein	$R = \frac{\varrho \cdot l}{A}$ (Ω)
l_2	groß	
A_1	groß	ϱ = spezif. Widerstand in $\Omega \cdot mm^2/m$
A_2	klein	l = Leiterlänge in m
Kupfer	klein	A = Leiterquerschnitt in mm^2
Alu	groß	

Abb. 3.7 Spezifischer Widerstand, Einflußgrößen und seine Berechnung

Abb. 3.7 zeigt die Einflußgrößen des spezifischen Widerstands Länge, Querschnitt und Werkstoff.

Beispiel: Man bestimme den Widerstand eines 50 m langen Verlängerungskabels aus Kupfer, Querschnitt $A = 1{,}5\ mm^2$.

Da der gesamte Stromweg – hin und zurück – 2 x 50 m = 100 m beträgt, ist auch dieser Wert in die Formel einzusetzen:

$$\text{Widerstand } R = \frac{\varrho \cdot l}{A} \quad R = \frac{0{,}018 \cdot 100}{1{,}5} \quad R = 1{,}2\ \Omega$$

3.3.7 Ohmsches Gesetz

Die drei wichtigen Größen der Elektrotechnik: Stromstärke I, Spannung U und Widerstand R sind im Ohmschen Gesetz miteinander verknüpft. Ohne eine Spannung würde in einem Stromkreis kein Strom fließen können; die Höhe der fließenden Stromstärke wiederum hängt vom Widerstand der Leiter und Verbraucher im Stromkreis ab.

Da der Zusammenhang zwischen U, I und R sehr einfach ist, kann er im Versuch leicht überprüft werden. Man benötigt hierzu einige Monozellen, kleine (Taschenlampen) Glühlampen und ein Vielfachmeßgerät. Im ersten Versuch benutzt man nur eine Lampe (R = konstant), ändert die Spannung durch Verwendung unterschiedlicher Batterien und mißt die Stromstärke I. Das Ergebnis wird sein:

$I \sim U$ (linearer Zusammenhang).

Im zweiten Versuch hält man die Spannung konstant und setzt verschiedene Lampen in den Stromkreis (R = variabel) und mißt erneut den Strom I.

Das Ergebnis wird lauten: $I \sim \frac{1}{R}$

Zusammengefaßt zum Ohmschen Gesetz:

$$\text{Widerstand} = \frac{\text{Spannung}}{\text{Stromstärke}} \qquad R = \frac{U}{I}$$

$$[R] = \frac{V}{A} \quad \Omega \text{ (Ohm)}$$

Im geschlossenen Stromkreis verhält sich bei konstantem Widerstand R die Stromstärke I proportional zur Spannung U.

3.4 Elektrische Schaltungsarten

In der technischen Anwendung können Verbraucher und Spannungsquellen auf verschiedene Art und Weise miteinander verbunden werden.

3.4.1 Reihenschaltung

Hierbei werden alle Verbraucher in einer Reihe (hintereinander) an eine Spannungsquelle angeschlossen. Ein augenfälliges Beispiel hierfür ist die Weihnachtsbaumkette.

Versuch:

Drei Widerstände werden in Reihe geschaltet; man mißt die Ströme an den einzelnen Widerständen sowie die Spannung U.

Ergebnis:

Durch alle Widerstände fließt der gleiche Strom I.

$I = I_1 = I_2 = I_3 = \ldots$

An den verschiedenen Widerständen mißt man hingegen verschiedene Spannungen. An einem kleinen Widerstand fällt die Spannung nur wenig ab; ein größerer Widerstand ist, im Sinne des Wortes, auch ein großer Widerstand für den fließenden Strom; an ihm wird auch eine größere Spannung abfallen. Die Summe der Einzelspannungen an den Verbrauchern ist gleich der Gesamtspannung.

$U = U_1 + U_2 + U_3 + \ldots$

Mit Hilfe des Ohmschen Gesetzes läßt sich zeigen, daß die Summe der Einzelwiderstände gleich dem Gesamtwiderstand ist.

$R = R_1 + R_2 + R_3 + \ldots$

Abb. 3.8 zeigt die Reihenschaltung dreier Widerstände und ein Rechenbeispiel.

In der Praxis wird die Reihenschaltung selten verwendet; ihr Nachteil ist, daß beim Ausfall eines Verbrauchers der gesamte Stromkreis unterbrochen ist. Verwendung findet die Reihenschaltung bei Heizgeräten, wo zwei oder drei Heizwiderstände (Spiralen) durch verschiedene Kombinationen von Reihen- und Parallelschaltungen unterschiedliche Wärmemengen erzeugen können.

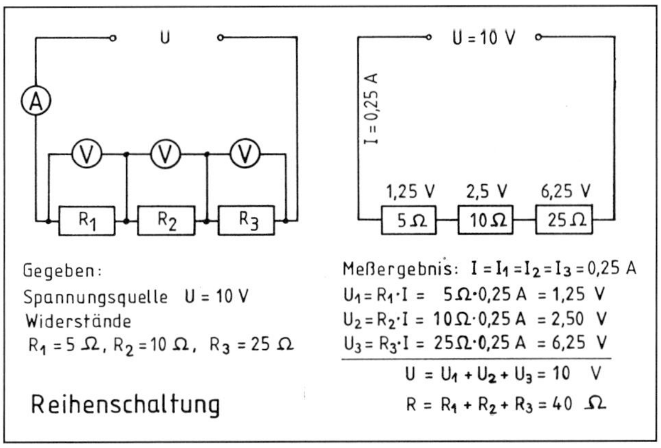

Abb. 3.8 Versuch zur Reihenschaltung

Typisch sind Reihenschaltungen auch bei batteriebetriebenen Geräten. Tragbare Kleingeräte – PD-Messer, Gravurensucher – werden oft durch mehrere hintereinander geschaltete Batterien mit der notwendigen Spannung versorgt.

3.4.2 Parallelschaltung

Der übliche Anschluß von Verbrauchern (Werkstattgeräte, Licht, Steckdosen) im sogenannten Lichtstromkreis erfolgt durch die Parallelschaltung. Hierbei kann jeder einzelne Verbraucher, unabhängig von anderen Geräten, ein- und ausgeschaltet werden. Die Schaltung von Geräten beeinflußt die anliegende Netzspannung nicht.

Schaltet man im Versuch zwei Widerstände von 15 Ω und 30 Ω parallel an eine Spannungsquelle U = 10 V, so liegt an jedem Verbraucher die gleiche Spannung. Bei Parallelschaltung liegt an allen Verbrauchern die gleiche Spannung.

$U = U_1 = U_2 = U_3 = \ldots$

Die Messungen zeigen, daß an dem kleineren Widerstand der größere Strom fließt; der Strom geht also den Weg des geringsten Widerstandes.

Die Summe der Ströme an den einzelnen Verbrauchern ist gleich der Gesamtstromstärke:

$I = I_1 + I_2 + I_3 + \ldots$

Für die Widerstände gilt, wiederum nach dem Ohmschen Gesetz: Der Kehrwert des Gesamtwiderstandes ist gleich der Summe der Kehrwerte der Einzelwiderstände.

$$\frac{1}{R} = \frac{1}{R_1} + \frac{1}{R_2} + \frac{1}{R_3} + \ldots$$

Der Gesamtwiderstand ist stets kleiner als der kleinste Einzelwiderstand.

Abb. 3.9 zeigt ähnlich wie Abb. 3.8 die Parallelschaltung mit einem Zahlenbeispiel.

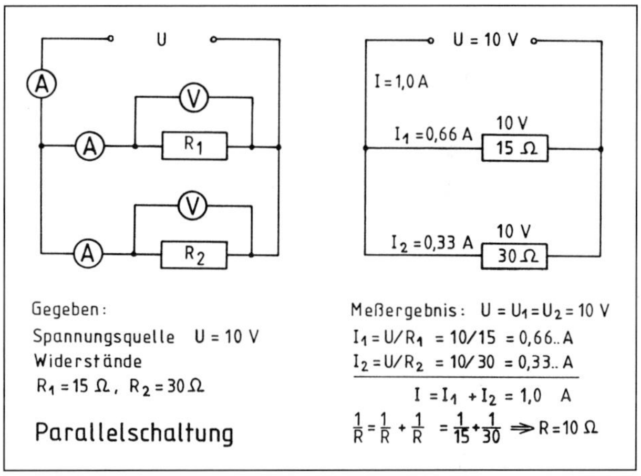

Abb. 3.9 Versuch zur Parallelschaltung

3.5 Elektrische Arbeit und Leistung

Die elektrische Energie ist nur eine von zahlreichen Energiearten: sie kann wie jede andere Energieart Arbeit verrichten.

Die Größe der Arbeit hängt ab von der Höhe der Spannung und der Anzahl der fließenden Elektronen, das heißt von der Stromstärke und der Zeit.

Die Einheit Wattsekunde trägt den Namen Joule.

$$\boxed{W = U\,I\,t}$$

$[W] = V \cdot A \cdot s = W \cdot s = J$ (Joule)

Ein oft verwendetes Vielfaches der Einheit Wattsekunde ist die Kilowattstunde (kWh):

1 kWh = 3 600 000 Ws = 3 600 000 Joule

In der Einheit kWh wird die von den Elektrizitätswerken „hergestellte“ elektrische Arbeit am „Zähler“ gemessen.

Elektrische Leistung

Die elektrische Leistung ist, wie alle Formen der Leistung, als Arbeit pro Zeiteinheit definiert. Dividiert man die Arbeit W = U I t durch die Zeit t, so erhält man die elektrische Leistung als das Produkt von Spannung und Stromstärke.

$$P = U\,I$$

[P] = V · A = W (Watt)

Beispiel: Ein Gaslötgenerator wird an U = 220 V betrieben; er trägt den Aufdruck 600 VA. Wie groß ist die Stromaufnahme dieses Geräts?

$$P = U \cdot I \qquad I = \frac{600}{220}\ \frac{VA}{V} = 2{,}73\ A$$

3.6 Gefahren des elektrischen Stroms

Für die elektrische Energie besitzt der Mensch keine Sinnesorgane, die ihm eine drohende Gefahr, wie etwa bei einem offenen Feuer, unmittelbar anzeigen. Der menschliche Körper stellt für den elektrischen Strom einen Leiter dar, wie folgender Versuch beweist:

Man baut einen offenen Stromkreis auf, der von einer Batterie (max. bis 6 Volt!) gespeist wird. Als Nachweis für den fließenden Strom wird ein Amperemeter in den Stromkreis geschaltet. Jetzt überbrückt man mit den Fingern einer Hand die offene Stelle des Stromkreises und sofort zeigt der Strommesser einen schwachen Strom an. Feuchtet man die Finger an, oder drückt die Leiterenden sehr kräftig zwischen den Fingern, so fließt ein größerer Strom. Da der menschliche Körper zu einem erheblichen Teil aus – salzigem – Wasser besteht, ist das Versuchsergebnis nicht überraschend. Der menschliche Körper besitzt bei trockener Haut einen Widerstand von einigen tausend Ohm, was mit Hilfe des Ohmschen Gesetzes aus dem Meßergebnis leicht berechnet werden kann. Dieser Widerstand sinkt aber bei feuchter Haut deutlich unter die eintausend Ohm-Grenze. Im Falle eines starken Stromschlags kann die Haut durchbrennen; die Folge ist ein nochmals wesentlich größerer Strom, der dann durch den Körper fließt.

Abb. 3.10 demonstriert den Widerstand der menschlichen Haut beim Stromfluß einschließlich Berechnung.

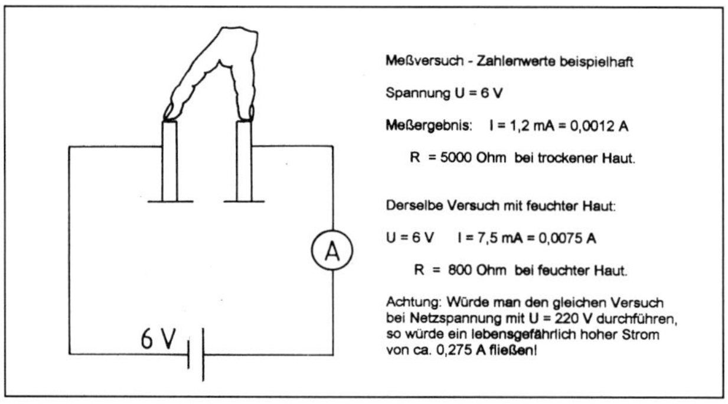

Abb. 3.10 Widerstand der menschlichen Haut

Wie das EKG (Elektrokardiogramm, Darstellung elektrischer Ströme im Zusammenhang mit der Herztätigkeit) beweist, sind alle Muskel-, Nerven- und Gehirntätigkeiten von schwachen elektrischen Strömen begleitet. Von außen in den Körper eingeleitete Ströme stören diesen natürlichen Ablauf.

Die Stärke der Störung ist abhängig von

- Stromart, Wechselstrom ist kritischer als Gleichstrom,
- Frequenz des Wechselstroms,
- Stromstärke,
- Stromweg (kritisch: übers Herz),
- Einwirkungsdauer.

Allgemein gilt:

Ströme über 50 Milliampere sind lebensgefährlich! Auch geringere Ströme können bei genügend langer Einwirkungsdauer (> 30 sec.) den Tod hervorrufen.

Im einzelnen gilt:

Ströme bis 5 mA bewirken Nervenreize,
Wechselströme bis 50 mA Muskelverkrampfungen,
Wechselströme bis 5A möglichen sofortigen Herztod,
Ströme über 5 A verbrennen die Haut.

Derartig große Ströme wirken in den Zellen wie ein galvanisches Element; das bedeutet, sie können das Zelleiweiß so zerstören, daß der Spättod durch Vergiftung die Folge ist.

3.6.1 Erste Hilfe bei Stromunfällen

1) Sofort den Strom ausschalten!
2) Ist das nicht möglich, den Verletzten mit Seilen, Holzbrettern, Textilien, Plastikteilen oder ähnlichem von der Spannungsquelle entfernen.
3) Verletzungen feststellen – Arzt rufen.
4) Bei Kreislaufstillstand sind die üblichen Lebensrettungsmaßnahmen zu ergreifen: Atemspende und kräftiger Faustdruck in die Herzgegend.
5) Bei Schockwirkung (schneller flacher Puls; Blässe): Beine hochlagern.

3.7 Schutzmaßnahmen

Zum Schutz vor den Gefahren des elektrischen Stroms sind strenge Sicherheitsmaßnahmen von der Berufsgenossenschaft, der Gewerbeaufsicht und dem Verband deutscher Elektrotechniker (VDE) erlassen worden.
Die erforderlichen Schutzmaßnahmen unterteilen sich in solche, die der Errichter einer Anlage (der vom Energieversorgungsunternehmen konzessionierte Elektroinstallateur) und der Benutzer ergreifen muß.
Der Elektromeister ist für die ordnungsgemäße Auslegung der Anlage verantwortlich. Hierzu zählen insbesondere die Bemessung der Leiterquerschnitte und die Absicherung der Leitungen. Der Benutzer ist beim Betrieb der Anlage für einwandfreie Geräte verantwortlich. Hierzu zählt auch ein Grundwissen über die Wirkung von Sicherungsmaßnahmen.

3.7.1 Anforderungen an elektrische Leitungen und Sicherungen

Elektrische Geräte und Leitungen müssen vor Überlastung und Kurzschluß geschützt werden.
Elektrische Leiter können kurzfristig eine recht hohe Stromstärke übertragen, auf Dauer würde eine zu große Stromstärke aber eine hohe Erwärmung mit Durchbrennen der Isolation und Brandgefahr nach sich ziehen. Daher sind in den VDE-Vorschriften die Belastbarkeit der Kupferleitungen und ihre entsprechende Sicherungsgröße festgelegt. Sicherungen sind künstliche Schwachstellen, die bei Überlastung oder Kurzschluß durchbrennen oder auslösen.

3.7.2 Sicherungen

Die Stromverteilung in einem Haushalt erfolgt durch mehrere Stromkreise, die einzeln abgesichert sind. Eine Sicherung ist eine künstliche Schwachstelle, die bei Überlastung durchbrennt.
Beispiel: Welche Belastung verträgt ein Lichtstromkreis 220 V bei 16 A Absicherung?
$P = 220\ V \cdot 16\ A = 3520$ Watt maximal.
Beim Durchbrennen einer Sicherung ist die Ursache, also die **Überlast,** zu beseitigen!
Besonders Wärmegeräte werden häufig in zu großer Zahl innerhalb eines Stromkreises angeschlossen. Heizlüfter haben vielfach eine Leistungsaufnahme zwischen 1000 und 2000 Watt. Bereits zwei solcher Geräte in einem Stromkreis lassen die Sicherung leicht durchbrennen.
Eine weitere Fehlermöglichkeit besteht in einer direkten Verbindung Phase-Null, dem sogenannten **„Kurzschluß“.** Er entsteht, wenn in einem Stecker oder Gerät sich die stromführende Phase und der Nulleiter direkt berühren.

3.7.3 Bauarten von Sicherungen

Schmelzsicherungen dürfen nie geflickt oder überbrückt werden! Für ihre Nennstromstärken wurden Kennfarben (Farbplättchen am Fuß der Sicherung) vereinbart. Als Ersatz sind stets nur leistungsgleiche Sicherungen der gleichen Farbe zu verwenden!
Sicherungsautomaten (Leitungsschutzschalter) sind technologisch besser; sie reagieren auf Überlast durch Erwärmung einer Bimetallspirale, die sich durchbiegt und dadurch den Stromkreis trennt. Auf plötzliche hohe Stromstöße reagieren sie weitaus schneller als Schmelzsicherungen. Ihre Spule reagiert auf die Änderung des elektrischen Feldes blitzschnell, während in einer Sicherung erst der Schmelzfaden durchbrennen muß.

3.7.4 Schutzmaßnahmen ohne Schutzleiter

Ist ein Gerätegehäuse vollständig aus Isoliermaterial (Kunststoff) hergestellt, so kann auf den Schuko-Draht verzichtet werden. Derartige Geräte sind oft mit sogenannten **Euroflachsteckern** ausgerüstet. Die

Kennzeichnung solcher Geräte erfolgt durch ein doppeltes Quadrat auf dem Typenschild. Vielfach werden heute Bohrmaschinen, Kaffeemaschinen, Haarföhne und andere mit vollisoliertem Gehäuse hergestellt. Abb. 3.11 zeigt die Schutzisolierung.

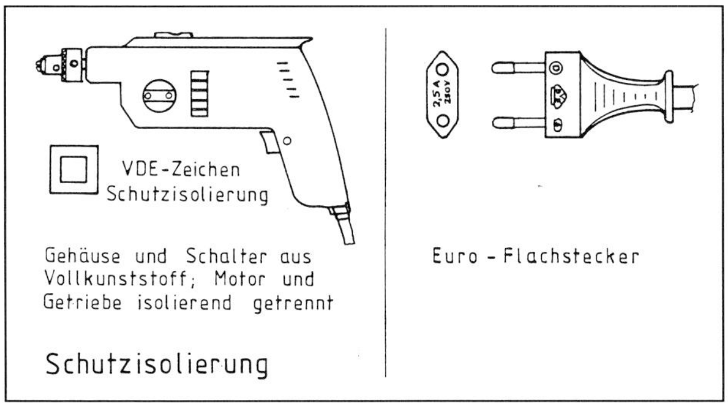

Abb. 3.11 Gerät mit Schutzisolierung

3.7.5 Schutzmaßnahmen mit Schutzleiter

Eine verbreitete Schutzmaßnahme ist die FI-Schutzschaltung. Der gelb-grün gekennzeichnete Schutzleiterdraht wird zu allen Steckdosen geführt und mit allen metallischen Körpern (auch der Wasserleitung) verbunden. Er wird dann „zur Erde" geführt. Das geschieht über Metallstäbe, die rings um ein Haus tief in die Erde eingelassen sind.
Löst sich jetzt die stromführende Leitung im Gerät und berührt das Metallgehäuse oder scheuert das Anschlußkabel durch und berührt das Metall, so wäre der Benutzer des Geräts ja unmittelbar einem Stromschlag ausgesetzt. Die Elektriker nennen diesen Fehler einen „Körperschluß". Der FI-Schalter schaltet in einem solchen Fall binnen 0,1 Sekunden den Strom allpolig ab. Er mißt fortwährend den zu- und abfließenden Strom und trennt bei einem gefährlich hohen Fehlerstrom, zum Beispiel 25 oder 40 mA, alle Stromkreise ab.

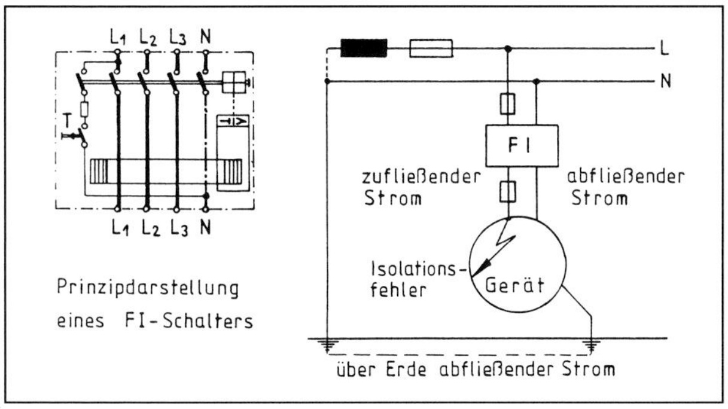

Abb. 3.12 FI-Schutzschaltung. Umstellung von Schutzmaßnahme Nullung auf FI-Schaltung

Der FI-Schalter kann nach Beseitigung der Fehlerursache durch Knopfdruck wieder eingeschaltet werden.
Abb. 3.12 zeigt die Umstellung bzw. den Unterschied zwischen Nullung und FI-Schutzschaltung.

Nullung

Bei der Nullung – die ohne FI-Schalter arbeitet – gilt, daß ein entstehender Kurzschlußstrom die Sicherung auslöst. Der Kurzschlußstrom wird über den Schutzleiter zur Erde abgeleitet. Abb. 3.13 zeigt diese Schutzmaßnahme.

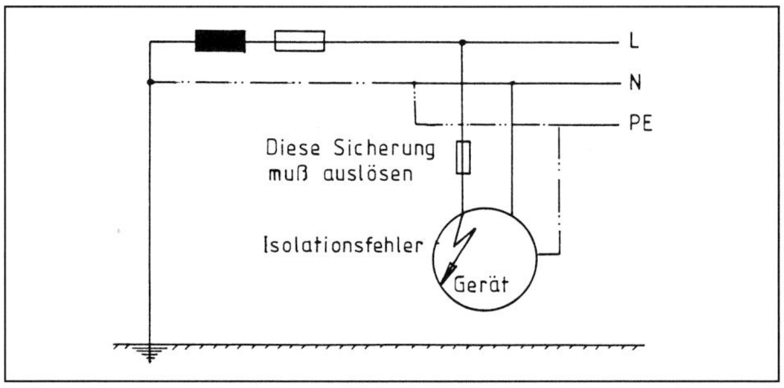

Abb. 3.13 Schutzmaßnahme Nullung

3.7.6 Steckdosen und Stecker

Gemäß VDE-Bestimmungen dürfen für die Inbetriebnahme ortsveränderlicher Geräte nur Stecker und Steckdosen verwendet werden, die einen Schutzkontakt haben. Damit ist für Stromstärken bis 16 A das bekannte dreipolige System (Schuko-Stecker) zum Einheitsstecker geworden. Die Schutzkontakte der Dosen und Stecker sind voreilend, das heißt sie schließen sich, bevor die Polkontakte Spannung erhalten, und öffnen sich erst, wenn das Gerät bereits wieder spannungslos ist. Die drei Leiter im Einphasen-Wechselstromkreis haben folgende Farben und Bedeutung:

- **Phase,** schwarz oder braun, spannungsführend!
- **Nulleiter,** blau, geerdet, Null-Potential.
- **Schuko-Draht,** gelb-grün, geht zum FI-Schalter.

(Anmerkung: Elektriker dürfen nach Forderung der Berufsgenossenschaft nicht farbschwach sein.)

Warum ist Strom aus der Steckdose so gefährlich? Weil man von außen nicht erkennen kann, auf welcher Leitung einer Steckdose die gefährliche Spannung anliegt. Erst der Spannungsprüfer (Polsuchlampe) schafft hier Klarheit.
Da man Schukostecker aber auch um 180 Grad verdreht in die Steckdose stecken kann, sollte man sich bei der Farbkennzeichnung der Kabel im Gerät nie auf „Blau = 0 Volt" verlassen! Es kann genausogut umgekehrt sein. Dies ist auch ein Grund für die Elektroindustrie, auf ein neues dreipoliges Stecksystem zu drängen.
Lösen Sie Steckverbindungen nur durch Ziehen am Stecker und nicht durch Ziehen am Kabel!
Achten Sie auf Knick- und Scheuerstellen, besonders unmittelbar hinter dem Stecker.

3.7.7 Sicherheitsregeln

Lösen Sie Steckverbindungen nie durch Ziehen am Kabel! Stets am Stecker ziehen!
Verwenden Sie nie beschädigte Verlängerungskabel! Blanke Kabelenden oder Knick- und Scheuerstellen sind immer lebensgefährlich!
Verlassen Sie sich nie auf Farbkennzeichnungen!
Gerätestecker können um 180° verdreht in Schukosteckdosen gesteckt werden: Also kann auch ein Nulleiter Spannung führen und dafür die Phase stromlos sein!
Die Stromwirkung wird durch einen feuchten Standort wesentlich erhöht. Gerade hier ist auf einwandfreie Zuleitungen zu achten!

4 Technologische Grundlagen

Jeder Werkstoff besitzt eine Vielzahl spezifischer Eigenschaften, die ihn von anderen Werkstoffen unterscheiden, und ihn für bestimmte Aufgaben technisch verwendbar macht. Das sichere Wissen um die technischen Eigenschaften eines Werkstoffs ist für den Konstrukteur wichtig, um den Werkstoff korrekt einsetzen zu können.

Aber auch der Augenoptiker sollte sich in den Materialeigenschaften auskennen: Es hilft ihm, die Qualität einer Brille zu beurteilen und den Kunden im Gespräch fachlich einwandfrei zu beraten.

Die physikalischen Eigenschaften (Dichte, Schmelzpunkt, Längenausdehnung . .) lassen sich als physikalische Größen bestimmen. Ebenso lassen sich die chemischen Eigenschaften (Korrosionsfestigkeit) chemisch eindeutig beschreiben.

Die technologischen Eigenschaften bedürfen hingegen einer erklärenden Umschreibung, da sie sowohl Anteile an physikalischen als auch an chemischen Eigenschaften in sich vereinigen.

Für Brillenfassungen wie für Brillengläser sind die mechanischen Eigenschaften von besonderer Bedeutung.

4.1 Mechanische Beanspruchungsarten

Die auf einen Körper einwirkenden Kräfte beanspruchen ihn auf

- Festigkeit,
- Härte,
- Elastizität – Plastizität,
- Zähigkeit – Sprödigkeit.

4.1.1 Festigkeit

Als Festigkeit bezeichnet man den Widerstand eines Werkstoffs gegen Formänderung und mechanisches Trennen. Die belastende Kraft erzeugt im Werkstoff eine Spannung.

Die kleinsten Teile der Werkstoffe werden untereinander durch Kräfte zusammengehalten, die man als **Kohäsionskräfte** bezeichnet. Wird ein Werkstoff belastet, so verhindern die Kohäsionskräfte die augenblickliche Trennung der Werkstoffteilchen. Erst wenn die Belastung die zusammenhaltenden Kräfte übersteigt, werden die Werkstoffteilchen getrennt.

Die Kraft zur Überwindung der Kohäsionskräfte hängt einmal vom Werkstoff, zum anderen vom Querschnitt des belasteten Körpers ab. Mit größerem Querschnitt kann ein Körper selbstverständlich eine größere Belastung ertragen. Damit man unterschiedliche Werkstoffe miteinander vergleichen kann, rechnet man die zum Zerreißen notwendige äußere Belastung auf einen Quadratmillimeter des Querschnitts um.

Festigkeit ist das Verhältnis von größtmöglicher Belastung zum belasteten Querschnitt.

Die Belastung wird in Newton (N); der Querschnitt in mm^2 angegeben.

Das Formelzeichen der Festigkeit ist σ (sigma)

$$\text{Festigkeit} = \frac{\text{maximale Belastung}}{\text{belastete Querschnittsfläche}}$$

$$\sigma = \frac{F}{A} \qquad [\sigma] = \frac{N}{mm^2}$$

Beispiel: Ein Neusilberdraht, Querschnittsform kreisrund $\varnothing = 1$ mm, kann maximal mit einer Kraft F = 300 N belastet werden. Wie groß ist σ?

$$\text{Querschnittsfläche } A = \frac{\pi \cdot d^2}{4} = \frac{\pi \cdot 1^2}{4}$$

$$A = 0{,}785 \text{ mm}^2$$

$$\text{Zugfestigkeit } \sigma = \frac{F}{A} = \frac{300}{0{,}785} \quad \frac{N}{mm^2} \qquad \sigma = 382 \text{ N/mm}^2$$

Abb. 4.1 zeigt die Einflußgrößen Werkstoff und Querschnitt auf die Festigkeit.

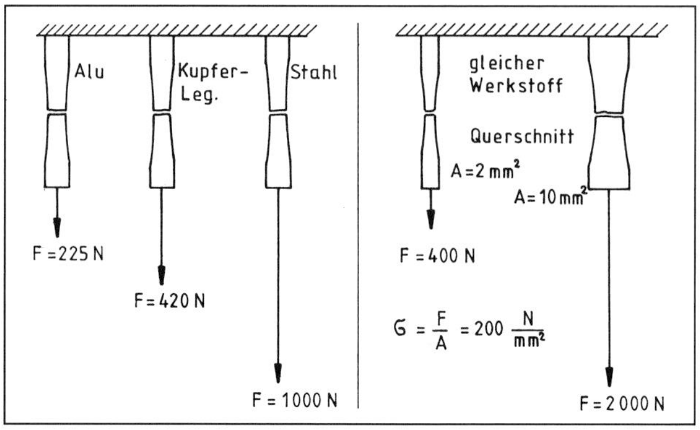

Abb. 4.1 Festigkeit eines Werkstoffes in Abhängigkeit von Werkstoffart und Querschnittsfläche

Je nach Art der Krafteinwirkung unterscheidet man:
- Zugfestigkeit,
- Druckfestigkeit,
- Biegefestigkeit,
- Scherfestigkeit.

4.1.2 Zugfestigkeit

Wird ein Körper durch Zugkräfte beansprucht, so dehnt (verlängert) er sich. Die Festigkeit, die ein Werkstoff dem Zerreißen durch Zugbeanspruchung entgegensetzt, nennt man Zugfestigkeit. Materialien mit hoher Zugfestigkeit sind Stahl, Titan, Kupferlegierungen; eine geringe Zugfestigkeit haben Gold, Blei, Rein-Kupfer und Aluminium.

4.1.3 Druckfestigkeit

Druckkräfte beanspruchen ein Werkstück, indem sie es stauchen (verkürzen). Die Festigkeit, die ein Werkstoff dem Zerdrücktwerden entgegensetzt, ist seine Druckfestigkeit. Im allgemeinen sind Stoffe mit hoher Zugfestigkeit, zum Beispiel Stahl, auch hoch druckbelastbar. Ausnahme: Glas, es hat eine Zugfestigkeit von etwa 40 N/mm^2; aber eine Druckfestigkeit von ca. 800 N/mm^2.

4.1.4 Biegefestigkeit

In einem Körper, der gebogen wird, entstehen unterschiedliche Beanspruchungen. Die nach außen gebogene Seite wird gezogen, die innere Seite entsprechend gedrückt. Nur eine Ebene, die durch den Schwerpunkt geht, bleibt unverformt: die neutrale Faser. Die größte Beanspruchung tritt in den Ebenen auf, die den weitesten Abstand von der neutralen Faser haben.

4.1.5 Scherfestigkeit

Scherkräfte beanspruchen den Werkstoff, indem sie die Werkstoffteilchen gegeneinander verschieben. Der durch Abscheren entstehende Schub im Querschnitt beansprucht die Scherfestigkeit des Materials. Abb. 4.2 stellt die Beanspruchungsarten Zug, Druck, Biegung und Scherung dar.

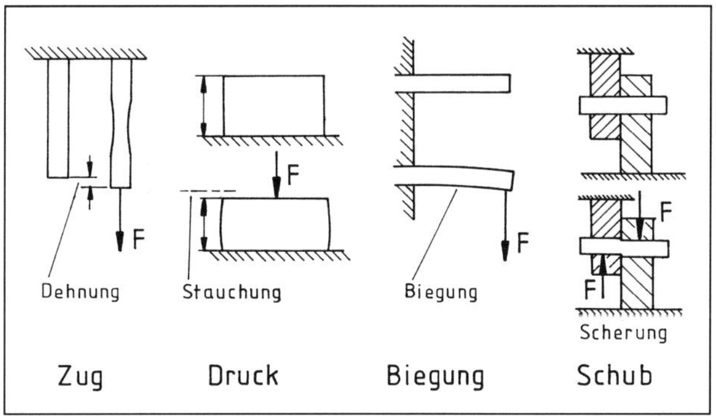

Abb. 4.2 Mechanische Beanspruchungsarten

Wendet man diese Definitionen auf das Beispiel Brille an, so liegen folgende Beanspruchungen vor: Der Fassungsrand wird auf Zug, das Brillenglas hingegen auf Druck beansprucht. Hierbei ist wichtig zu wissen, daß die Druckfestigkeit des Glases bedeutend größer ist als die Zugfestigkeit des Fassungsmaterials. Ausplatzer im Glas sind im Regelfall auf Fehler in der Facette (Spitzenwirkung!) zurückzuführen und nicht auf die Zugfestigkeit des Fassungsrandes.
Die Stegstützen und Pads werden auf Biegung beansprucht, und die Schraube im Scharnier auf Scherung. Die ganze Fassung schließlich wird durch die Federwirkung der Bügel auf ihre Elastizität beansprucht. Für alle Beanspruchungen gilt: Jede Kraftwirkung benötigt eine gleich große Gegenwirkung (actio = reactio); die Zugkraft im Fassungsrand ist ohne die Druckkraft im Glas nicht möglich und umgekehrt. Abb. 4.3 zeigt die mechanische Beanspruchung einer Brille.

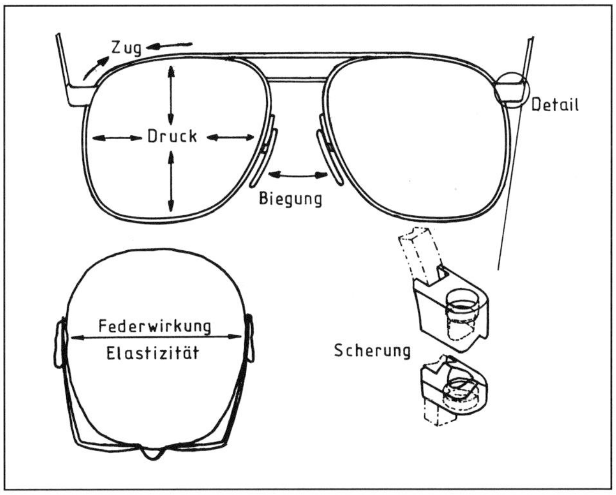

Abb. 4.3 Mechanische Beanspruchung einer Brillenfassung

Mechanische Festigkeit einiger Werkstoffe

Material	Festigkeiten in N/mm² Zug-	Druck-	Biege-
Werkzeugstahl	500	500	220
hochfester Stahl	1000	1000	650
Reinaluminium	150	80	40
Kupfer-Legierung	400	320	150
Glas	100	1500	100
Zellulose-Acetat	50	100	40
Epoxid	75	50	120
Polyamid	85	60	110
CR 39	40	150	90
Plexiglas (PMMA)	90	120	150

Anmerkung: Da die genannten metallischen Werkstoffe unterschiedlich legiert und die Kunststoffe verschieden eingestellt werden können, sind die obenstehenden Zahlen nur als Mittelwerte zu sehen. Exakte Zahlen können stets nur für einen ganz bestimmten Werkstoff genannt werden.

4.2 Spannung

Belastet man einen Körper durch eine Kraft, so ist das Ergebnis im Material eine Spannung. Die Festigkeit des Materials muß größer sein als die Spannung andernfalls bricht das Material. Spannung und Festigkeit sind zwei Seiten derselben Sache: Die Festigkeit ist eine „naturgegebene" Fähigkeit des Werkstoffs; sie ist stets in konstanter Größe vorhanden. Eine Spannung hingegen wird erst durch wirkende Kräfte aufgebaut; sie kann kleiner oder größer als die Festigkeit sein, das letztere aber nur einmal. Entsprechend verwendet man für die Spannung die gleichen Formelbuchstaben und die gleiche Einheit wie für die Festigkeit.
Die Bezeichnungen der Spannung orientieren sich an den Namen der Kräfte:

eine Zugkraft ruft eine Zugspannung hervor,

Biegekräfte verursachen Biegespannungen,

Scherkräfte haben Schubspannungen zur Folge.

4.2.1 Werkstoffprüfung – Zugversuch

Die Festigkeits- und Verformungseigenschaften eines Werkstoffs sind nach DIN-Normen zu ermitteln. Auch ohne Detailkenntnis derartiger Versuche sind die gewonnenen Spannungs-Dehnungs-Diagramme von guter Anschaulichkeit und vermitteln einen Eindruck der elastischen bzw. plastischen Verformbarkeit der Werkstoffe. Zur Deutung des Zugversuchs müssen folgende Definitionen bekannt sein.
Im Zugversuch wird das Verhalten eines Werkstoffs unter stetiger Zugbeanspruchung ermittelt. Aus dem zu prüfenden Werkstoff wird ein genormter Rundstab gefertigt, auf einer Prüfmaschine eingespannt und einer gleichmäßig wachsenden Zugbeanspruchung ausgesetzt. Gemessen werden die wirkende Zugkraft und die Verlängerung des Probestabes. Hieraus berechnet man:

– **die Verlängerung** Δ **L.** Es ist die Differenz zwischen der Meßlänge L und der Anfangslänge L_o.

$\Delta L = L - L_o$

– **die Dehnung** ε. Es ist die Verlängerung ΔL bezogen auf die Anfangsmeßlänge L_o. Die Angabe erfolgt in Prozent.

$$\varepsilon = \frac{\Delta L}{L_o} 100\% \quad \text{z. B. } \varepsilon = \frac{3}{100} \cdot 100\% = 3\%$$

– **die Spannung** σ. Es ist die Zugkraft F dividiert durch den Anfangsquerschnitt A_o.

$$\sigma = \frac{F}{A_o} \quad \text{z. B. } \sigma = \frac{3000}{20} \frac{N}{mm^2} \quad \sigma = 150 \frac{N}{mm^2}$$

Im Spannungs-Dehnungs-Diagramm (Abb. 4.4) wird die Spannung σ über die Dehnung ε aufgetragen.

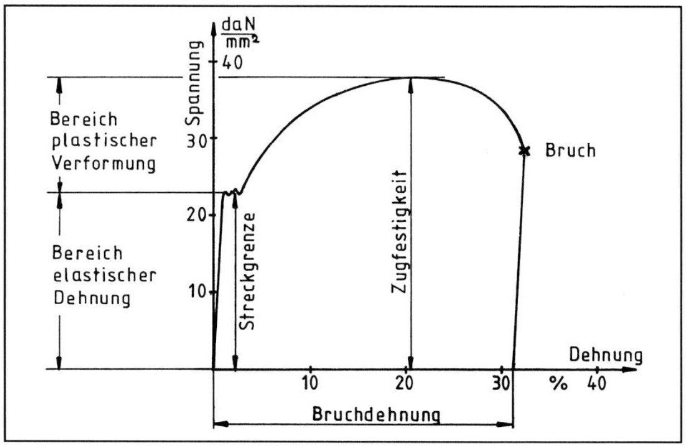

Abb. 4.4 Spannungs-Dehnungs-Diagramm eines weichen Stahls mit ausgeprägter Streckgrenze

Zunächst verläuft die Kurve geradlinig, das heißt, die Spannung ist der Dehnung proportional. Der Werkstoff verhält sich **elastisch.** Nimmt man die Belastung weg, so geht die Probe auf ihre Anfangslänge zurück. Steigert man die Zugkraft, so nimmt die Dehnung schneller zu als die Spannung. Bei Entlastung geht die Dehnung nicht mehr auf Null zurück. Die hier überschrittene Spannung nennt man **Dehngrenze.** Fortan verhält sich der Werkstoff plastisch. Bei weiterer Belastung tritt eine bleibende Verlängerung bei etwa konstanter Spannung ein. Dieser Bereich heißt **Streckgrenze.** Zieht man weiter, so gerät der Werkstoff ins „Fließen". Die Spannung steigt etwas, die Verlängerung nimmt – mit bloßem Auge sichtbar – sehr rasch zu.

Die Kurve erreicht ihren höchsten Punkt, der die Grundlage für die Berechnung der **Zugfestigkeit** ist. Anschließend vermag die Probe keine weitere Spannung mehr zu ertragen; die Dehnung nimmt zu, der Stab zerreißt. Die Zugfestigkeit ist keine technisch nutzbare Größe! Üblicherweise werden die 0,01% oder die 0,2%-Dehngrenze genutzt.

Abb. 4.5 Zugversuch im Werkstofflabor

4.2.2 Elastizität

Elastizität ist die Fähigkeit eines Körpers, auf eine von außen einwirkende Kraft mit einer inneren Gegenkraft zu reagieren. Wirken Kräfte auf einen Körper ein, so werden die Atomgitter in Zugrichtung der Kräfte „geringfügig" voneinander entfernt, quer zur Zugrichtung verringert sich der Atomabstand; das Werkstück ändert seine äußere Form. Die im Inneren des Werkstücks aufgebaute Gegenkraft bewirkt, daß bei Entlastung die Atome wieder zu ihrem ursprünglichen Gitterplatz zurückkehren. Das Werkstück erhält dadurch wieder seine Ausgangsform. Eine Gefügeänderung findet nicht statt. Eine Formänderung dieser Art nennt man elastisch. Ein hochelastischer Werkstoff ist zum Beispiel Gummi, ferner viele Kunststoffe oder Federstahl. Nach einer elastischen Verformung – Brillenbügel am Kopf des Trägers – nimmt das Material seine ursprüngliche Form wieder an.

4.2.3 Plastizität

Plastizität ist das Gegenteil von Elastizität: Der Werkstoff geht nach einer Verformung nicht in seine ursprüngliche Form zurück, er bleibt plastisch verformt. Dabei verschieben sich die Schichten innerhalb des Kristallgitters aller Gefügekörner um mehrere Atomabstände. Der Zusammenhalt des Werkstoffs bleibt aber bestehen. Nach der Entlastung behalten die Atome ihre neue Lage im Gitteraufbau, das Gefüge hat eine gestreckte Form angenommen.

Beispiele für Werkstoffe hoher Plastizität sind Blei, Kupfer, Gold. Nach einer plastischen Verformung – Richten der Fassung – behält das Material seine neue Form bei.

Abb. 4.6 zeigt diesen Unterschied.

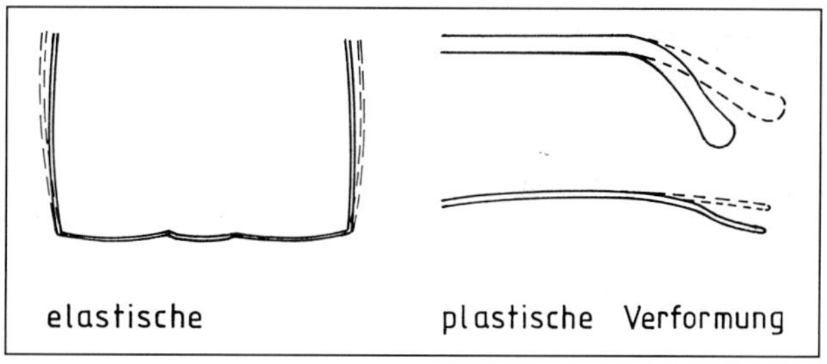

Abb. 4.6 Elastische – plastische Verformung

Die uns bekannten Werkstoffe weisen natürlich zahlreiche Varianten zwischen rein elastischem und rein plastischem Verhalten auf, und diese Übergänge ändern sich zudem noch mit der einwirkenden Kraft, der Einwirkungsdauer, der Temperatur usw. Das Spannungs-Dehnungs-Diagramm zeigt, in welchem Maß sich ein Werkstoff zur plastischen Umformung eignet. Werkstoffe, die sich bei geringer Spannung stark denen, sind gut umformbar.

Abb. 4.7 zeigt einige markante Varianten des Spannungs-Dehnungsverhaltens verschiedener Werkstoffe.

Hartelastisch-zähe Werkstoffe ertragen große Spannungen unter geringer Verformung. Stark bean-

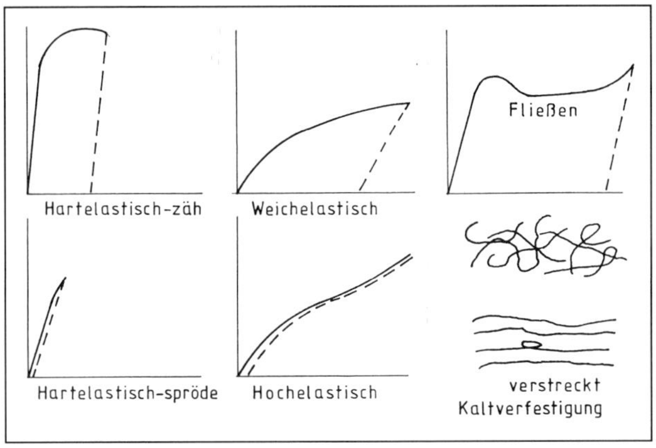

Abb. 4.7 Spannungs-Dehnungsverhalten verschiedener Materialien

spruchte Fassungsteile wie Brücken, Backen und Gelenkteile sind aus solchen Materialien zu fertigen. Stahl und Kupferlegierungen sind hierfür typische Werkstoffe.

Hartelastisch-spröde Werkstoffe sind in der Lage, große Kräfte ohne sichtbare Verformung zu ertragen. Der Bruch oder Riß erfolgt dann schlagartig. Typische Vertreter dieser Werkstoffgruppe sind Glas, Keramik, Gußeisen, hochvernetzte Epoxide und ähnliche.

Hochelastische Werkstoffe ertragen große Kräfte bei hoher Dehnung; ihre plastische Verformung ist gering. Allgemein wird ihr Verhalten als gummiartig beschrieben. Vulkanisiertes Gummi zum Beispiel vermag in Motorlagern hohe Spannungen zu ertragen.

Weichelastische Werkstoffe verformen sich schon bei geringen Kräften in hohem Maße plastisch. Der typische Vertreter hierfür ist Weich-PVC.

4.2.4 Reckung – Kaltverfestigung

Große Bedeutung bei der Verformung von Metallen und Kunststoffen hat das Problem der Kaltverfestigung. Oft ist dieses Phänomen sogar erwünscht, da es eine Zunahme der Festigkeit ohne Einsatz aufwendiger Hilfsmittel bedeutet. Bei Kunststoffen nennt man es verfahrenstechnisch Reckung oder Verstrekkung. Dabei wird mit einer definierten Zugkraft eine parallele Ausrichtung der sonst verknäulten Riesenmoleküle und damit eine Festigkeitssteigerung erreicht. Die Kunststoffe Polyäthylen oder Polyamid eignen sich hier besonders.

Bei Metallen ist Verformung von Profilen, Stäben und Blechen „in einem Zug" oft nicht möglich, da die Kaltverfestigung hier so hohe Werte erreicht, daß der Werkstoff brechen würde. Hier muß ein- oder mehrfach weichgeglüht werden, um das Material überhaupt weiter verformen zu können. Die typische Fassungslegierung Neusilber erreicht ihre hohen Festigkeitswerte stets durch Verfahren der Kaltverfestigung wie Ziehen, Biegen, Richten und Reduzieren.

4.2.5 Sprödigkeit und Zähigkeit

Als Sprödigkeit bezeichnet man die Eigenschaft eines Werkstoffes, ohne nennenswerte Verformung bei Belastung zu brechen.

Die Sprödigkeit ist keine physikalisch definierte Größe. Besonders spröde Werkstoffe sind:

Stein, Porzellan, Glas, Gußeisen, trockenes Holz.

Das Gegenteil von Sprödigkeit ist Zähigkeit. Sehr zähe Stoffe lassen sich langziehen oder ausbreiten, ohne zu reißen. Typische Vertreter hierfür sind Gold, Reinkupfer, Blei.

4.3 Härte und Härteprüfverfahren

Als Härte bezeichnet man den Widerstand eines Werkstoffes gegen das Eindringen eines anderen Körpers.

Bei der Härteprüfung erhält man nur Vergleichswerte über die Härte eines Werkstoffs. Sie dienen als Anhalt, um

- das richtige Schneidmittel für die spanende Bearbeitung zu finden,
- den Erfolg einer Wärmebehandlung (Härtung) zu überprüfen,
- den Verschleiß von Werkstücken aufeinander abzustimmen.

Prinzipiell erfolgt die Messung der Härte stets so, daß ein definierter Prüfkörper – fachlich: Intendor – (Kugel, Kegel, Pyramide . . .) mit konstanter Geschwindigkeit und steigender Belastung in die Oberfläche eingedrückt wird. Der bleibende Eindruck wird vermessen. Dabei sind zwei Fälle deutlich abzugrenzen. Mißt man die Größe des Eindrucks unter Last, so erfaßt man die elastische Verformung mit. Liest man hingegen nach Entlastung ab, so bestimmt man nur die plastische Verformung.

Ein Extrembeispiel hierfür ist der Vergleich von Gummi und Stahl. Drückt man in beide einen Meßkörper hinein und entlastet dann, so findet man, daß Gummi härter ist als Stahl: Denn nur im Stahl ist ein bleibender Eindruck zurückgeblieben. Hieraus wird bereits ersichtlich, daß nur ähnliche Materialien mit derselben Prüfmethode verglichen werden können. Oder anders herum gesagt, eine universell anwendbare Härteprüfmethode für alle Werkstoffe existiert nicht. Auch bei gleichen Materialien können erhebliche Differenzen entstehen, wenn die Schichtdicke, in der die Härte gemessen wird, unterschiedlich ist. Da viele Werkstücke nur oberflächengehärtet sind, um den zähen Charakter des Werkstückkerns zu erhalten, ist eine Angabe der Schichtdicke für die Härteprüfung notwendig.

Tabelle Härteprüfverfahren

Name	Intendor	Härtemaß	Kürzel	Dimension	Anwendung
Brinell	gehärtete Stahlkugel	Flächenpressung	HB	ohne alt: Kp/mm^2	weiche Stähle, Guß, Aluminium, Kupfer
Vickers	vierseitige Diamantpyramide	Flächenpressung	HV	ohne alt: Kp/mm^2	harte Stähle, dünne nitrierte Werkstücke
Rockwell	Diamantkegel	bezogene Eindringtiefe	HRC	ohne	sehr harte Werkstücke
Shore	kegelstumpfer Hammer	bezogenes Rückprallvermögen	Shore A und D	ohne	Gummi, Kontaktlinsen
Mohs	Kristalle	Ritzprobe	Mohs	ohne	zum Vergleich nichtmetallischer anorganischer Stoffe mit Metall

Kurzbeschreibung der Härteprüfverfahren

4.3.1 Brinell

Beim Brinell-Verfahren wird eine gehärtete Stahlkugel oder Hartmetallkugel mindestens zehn Sekunden lang in die Werkstückoberfläche gedrückt. Nach Entlastung wird der Eindruckdurchmesser d mit Hilfe einer optischen Vergrößerungseinrichtung gemessen. Die Brinell-Härte wird als Zahlenwert ohne Einheit angegeben.

$$HB = \frac{0{,}102 \cdot F}{A}$$

F = Prüfkraft (N)
A = Eindruckoberfläche (mm^2)

Die Umrechnungszahl 0,102 kommt durch Umstellung auf das SI-System zustande. Daher haben „alte" Brinell-Messungen den gleichen Zahlenwert in Kp/mm^2.

4.3.2 Vickers

Die Vickers-Methode benutzt als Intendor eine regelmäßige vierseitige Diamantpyramide, die in der Draufsicht einen quadratischen Eindruck erzeugt. Aus der Diagonalen d wird die Eindruckoberfläche berechnet. Die Vickers-Zahl HV lautet:

$$HV = \frac{0{,}102 \cdot F}{A} \text{ oder } HV = 0{,}189 \frac{F}{d^2}$$

d = Eindruckdiagonale

Da die Vickers-Methode auch bei sehr kleinen Prüfkräften brauchbare Werte liefert, nennt man sie auch Mikrohärteprüfung. Bei einer Ausführung ist der Prüfdiamant in die Frontlinse eines Mikroskops eingebaut, und erlaubt Prüfkräfte im Bereich von 0,05 – 1 N.
Eine Variante der Vickers-Prüfung stellt das Verfahren nach **Knoop** dar, bei dem eine sehr schlanke Diamantpyramide als schneidenförmiger Intendor zur Prüfung sehr harter Stoffe benutzt wird.

4.3.3 Rockwell

Die Prüfung nach Rockwell für gehärtete Stähle benutzt einen Diamantkegel von 120° Spitzenwinkel. Dabei wird in einer festgelegten Verfahrensweise zunächst eine Vorlast aufgebracht, entlastet, gemessen und weiter belastet. Erst danach wird dann die endgültige Eindringtiefe an einer geeichten Meßuhr abgelesen.
Abb. 4.8 zeigt die drei Verfahren nach Brinell, Vickers und Rockwell.

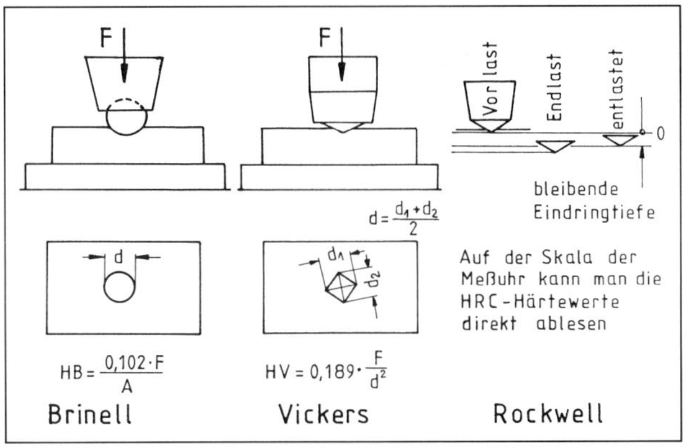

Abb. 4.8 Härteprüfverfahren

4.3.4 Shore

Bei der Rückprallhärteprüfung nach Shore fällt ein kleines Hämmerchen auf die Oberfläche des Prüfkörpers, das, je härter der Körper, um so höher zurückprallt. Die Härteskala nach Shore umfaßt den willkürlich festgelegten Bereich von 0 bis 100, wobei 100 der größten Härte entspricht. Die Verfahren nach Shore A und D werden zur Prüfung von Elastomeren (zum Beispiel Kontaktlinsen) verwendet.

4.3.5 Mohs

Zum Vergleich der Härte nichtmetallischer anorganischer Stoffe wie Glas, Keramik, Glasuren oder Email mit der Härte metallischer Werkstoffe dient das Ritzhärteprüfverfahren nach Mohs. Auch die Verfahren nach Vickers (Mikrohärte) und Knoop sind hierfür geeignet.

Mohs-Härte M	Mineral	Vickers Mikrohärte HV daN/mm²	Knoop-Härte daN/mm²	Errechnete Mohs-Härte $M = 0{,}7 \cdot \sqrt[3]{HV}$
1	Talk	2,4	–	0,9
2	Gips	36	32	2,3
3	Kalkspat	110	135	3,3
4	Flußspat	190	163	4,0
5	Apatit	540	395	5,7
6	Feldspat	800	560	6,5
7	Quarz	1 120	750	7,3
8	Topas	1 430	1 250	7,9
9	Korund	2 000	–	8,9
10	Diamant	10 000	6 200	15,1

Die Zahlenwerte zeigen, daß die Härte des Diamanten mit einem Korundschleifmaterial verglichen, nicht etwa um eine „Stufe“ höher liegt, wie die Mohs-Skala angibt, sondern mindestens fünfmal so hoch ist.
Relativ undurchschaubar ist das System der Härteprüfungen auf dem Gebiet der Haftfestigkeit, Kratzfestigkeit, Abriebfestigkeit, Ritzhärte oder Pendelhärte. Es existieren grob geschätzt ca. 100 Verfahren, die zur Zeit nicht vergleichbare Ergebnisse auf dem Gebiet der dünnen Schichten und Linsenoberflächen liefern.
Die Zahl der Einflußgrößen ist zu groß, um hier für Klarheit zu sorgen. Genannt seien nur die Bewegung des Intendors, seine Geschwindigkeit, Belastung, Oberflächenspannung, Gleitvermögen, Viskoelastizität, Selbstpoliervermögen sowie plastische und elastische Verformung des Prüflings. Eine vergleichende Qualitätsbeurteilung ist nach dem Stand der Dinge schwer möglich.

4.4 Gefügeaufbau metallischer Legierungen und reiner Metalle

4.4.1 Reine Metalle

Reine Metalle haben technologisch nur eine begrenzte Bedeutung. Titan, Aluminium, Kupfer und Blei werden für bestimmte Anwendungsgebiete in reiner Form verwendet. Im flüssigen Zustand sind alle Metallatome frei beweglich. Läßt man eine Schmelze abkühlen, so beobachtet man, daß die Temperatur eine Zeitlang konstant bleibt. Dieser Haltepunkt ist eine typische Kenngröße für jedes Metall. Während dieser Zeitspanne kristallisiert das Metall, das heißt, Bindungskräfte werden wirksam und bauen das Metallgitter auf. Jeder Kristall wächst so, als ob kein anderer Kristall vorhanden sei. Erst beim Zusammenstoß an den Korngrenzen bricht der Atomaufbau ab. Der Nachbarkristall hat zwar das gleiche Gitter, aber im Regelfall eine andere Richtung, in die sein Kristall gewachsen ist.
Reine Metalle haben einen definierten Schmelzpunkt (Haltepunkt). Das Kristallgefüge hat einen einheitlichen Gitteraufbau. Die Grenzen, an denen die Kristalle zusammengewachsen sind, nennt man Korngrenzen.

4.4.2 Legierungen

Die meisten Metalle werden mit anderen Metallen und auch mit Nichtmetallen gemischt, um ihre Gebrauchseigenschaften – Festigkeit, Härte, Korrosionsbeständigkeit, Elastizität – nach Wunsch zu verändern. Die Mischung geschieht im flüssigen Zustand, das Gemisch nennt man Legierung.

Legierungen sind Gemische von Metallen mit anderen Metallen oder Nichtmetallen, die aus einer gemeinsamen Schmelze heraus erstarren.

Einige Legierungen sind so bekannt, daß sie einen eigenen Namen führen wie etwa:

- Stahl, schmiedbare Legierung aus Eisen mit maximal 2% Kohlenstoff,
- Gußeisen, nicht schmiedbare Eisen-Kohlenstoff-Legierung. C-Gehalt: 3 – 5%,
- Messing, Legierung aus mindestens 50% Cu und Zink.

Die Eigenschaften legierter Werkstoffe hängen entscheidend vom Verhalten ihrer Bestandteile im festen Zustand ab. Die einzelnen Bestandteile einer Legierung können sich sehr unterschiedlich im festen Zustand verbinden. Grundsätzlich unterscheidet man zwei Legierungsarten:

- Mischkristalle,
- Kristallgemenge.

4.4.3 Kristallgemenge

Verbinden sich die einzelnen Bestandteile einer Legierung nicht untereinander, sondern bildet jedes Element sein eigenes Kristallgitter, so liegt ein Kristallgemenge vor.

Betrachtet man ein Kristallgemenge unter dem Mikroskop, so sind die einzelnen Legierungssorten (Kristallarten) deutlich zu unterscheiden. Solche Gefüge sind uneinheitlich und daher schlecht umzuformen. Andererseits haben Kristallgemenge bei einer ganz bestimmten prozentualen Mischung besonders niedrige Schmelztemperaturen, sie sind im allgemeinen gut gießbar. Im Kristallgemenge bilden die Legierungsbestandteile nebeneinander eigene Kristalle.

Beispiel: Lötzinn ist ein Blei-Zinn-Kristallgemenge. Eine Legierung von 68% Zinn und 32% Blei hat den niedrigsten Schmelzpunkt bei 182 °C. Fügt man einer Legierung aus einem Kristallgemenge nur 1% Schwefel bei, so läßt sie sich besser zerspanen, da der Span an den unterschiedlichen Gefügegrenzen gut bricht.

Ein anderes bekanntes Kristallgemenge ist das Aufblockmetall, oft Alloy-Metall genannt (siehe Kap. 14). Es besteht aus Blei, Wismut, Cadmium, Zinn und Silizium und hat eine extrem niedrige Schmelztemperatur von nur 67 °C. Es eignet sich sehr gut zum Blokken von Brillengläsern und wird in der industriellen Fertigung vielfach verwendet.

Viele Kristallgemenge bilden gute Lagerwerkstoffe, da die harten Elemente gut tragen und die weichen Bestandteile die Schmierung begünstigen.

Kristallgemenge sind

- gut gießbar, gut lötbar, schlecht umformbar, leicht spanbar, gute Lagermetalle.

4.4.4 Mischkristalle

Verbinden sich die einzelnen Legierungsbestandteile so, daß sie eigene Gitter und Körner bilden, liegt ein Mischkristall vor.

Betrachtet man eine solche Legierung unter dem Mikroskop, wird man die einzelnen Elemente nicht mehr erkennen können. Das Gefüge ist von dem eines reinen Metalls nicht zu unterscheiden. Eine Legierung aus Mischkristallen bildet gemeinsame Körner und Gitter.

Bei der Art des Gitteraufbaus bestehen zwei Möglichkeiten:

- Einlagerungsmischkristalle,
- Substitutionsmischkristalle (Ersatzkristalle).

4.4.5 Einlagerungsmischkristalle

Einlagerungsmischkristalle entstehen, wenn die zulegierten Elemente sehr kleine Atome haben. Diese lagern sich dann in den Lücken des Grundwerkstoffs ab. Beispiel: Kohlenstoff in Eisen. Die Aufnahmefähigkeit solcher Legierungen ist begrenzt, da die Zahl der Gitterlücken begrenzt ist.

4.4.6 Substitutionsmischkristalle

Substitutionsmischkristalle entstehen, wenn die Fremdatome Atome des Grundmetalls ersetzen (sub-

stituieren). Diese Mischungen sind in beliebigem Prozentsatz möglich, wenn
- die Gittertypen gleich sind,
- die Atomradien etwa gleich sind,
- chemische Ähnlichkeit besteht.

Beispiel: Kupfer und Nickel, Kupfer und Gold. Die Atomradien von Kupfer betragen $1{,}277 \cdot 10^{-9}$ m, für Nickel $1{,}248 \cdot 10^{-9}$ m; beide Metalle haben kfz-Gitter und sind sich chemisch ähnlich. Die Atome der verschiedenen Bestandteile behindern sich bei der Umformung nur wenig, daher sind Mischkristalle leichter umformbar und zäher.

Mischkristalle
- haben eine hohe Zähigkeit,
- sind gut umformbar,
- sind oft korrosionsbeständiger.

Abb. 4.9 vergleicht den Gitteraufbau von Reinmetallen und Legierungen.

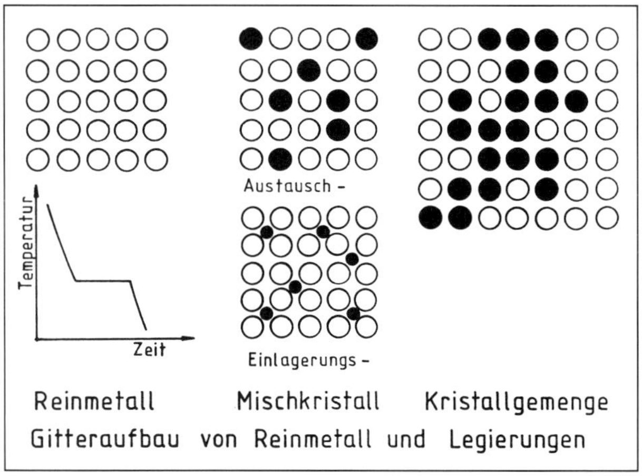

Abb. 4.9 Gitteraufbau von Reinmetall und Legierungen

4.4.7 Zustandsdiagramme

Zustandsdiagramme beschreiben Gefüge und Umwandlungstemperaturen metallischer Werkstoffe. Jede Art von Wärmebehandlung eines Werkstoffs, aber auch die Eigenschaften von Loten lassen sich aus diesen Diagrammen ablesen und verfolgen.

Legierungen und Kristallgemenge

Die einzelnen Bestandteile der Legierung bilden nebeneinander ihr eigenes Gitter. Die Kristalle sind jedoch eng miteinander verbunden. Obwohl sie getrennt erstarren, beeinflussen sich die einzelnen Elemente stark in ihrer Erstarrungstemperatur. Beispiel: Lötzinn, eine Blei-Zinn-Legierung (Pb-Sn). Reines Blei erstarrt bei 327 °C, Reinzinn bei 230 °C. Wie erstarren und verhalten sich Legierungen dieser beiden Metalle?

Abb. 4.10 gibt die Antwort. Dort kann abgelesen werden, wie sich Legierungen verschiedener Mischungsverhältnisse verhalten.

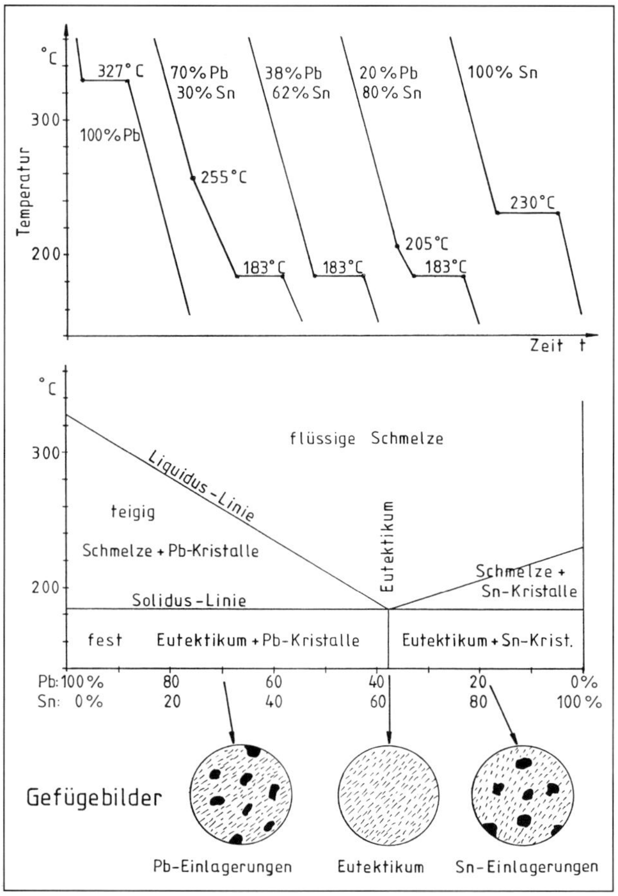

Abb. 4.10 Abkühlungskurven, Zustandsdiagramm und Gefügebilder von Blei-Zinn-Legierungen

Dazu bestimmt man im Versuch die Erstarrungstemperaturen verschiedener Legierungen und trägt sie in Abkühlungskurven auf. Typisch für ein Kristallgemenge ist, daß eine ganz bestimmte Mischung der beiden Metalle – 38% Pb und 62% Sn – einen sehr niedrigen Schmelzpunkt hat, der noch unter dem des niedrigst schmelzenden Metalles liegt. Betrachtet man eine solche Mischung in tausendfacher Vergrößerung, so sieht man eine sehr feine Verteilung der beiden Metalle. Man nennt dieses Gefüge das Eutektikum (griechisch: das Wohlschmelzende). Jedes Kristallgemenge hat eine eutektische Legierungszusammensetzung.

Das Eutektikum zeigt das feinste Gemenge, hat die niedrigste Schmelztemperatur, erstarrt während des Haltepunktes (Schmelzpunkt).

Reine Metalle und eutektische Legierungen haben einen festen Schmelzpunkt.

Jede nicht eutektische Legierung hat einen Schmelztemperaturbereich.

Stellt man die Abkühlungskurven nicht über der Achse Zeit, sondern über den Mischungsverhältnissen der beiden Metalle dar, so erhält man das Zustandsdiagramm der Legierung. Es erlaubt die Ablesung der Erstarrung für jedes beliebige Mischungsverhältnis. Eine nicht eutektische Legierung scheidet während der Erstarrung zunächst so lange das überschüssige Element in Form kleiner Kristalle aus, bis die Restmischung die eutektische Zusammensetzung hat. Dann erstarrt sie schlagartig bei der Erstarrungstemperatur des Eutektikums.

Beispiel: Eine Legierung aus 70% Blei und 30% Zinn beginnt bei 255° C zu erstarren. Die überschüssigen Bleibestandteile bilden zuerst reine Bleiablagerungen. Erst wenn soviel Blei auskristallisiert ist, daß das eutektische Verhältnis von 38 zu 62% erreicht ist, erstarrt der Rest schlagartig bei 183° C.

Die Temperatur, bei der alle Bestandteile gerade flüssig sind, nennt man **Liquidustemperatur.**

Die Temperatur, bei der alle Bestandteile fest sind, heißt **Solidustemperatur.**

Der Schmelzbereich einer nicht eutektischen Legierung kann breit oder schmal sein.

Lötet man mit einem nicht eutektischen Lot, so beginnt der erste Bestandteil des Lots bereits zu schmelzen, wenn andere Teile noch fest sind. Durch die Kapillarwirkung können diese Teile schon in den Lötspalt hineingeraten. Die höher schmelzenden Bestandteile ergeben dann einen Rückstand, der von der Erstschmelze chemisch abweicht.

Legierungen mit Mischkristallbildung

Als Beispiel dienen die in der Fassungsherstellung weit verbreiteten Metalle Kupfer und Nickel. Kupfer und Nickelatome bilden bei dieser Art der Legierung ein gemeinsames Gitter. Für Mischkristalle ist typisch, daß sie, unabhängig vom Mischungsverhältnis, nicht bei einer bestimmten Temperatur erstarren, sondern stets in einem Temperaturbereich. Ein Eutektikum existiert nicht. Das Erstarrungsintervall kann breit oder schmal sein, je nach prozentualer Mischung der beiden Metalle. Reines Kupfer schmilzt bei 1083° C, reines Nickel bei 1455° C. Wie erstarrt eine Mischung aus 50% Cu und 50% Ni?

Zeichnet man die Abkühlungskurven dieser und weiterer Cu-Ni-Legierungen auf, so erhält man die schon bekannten Abkühlungskurven. Die Darstellung ist übersichtlicher, wenn man die Erstarrungsintervalle nicht über die Achse Zeit, sondern über den Mischungsverhältnissen der beteiligten Werkstoffe aufträgt. Man erhält ein Zustandsdiagramm, bei dem Beginn und Ende der Erstarrung bzw. des Schmelzens jeder beliebigen Mischung abgelesen werden können. Zwischen der Solidus- und der Liquidus-Linie ist die Legierung teigig.

Legierungen mit Mischkristallen erstarren/schmelzen in einem Temperaturbereich.

Die Zustandsdiagramme von Mischkristallegierungen haben die typische „Zigarrenform". Abb. 4.11 zeigt ein solches Zustandsdiagramm.

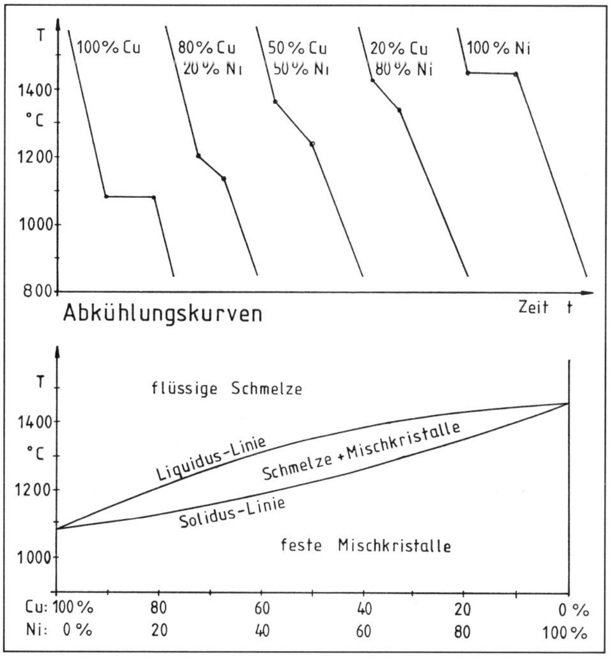

Abb. 4.11 Zustandsdiagramm Kupfer-Nickel, Löslichkeit im flüssigen und festen Zustand

5 Metallische Werkstoffe

Einteilung der Werkstoffe des Augenoptikers

Die folgende Einteilung der Werkstoffe stellt nur eine von vielen möglichen Unterteilungen dar. Üblich sind ebenso Unterteilungen nach Werkstoffeigenschaften (physikalisch, chemisch, technologisch) oder andere Unterteilungen der Metalle, zum Beispiel in Leicht- und Schwermetalle.
Es fehlt in dieser Einteilung die große Gruppe der Verbundwerkstoffe, die in weiten Bereichen der Technik erheblich an Bedeutung gewonnen hat, in der Augenoptik aber derzeit (noch) nicht zum Tragen kommt.
Aus der Vielzahl der angebotenen Werkstoffe muß derjenige ausgewählt werden, der für den bestimmten Verwendungszweck optimal geeignet ist.

5.1 Eisen- und Stahlwerkstoffe

5.1.1 Eisenerze, Roheisenerzeugung

Eisen kommt in der Natur in fast unerschöpflichen Mengen vor. Die Gewinnung lohnt jedoch nur, wenn mindestens 20% Eisen in Gesteinen (Eisenerzen) enthalten sind. Die chemischen Verbindungen des Eisens im Erz bestehen aus Sauerstoff (Eisenoxid) sowie Schwefel, Phosphor, Silizium und Mangan. Die Erze werden aufbereitet, das heißt von den gröbsten Verunreinigungen getrennt und auf ca. 30 mm Korngröße zerkleinert.

Der Hochofenprozeß

Im Hochofen werden die aufbereiteten Erze zu Roheisen reduziert. Reduzieren heißt, den Sauerstoff ent-

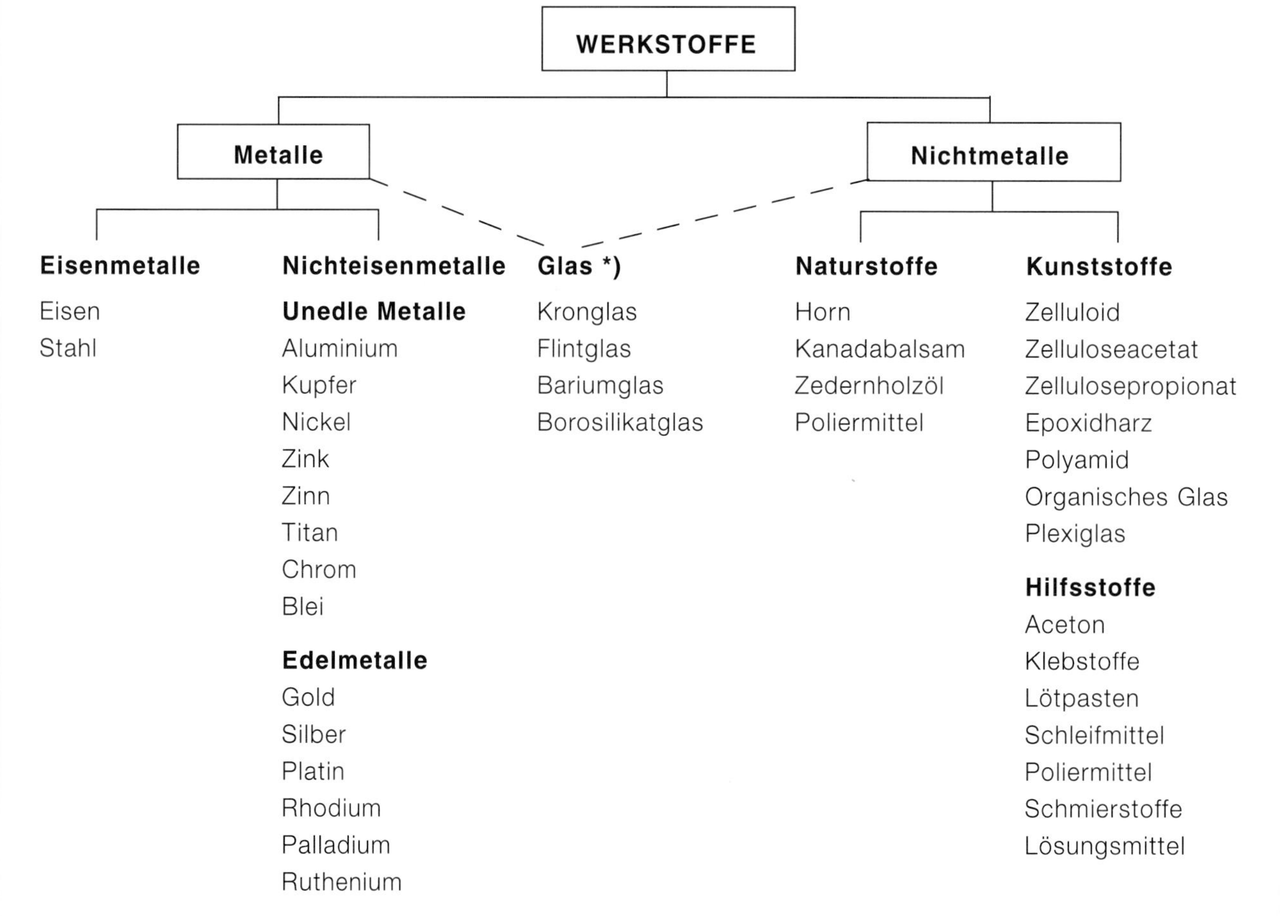

*) Glas enthält metallische und nichtmetallische Bestandteile

ziehen. Das geschieht im Hochofen mittels Kohlenstoff und Kohlenmonoxid. Dazu wird der Hochofen mit einer Mischung aus Erz, Kalk, Kies und Koks beschickt. Der Koks liefert dabei die Verbrennungsenergie zum Schmelzen und den Kohlenstoff zum Reduzieren.

Die Erzeugnisse des Hochofens sind
- weißes Roheisen,
- graues Roheisen,
- Schlacke, Gichtgas.

Übersicht	**weißes Roheisen**	**graues Roheisen**
Bruchfläche	weiß schimmernd	grau graphitfarbig
Gefüge	strahlenförmig	grobkörnig
andere Elemente	C 4–4,5% Si unter 1% Mn 1–3% Ph unter 0,25%	C 3,5–4% Si 2,5–3% Mn unter 0,8% Ph unter 0,7%
Einlagerung des Kohlenstoffs	C ist als Eisenkarbid im Grundgefüge verteilt	C ist als Graphitnadel im Gefüge gebunden
Verwendungszweck	Weiterverarbeitung zu Stahl, Stahlguß	Weiterverarbeitung zu Gußeisen, Temperguß

Roheisen ist sehr spröde (glasspröde).
Roheisen ist nicht schmiedbar oder schweißbar.

Etwa 90% des Roheisens sind weißes Eisen, das anschließend zu Stahl veredelt wird. Dabei müssen der hohe Kohlenstoffgehalt gesenkt sowie die Verunreinigungen durch Schwefel, Phosphor und Silizium beseitigt werden. Das graue Roheisen wird durch Zugabe von Kalzium und Magnesium sowie exakte Temperaturführung in hochwertiges Gußeisen mit Kugelgraphit überführt.

5.1.2 Stahlerzeugung

Stahl ist eine schmiedbare Eisen-Eisenkarbid-Legierung mit einem Kohlenstoffanteil unter 2%.

Die verschiedenen Verfahren der Stahlerzeugung faßt man unter dem Namen „Frischen" zusammen.

Sauerstoff-Aufblasverfahren

Beim Linz-Donawitz-Verfahren (LD) wird reiner Sauerstoff unter 10 bar Druck durch eine wassergekühlte Lanze direkt auf die Schmelze geblasen. Die Folge sind stürmische Reaktionen beim Verbrennen des Kohlenstoffs. Die anderen Eisenoxide werden durch Kalk zu Schlacke gebunden. LD-Stähle sind Oxigenstähle; sie sind spannungsarm und alterungsbeständig.

Siemens-Martin-Verfahren

Das etwa 100 Jahre alte SM-Verfahren wurde entwikkelt, um Alteisen und Schrott weiterverwerten zu können. In einem muldenförmigen, gas- oder ölbeheizten Ofen werden 70% Schrott, flüssiges weißes Roheisen und Kalk gemischt. Eine Flamme mit starkem Sauerstoffüberschuß frischt die Schmelze. SM-Stahl hat geringe Beimischungen und ein gleichmäßiges Gefüge. Die erschmolzenen Stähle nennt man Qualitätsstähle.

Elektroverfahren

Hierbei nutzt man die Wärmewirkung des elektrischen Lichtbogens. Die Temperaturen betragen bis zu 3 500 °C. Sie werden durch hohe Stromstärken zwischen Kohleelektroden erzeugt. Hochwertige und hochlegierte Konstruktions- und Werkzeugstähle werden fast ausschließlich so erschmolzen. Wegen ihrer Reinheit und Gleichmäßigkeit nennt man diese Werkstoffe allgemein Elektrostähle oder Edelstähle.
Typische prozentuale Bestandteile:

LD-Stahl	C 0,05	Mn 0,3 – 1,5		P 0,01	S 0,02		N 0,003
SM-Stahl	C 0,06 – 0,2	Mn 0,4 – 1,5		Si 0,4	S 0,04		P 0,04
Edelstahl	C 0,1 – 0,5	Mn 0,5	Si 0,3	Ni 10	Mo 5	W 0,5	Co 2

5.1.3 Stahl und seine Legierungselemente

Die Eigenschaften des Stahls werden wesentlich durch seine Legierungselemente beeinflußt. Ein zugefügtes Element wirkt auf den Stahl:

– durch die Größe seines Anteils (in Prozenten),
– durch das Zusammenwirken mit anderen Elementen.

Man unterscheidet dabei:
– nichtmetallische Elemente: C, N, Si, S, P;
– metallische Elemente: Cr, Co, Mn, Mo, Ni, V, W.

Die Vielzahl der Möglichkeiten, die durch Kombination dieser Legierungselemente entstehen, erlauben es, jeden Stahl nach seinem Verwendungszweck „maßzuschneidern".

Allgemein unterscheidet man drei Gruppen von Stählen:
– Baustähle (allgemeine Massenstähle) unlegiert,
– Qualitätsstähle legiert und unlegiert,
– Edelstähle legiert und unlegiert.

Anwendungsbeispiele:

Baustahl St 37, Mindestzugfestigkeit 370 N/mm^2

Unlegierter Qualitätsstahl C 60

C = Kohlenstoff, 60 = 0,6% C
Für Wärmebehandlung (Härten) geeignet.
Anwendung: für einfache Werkzeuge wie Hammer, Zange, Körner.

Unlegierter Edelstahl Ck 22

k = kleine Schwefel- und Phosphoranteile,
C = Kohlenstoff, 22 = 0,22% C.

Legierte Stähle unterscheidet man in:
– niedriglegiert, weniger als 5% Legierungs-Bestandteile,
– hochlegiert, mehr als 5% Legierungs-Bestandteile.

Abb. 5.1 Verschiedene Legierungen: Ausgangswerkstoffe einer Metallfassung

Legierter Qualitätsstahl 45 CrMoV 6 7

0,45% C, 1,5% Chrom, 0,7% Molybdän, geringe Anteile an Vanadium.
Anwendung: Hochwertige Werkzeuge wie Meßschieber, Gewindeschneider, Ziehwerkzeuge, Prägestempel.

Hochlegierter Edelstahl X 10 CrNi 18 8

X = Kennzeichen hochlegierter Stähle
0,1% C, 18% Chrom, 8% Nickel.
Anwendung: rostfreier Stahl für Küchengeräte, Behälter, Brillenfassungen.

Hochlegierter Werkzeugstahl S 6-5-2-5

Sonderbezeichnung, enthält 6% Wolfram, 5% Molybdän, 2% Vanadium, 5% Kobalt.
Für warmstandfeste Werkzeuge bis ca. 600 °C.

5.1.4 Eisen-Kohlenstoff-Diagramm

Stahl ist eine Eisen-Kohlenstoff-Legierung, dessen Gefügeentstehung und Veränderung im Zustandsdiagramm Fe-Fe_3C dargestellt ist. Stahl enthält höchstens 2,06% Kohlenstoff.

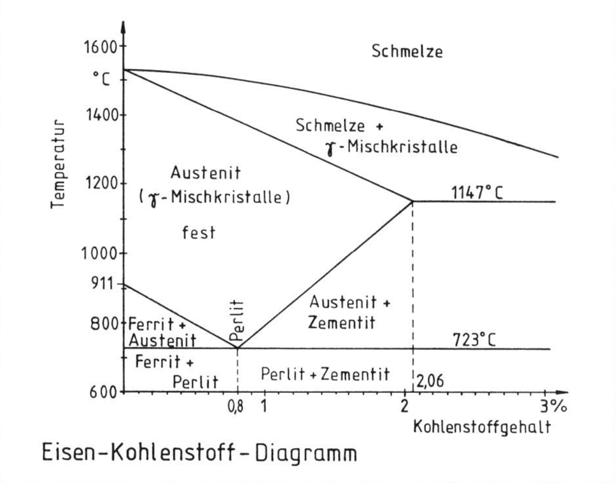

Abb. 5.2 Eisen-Kohlenstoff-Diagramm

Das Eisen-Kohlenstoff-Diagramm besteht im wesentlichen aus zwei Teilen,
– der Mischkristallform bei hohen Temperaturen über 1147 °C,
– der Kristallgemengeform von Raumtemperatur bis zu 1147 °C.

Abb. 5.2 zeigt die Stahlseite des Eisen-Kohlenstoff-Diagramms mit dem Kohlenstoffanteil bis 2,06%.

Stahlschmelzen jeglicher Zusammensetzung erstarren zunächst als Mischkristalle. Die Eisenatome sind kubisch-flächenzentriert, die C-Atome liegen in den Gitterlücken. Man nennt dieses Gefüge γ-Mischkristalle oder Austenit. Bei weiter sinkender Temperatur gehen die γ-Mischkristalle in ein Kristallgemenge über. Es besteht aus reinem Eisen und Zementit. Zementit nennt man die Verbindung Fe_3C. Das reine Eisen wandelt sich in ein kubisch-raumzentriertes Gefüge um, das man Ferrit oder α-Eisen nennt. Diese Umwandlung erfolgt bereits im festen (!) Zustand. Wie alle anderen Kristallgemenge, so besitzt auch Stahl ein eutektisches Gefüge. Es bildet sich als besonders feines Gemenge bei 0,8% Kohlenstoffgehalt. Die γ-Mischkristalle gehen bei 723 °C eutektisch in Ferrit und Zementit über. Das fein verteilte Ferrit und Zementit liegen schichtweise nebeneinander und geben dem Gefüge ein perlmuttartiges Aussehen. Man nennt es daher Perlit.

Das Stahlgefüge ist abhängig vom Kohlenstoffgehalt.

Stahl mit 0 – 0,8% C: Ferrit und Perlit-Gefüge;
Stahl mit 0,8% C: eutektisches Perlit;
Stahl mit 0,8 – 2,06% C: Perlit und Zementit.
Austenit: γ-Mischkristall mit kfz-Gitter.
Enthält bei 1147° C max. 2,06% C.
Ferrit: α-Eisen mit krz-Gitter.
Enthält fast keinen Kohlenstoff.
Zementit: Verbindung zwischen Fe und C: Fe_3C.
Bei Raumtemperaturen ist der Kohlenstoff im Stahl vollständig an Eisen gebunden. Zementit ist sehr hart.
Perlit: Eutektisches Gefüge aus Ferrit + Zementit.
Entsteht bei 723 °C und 0,8% C.

5.1.5 Wärmebehandlung von Stahl

Die Stoffeigenschaften von Stahl können durch Wärmebehandlung entscheidend verändert werden.
Man unterscheidet:
- Glühen (Weich-, Normal-, Spannungsarm-, Rekristallisationsglühen)
- Härten,
- Anlassen,
- Vergüten.

Weichglühen

Wird perlitischer Stahl spanend bearbeitet, so muß die Keilschneide des Werkzeugs die harten Zementitlamellen brechen, eine harte Beanspruchung für jede Schneide.
Durch Weichglühen wird der lamellenförmige Zementit in kugelförmigen überführt. Dazu glüht man den Stahl etliche Stunden bei 723 °C. Weichglühen dient einer leichteren spanenden Bearbeitung.

Normalglühen

Normalglühen dient der „Normalisierung" des Gefüges nach Schweißen, Gießen oder Schmieden. Man erhitzt den Stahl kurz in den Austenitbereich hinein und erhält wieder das feine Stahlgefüge.

Spannungsarmglühen

Starke innere Spannungen des Stahls durch Schweißen, Schmieden oder Gießen können durch langfristiges Glühen bei Temperaturen zwischen 500 und 600 °C gemindert werden. Wichtig ist eine sehr langsame Abkühlung.
Ebenfalls möglich ist ein Abbau der Eigenspannungen durch mechanische Vibrationen.

Rekristallisationsglühen

Bei jeder Kaltumformung (Strecken, Ziehen, Biegen, Richten, Hämmern) tritt durch die Streckung des Gefüges eine Kaltverfestigung ein. Bei der Fassungsherstellung wird die Kaltverfestigung bewußt angestrebt, um Brillenwerkstoffe zu verändern. Man erhält durch Kaltverfestigung:
- höhere Festigkeit,
- höhere Härte,
- geringere Dehnbarkeit.

Da Werkstoffe oftmals „nicht in einem Zug" in ihre endgültige Form gebracht werden können, muß man nach einer Kaltverformung die Werkstoffe glühen, um sie erneut umformbar zu machen. Stähle glüht man bei über 700 °C. Dabei tritt eine Kornneubildung auf. (Rekristallisation). Das rekristallisierte Gefüge ist erneut kaltverformbar.

Härten

Aus Stählen können sehr gut harte und verschleißfeste Bauteile hergestellt werden. Typische gehärtete Werkstücke sind Feilen, Schneideisen, Fräser, Reißnadeln, Schneid- und Stanzwerkzeuge.
Härtbare Stähle müssen mindestens 0,4% Kohlenstoff enthalten. Stähle sind härtbar, weil man bei schneller oder langsamer Abkühlung aus dem Austenitbereich heraus unterschiedlich harte Gefüge erhält.
Man härtet Stähle, indem man sie zunächst erwärmt, bis ihr Gefüge aus reinem Austenit besteht. Die Temperatur, auf die eine bestimmte Stahlsorte erwärmt werden muß, heißt Härtetemperatur. Man liest sie aus dem Eisen-Kohlenstoff-Diagramm ab.
Bei langsamer Abkühlung entsteht Perlit.
Perlit ist ein Gefüge aus kohlenstofffreiem Eisen, das kubisch-flächenzentriert ist. Der Kohlenstoff ist als Zementitstreifen (Fe_3C) eingelagert.

Langsame Abkühlung → Perlit

Bei schneller Abkühlung haben die Kohlenstoffatome keine Zeit aus dem Gitter auszuwandern. Sie werden in die Lücken des kubisch-raumzentrierten Eisens eingeschlossen und verspannen es. Das Gefüge des gehärteten Stahls erscheint im Schliffbild nadelförmig. Man nennt es Martensit.

Schnelle Abkühlung → Martensit

Martensit entsteht nur, wenn die Abkühlungsgeschwindigkeit sehr hoch ist. Sie ist vom C-Gehalt abhängig. Beispiel: Stahl mit 0,8% C muß mit 200 °C pro Sekunde abgeschreckt werden, um Martensit zu bilden. Dicke Werkstücke kühlen an der Oberfläche am schnellsten ab. Zur Mitte hin verringert sich die Abkühlungsgeschwindigkeit so, daß sie nicht durchhärten. Die Tiefe, bis zu der Martensit gebildet werden kann, nennt man Einhärtetiefe. Durch Härten werden C-Atome im krz-Gitter des Eisens eingeschlossen.
Die Gitterverspannung hat hohe Festigkeit und Härte, aber verringerte Dehnbarkeit und Zähigkeit zur Folge.

Anlassen

Anlassen ist eine Wärmebehandlung im Anschluß an das Härten bei Temperaturen zwischen 200 und 280 °C.
Durch das Anlassen bei diesen Temperaturen bleibt grundsätzlich das gehärtete Martensit-Gefüge erhalten. Infolge der Energiezufuhr können jedoch ungünstig eingelagerte Kohlenstoffatome bessere Gitterplätze einnehmen. Die Gitterspannung bleibt erhalten, die Neigung zu Spannungsrissen nimmt ab. Anlassen führt zu einer unbedeutenden Härteminderung, aber einer gesteigerten Zähigkeit der Werkstükke. Die „Glashärte“ des Stahls wird gemindert.
Die notwendigen Anlaßtemperaturen können mit etwas Erfahrung aus der Farbe der Oxidschicht bestimmt werden, die sich auf der Werkstückoberfläche bildet. Man nennt sie **Anlaßfarben.** Sie sollten nicht weggefeilt oder geschliffen werden, da sie einen gewissen Korrosionsschutz bilden.

Anlaßfarbe	Temperatur	Anwendungszweck
Weißgelb	200 °C	„Glashärte“
Goldgelb	230 °C	kleine Schraubendreher
Braunrot	250 °C	Meißel, Körner, Fräser
Violett	280 °C	große Schraubendreher
Kornblumenblau	300 °C	Temp. zu hoch, unbrauchbar

Vergüten

Vergüten ist ein Härten mit nachfolgendem Anlassen bei Temperaturen zwischen 400 und 700 °C.
Zum Vergüten eignen sich nur bestimmte Vergütungsstähle. Temperaturen und Zeiten müssen beim Vergüten genau eingehalten werden. Es handelt sich also um ein rein industrielles Wärmebehandlungsverfahren. Das Ergebnis der Vergütung ist ein Werkstück mit hoher Festigkeit bei garantierter Härte.

5.2 Nichteisenmetalle

Die NE-Metalle sind für den Augenoptiker von überragender Bedeutung. Ein Rückblick in die Geschichte der Brillenfassungsherstellung zeigt, daß Kupfer- und Nickellegierungen schon frühzeitig als Fassungswerkstoff verwendet wurden.

5.2.1

Kupfer	Chemisches Symbol Cu	63,5 / 29 Cu*)

*) Zur leichteren Orientierung im Periodensystem der Elemente ist jeweils oben die Atommasse und unten die Ordnungszahl eingetragen.

Physikalische Eigenschaften:
Dichte: 8,93 g/cm^3
Schmelzpunkt: 1 083 °C
Gittertyp: kfz.
Chemische Eigenschaften: gute Korrosionsbeständigkeit.
Technologische Eigenschaften (weichgeglüht):
Zugfestigkeit: 220 N/mm^2
Bruchdehnung: 40%
Härte: 50 HB.

Beschreibung:
Das rotbraune Metall zeichnet sich durch die folgenden technologischen Eigenschaften aus:
- ausgezeichnete elektrische Leitfähigkeit,
- gute Wärmeleitfähigkeit,
- beständig gegen atmosphärische Einflüsse,
- sehr gut kaltverformbar,
- zäh und geschmeidig in allen Temperaturbereichen.

Reines Kupfer hat nur eine geringe Festigkeit, die aber durch Kaltverformung erheblich – über das Doppelte – gesteigert werden kann. Ebenso werden die Festigkeitseigenschaften durch Legieren deutlich gesteigert.

Vorkommen und Gewinnung

Kupfer kommt nur selten als reines Metall vor; es wird hauptsächlich aus seinen Erzen, dem Kupferkies $CuFeS_2$ und dem Kupferglanz Cu_2S gewonnen. Der Schwefel wird durch Rösten entfernt, und das so erhaltene Rohkupfer entweder durch Raffination im Ofen zu Hüttenkupfer oder durch Elektrolyse zu Elektrolytkupfer veredelt.
Verwendung: Reines Kupfer wird als Stromkabel, Lötkolbenspitze, Behälter, Rohrleitung und Abdeckung verwendet. Kupferlegierungen sind die klassischen Werkstoffe der Brillenherstellung. Es existiert kein Fassungsteil, das nicht durch Kupferwerkstoffe in mindestens befriedigender Ausführung hergestellt werden könnte.

Kupferwerkstoffe – allgemeine Unterteilung

Die Hauptlegierungselemente des Kupfers sind: Nikkel, Zink, Zinn, Aluminium, Blei, Eisen und Beryllium.
Man unterscheidet:
- Messing
- Bronze
- Neusilber.

Messing

Messing ist eine Kupfer-Zink-Legierung mit mindestens 50% Kupfer und Zink als Hauptlegierungsbestandteile.
Beispiel: Messing 63 — 63% Cu, 37% Zn

Bronze

Bronze ist eine Kupfer-Zinn-Legierung mit mindestens 60% Kupfer und einem oder mehreren Legierungsbestandteilen, wobei der Zinnanteil größer sein muß als der Zinkanteil.
Beispiel: Zinnbronze — 94% Cu, 6% Sn

Bronzen werden oft nach ihren Hauptzusätzen benannt, zum Beispiel:

Aluminiumbronze	CuAl . . .
Manganbronze	CuMn . . .
Bleibronze	CuPb . . .
Zinn-Bleibronze	CuPb . .Sn . . .

Sind außer einem Hauptzusatz noch mehrere Bestandteile zulegiert, so spricht man auch von Mehrstoffbronzen.

Neusilber

Neusilber ist eine Kupfer-Zink-Legierung, die zwischen 10 und 25% Nickel enthält.
Beispiel: Cu 65%, Zn 23 %, Ni 12%
Cu 62%, Zn 20%, Ni 18%

Neusilber ist das klassische Fassungsmaterial überhaupt. Es ist außerdem in folgenden Anwendungsgebieten weit verbreitet:
- Schmuck,
- Eßbestecke,
- feinmechanische und Phototeile,
- Münzlegierung,
- Elektroindustrie für Widerstände, Regler.

Kupferlegierungen der optischen Industrie

Um den unterschiedlichen Anforderungen an Teilen wie Bügel, Ränder, Brücken, Streben, Stege und Schließblöcke gerecht zu werden, sind etwa ein Dutzend sehr verschiedener Kupferlegierungen im industriellen Gebrauch. Es handelt sich im einzelnen um:

Messing 85	Cu 85%	Zn 15%		
Messing 63	Cu 63%	Zn 37%		
Zinnbronze	Cu 94%	Sn 6%		
Zinnbronze	Cu 92%	Sn 8%		
Bronze 48	Cu 82%	Zn 11%	Sn 5%	Ni 2%
Neusilber	Cu 65%	Zn 23%	Ni 12%	
Neusilber	Cu 62%	Zn 20%	Ni 18%	
Blanka Z	Cu 61%	Zn 14%	Ni 23%	Sn 2%
Isotan	Cu 55%	Zn 44%	Mn 1%	
Monel	Ni 68%	Cu 30%	Mn 1%	Fe 1%
Um-Nickel	Ni 98%	Mn 2%		
Kupfer-Beryllium	Cu 98%	Be 2%		
Nickel-Bronze	Cu 83%	Ni 11%	Sn 6%	
Nickel-Bronze	Cu 77%	Ni 15%	Sn 8%	

Im strengen Sinne zählen Isotan und Monel wegen ihres hohen Nickelgehalts nicht mehr zu den Neusilber-, sondern zu den Nickellegierungen.
Das klassische Neusilber wurde weiterentwickelt; sein Hauptnachteil, die geringe Korrosionsbeständigkeit, ist durch neue Legierungen mit höheren Nickelgehalten deutlich verbessert worden. Speziell für die Anforderungen der augenoptischen Industrie wurden die Legierungen Blanka-Z und Monel entwickelt. Der Vorteil dieser neusilberähnlichen Legierungen mit ihren hohen Nickelanteilen liegt außerdem in einer deutlichen Steigerung der Härtewerte, sowohl im weichgeglühten wie im verformten Zustand. Typisch für die genannten Werkstoffe ist eine Härtesteigerung durch Verformung wie sie bei der Fassungsherstellung zwangsläufig erfolgt. Weiterhin können alle Werkstoffe sowohl doubliert als auch galvanisch veredelt werden.

5.2.2

Nickel	Chemisches Symbol Ni	$^{58,7}_{28}$ Ni

Physikalische Eigenschaften:
Dichte: 8,9 g/cm^3
Schmelzpunkt: 1455 °C
Gitter: kfz
Chemische Eigenschaften:
Hoch korrosionsbeständig, auch gegen viele Säuren und Laugen.
Technologische Eigenschaften:
Zugfestigkeit: 400 N/mm^2 (weichgeglüht)
Härte: 70 HB
Beschreibung: Nickel ist ein zähes, dehnbares und silberglänzendes Metall hoher Biegefestigkeit. Es ist gut kalt- und warmverformbar, gut löt- und schweißbar. Nickel ist mit Kupfer in jedem Verhältnis legierbar. Nur 25% Ni zu 75% Cu legiert ergeben bereits das silberhelle Münzmetall. Nickel ist ein unbedingt notwendiger Legierungszusatz für Neusilber, Blanka-Z, Monel, Bronze, Edelstahl.
Verwendung: Für Padhebel, Ränder, Unterlage für Doublé.

5.2.3

Aluminium	Chemisches Symbol Al	$^{27}_{17}$ Ni

Physikalische Eigenschaften:
Dichte: 2,7 g/cm^3
Schmelzpunkt: 660 °C
Gitter: kfz
Chemische Eigenschaften:
Korrosionsbeständig aufgrund einer dünnen harten Oxidhaut, die sich bei Beschädigung innerhalb weniger Sekunden neu bildet.
Technologische Eigenschaften:
Zugfestigkeit: 100 N/mm^2
Härte: 30 HB

Beschreibung: Die herausragende Eigenschaft des Aluminiums ist sein geringes spezifisches Gewicht (nur ein Drittel von dem des Stahls!), die es in die Gruppe der Leichtmetalle einreiht. Das silberhelle Metall ist in reinem Zustand von geringer Festigkeit und weicher Oberfläche. Durch die Bildung oxidischer Schutzschichten besitzt es eine gute Beständigkeit gegen Witterungseinflüsse und chemische Stoffe. Es wird als eines von wenigen Metallen auch in reinem Zustand verwendet. Dabei ist es gut dehnbar und kann durch Pressen, Ziehen, Walzen in kaltem Zustand leicht verarbeitet werden, wobei seine Festigkeit deutlich zunimmt. Typisch ist seine Verwendung für Kabel, Folien, Reflektoren, Tuben, Rohrleitungen, Modeschmuck.
Auch Gußlegierungen des Aluminiums existieren in großer Vielfalt.
Leider ist die Löt- und Schweißbarkeit des Aluminiums wegen ständiger Neubildung seiner Oxidhaut schwierig, was seine Verwendung für die Fassungsherstellung mindert.
Bereits geringe Zusätze der Elemente Silizium, Mangan, Magnesium oder Kupfer ergeben eine wesentlich höhere Festigkeit und Härte.
Die erwähnte farblose Oxidschicht des reinen Aluminiums kann auf chemischem oder elektrochemischem Wege künstlich verstärkt werden.
Chemische Oxidierung:
Die Alu-Teile werden in heiße Salzlösungen (Soda und Natriumchromat) gehängt. Dabei wächst die natürliche Oxidschicht auf das etwa 100fache an. Ein Teil der Chromate wird in die Oxidhaut eingelagert; diese Schicht wird oftmals durch andere Salze gefärbt.
Elektrochemische Oxidierung (Eloxierung):
Durch elektrolytische Oxidation kann die Oxidschicht auf das ca. 1000fache der natürlichen Schichtdicke anwachsen. Das Aluminiumstück wird dabei als Anode geschaltet. Die so entstandene Haut ist nicht so porig wie die chemisch erzeugte. Sie kann gleichfalls eingefärbt und anschließend durch Lack geschlossen werden.

Aluminium – Vorkommen und Gewinnung
Aluminium kommt wegen seiner hohen Affinität zum Sauerstoff nicht gediegen vor; es ist im wesentlichen in Feldspat, Glimmer und Ton enthalten.

Wichtigster Ausgangsstoff für die Gewinnung des Aluminiums ist der Bauxit mit einem Gehalt an Tonerde von etwa 60%. Der Bauxit wird durch Natronlauge aufgeschlossen, wobei über Natriumaluminat die reine Tonerde Al_2O_3 entsteht, die dann bei 900° C in schmelzflüssigem Zustand durch Elektrolyse zu reinem Aluminium reduziert wird. Die hierfür erforderliche Menge an elektrischer Energie ist enorm hoch – ca. 20 kWh/kg Aluminium – und bestimmt wesentlich den Preis des Werkstoffs. Alubäder haben bei einer Spannung von 5 bis 6 Volt eine Stromstärke von 100 000 Ampere und mehr!
Verwendung:
Überwiegend für Dekore, da Aluminium in feinsten Farbschattierungen eloxiert werden kann.
Für Bügel ist die Legierung AlMn0,5Si0,5 in Gebrauch. Sie hat folgende Härtedaten:
Vickers-Härte HV 5:
300 N/mm^2 weichgeglüht bzw. 500 N/mm^2 nach 60 % Verformung und bis zu 700 N/mm^2 nach Verformung und Aushärtung.

5.2.4

Zink	Chemisches Symbol Zn	$^{65,4}_{30}$ Zn

Physikalische Eigenschaften:
Dichte: 7,14 g/cm^3
Schmelzpunkt: 419 °C
Gitter: hexagonal
Chemische Eigenschaften:
Korrosionsbeständigkeit an Luft.
Technologische Eigenschaften:
Zugfestigkeit: 100 N/mm^2
Härte: 35 HB
Beschreibung:
Zink ist ein silberhelles, relativ weiches Metall mit niedrigem Schmelzpunkt. Es läßt sich gut gießen, kalt- und warmverformen. Als Konstruktionswerkstoff in der Brillenoptik ist es nicht zu verwenden; als Legierungselement für Kupfer- und Nickellegierungen praktisch unentbehrlich. Messing ist eine Kupfer-Zink-Legierung.
Verwendung:
Legierungselement.

5.2.5

Zinn	Chemisches Symbol Sn	$^{118,7}_{50}$ Sn

Physikalische Eigenschaften:
Dichte: 7,28 g/cm^3
Schmelzpunkt: 232 °C
Gitter: tetragonal
Chemische Eigenschaften:
Korrosionsbeständigkeit an Luft und in Wasser, nicht gegen Säuren.
Technologische Eigenschaften:
Zugfestigkeit: 35 N/mm^2
Härte: 12 HB
Beschreibung: Zinn ist ein sehr weiches, hoch dehnbares Metall mit niedrigem Schmelzpunkt (Pb-Sn-Lote). Das silbrig glänzende Zinn ist ein wichtiges Legierungselement für Kupfer und Aluminium. Bronze ist eine Kupfer-Zinn-Legierung.

5.2.6

Titan	Chemisches Symbol Ti	$^{47,9}_{22}$ Ti

Übergangsmetall aus der 4. Gruppe des PSE
Dichte: 4,51 g/cm^3
Schmelzpunkt: 1668 °C
Farbe: Silber-weiß
Titan wird gewonnen aus Titaneisenerz (Ilmenit) $FeTiO_3$ und aus Titanomagnetit Fe_3O_4.
Die Anreicherung in indischen Gesteinen beträgt maximal 1,5%; im Mondgestein wurde bei den Apolloexkursionen bis zu 5,2% Ti-Gehalt festgestellt. Die Titanverarbeitung im reinen Zustand ist einfach, da das Metall dehnbar ist, das heißt durch Walzen und Ziehen relativ leicht verformt werden kann. Zugfestigkeit und Härte liegen etwa im Bereich des Baustahls St 37. Je reiner das Titan, desto weicher ist es.
Seit etwa 1950 spielt das Titan eine technologische Rolle, besonders im Flugzeug- und Raketenbau.
Die spezifischen Vorzüge des Metalls wie
- geringe Dichte,
- Korrosionsbeständigkeit,
- hohe Festigkeit

kommen hier sehr gut zur Geltung.
Auch in der chemischen Verfahrenstechnik liegt ein Anwendungsgebiet, da das Material hoch säurebeständig ist; es ist sogar resistent gegen Flußsäure. Die allgemeine Verwendung wird durch den hohen Preis und die aufwendige Verarbeitungstechnik gehemmt.
Bekannte Titanlegierungen sind:

Ti 92,5%	Al 5,0%	Sn 2,5%	
Ti 90,0%	Al 6,0%	V 4,0%	
Ti 89,0%	Al 7,0%	Mo 4,0%	
Ti 73,0%	V 13,0%	Cr 11,0%	Al 3,0%

Als Fassungswerkstoff werden Titan P und Titan B verwendet. Das erstere hat einen Reinheitsgrad zwischen 99 und 99,7%; geringe Beimengungen von Stickstoff, Sauerstoff, Kohlenstoff und Wolfram sind nicht zu vermeiden.
Titan B hat mindestens 90% Titananteil und ist mit Magnesium legiert.
Ältere Titanmodelle waren noch unter Verwendung von Titan C hergestellt worden. Hierbei handelt es sich aber um Nickelprofile im Kern, die nur Titan ummantelt waren. Sie konnten wegen ihres geringen Titananteils mit herkömmlicher Löttechnik und Galvanik hergestellt werden.
Die Verarbeitung von Titan P und B als Brillenfassungswerkstoff erfolgt unter Sauerstoffausschluß mit Argon als Schutzgas.
Titan-Doublé wurde bereits im Labor hergestellt. Weiterhin wird Titan als Dekorelement industriell genutzt, da es sehr schöne und vielseitige Farbvarianten und Oberflächenstrukturen hat.

5.2.7

Chrom	Chemisches Symbol Cr	$^{52}_{24}$ Cr

Dichte: 7,2 g/cm^3
Schmelzpunkt: 1875 °C
Chrom ist ein Metall hoher Härte, aber leider auch Sprödigkeit, und sehr guter Korrosionsbeständigkeit. Das weiß-bläuliche Element wird galvanisch als dekorativer und wirksamer Schutz gegen Oxidation auf eine Kupfer-Nickel-Unterlage aufgetragen. Hochglanzverchromte Fassungen bieten eine optimale Korrosionssicherheit auf Jahre und ein exzellentes Finish.
Chrom ist kein Edelmetall, wie oft behauptet, sondern

schützt den Metallkern durch eine sich rasch bildende Oxidschicht, die sehr dicht ist.
Schwarzverchromen ist eine Technik, bei der metallisches Chrom und Chromoxid in einem bestimmten Verhältnis gemischt werden. Verwendung: als hoch korrosionsbeständiger, galvanisch aufgetragener Oberflächenschutz.

5.2.8

Blei	Chemisches Symbol Pb	$^{207,2}_{82}$Pb

Die kennzeichnenden Eigenschaften von Blei sind hohe Dichte 11,3 g/cm^3, niedriger Schmelzpunkt 327 °C und eine sehr geringe Härte.
Blei ist beständig gegen viele chemische Stoffe.
Verwendung: Legierungselement.
Weitere gebräuchliche Legierungselemente sind Beryllium, Magnesium und Mangan.
Beryllium (Be) wird in Anteilen zwischen 0,5 und 2% zu Kupfer legiert. Man erhält eine kalt- und warmaushärtbare Legierung mit hervorragenden mechanischen Eigenschaften. Das Material ist federstahlähnlich, besitzt also hohe Festigkeit bei höchster Elastizität.
Magnesium (Mg) wird für Al-Legierungen und **Mangan (Mn)** für Cu-Ni-Legierungen verwendet.

5.3 Anforderungen an eine Metallfassung

Die Anforderungen an eine Brillenfassung änderten sich im Laufe der Zeit. Im Mittelalter stand zunächst nur die sichere Halterung der Gläser in einfachen Holz- und Metallkonstruktionen im Vordergrund. Später gab es für das exklusive und teure Produkt Brille eine fast schmuckähnliche Ausgestaltung (siehe Regensburger Brillenmacherordnung).
Um die Eignung eines Metalls oder einer Legierung für die Herstellung einer Fassung richtig beurteilen zu können, werden zahlreiche Forderungen gestellt. Die wichtigsten Kriterien sind:
- hohe Korrosionsbeständigkeit,
- Festigkeit der Bauteile, Elastizität,
- Oberflächenhärte,
- gute Federeigenschaften, speziell der Bügel und des Randes,
- geringes Gewicht,
- leichte Verarbeitung für Hersteller und Optiker,
- modischer Chic, Farbe, Form,
- preisgünstig.

Beschreibung der einzelnen Punkte:
Korrosionsbeständigkeit ist aus hygienischen Gründen selbstverständlich. Ebenso erlauben die oft dünnen Materialquerschnitte aus konstruktiven Gründen kaum eine Materialschwächung durch Rost. Sicherheit erreicht man hier nur durch ein absolut beständiges Material – Edelmetall, Titan, Chrom, Aluminium oder Edelstahl – oder durch einen absolut dichten Edelmetallüberzug auf einem unedlen Kernmaterial. Eine Farb- oder Kunststoffbeschichtung wird über kurz oder lang zu Problemen führen. Zwar wurden unbestreitbar Fortschritte erzielt, dennoch können (nicht müssen) solche Fassungen in wenigen Monaten durchgeschwitzt sein.
Die **Festigkeit** der Bauteile betrifft besonders die Bauteile der Brillenfrontseite wie Ränder, Stege, Brücke und Backe. Durch richtige Dimensionierung und Werkstoffauswahl muß hier ein Kompromiß getroffen werden: Einerseits soll die Fassung noch gut angepaßt werden können, andererseits darf sie im täglichen Gebrauch beim Aufsetzen und Abnehmen nicht zu schnell verbiegen. Der Frontrahmen muß so stabil und verdrehsteif sein, daß keine Biegemomente auf die Augenränder und damit auf das Brillenglas ausgeübt werden können.
Oberflächenhärte ist notwendig, um im täglichen Gebrauch nicht bald eine verkratzte unschöne Fassung zu tragen, die dann auch anfällig für Korrosion ist. Auch hier gilt, daß eine Kunststoffoberfläche niemals so hart sein kann wie eine Metalloberfläche.
Gute **Federeigenschaften,** speziell der Bügel und der Augenränder, sind ein weiteres Kriterium. Eine zu hohe Elastizität bedeutet für die Bügel einen ungenügenden Federdruck, um etwas schwerere Gläser tragen zu können. Umgekehrt ist ein sehr starrer Bügel unkomfortabel beim Tragen. Ein Qualitätsbügel ist reduziert und geprägt, weil die Prägung den Komfort unterschiedlicher Federzonen erlaubt. Für den Augenrand gilt sinngemäß das gleiche. Er darf weder zu weich noch zu hart sein, um vom Brillenträger nicht als störend empfunden zu werden. Auch der Augenoptiker wird die Bedeutung eines leicht montier-

baren Augenrandes zu schätzen wissen. Insgesamt sollte eine gute Fassung „lebendig" und weder starr noch superweich konstruiert sein.
Ein Brillenträger, der eine Fassung täglich 16 bis 18 Stunden auf der Nase hat, wünscht sich natürlich eine leichte Fassung. Eine weitere Gewichtseinsparung bei Metallfassungen ist aber nur durch Querschnittsverminderung der Profile möglich. Eine solche Reduktion setzt die Verwendung neuer hochfester Werkstoffe voraus.
Beim augenblicklichen Stand der Technik ist allerdings das Glasgewicht von ausschlaggebender Bedeutung.
Der Brillenhersteller schließlich wird ein Material fordern, das spanlos durch Biegen und Prägen, spanend durch Fräsen und Schleifen ebensogut zu verarbeiten ist, wie es gut lötbar und galvanisch veredelbar sein sollte.
Schließlich spielen modischer Chic ebenso eine Rolle wie der Preis des Werkstoffs.

5.4 Metallische Fassungswerkstoffe

5.4.1 Kupfer-Nickel-Legierungen

Tabelle gebräuchlicher Brillenfassungswerkstoffe

Werkstoff	DIN-Nr.	Zusammensetzung Gewichtsprozent	Vickershärte HV 5 in N/mm² weich geglüht	nach 60% Verformung	Weichglühtemperatur °C
Messing 85	2.0240	CuZn15	650	-1300	600
Messing 63	2.0321	CuZn37	650	-1300	600
Zinnbronze 6	2.1020	CuSn6	800	-2100	700
Zinnbronze 8	2.1030	CuSn8	800	-2100	700
Bronze 48	—	CuNi2Zn11Sn5	800	-1850	700
Neusilber 12	2.0730	CuNi12Zn23	900	-1750	650
Neusilber 18	2.0740	CuNi18Zn20	950	-1850	650
Blanka Z	—	CuNi23Zn14Sn2	1050	-2150	720
Isotan	2.0842	CuNi44Mn1	1250	-2150	780
Monel	2.4360	CuNi68Fe1Mn1	1250	-2350	780
UM-Nickel	2.410	Ni98Mn2	1000	-2250	720
Cu-Beryllium	2.1247	Cu98Be2	1000	-2400	740
Nickel-Bronze 11	—	CuNi11Sn6	1100	-2700	740
Nickel-Bronze 15	—	CuNi15Sn8	1100	-2700	740

Wertung der Eigenschaften für die speziellen Anforderungen der optischen Industrie

Werkstoff	Eigenschaften: Korrosionsbeständigkeit	Verformbarkeit	Federeigenschaften	Lötbarkeit	Schweißen	Polieren	Farbe
Messing 85	5	1	4	2	4	1	Gelb
Messing 63	3	1	3	1	4	1	Rot-gelb
Zinnbronze 6	5	1	1	1	2	1	Rot-gelb
Zinnbronze 8	5	1	1	1	2	1	Rot-gelb
Bronze 48	4	1	1	2	2	1	Gold-gelb
Neusilber 12	4	1	3	1	2	1	Weiß-gelb
Neusilber 18	3	1	2	1	2	1	Weiß
Blanka Z	2	1	1	1	2	1	Weiß
Isotan	1	2	3	1	1	1	Grau-weiß
Monel	1	2	3	1	1	2	Grau-weiß
Um-Nickel	1	3	4	1	1	2	Grau-weiß
Cu-Beryllium	5	2	1	3	3	1	Rot
Nickel-Bronze 11	1	2	1	2	2	1	Weiß
Nickel-Bronze 15	1	2	1	2	2	1	Weiß

Wertung: 1 = sehr gut, 2 = gut, 3 = mittel, 4 = mäßig, 5 = schlecht

Werkstoff	Verwendung
Messing 85	Schließblöcke, Schraubenhülsen, Gelenke
Messing 63	Schraubhülsen, Augenränder
Zinnbronze 6	Bügel, Stegstützen
Zinnbronze 8	Bügel, Stegstützen
Bronze 48	Bügel, Stegstützen
Neusilber 12	Schließblöcke, Schraubenhülsen Stifte, Ränder
Neusilber 18	Augenränder, Schmuckteile, Gelenke, Stegstützen
Blanka Z	Bügel, Brücken, Backen, Ränder, Stegstützen
Isotan	Bügel, Brücken, Stegstützen, Augenränder
Monel	Bügel, Brücken, Backen, Frontteile, Ränder
UM-Nickel	Augenränder
Cu-Beryllium	für Kleinteile höchster Beanspruchung
Nickel-Bronze 11	Bügel, Brücken, Frontteile
Nickel-Bronze 15	Bügel, Brücken, Frontteile

Beschreibung der Fassungswerkstoffe

Die hier tabellarisch vorgestellten Werkstoffe sollen einer kurzen kritischen Würdigung unterzogen werden.

Messing

Die Verwendung von Ms 85 ist stark rückläufig wegen erhöhter Korrosionsgefahr.
Messing 63 hat das Ms 85 fast völlig ersetzt.

Zinnbronze

Zinnbronze 6 und 8 haben sich als Bügelmaterial für billigere Fassungen durchgesetzt. Der Nachteil einer geringeren Korrosionsbeständigkeit und einer völligen Erweichung der Lötstelle wird wegen der sehr guten Federeigenschaften in Kauf genommen.

Bronze 48

Bronze 48 ist eine Weiterentwicklung der Zinnbronze. Sie zeigt ebensogute Federeigenschaften, hat aber dank geringer Nickel- und einiger Prozente Zinkzusätze ein verbessertes Korrosionsverhalten. Typisch ist die hohe Härtesteigerung nach Verformung. Bronze 48 ist keine DIN-Legierung, sondern eine Spezialentwicklung für die optische Industrie.

Neusilber

Aus den klassischen Neusilber-Legierungen können fast alle Bauteile einer Brille gearbeitet werden. Wegen mäßiger Korrosionsbeständigkeit ist der Einsatz von Neusilber heute auf preiswertere Fassungen beschränkt. Typisch für Neusilber ist, daß die Härtewerte mit steigendem Nickelgehalt (von 12% über 18% bis 23% bei Blanka Z) deutlich zunehmen.

Blanka Z

Blanka Z ist ebenso eine Sonderlegierung wie Bronze 48. Durch ihren hohen Nickelgehalt besitzt sie eine gute Korrosionsbeständigkeit und durch die Legierungsbestandteile Zink und Zinn günstige Federeigenschaften. Bügel, Brücken und Stege hochwertiger Fassungen werden heute vielfach aus Blanka Z gefertigt.

Isotan

Isotan ist eine neusilberähnliche Legierung mit hohem Nickelgehalt. Sie verfügt über hohe Härtewerte und sehr gute Korrosionsbeständigkeit. Isotan ist sehr formstabil und dadurch für großvolumige Teile wie komplette Frontrahmen prädestiniert. Nachteil aller Nickellegierungen, Monel eingeschlossen, ist die aufwendigere Herstellung.

Monel

Monel besitzt einen nochmals deutlich höheren Nikkelanteil – 68% – und dementsprechend sehr gute Korrosionseigenschaften und Härtewerte. Da zu den Vorzügen von Monel auch eine hohe Eigenelastizität zählt, wird es in weitem Maße für Glasränder, Brükken und Gelenke eingesetzt.

UM-Nickel

UM-Nickel hat von allen hier genannten Legierungen die höchste Korrosionsbeständigkeit. Wegen Schwierigkeiten beim Prägen und Schneiden und etwas geringerer Festigkeit wird es fast ausschließlich als Werkstoff für Augenränder verwendet.
Alle bis hierher genannten Legierungen sind konventionelle Werkstoffe, seit langem in der Praxis erprobt und bewährt. Im allgemeinen besteht eine preiswerte Fassung oftmals aus einem Neusilber-Mittelteil und Zinnbronze-Bügeln.
Für hochwertige und teure Fassungen verwendet man vielfach Monel oder UM-Nickel für den Augenrand sowie Blanka Z oder Monel für Bügel, Backe und Brücke.

5.4.2 Kaltverfestigung in der industriellen Fertigung

Die bis jetzt aufgeführten Werkstoffe haben eine gemeinsame technologische Komponente, die Kaltverfestigung.

Kaltverfestigung ist die Umformung eines Werkstoffes unterhalb seiner Rekristallisationstemperatur.

Das ist jene Temperatur, unterhalb der keine Kornneubildung, wie etwa beim Glühen von Stahl, eintreten kann. Durch Kaltverfestigung werden also keine Körner neu gebildet, sondern vielmehr die vorhandenen gestreckt und verspannt. Die starke Verformung der Körner behindert eine weitere Verschiebung des Gefüges. Kann die gewünschte Werkstückform nicht in einem Zug erreicht werden, muß der Werkstoff weichgeglüht werden, um ihn weiter verformen zu können. Durch Kaltverfestigung erzielt man:

- erhöhte Festigkeit,
- erhöhte Härte,
- verringerte Dehnbarkeit.

Brillenwerkstoffe werden bei der Fertigung typischerweise um ca. 30 – 60% verformt. Wie Abb. 5.3 zeigt, nimmt dabei die Härte um etwa den Faktor zwei zu. Stärkere Verformungen ziehen keine wesentliche Härtesteigerung mehr nach sich, die Härtekurve flacht sich zu einer Geraden ab. Ebenso steigen Zugfestigkeit und Streckgrenze auf etwa die doppelten Werte an. Hier würde eine weitere Verformung über 60% noch eine deutliche Zunahme der Festigkeit nach sich ziehen.

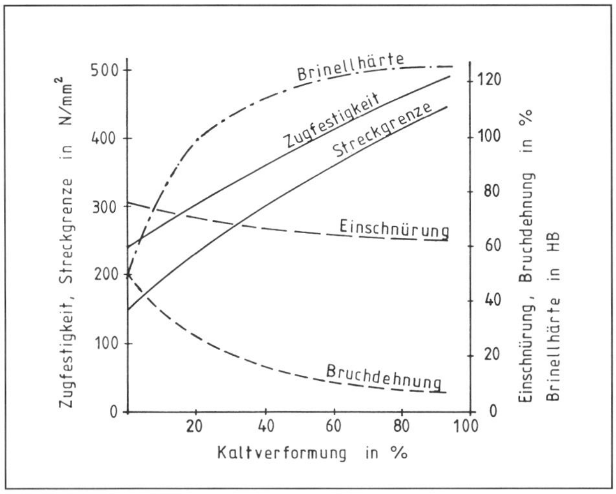

Abb. 5.3 Änderung der mechanischen Werte von Kupfer durch Kaltumformung

Zur Beurteilung der Umformbarkeit eines Werkstoffs dienen die Kennwerte Einschnürung und Bruchdehnung. Insbesondere der wichtige Wert Einschnürung zeigt, daß Kupferwerkstoffe hervorragend kaltverformbar sind, da nur eine geringe Einschnürung (Querschnittsverminderung) während der Umformung auftritt. Die Bruchdehnung nimmt vergleichbar mehr zu, ist aber von untergeordneter Bedeutung, da ja die Fassungswerkstoffe in der Fertigung nicht bis zum Bruch verformt werden.

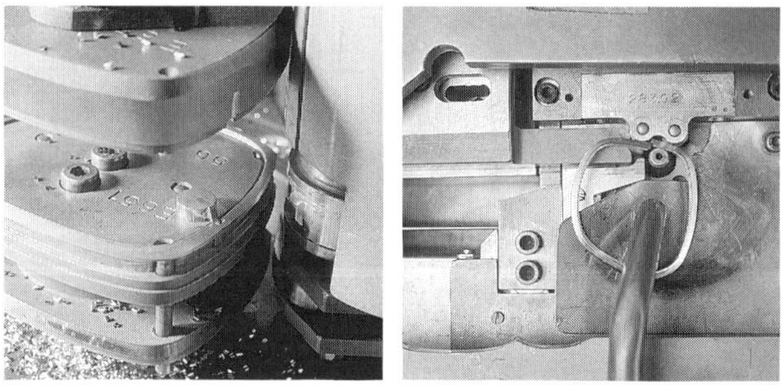

Abb. 5.4 Umformung von Fassungsteilen, spanende und spanlose Verformung

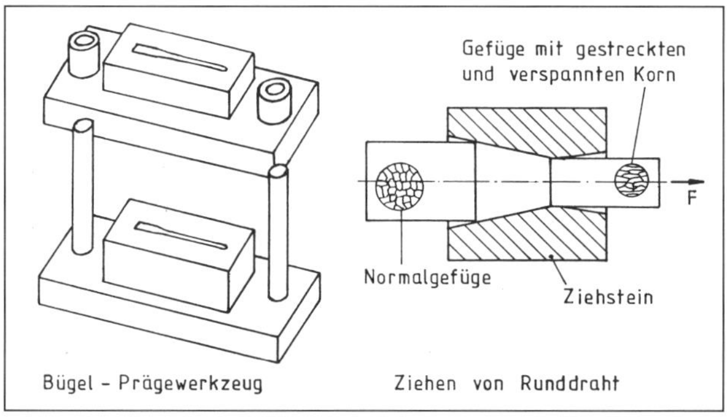

Abb. 5.5 Modell: Prägen und Ziehen von Runddraht

Abb. 5.6 Reduzieren und Prägen eines Bügels

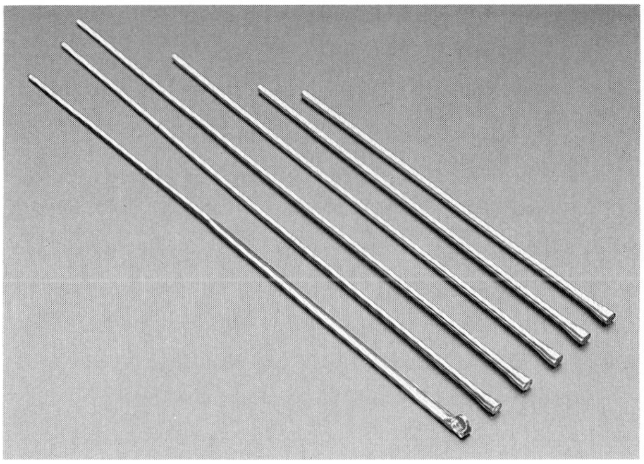

Abb. 5.7 Fertigungsstationen eines reduzierten Bügels

Die Methoden der Kaltumformung in der Fassungsfertigung sind:

- Streckrichten des in Rollen gelieferten Runddrahts,
- Ziehen, um unterschiedliche Drahtdurchmesser zu erhalten,
- Druckumformen, Reduzieren durch Hämmern, zum Beispiel für Bügel,
- Biegeumformen, Runden des Augenrandes, Biegen von Padhebeln,
- Prägen, zum Beispiel Brücke, Bügel,
- Flachpressen, zum Beispiel der Brücke.

Der Trend zu immer leichteren Fassungen führte zu ständig steigenden Anforderungen an den Werkstoff. Daher wurden neue Werkstoffe und Fertigungsverfahren erprobt. In der Praxis durchgesetzt haben sich hierbei aushärtbare Kupferlegierungen.

5.4.3 Aushärtbare Legierungen

Aushärtbare Werkstoffe stellen zur Zeit den aktuellen Stand der Technik in der Fassungsherstellung dar.
Aushärtung ist die Entmischung übersättigter Mischkristalle durch gezielte Wärmebehandlung. Durch Lösеglühen bei ca. 800 °C und schnelle Abkühlung entsteht ein übersättigter Mischkristall. Voraussetzung hierfür ist die unterschiedliche Löslichkeit der Legierungselemente in Abhängigkeit von der Temperatur. Eine weitere Wärmebehandlung bei ca. 300 – 450 °C entmischt den übersättigten Kristall mit der Folge einer zusätzlichen Störung im Gitteraufbau. Hieraus resultiert eine deutliche Erhöhung der Festigkeit der Legierung. Die Entmischung der übersättigten Mischkristalle ist vergleichbar der unterschiedlichen Löslichkeit von Zucker oder Salz in Wasser unterschiedlicher Temperatur. Heißes Wasser wird stets mehr Zucker in Lösung halten können als kaltes Wasser. Fügt man zum Beispiel bei 90 °C heißem Wasser so lange Zucker hinzu, bis die Grenze der Löslichkeit erreicht ist, so wird bei einer niedrigeren Temperatur der Zucker auskristallisieren; das kalte Wasser kann den Zucker nicht länger in Lösung halten. Vergleichbar wird bei der Aushärtung von Mischkristallen ebenfalls die übersättigte Komponente ausscheiden und den Gitteraufbau verspannen. Eine solche Aushärtung muß nicht bei erhöhter Temperatur stattfinden, für Aluminium beispielsweise existieren etliche kaltaushärtende (Temperatur 20 °C) Legierungen.

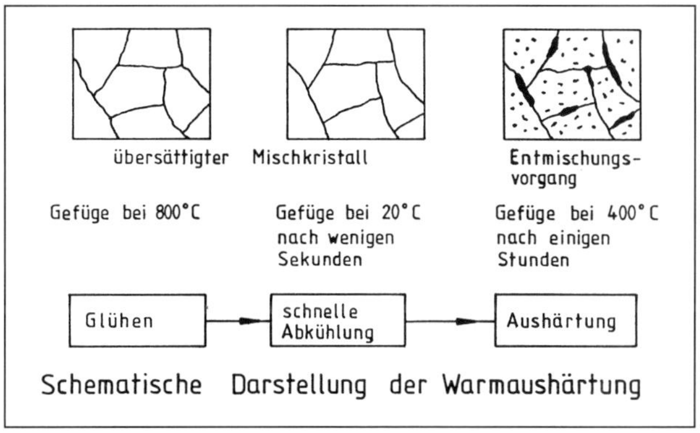

Abb. 5.8 Modell der Warmaushärtung

Abb. 5.8 zeigt schematisch die Darstellung der Aushärtung.
In der Praxis haben sich bis jetzt drei Werkstoffe bewährt und werden mit großem Erfolg eingesetzt.

Nickel-Bronze CuNiSn

Die Nickel-Bronzen existieren in den beiden Varianten **CuNi15Sn8** und **CuNi11Sn6.** Sie bringen neben dem Vorteil der Ungiftigkeit und der guten Verarbeitung eine sehr gute Korrosionsbeständigkeit mit und lassen sich hervorragend doublieren. Der Werkstoff wird für hoch beanspruchte Brücken, Bügel und Balken verwendet.
Wie das Diagramm der Legierung Nickel-Bronze CuNi15Sn8 zeigt, beträgt die Vickers-Härte im weichen unverformten Zustand etwa 1100 N/mm^2. Durch Kaltverformung steigt sie bei zum Beispiel 60% Ver-

formungsgrad auf 2700 N/mm². Wird der Werkstoff nach Löseglühen und 60% Verformung bei 375 °C warmausgehärtet, so erreicht er nach 1 h eine Härte von 3400 N/mm², nach 2 h 3600 N/mm² und nach 4 h 3800 N/mm². Nach 10 h würden bis zum 4800N/mm² erreicht werden, die beginnende Versprödung schränkt aber die nutzbare Aushärtezeit auf 4 – 6 h ein. Abb. 5.9 zeigt alle Daten der Legierung im Zusammenhang.

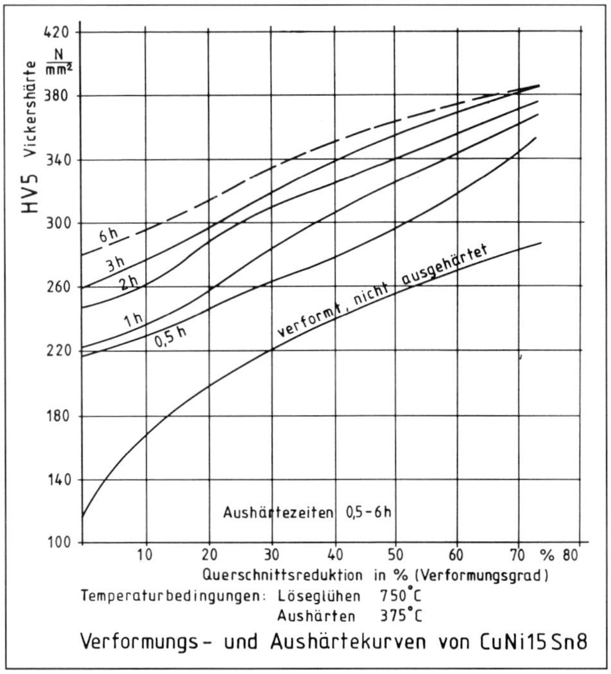

Abb. 5.9 Verformungs- und Aushärtekurven der Legierung CuNi15Sn8

Durch gezielte Wärmebehandlung, kombiniert mit einer Verformung, können die Härtewerte in einem weiten Bereich variiert werden. Für den Hersteller bietet sich außerdem an, durch eine sorgfältige Terminplanung in der Fertigung die teuren Preßwerkzeuge zu schonen und die Endhärte durch Auslagern zu erzeugen. Lötet man alle Bauteile einer Fassung bereits vor der Auslagerung, so hat man hier die technologisch einmalige Möglichkeit, harte Lötstellen zu produzieren. Im konventionellen Herstellverfahren wird die Härte der Kaltverformung durch die Erwärmung beim Löten – in der Umgebung der Lötstelle – zum Teil wieder rückgängig gemacht. Die Vorteile bei aushärtbaren Legierungen lassen erwarten, daß Entwicklungen mit verbesserten Eigenschaften serienreif gemacht und auf dem Markt erscheinen werden.

Kupfer-Beryllium Cu98Be2

Es handelt sich um Kupfer mit 1 bis 2% Berylliumanteil. Leider bereitet das Material bei der Herstellung Probleme, da das giftige Beryllium beim Schweißen und Polieren abgesaugt werden muß; die Galvaniklösung ist mit besonderer Vorsicht zu behandeln. Weiterhin ist die Korrosionsbeständigkeit mäßig, die Verarbeitung schwierig und der Preis hoch. Trotzdem wird das Material zunehmend verwendet, da es höchste Festigkeitswerte bei federstahlähnlichem Verhal-

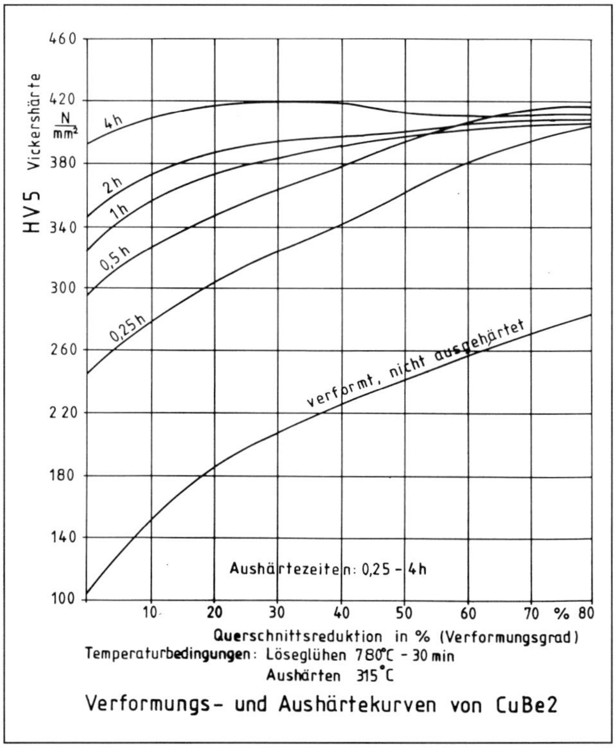

Abb. 5.10 Verformungs- und Aushärtekurven der Legierung CuBe2

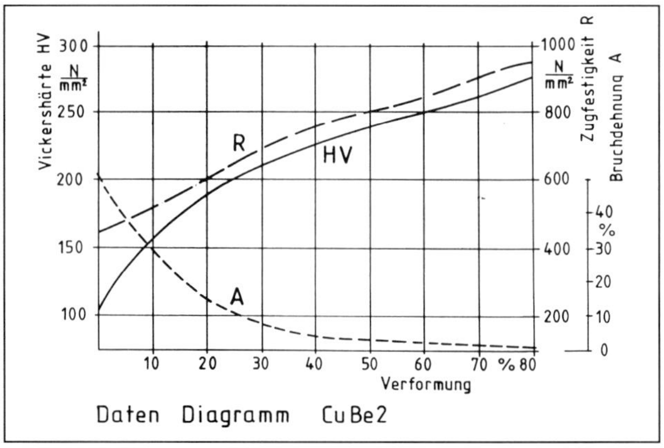

Abb. 5.11 Daten-Diagramm CuBe2

ten mitbringt. Sein Einsatzgebiet sind kleine Bauteile, die hoher mechanischer Beanspruchung unterliegen. Die Datenblätter dieser Legierung sind in Abb. 5.10 und 5.11 dargestellt.

5.4.4 Sonderwerkstoffe

Edelstahl

Verwendet werden die Legierungen
Edelstahl X8 CrNi 19/10
Edelstahl X2 CrNiMo18/12
Edelstahl X12 CrNiMoS18/11.
In kleiner Serie wurden bereits rostfreie Stähle, sogenannte Edelstähle verwendet. Die bekannten „Achtzehnzehner" Stähle mit 18% Chrom und 10% Nickel werden hierbei in zwei Varianten benutzt. Edelstahl ist zwar korrosionsfest, aber nicht doublierfähig, da seine Weichglühtemperatur bereits oberhalb der Schmelztemperatur der Goldlegierungen liegt. Die teure Fertigung läßt diesen Werkstoff eine Sonderstellung einnehmen.

Titan

Der – theoretisch – ideale Brillenwerkstoff Titan wird seit 1983 auch als Fassungswerkstoff verarbeitet. Titan ist absolut korrosionssicher, aber noch schwieriger in der Fertigung als Edelstahl.
Bereits beim Erschmelzen des Rohtitans ist durch exakte Mischung mit Sauerstoff eine hervorragende Möglichkeit gegeben, die Eigenschaften des Titans gezielt zu variieren. Je nach Größe der Sauerstoffzumischung kann der Werkstoff von spröde nach leichter verformbar eingestellt werden.
Als Brillenfassungswerkstoff wird Titan unter Sauerstoffausschluß mit Argon als Schutzgas verarbeitet. Die Oxidschicht bildet sich auf dem Metall sehr rasch und kann bis zur Zerstörung des Werkstoffs gehen. Außerdem ist die Oxidschicht sehr hart und würde bei der Bearbeitung mechanische Probleme nach sich ziehen. Die Härte der Oxidschicht ist eine Art „Glashärte".
Die Verbindungstechnik der Titanteile ist das Löten, wobei Hochfrequenzlöten und Ofenlöten stets unter Schutzgasatmosphäre stattfinden. Das Lot enthält als Hauptbestandteil Titan und ist nickelfrei.
Die Titanfassung kann im Hochvakuum beschichtet werden; die erste Schicht ist dabei Reingold in der Stärke von 1 μm.
Die Entwicklung eines Galvanikverfahrens steht noch am Anfang. Zur Zeit wird das Spatter-Verfahren favorisiert, da es keine Säure benötigt und eine hauchdünne, aber hochfeste lackähnliche Schicht produziert.
Eine weitere Besonderheit stellt die „Memory"-Legierung Nickel-Titan dar, bekannt auch als Flex-Titan. Legiert man 50,8% Nickel mit 49,2% Titan, so behält die Legierung ihre Urform, vergleichbar etwa mit Optyl. Sie läßt sich extrem stark verformen und federt superelastisch wieder in ihre Ausgangsform zurück.
Ferner wird Titan in Form von Titanoxid mit seinen vielfältigen Farbvarianten und Strukturen als Dekorelement verwendet.

Aluminium

Das Leichtmetall Aluminium und seine Legierungen ist theoretisch ebenfalls sehr geeignet: bei gleichem Profilquerschnitt wäre eine Alu-Fassung um 66% leichter als eine Standard Neusilber-Fassung. Leider haben selbst aushärtbare Aluminium-Legierungen nur geringe Festigkeitswerte, ebenso sind sichere Lötungen nur mit erheblichem Aufwand unter Schutzgas möglich. Trotzdem existieren Aluminium-Fassungen in millionenfacher Serie. Als billige hochmodische Sonnenbrille mit Niet- statt Lötverbindungen lebt sie einen Sommer lang. Seriös eingesetzt wird das Material in Form von Bügelspangen und Dekoren, da es in feinsten Farbnuancen eloxiert werden kann und absolut korrosionsbeständig ist. Vorstellbar wäre auch die Aluminierung einer ganzen Fassung; über Laborversuche scheint der Stand der Entwicklung zur Zeit jedoch nicht hinauszureichen.

Werkstoffe für Kleinteile

Bei den Werkstoffen für Gelenke, Schließblöcke, Stegstützen und Schraubenhülsen dominiert nach wie vor das Neusilber. Die Gründe liegen in seiner guten Zerspanbarkeit (bei Automatenfertigung) sowie der guten Löt- und Doublierfähigkeit. Die gute spanende Bearbeitung ist oft erst durch Bleizusätze (bis

Abb. 5.12 Trommelanlage zum Schleifen von Fassungsteilen

2%) möglich. Der Bleizusatz hat aber die unangenehme Eigenschaft, eine Rißbildung zu verstärken; für Qualitätsteile sind bleifreie Legierungen zu bevorzugen.
Für billigere Fassungen wird auch Messing verwendet; für teure Modelle CuBe2, Blanka Z, Monel oder CuNi-Bronze.

5.5 Edelmetalle

Die wichtigsten Edelmetalle des Augenoptikers sind:
- Gold,
- Silber,
- Metalle der Platingruppe: Rhodium, Palladium, Ruthenium, Osmium, Iridium und Platin.

5.5.1

Gold	Chemisches Symbol Au	$^{197}_{79}Au$

Physikalische Eigenschaften:
Dichte: 19,3 g/cm^3
Schmelzpunkt: 1063 °C
Gitter: kfz
Chemische Eigenschaften:
Höchste Korrosionssicherheit, gute Hautverträglichkeit.
Technologische Eigenschaften:
Im reinen Zustand sehr weich, extrem dehnbar.
Beschreibung:
Das reine Gold ist für Brillenfassungen viel zu weich. Gold wird stets mit Silber und Kupfer legiert; um bestimmte Farbtöne oder Härtegrade zu erzielen, werden zusätzlich Nickel, Palladium, Kadmium oder Zink in kleineren Mengen beigefügt. Die Legierungselemente verbessern nicht nur die Festigkeit und Härte des reinen Goldes um etwa den Faktor fünf, sondern bestimmen auch die Farbe des Goldes. Reines Gold ist „goldgelb“ in einem lebhaft glänzenden Farbton. Für die anderen Goldfarben gilt:
Hohe Kupferzusätze und wenig Silber → Rotgold,
Hohe Silberanteile und wenig Kupfer → Gelbgold,
Silber und Kupfer sowie Nickel und Zink → Weißgold.

Vorkommen und Gewinnung

Gold wird nur in reiner Form gefunden, da es von sich aus keine Verbindung mit anderen Stoffen eingeht. Die wichtigsten Fundstellen liegen in Südafrika, Rußland, USA, Kanada und Mexiko. Südafrika liefert ca. die Häfte der Weltproduktion, Rußland etwa ein Drittel. Aus riesigen Mengen tauben Gesteins, die im Untertagebau gefördert werden, wird das Edelmetall herausgewaschen bzw. auch chemisch herausgelöst. Um eine Unze Gold (31,1 g) zu gewinnen, müssen mehrere Tonnen Gestein bewegt werden.

5.5.2

Silber	Chemisches Symbol Ag	$^{107,9}_{47}Ag$

Silber hat eine Dichte von 10,5 g/cm^3 und einen Schmelzpunkt von 961 °C, es ist ein unentbehrliches Legierungselement für Goldlegierungen. Ferner ist es ein wesentlicher Bestandteil der Silberlote.

5.5.3 Platin-Metalle

Zur Gruppe der Platin-Metalle gehören Platin, Rhodium, Palladium, Ruthenium, Iridium und Osmium. Es sind sehr seltene und hochwertige Edelmetalle, die oft in geringsten Mengen oder Legierungszusätzen hohe Wirkungen entfalten. Bekannt ist der Einsatz des Platins im Katalysator des Otto-Motors.
Ihre große Härte, chemische Beständigkeit und beste Hautverträglichkeit prädestinieren diese Stoffe für den Einsatz in der Galvano-Technik. Sie werden zu

sehr schönen farbgebenden und gleichzeitig beständigen Schichten galvanisch abgeschieden, wobei als Unterlage stets eine Goldplattierung dient. Der unnachahmliche Glanz des Rhodiums als letzte Oberflächenschicht einer Goldbrille kommt bereits in einer Stärke von nur 0,3 μm voll zum Vorschein. Hochwertige Füllfederhalterspitzen werden stets mit einer Iridium oder Ruthenium Schicht veredelt. Die Platin Metalle garantieren neben dem Glanz höchste Abriebfestigkeit und Korrosionssicherheit.

5.5.4 Goldlegierungen

Man unterscheidet bei den Goldlegierungen:
- „massives" Gold,
- Golddoublé,
- galvanische Vergoldungen (Plattierungen).

Massive Goldbrillen

Echte Goldbrillen werden in Sonderanfertigung in Qualitäten hergestellt, die echtem Goldschmuck in Juweliers-Qualität in nichts nachstehen – auch nicht im Preis. Nach dem Feingehaltgesetz von 1888 dürfen nur echte Goldteile den Goldstempel tragen. Dessen Zahl, zum Beispiel 333 oder 585 oder 750, gibt den Gehalt in 1/1000 Teilen reinem Gold an.
Beispiel: Eine Brille wiegt 26 g und trägt den Stempel 585. Wieviel Gramm reines Gold enthält sie?
1000 g Goldlegierung enthalten
585 g Gold
415 g Silber, Kupfer und andere.
Demnach sind in 26 g Legierung

$$26 \cdot \frac{585}{1000} = 15{,}21 \text{ g reines Gold enthalten.}$$

Bei Goldbrillen trägt jedes Brillenteil (Mittelteil, Bügel, Stege) seinen eigenen Stempel.
Gebräuchlich sind Brillen des Feingehalts 333, die härter sind, und Brillen mit dem Stempel 585 oder 750, die qualitativ besser sind, aber mechanisch nicht so hoch beansprucht werden dürfen. Üblich, wenngleich gesetzlich nicht vorgeschrieben und seit 1969 auch dem Diamanten vorbehalten, ist die Bezeichnung des Goldgehalts nach Karat, wobei 24 k reinem Gold entspricht.

Beispiel: Welchem Feingehalt entspricht die Angabe 18 Karat?

$$18 \text{ k} = \frac{1000 \cdot 18}{24} = 750/1000 \text{ Teilen Gold.}$$

Demnach entsprechen:
8 Karat = 333er Gold
12 Karat = 500er Gold
14 Karat = 585er Gold
18 Karat = 750er Gold.
Die hervorragenden Eigenschaften des Goldes können auf zwei technisch unterschiedlichen Wegen auch der Massenware nutzbar gemacht werden. Auf einen unedlen Kern herkömmlicher NE-Legierungen werden dünne Goldhäute aufgebracht:
- mechanisch als Doublé oder
- elektrolytisch in Galvano-Technik.

Vorteile dieser Beschichtung:
- hervorragende mechanische Eigenschaften durch die NE-Legierung im Kern,
- vorzügliche Korrosionsbeständigkeit durch die Goldhaut (und ein schöner Glanz).

5.6 Golddoublé

Golddoublé ist die Bezeichnung für einen Schichtverbund-Werkstoff (Bi-Metall). Goldauflage und Kernmaterial werden durch Drucklöten untrennbar miteinander verbunden. Golddoublé wird seit ca. 100 Jahren industriell hergestellt und fast ebensolange für die Brillenfassungsherstellung genutzt.

5.6.1 Herstellung von Golddoublé

Goldlegierungen des gewünschten Feingehalts und Farbe werden gegossen, zu Blechen gewalzt und hieraus sogenannte Ronden von 120 mm Durchmesser gestanzt. Ebensolche Ronden werden aus Silberlot und Reinnickel gefertigt; anschließend werden alle Ronden in einem aufwendigen Reinigungsverfahren von jeglichen Fett- und Oxidresten gesäubert. Jetzt werden Stapel gebildet, wobei oben die Goldlegierung, dann Silberlot, Reinnickel und unten wiederum eine Silberlotlegierung liegt. Mehrere solcher Stapel werden auseinandergeschichtet, wobei ein Stahlblech für die Trennung der einzelnen Pakete sorgt. In einem Ofen werden diese Stapel jetzt auf ca. 830° C erwärmt und in einer Presse unter hohem Druck verlötet. Die vier Einzelschichten sind nun untrennbar verbunden; nur an den Stahlblechen lassen sich die neuen dickeren Verbundronden voneinander trennen. Aus einer Verbundronde kann nun in einem mehrstufigen Ziehprozeß das nahtlose Goldrohr gezogen werden. Zwischen den einzelnen Ziehstufen sind selbstverständlich Glühungen erforderlich, um das kaltverfestigte Rohr weiter verformen zu können. Der letzte Zug führt zu einem Innendurchmesser von ca. 44 mm. Die Goldrohre werden auf ca. 500 mm abgelängt und können jetzt auf den unedlen Kern, zum Beispiel Neusilberrohr, gezogen werden. Das Aufziehen erfolgt in einer hydraulischen Presse, wobei die Oberflächen der beiden Rohre zuvor sorgfältig gereinigt sein müssen. Hilfsmittel zum Verlöten ist ein nahtloses dickes Stahlrohr, das über die beiden Rohre gezogen wird. Der zweite Drucklötprozeß erfolgt wiederum bei 830 °C. Da der Stahl eine geringere Wärmeausdehnung hat als die anderen Metalle, übt er während der Erwärmung einen Druck auf die beiden innenliegenden Rohre aus. Das Doublérohr wird also auf den Kern „aufgeschrumpft“. Diese Verbindung ist ebenso wie die erste Drucklötung garantiert unlösbar. Das Stahlrohr wird nach Ende des Prozesses abgezogen bzw. geschält. Das Ergebnis ist ein Runddraht von etwa 44 mm Durchmesser, der im Rundhämmerverfahren auf eine Profilstärke von 10 mm heruntergehämmert wird. Die weiteren Reduktionen von 10 mm bis auf etwa 1 bis 2 mm erfolgen durch Ziehen. Beim Rundhämmern ist eine Durchmesserverringerung von etwa 4 mm pro Durchgang möglich; beim anschließenden Ziehen erreicht man ca. 1 bis 1,5 mm Durchmesserverringerung.

Die Auswahl des entsprechenden Fertigungsverfahrens richtet sich entscheidend nach der Profilform. Komplizierte Profile mit Hinterschneidungen müssen gezogen werden.

Bei allen Verformungen sind wegen der Kaltverfestigung immer wieder Zwischenglühungen – etwa 10- bis 15mal – bei ca. 600 – 780 °C erforderlich (Abb. 5.13 und 5.14).

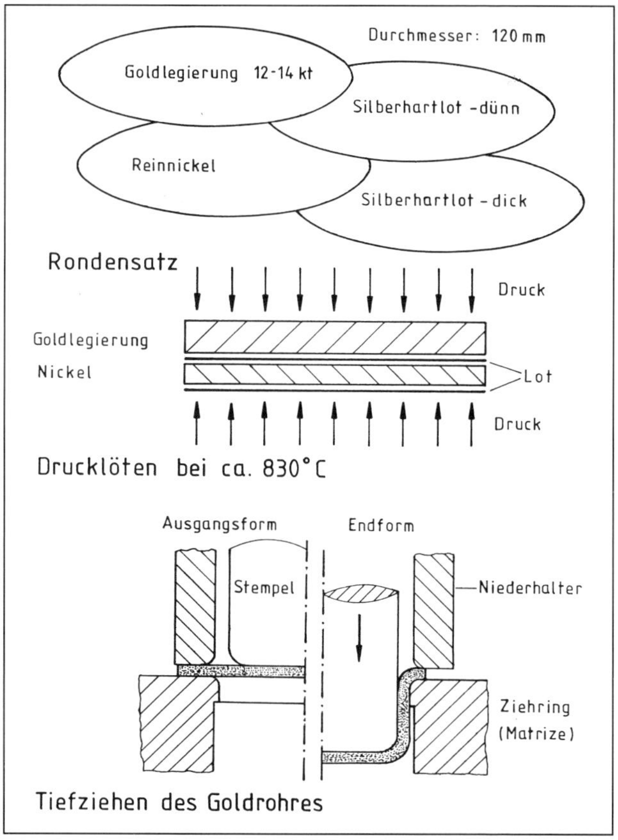

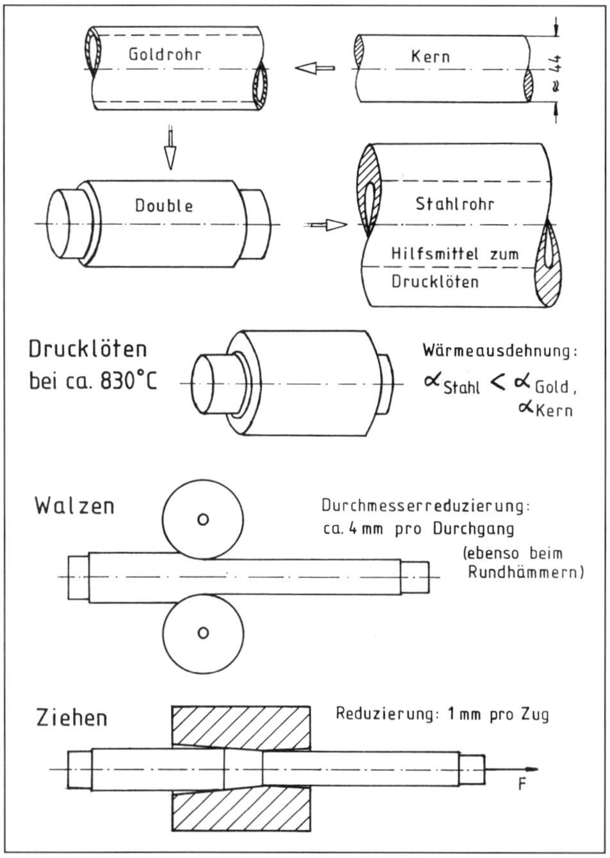

Abb. 5.13 und 5.14 Tiefenziehen eines Doublé-Goldrohres

Vorteile von Golddoublé

Da die Goldauflage überwiegend aus Mischkristallen der Goldlegierung besteht, die eine natürliche Härte haben, ist die Goldhaut gut beständig gegenüber Abrieb und Verschleiß. Sie ist riß- und porenfrei und selbst in der geringen Schichtdicke untrennbar mit der Unterlage verbunden.

Hierzu ein Zahlenbeispiel: Die Schichtdicke des meist verwendeten Doublédrahtes mit einem Feingehalt von 20/000 bei 14 k = 585/000 Goldlegierung liegt bei 2 mm Drahtdurchmesser in der Größenordnung von 11 µm = 0,011 mm. Zu beachten ist aber, daß die unterschiedlich dicken Querschnitte einer Fassung auch unterschiedlich dicke Goldschichten haben. Die Reinnickelschicht unter der Goldhaut sorgt aber dafür, daß die verschiedenen Legierungsbestandteile der Goldschicht, des Silberlotes und des Kernmaterials während den Zwischenglühungen nicht diffundieren, das heißt Farbe und Qualität der Goldhaut verändern können. Sollte dem Augenoptiker das Mißgeschick passieren, die Goldhaut durchzupolieren, so schützt die Nickelschicht lange Zeit das unedle Kernmaterial.

Abb. 5.15 Schmelzofen mit Goldlegierung

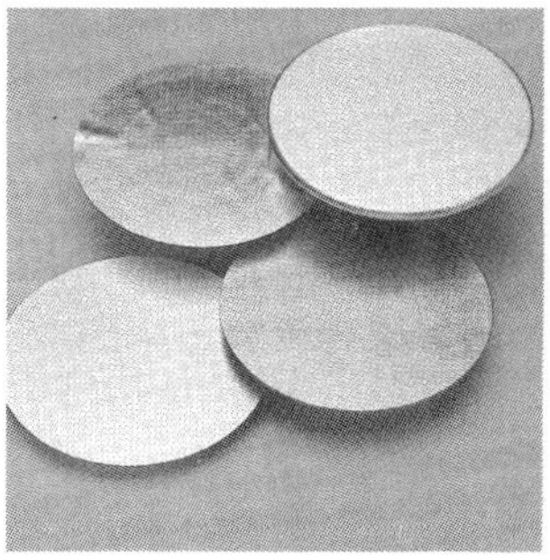

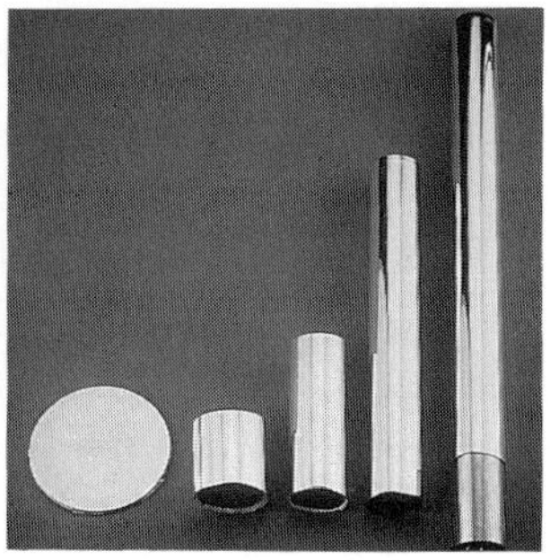

Abb. 5.16 Fertigungsstufen eines Doublé-Goldrohres

Abb. 5.17 Walzen und Zwischenglühen von Golddoublé

Nachteile von Golddoublé: Es erfordert die Beachtung einiger Designmerkmale beim Entwurf der Brille; bestimmte Fassungsformen sind nicht oder nur mit Schwierigkeiten zu verwirklichen. Der Nachteil des hohen Preises von Golddoublé wird durch die Qualität des Materials ausgeglichen. Eine galvanische Beschichtung gleicher Dicke wäre mindestens ebenso teuer wie Doublé.

5.6.2 Kennzeichnung der Doublé-Qualität

1) Deutsche Bezeichnung

Die deutsche Bezeichnung gibt den Goldanteil in Gramm pro 1000 g Fassungsmaterial an. Der zur Zeit meist verwendete Feingehalt von 20/000 = 20‰ bedeutet hierbei:

1000 g Doublé-Material des Feingehalts 20/000 enthalten:

Abb. 5.18 Walzen und Ziehen von Golddoublé

20 g reines Gold
980 g Kupfer, Silber, Nickel aus Goldhaut und Kernmaterial.
Schrauben, Pads, Bügelenden etc. werden nicht mitgerechnet.
Die Bezeichnung 20/000 darf jedoch nicht eingestempelt werden, um Verwechslungen mit dem Goldstempel zu vermeiden.

2) Englische Bezeichnung

Um eine Doublé-Bezeichnung zu haben, mit der eine Fassung markiert werden darf, wurde eine in englischsprachigen Ländern und Fernost übliche Darstellung übernommen.
Beispiel:

1/10 12 k bedeutet: 1/10 des Gesamtgewichts der Fassung besteht aus 12karätigem Gold.
Vorteil dieser Bezeichnung ist, daß sie den Feingehalt der Fassung direkt angibt; nachteilig ist, daß hieraus die Zusammensetzung der Goldhaut nicht abzuleiten ist.
Zur Umrechnung zwischen deutscher und englischer Bezeichnung dient folgender Rechengang:
Da das Gold der Fassung ausschließlich in der Goldhaut steckt, entfallen bei 1000 g Doublé 1/10 oder 100 g auf die Goldhaut.
Feingoldgewicht = Gewicht der Goldhaut x Qualität

$$\text{Feingoldgewicht} = 100\text{ g} \cdot \frac{12\text{ k}}{24\text{ k}}$$

$$= 50\text{ g pro 1000 g Fassungsgewicht}$$

Die englische Bezeichnung 1/10 12 k entspricht also der deutschen Bezeichnung 50/1000. Rechnet man in der gleichen Art weitere Doublé-Qualitäten um, so erhält man die folgende Tabelle:

englische Bezeichnung		deutsche Bezeichnung
1/100	12 k	5/000
1/50	12 k	10/000
1/25	12 k	20/000
1/20	12 k	25/000
1/12	12 k	40/000
1/10	12 k	50/000
1/8	12 k	60/000
1/5	12 k	100/000

Irreführend ist, daß bei gleicher Bezeichnung zum Beispiel 1/20 12 k auch 14-k-Legierungen verwendet werden. Der Feingehalt bleibt dadurch trotzdem gleich, nur die Schichtdicke ist bei einer 14-k-Legierung etwas dünner als bei einer 12-k-Legierung.
Beispiele zur Berechnung der Doublé-Qualität:
1. Beispiel: Wie lautet die deutsche Bezeichnung für die englische Angabe 1/40 14 k?
Lösung: 1/40 des Gesamtgewichts der Fassung besteht aus 14karätigem Gold. Es lautet also:

$$1000 \cdot \frac{1}{40} = 25\text{ g Gold von 14 k}$$

Reiner Goldgehalt: $25\ g \cdot \frac{14\ k}{24\ k} = 14{,}6\ g/1000g$

gerundet: 15/1000.
Die deutsche Bezeichnung lautet: 15/1000.

2. Beispiel: Die Qualität einer Doubléfassung ist auf der Brillenkarte mit 33 g/k angegeben. Die Goldhaut selbst ist 12 k legiert.
Wie lautet die englische Bezeichnung?
1000 g Fassungsgewicht enthalten 33 g Gold von 12 k.

Also ist $\frac{33}{1000} = 1/30$ 12 k die englische Bezeichnung.

3. Beispiel: Eine Doubléfassung der Qualität 40/1000 wiegt ca. 25 g. Wieviel Gramm reines Gold enthält sie?

$$\frac{40}{1000}\ \frac{g\ Gold}{g\ Fassungsgewicht} \times 25\ g\ Fassungsgewicht \rightarrow$$

Die Fassung enthält 1 g reines Gold.

4. Beispiel: In eine Doubléfassung ist die Bezeichnung 1/8 14 k eingeprägt. Die Fassung wiegt 32 g. Wieviel Gramm reines Gold enthält sie?
Ein Achtel der Fassung besteht aus 14 k Gold. Also sind von 32 g Fassungsgewicht:

$32 \cdot \frac{1}{8} = 4$ g 14karätiges Gold. Dann ist darin

$4\ g \cdot \frac{14\ k}{24\ k} = 2{,}33$ g reines Gold enthalten.

Die Goldhaut
- soll den Korrosionsschutz der Fassung entscheidend erhöhen,
- soll das Aussehen der Fassung verbessern.

Die Goldhautdicke hängt ab
- vom Feingehalt, das heißt 20/000 ist dünner und schlechter als 60/000 bei gleicher Karatzahl,
- von der Legierung der Goldhaut, das heißt 12 k ist dicker als 14 k bei gleicher deutscher Bezeichnung,
- Dicke und Querschnittsform des Kernmaterials.

Als Faustregel gilt, daß der Zahlenwert der deutschen Bezeichnung halbiert und in mm angegeben etwa die Schichtdicke der Goldhaut beschreibt.

Beispiel: 50/000 bedeuten ca. 25/1000 mm = 2,5 Hundertstel Millimeter Schichtdicke.
Ferner prägen Fassungshersteller vielfach ein Symbol oder eine Bezeichnung ein, die der Optiker dann im Katalog nachsehen muß. Typisch hierfür sind Buchstabenkombinationen wie:
WD = Doublé rhodiniert
RT = Doublé ruthenierl
RD = Doublé 20/000.

Farben des Doublé

Je nach Auswahl und Zusammensetzung der Legierungselemente können alle üblichen Goldfarben hergestellt werden. Gebräuchlich ist eine Rosédoublé-Farbe. Ein sehr schöner weiß-goldener Farbton wird durch Rhodinieren des Rosédoublé erzielt. Eine Ruthenium-Beschichtung ergibt einen matt schimmernden edelstahlähnlichen Farbton.

Behandlung des Doublé

Doublé ist im allgemeinen gut verformbar und anpaßbar. Nach Möglichkeit sollte es mit der Hand gebogen werden; ist der Gebrauch einer Zange nicht zu vermeiden, sollten nur gepolsterte Zangen verwendet werden.
Doublé sollte nur sehr vorsichtig an einer ganz weichen Wollschwabbel poliert werden. Löten läßt sich nur Rosédoublé gut, rhodinierte bzw. ruthenierte Fassungen verfärben sich sehr leicht. Wichtig ist eine gute Abdeckung der Lötstelle. Verbrennt man den Kupferanteil der Goldhaut, so wird die Oberfläche schwarz und das Gold bald abfallen. Doublé sollte nur kurz und örtlich erwärmt werden.

5.7 Beschichtungen der Metallfassung

Eines der wichtigsten Fertigungsverfahren aus der Gruppe „Beschichten" nach DIN 8580 ist das Aufbringen eines galvanischen Überzugs aus Metall auf einen metallischen oder auch nichtmetallischen Basiswerkstoff.
Wesentliche Ziele des Beschichtens sind:
- Korrosionsschutz des Grundwerkstoffs,
- Erhöhung der Verschleißfestigkeit und Härte,

– Verbesserung des Aussehens, dekorative Funktion.

Galvanische Überzüge können mit Metallen wie Kupfer, Nickel, Chrom, Zink, Zinn, Aluminium und allen Edelmetallen durch Abscheiden hergestellt werden.

Allgemein wird Beschichten wie folgt unterteilt:

– Beschichten aus gasförmigem Zustand,
– Beschichten aus flüssigem, breiigem Zustand,
– Beschichten aus ionisiertem Zustand durch elektrolytisches oder chemisches Abscheiden,
– Beschichten aus festem oder pulvrigem Zustand.

5.7.1 Aufdampfen – Beschichten aus gasförmigem Zustand

Bei diesem Verfahren werden im Vakuum Metalle wie Gold, Silber, Titan, Zink, Aluminium sowie auch Silizium verdampft. Dazu verwendet man üblicherweise einen Lichtbogen oder auch einen Elektronenstrahl. Das verdampfte Metall kondensiert an der kalten Werkstückoberfläche und schlägt sich als fester dichter Belag nieder. In der optischen Industrie werden so Brillengläser, Linsen und Spiegel beschichtet. Je nach verwendetem Material und Schichtdicke können hierbei absorbierende oder reflektierende Wirkungen erzielt werden. Das Aufdampfen bestimmter Metalloxide spielt auch bei der Herstellung von integrierten Schaltungen (Chips) eine bedeutende Rolle.

In der spanabhebenden Fertigung erzielt man durch die Verwendung beschichteter Schneidwerkzeuge erheblich längere Standzeiten.

5.7.2 Lackieren – Beschichten aus flüssigem Zustand

Beim Naßlackieren von Brillenfassungen werden relativ dicke Schutzschichten aufgebracht, im Durchschnitt beträgt die Schichtdicke 80 – 120 µm. Generell sind hohe Schichtdicken nicht so günstig, da sie über eine geringe Elastizität verfügen. Dennoch kann auf das Lackieren nicht verzichtet werden, da insbesondere helle, lichte und weiße Farben dick aufgetragen werden müssen, um eine ausreichende Deckwirkung zu erzielen. Dunkle Farben können dünner aufgetragen werden. Ein besonderes Problem bei der Lackierung von Fassungen stellt das Überziehen der Schraubenköpfe mit Lack dar. Schon eine einmalige Berührung mit dem Schraubendreher sorgt oft für ein Abplatzen der Lackschicht, die Fassung sieht im Detail nicht besser aus. Andererseits werden Schrauben durch Lack – oder andere Beschichtungen – oft verklebt, ebenfalls ein unschönes Detail.

5.7.3 Galvanisieren

Galvanische Überzüge können mit Metallen wie Kupfer, Nickel, Chrom, Zink, Zinn, Aluminium und allen Edelmetallen durch elektrolytisches Abscheiden hergestellt werden. Beim Galvanisieren wird das Überzugsmetall mittels eines elektrischen Gleichstroms aus einer wäßrigen sauren oder alkalischen Lösung abgeschieden. Im Prinzip handelt es sich um die Umkehrung der elektrochemischen Korrosion. Den Vorgang nennt man Elektrolyse, das Gefäß, in dem der Vorgang abläuft, Elektrolysezelle, die Lösung Elektrolyt. Zur Entladung der in der Lösung enthaltenen Ionen wird elektrische Energie verbraucht. Im Regelfall ist das Werkstück als Kathode und die Platte aus dem Überzugsmetall als Anode geschaltet; eine Ausnahme bildet Chrom. Während des Elektrolysevorganges löst sich die Anode im gleichen Maße auf, wie sich die Metallatome auf dem Werkstück niederschlagen. Der Elektrolyt enthält hauptsächlich Salze des Metalles,

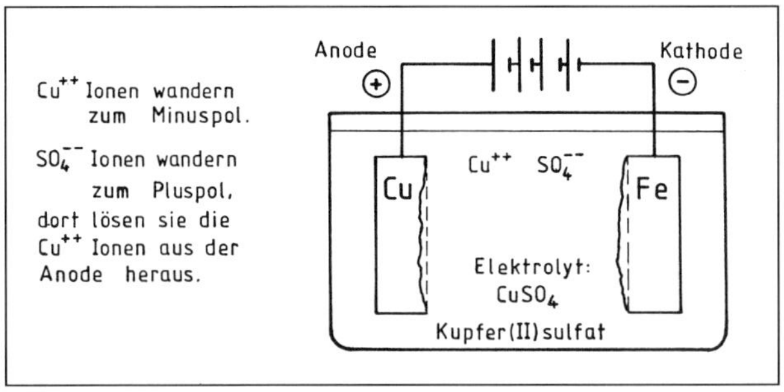

Abb. 5.19 Prinzip des Galvanisierens (Verkupfern)

das abgeschieden werden soll. Beim Verkupfern beispielsweise bildet im Regelfall das Kupfer(II)sulfat den Hauptbestandteil des Elektrolyten. Bei der Elektrolyse laufen zwei Vorgänge gleichzeitig nebeneinander ab: An der Anode werden von den negativ geladenen Ionen des Elektrolyten Elektronen abgegeben; das ist nach allgemeiner Vereinbarung ein Oxidationsvorgang. An der Kathode werden von den positiv geladenen Kationen der Lösung Elektronen aufgenommen; hier findet also ein Reduktionsvorgang statt (Abb. 5.19).

Spannung und Strom im galvanischen Bad

Die an den Elektroden angelegte Spannung muß nicht nur den Ohmschen Widerstand der Lösung überwinden, sondern zusätzlich die Polarisationsspannung. Hierunter versteht man die Potentialveränderung an Kathode und Anode durch die chemischen Vorgänge im galvanischen Bad. Benutzt man zum Beispiel eine schwefelsaure Lösung, so wird bei niedriger Spannung der Strom sehr schnell gegen Null gehen, da sich an der Anode Sauerstoff entwickelt, während sich an der Kathode Wasserstoff festsetzt. Das entstehende Element Wasserstoff–Sauerstoff wirkt der angelegten Spannung entgegen. Erst eine erhöhte Spannung wird sichtbar die angehäuften Gase aus dem Bad aufsteigen und die Elektrolyse wirksam werden lassen.

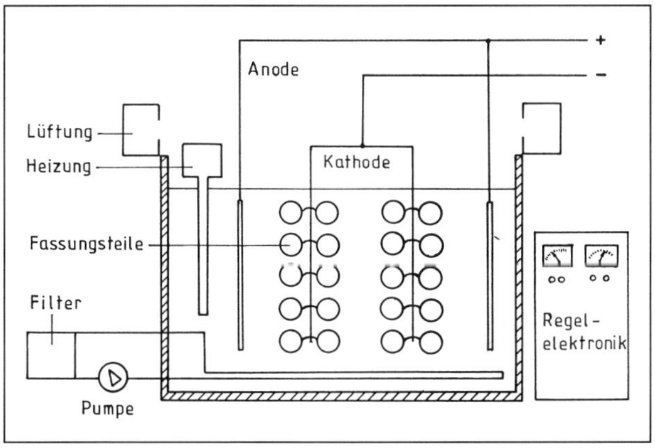

Abb. 5.20 Modell Galvanikbad

Typische Spannungen in galvanischen Bädern betragen 3 bis 5 Volt. Die Stromstärke ist in der Galvanotechnik von untergeordneter Bedeutung; entscheidend ist die Stromdichte. Sie ist als Stromstärke je dm^2 zu beschichtende Werkstückoberfläche definiert. Eine hohe Stromdichte ergibt schnell eine große Schichtdicke, die aber von lockerer schwammartiger Struktur ist. Eine niedrige Stromdichte ist qualitativ besser, muß aber gegen ein eventuell unwirtschaftlich langsames Wachstum der Überzugsschicht abgewogen werden.

5.7.4 Industrielles Galvanisieren

Industrielles Galvanisieren wird stets in mehreren Stufen und mehreren Bädern durchgeführt; allgemein spricht man von einem „Sandwich"-Schichtaufbau. Die wesentlichen Schritte sind:
- gründliche Reinigung der Werkstückoberfläche durch Heißwasser oder Fettlöser wie Benzin, alkalische Bäder und Ultraschallentfettung,
- Spülen,
- Neutralisieren,
- Trocknen,
- Galvanisieren in verschiedenen Bädern,
- Reinigung, Trocknung und Kontrolle der fertigen Fassungsteile.

Ein hochwertiges Galvanikbad wird ständig nach Zusammensetzung, Konzentration und Temperatur des Elektrolyten überwacht und geregelt; eine Strom- und Spannungskontrolle sowie eine sekundengenaue Zeitüberwachung sind selbstverständlich. Galvanisieranlagen werden heute im taktgebundenen Umlaufsystem vollautomatisch gefahren (Abb. 5.21).
Vorteile der Galvanisierung:
- sehr gleichmäßige Schichtverteilung,
- der Schichtaufbau erlaubt das Aufbringen einer harten Deckschicht zum Schutz der unteren farbgebenden Schichten,
- Beschichtung von Kanten und Ecken,
- beliebiges freies Brillendesign, ohne Rücksicht auf Fertigungsverfahren.

Abb. 5.21 Industrielles Galvanikbad

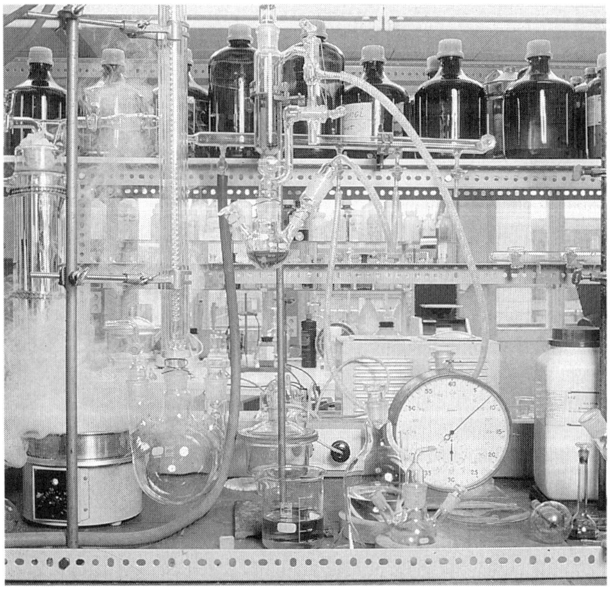

Abb. 5.22 Kontrolle Galvanikbad

Nachteile der Galvanisierung:
- sehr geringe Schichtdicke (ca. 3 – 5µm),
- Beschädigungen gehen leicht ins Grundmaterial.

Brillenfassungen mit galvanischen Beschichtungen

Der Kernwerkstoff der Fassung ist der gleiche wie bei der Doublé-Herstellung. Im allgemeinen sind alle bereits benannten Fassungswerkstoffe auch gut galvanisch zu beschichten. Der Hauptunterschied im Vergleich zum Doublé besteht darin, daß eine galvanisierte Fassung vollständig fertiggestellt und – bis auf die Kunststoffteile – auch schon montiert werden kann.
Das Aufbringen des galvanischen Überzugs, oft auch „Plattierung" genannt, ist einer der letzten Arbeitsgänge.
Auf galvanischem Wege werden insbesondere folgende Schichten aufgebracht:
- Gold,
- Platin-, Rhodium-, Ruthenium-, Palladium,
- Chrom (in Weiß- und Schwarzchrom),
- Unterschichten aus Nickel und Kupfer,
- Aluschichten auf Aluminium (Eloxal).

Galvanisierte Fassungen dürfen keinen Goldqualitätsstempel tragen; firmenspezifische Kennzeichnungen sind aber üblich.

5.7.5 Herstellung einer goldplattierten Fassung

A) Aufbau der Unterschichten

1) Reinigung des unedlen Kernmaterials mit alkalischen oder anderen fettlösenden Bädern, auch die teure Ultraschallentfettung ist gebräuchlich.
2) Entfettung mit cyanidhaltigem Elektrolyt.
3) Tauchen in 10%ige Schwefelsäure zur Verhinderung einer neuen Oxidfilmbildung.
4) Vorverkupfern (1. Kupferschicht) in einem cyanidhaltigen Kupferbad. Die ca. 3/1000 mm dicke Schicht bildet einen ersten sehr guten Haftgrund für die folgenden Schichten.
5) Verkupfern mit den Elektrolyten H_2SO_4 und $CuSO_4$. Die Schwefelsäure erhöht die Leitfähigkeit des Bades. Die Schichtdicke des Kupfers beträgt ca. 10/1000 mm; die Schicht selbst ist hochglänzend.

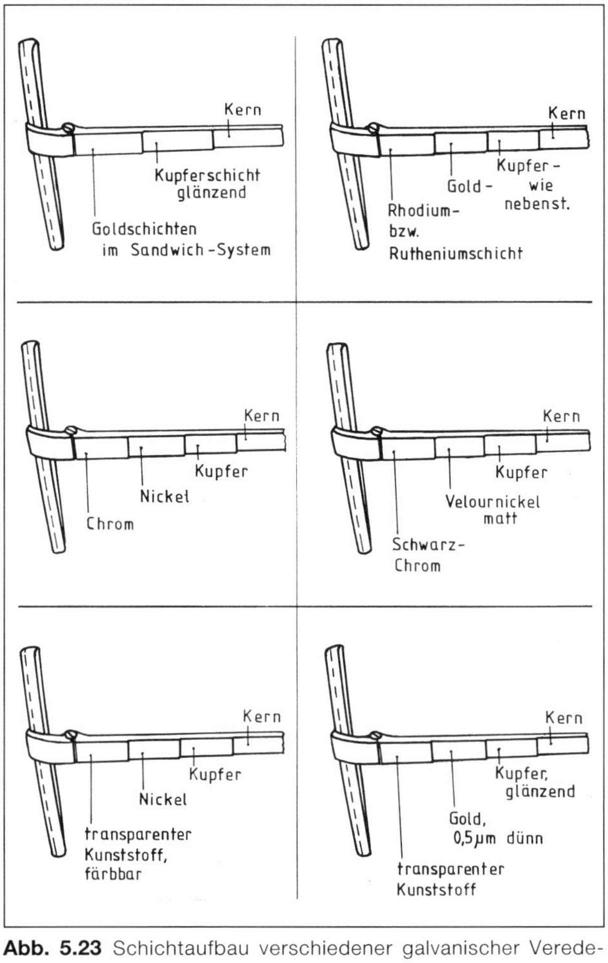

Abb. 5.23 Schichtaufbau verschiedener galvanischer Veredelungen

Der skizzierte Verfahrensablauf gilt auch für andere galvanische Schichten. Er wird in dieser oder ähnlicher Art die Grundlage jeder Plattierung bilden.

B) Aufbau der Goldschichten

6) Vorvergolden mit reinem 24 k Gold.
7) Vergolden mit ca. 4 – 5/1000 mm Schichtdicke.
8) Eventuell Aufbringen einer weiteren, sehr dünnen Schicht aus Rhodium, Ruthenium oder Palladium.

Die eigentliche 4 – 5 µm dicke Goldschicht ist beim gebräuchlichen Farbton „Rosé" aus den drei Elementen Kupfer, Cadmium und Gold zusammengesetzt. Das Auftragen der Platinmetallschichten in ca. 0,3 µm Schichtdicke geschieht aus zwei Gründen. Erstens ist es zur Zeit noch nicht möglich, einen schönen Weißgoldfarbton in befriedigender Qualität elektrolytisch herzustellen; das Rhodium oder Ruthenium erzeugt in der geringen Schichtdicke diesen gewünschten Effekt. Zweitens stellt die Härte dieses Metalls einen hervorragenden Abriebschutz dar.

Vergleich Golddoublé – Goldplattierung

Beim Golddoublé kann jeder gewünschte Farbton und jede mögliche Qualität durch entsprechende Legierung beim Gießen der Goldronden hergestellt werden. Bei der galvanischen Plattierung können – bis jetzt – nur drei Elemente maximal kombiniert werden. Die Vielzahl der Farbvarianten spricht für das Doublé. Im Brillendesign ist die Galvanik dem Doublé überlegen, da hierbei die fertige Fassung veredelt wird. Beim Entwurf einer Doublé-Fassung sind die Möglichkeiten der Fertigung im Bereich Pressen, Prägen, Stanzen und Ziehen stets zu berücksichtigen. Insbesondere Schnittkanten und Ecken müssen ja auch von der schützenden Goldhaut überzogen sein. Die Schichtdicke des Sandwich-Aufbaus einer Goldplattierung ist stets dünner als die einer Doublé-Schicht. Die Plattierung kann sehr gleichmäßig aufgebracht werden; aber auch bei der Doublé-Herstellung sind durch den Einsatz des Rundhämmerreduzierverfahrens bedeutende Fortschritte in der Gleichmäßigkeit der Schichtdicke erzielt worden. Für beide Fertigungsverfahren gilt aber, daß die tatsächliche Qualität einer Fassung nicht nur vom verwendeten Material, sondern entscheidend auch von der Bearbeitung, dem „Know-how", abhängt. Langjährige Erfahrung in einem bestimmten Fertigungsprozeß ist durch kein noch so teures Material zu ersetzen.

5.7.6 Herstellung einer chrombeschichteten Fassung

Chrom ist ein sehr sprödes hartes Metall, das gleichzeitig hoch korrosionsbeständig ist, da es sich selbst mit einer dünnen schützenden Passivschicht überzieht. Diese Eigenschaft ist dem Metall von Natur aus mitgegeben. Auch außerhalb der optischen Industrie werden die Verfahren der Glanz- und Hartverchromung an zahlreichen Produkten seit vielen Jahren angewandt.

Eine qualitativ einwandfreie Chromschicht ist stets in der Schichtfolge
- Kupfer,
- Nickel,
- Chrom aufgebaut.

Der Aufbau der Unterschichten erfolgt wie bereits oben beschrieben. Für eine dekorative Verchromung mit sicherem Korrosionsschutz reicht eine Schichtdicke von maximal 1 µm aus. Wichtig ist aber auch das Verhältnis der Schichtdicken Cu-Ni-Cr untereinander. Eine bloße Zunahme der Chromschichtdicke bedeutet keinen größeren Korrosionsschutz, ganz im Gegenteil: hierdurch wird die Gefahr des Abplatzens vergrößert. Die elektrolytische Abscheidung des Metalls erfolgt ausschließlich aus einer konzentrierten wäßrigen Chromsäurelösung, die gleichzeitig das Elektrolyt darstellt. Die exakte Konzentration des Bades erfordert daher höchste Sorgfalt. Die Anode besteht beim Verchromen aus Blei, das sich beim Galvanisieren nur wenig verbraucht. **Schwarzverchromen** erfordert eine Mattnickelunterlage. Die tiefschwarze Farbgebung erfolgt durch gleichzeitige Abscheidung von Chrom und Chromoxid. Die weichere Schwarzchromschicht muß in einer Dicke von wenigstens 3 – 4 µm aufgetragen werden. **Hartverchromen** ist eine Technik, die das Auftragen der Chromschicht direkt auf die Stahloberfläche erlaubt. Insbesondere Meßzeuge, Lehren, Zylinder und Kolben werden durch Hartverchromen optimal geschützt, ohne sie einer Härtung mit Wärmewirkung auszusetzen.

5.7.7 Galvanisieren von Aluminium (Eloxieren)

Aluminium und seine Legierungen werden durch das sogenannte Eloxalverfahren (elektrisch oxidiertes Aluminium) beschichtet. Im Gegensatz zu den bisher genannten Verfahren handelt es sich um eine anodische Oxidation, da das Alu-Werkstück die Anode bildet. Die Kathode ist hierbei Blei; der Elektrolyt Chrom-, Schwefel- oder Oxalsäure je nach Verfahren. Am häufigsten wird das Gleichstrom-Schwefelsäure-Verfahren angewandt. Hierbei wird im Bad Gleichstrom als Energiequelle verwendet. An der Anode, dem Alu-Werkstück, bildet sich atomarer Sauerstoff, der sich mit dem Leichtmetall zu einer sehr dichten und außerordentlich fest haftenden Schicht verbindet. Die Eloxalschicht besteht chemisch gesehen aus Al_2O_3. Sie wächst auf direktem Wege in das Metall hinein, wobei die stets vorhandene natürliche Oxidschicht nach und nach angehoben wird. Sie bleibt also immer äußere Schicht des Werkstücks mit einem Anteil von etwa einem Drittel der Gesamtschichtdikke. Die Eloxalschicht ist porös und wird fast immer in einem Tauchbad eingefärbt. Dabei steht eine sehr große Anzahl von Farbtönen und Schattierungen zur Verfügung. Der entscheidende Schritt für den sicheren Korrosionsschutz erfolgt nach der Färbung. In einem Sealingbad, das Kobalt- bzw. Nickelacetat enthält, quellen die Metalloxide auf und füllen auch die kleinsten Kapillarspalten aus. Die Porenöffnungen der Oberfläche verdichten sich zu einer geschlossenen Schutzschicht (Abb. 5.24).

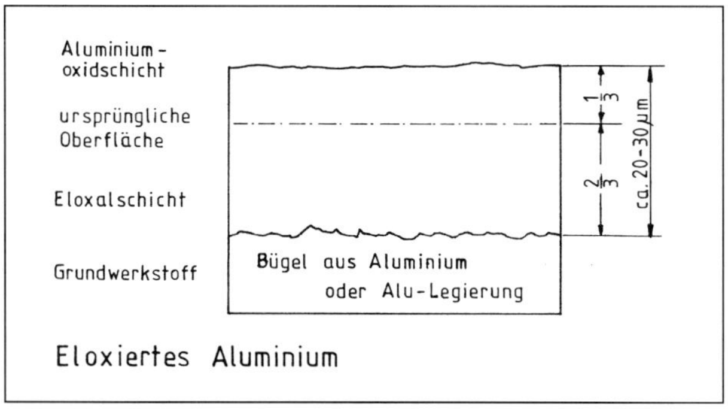

Abb. 5.24 Eloxiertes Aluminium

Außerhalb der optischen Industrie werden insbesondere Bauteile wie Fenster, Türen, Fassadenteile, aber auch Halbzeuge, Bleche und Bänder eloxal geschützt. Bemerkenswert ist ferner, daß die so behandelten Teile ohne Schaden zu nehmen noch durch Biegen, Pressen oder Schneiden weiterbearbeitet werden können. In der Fassungsherstellung werden Alubügel und Aludekore stets elektrolytisch veredelt. Es wurden auch schon Versuche unternommen, die gesamte Fassung zu aluminieren und so sicher korrosionsfest zu machen.

5.7.8 Elektrostatisches Pulverbeschichten

Das elektrostatische Pulverbeschichten mit Tauchfärben ist als Fertigungsverfahren in der Brillenfassungsherstellung etwa um 1980 eingeführt worden; in anderen Industriebereichen ist es zum Teil bereits seit Jahren bewährt. Beispielsweise werden Spülmaschineneinsätze, die ja einer hohen mechanischen und chemischen Beanspruchung unterliegen, bereits seit langer Zeit in dieser Art beschichtet. Verfahrenstypisch ist das Aufbringen des pulverförmigen Lacks in einem elektrischen Feld, wodurch bis zum Aushärtevorgang eine sehr gleichmäßige Schichtdicke eingehalten werden kann. Das anhaftende Kunststoffpulver wird dann im Infrarotofen zu einer geschlossenen Lackschicht aufgeschmolzen und in den Grundwerkstoff eingebrannt. Das Kunststoffpulver wird mit Druckluft gefördert und beim Verlassen der Sprühpistole elektrisch aufgeladen. Die elektrostatischen Feldkräfte leiten die – meistens negativ – geladenen Pulverteilchen zur Fassung, die elektrisch positiv geladen ist. Da sich Teilchen gleichnamiger Ladung abstoßen, verteilen sich die Pulvernebel während des Fluges und ergeben sehr gleichmäßige Schichten auf der Brille. Da außerdem viele Pulverteilchen den gekrümmten Feldlinien folgen, bildet sich auch auf der Rückseite der Fassung ein Niederschlag. Die elektrischen Ladungskräfte der Pulverteilchen sind so stark, daß sie auch auf der kalten Metalloberfläche haften bleiben.

Als Beschichtungspulver verwendet man feinkörnige Duroplaste wie Epoxid-, Polyester- oder Acrylatharzpulver mit Körnungen von 40 – 60 μm; damit lassen sich in einem Arbeitsgang Schichtdicken von 50 – 200 μm erzielen. Das Aufschmelzen und Einbrennen erfolgt bei Temperaturen zwischen 180 – 200 °C und dauert ca. 10 – 15 min.

Die Farbgebung der Fassung kann auf drei Arten erfolgen:
1) Die Pulverschicht ist bereits farbig.
2) Eine wasserhelle Pulverschicht wird in einem Färbebad getaucht. Die Variation von Eintauchzeit, Farbintensität und Eintauchtiefe erlauben es, fast jeden gewünschten Farbeffekt zu erzielen.
3) Vor dem Aufbringen der Beschichtung wird die Fassung mit einer hauchdünnen Spritzlackierung gefärbt und anschließend mit wasserhellem Kunststoff beschichtet.

Als Verfahrensvorteile sind zu nennen:
- gute Qualität bei geringem Aufwand,
- hohe mechanische Beanspruchbarkeit der Kunststoffschicht,
- sehr gute Korrosionsfestigkeit,
- einfache Rückgewinnung und Wiederverwendung des nicht niedergeschlagenen Pulvers.

Nachteilig zu vermerken ist die bei verschiedenen Personen zu beobachtende Hautunverträglichkeit des Kunststoffs. Die Kunststoffhaut kann angegriffen und trotz großer Schichtdicke sogar durchgeschwitzt werden.

Herstellungsgang einer kunststoffbeschichteten Fassung

1) Fassungsherstellung aus unedlem Grundmaterial.
2) Reinigung, Entfettung und Galvanisierung nach den bereits beschriebenen Verfahren.
3) Erneute Reinigung und fleckfreie Trocknung.
4) Elektrostatische Bepulverung.
5) Einschmelzen des Pulvers zu einem Duroplast im Infrarotofen.
6) Tauchfärben.

5.7.9 Elektrophoretisches Kunststoffbeschichten

Nach der Galvanisierung des Grundmaterials, die je nach Farbwunsch mit allen Metallen erfolgen kann, werden im Wasser Kunststoffe in einem elektrischen Feld an der Fassung abgeschieden und dann auf der Oberfläche eingebrannt. Dieses relativ neue Verfahren erlaubt sehr feine und hochtransparente Schichten, durch die die Galvanikfarbe des Untergrundes sehr gut durchscheint.

5.8 Prüfen von Brillenfassungen (DIN 58 199)

DIN 58 199 beschreibt die Prüfung von Fassungen für Korrektionsbrillen sowie Sonnenschutzbrillen ohne Korrektionswirkung. Ausgenommen sind Arbeitsschutzbrillen und Fassungen aus Naturstoffen. Festgelegt werden Mindestanforderungen, Maßtoleranzen, Gewicht sowie die Beschreibung der Prüfverfahren.

Der erste Teil dieser Norm beschreibt die Gestaltung und Funktion der Fassung. Es handelt sich dabei um Forderungen, die jedem Augenoptiker selbstverständlich sein sollten.

Die Brillenfassung muß
- die Gläser sicher halten,
- eine fachgerechte Anpassung ermöglichen,
- austauschbare Bügellängen erlauben,
- inklinierbar sein,
- abgerundete Ecken und Kanten haben,
- eine Mindestauflagefläche von 250 mm^2 im Nasenbereich haben, wenn ihr Gewicht unter 25 g liegt.

Weiterhin muß die Fassung mechanische und chemische Anforderungen erfüllen.

Dazu wird die Fassung mit einem Silikatglas montiert und dann in einer Spannvorrichtung belastet. Das Glas darf nicht aus der Fassung fallen. Ebenso werden Brücke, Backen und Gelenke belastet. Das Bügeldrehmoment wird ebenfalls gemessen.

Die chemischen Anforderungen an die Metallfassung werden durch drei Prüfzyklen des Kesternich-Tests (DIN 50018) erfaßt. Vor Beginn der Prüfung wird zur Simulation der mechanischen Beanspruchung bei der Anpassung ein Bügel über einen Dorn von 20 mm Durchmesser um 30° gebogen.

Beim **Kesternich-Test** (Abb. 5.25) wird die Fassung in einer abgeschlossenen Prüfkammer, deren Boden mit 2 Liter Wasser bedeckt ist, frei aufgehängt. Für eine Zeitdauer von 8 h werden 0,2 Liter Schwefeldioxid SO_2 eingeblasen und gleichzeitig die Temperatur in der Kammer auf 40 °C erhöht. Danach wird das SO_2 abgesaugt, die Heizung abgeschaltet und die Kammer geöffnet. Es folgt eine 16stündige Ruhepause bei Raumtemperatur (20 °C). Dieser 24-h-Zyklus wird 3 mal durchlaufen. Danach wird visuell auf Beschädigungen geprüft.

Kunststoffteile werden durch saure und alkalische Prüflösungen nach DIN 53160 geprüft. Die Entflammbarkeit des Kunststoffs wird in einem Wärmeschrank bei 200 °C während einer 15minütigen Testdauer geprüft.

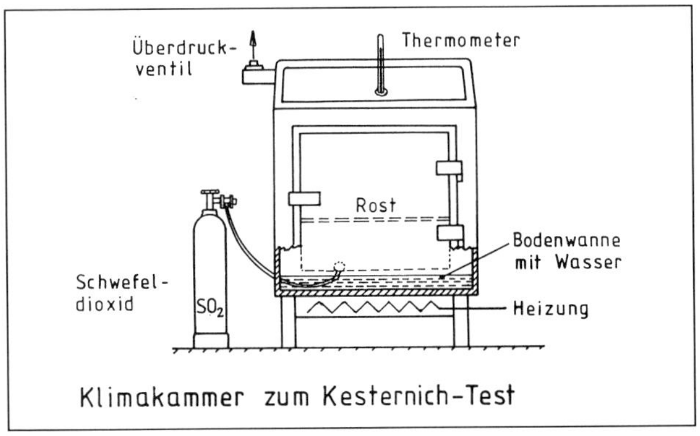

Abb. 5.25 Prüfkammer für Kesternich-Test (DIN 50018)

Abb. 5.26 Metallfassungen in der Prüfkammer

Wichtig erscheint auch, daß die Prüfung nach DIN 58199 den Hersteller verpflichtet, Fassungen dauerhaft zu kennzeichnen. Hierzu gehören die Daten: Herstellerbezeichnung, Modell, Farbe, Scheibenlänge, Brückenweite, Bügellänge, Formscheiben- und Werkstoffbezeichnung.

Alle diese Prüfungen kann der Augenoptiker nicht durchführen. Er muß sich auf die Angaben des Herstellers oder die DIN-Prüfung verlassen.

Was macht Prüfungen von Brillenfassungen so problematisch?

Während die Welle einer Werkzeugmaschine eine genau vorhersehbare Belastung aushalten muß und danach konstruiert und geprüft werden kann, ist dies bei einer Brillenfassung nur sehr schwer möglich. Die Frage nach der exakt zu erwartenden Beanspruchung einer Brillenfassung, ist kaum zu beantworten.

Zwar können einzelne Teile einer Brille sehr wohl objektiv geprüft, andere Teile aber nur im komplexen Zusammenhang beschrieben werden. Ändert man auch nur einen Parameter, so kann das Gesamtergebnis völlig anders ausfallen.

Beispiel: Die Zugfestigkeit eines Bügels, einer Schraube oder einer Backe können objektiv wiederholbar und zahlenmäßig widerspruchsfrei bestimmt werden. Andere Teile können nicht so sicher beschrieben und geprüft werden.

Beispiel: Die Qualität eines Gelenks kann nicht zahlenmäßig eindeutig beschrieben werden, denn ein Gelenk kann vor der Prüfung sehr unterschiedlich eingestellt worden sein. Ein schlecht eingestelltes Gelenk wird stets eher zu Ausfällen führen als ein ebensolches, das ein versierter Augenoptiker mit langjähriger Erfahrung einstellt und ölt. Hier gelangen subjektive Einflüsse in die Prüfung, die nur sehr schwer erfaßbar und zahlenmäßig beschreibbar sind.

Da eine Brille aber immer aus vielen unterschiedlichen Teilen besteht, deren Zusammenspiel in der Gebrauchspraxis auch noch unterschiedlichen Beanspruchungen unterliegt, ist eine umfassende Prüfung mit objektivem Gesamtergebnis unmöglich.

Der Fall des Brillentests kann in etwa mit dem Autotest verglichen werden. Auch hier können Fahrzeugdaten und Leistungen objektiv erfaßt werden. Andererseits kann das „Fahrgefühl" im Gesamtkomplex Auto stets nur subjektiv beschrieben werden.

Alle Testergebnisse müssen daher stets mit sämtlichen Randbedingungen angegeben werden, um vergleichbare Prüfungen zu gewährleisten.

Über DIN-Prüfungen hinaus wird ein Markenhersteller oder Zulieferer stets noch eigene Prüfungen vornehmen. Hierzu zählen eine sorgfältige Eingangskontrolle, Prüfungen während der Fertigung und Endkontrollen. Zu diesen Prüfmethoden, deren Aussagekraft durch langjährige Erfahrungen gestützt wird, zählen unter anderem: Zugfestigkeitsprüfung, Biegeprüfung, Schliffbilder, CASS-Test, Abriebtest sowie sehr oft visuelle Prüfungen mit der Lupe durch den Fachmann. Nach Aussagen von Zulieferern ist die Beanspruchung eines Rohteils während des Herstellungsprozesses durch die Umformung und spanende Bearbeitung oftmals höher als während der Benutzung durch den Brillenträger.

Zur Prüfung der **Oberflächenqualität** werden im Regelfall **Schliffbilder** angefertigt. Dabei wird die Metalloberfläche geschliffen, poliert und angeätzt. Unter dem Mikroskop kann das Gefüge betrachtet werden. Der erfahrene Fachmann kann die Qualität einer Metalloberfläche im Schliffbild sicher beurteilen.

Beim **CASS-Test** (Abb. 5.27) wird die Fassung einem Salz-Nebel ausgesetzt. Dazu werden 50 g Kochsalz, 0,25 g Kupferchlorid und 1 Liter destilliertes Wasser gemischt und mit Essigsäure auf einen pH-Wert von 3,2 eingestellt. Im Prüfkasten herrscht eine Temperatur von 50 °C. Pro 24 h werden 16 Prüfstunden im Kasten und 6 h „zur Erholung" außerhalb des Prüfraums bei Raumtemperatur angesetzt.

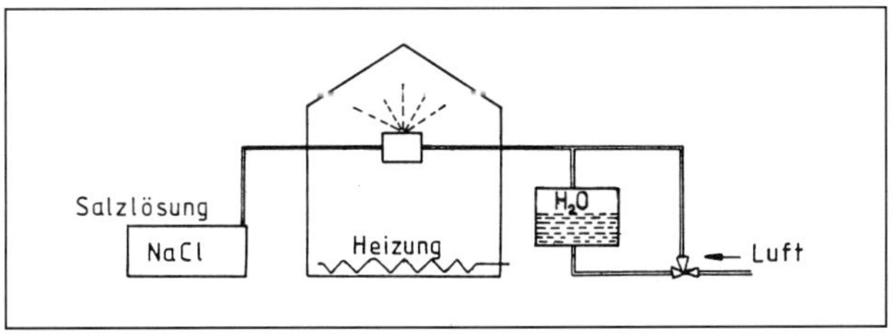

Abb. 5.27 CASS-Test

Beim **Abriebtest** wird die Fassung mit Watte und künstlichem Schweiß bearbeitet. Dazu wird in einem Liter Wasser 20 g Natriumchlorid, 17,5 g Ammoniumchlorid, 5 g Harnstoff, 2,5 g Essigsäure, 5 g Buttersäure und 15 g Milchsäure aufgelöst. Diese übelriechende Mischung wird mit Natronlauge auf einen pH-Wert von 4,7 eingestellt.

Alle diese Prüfungen sollen die Beanspruchung der Fassung durch den menschlichen Schweiß, die Umwelteinflüsse unserer Luft, der Sonne bzw. des Wetters simulieren.

Die individuelle Einzelfallbeanspruchung kann hierdurch natürlich nicht erfaßt werden.

Alle bisherigen Testergebnisse haben gezeigt, daß Qualitätsfassungen einer höheren Preislage den Testbedingungen, besonders im Bereich Korrosion und Abrieb, deutlich besser widerstanden.

Kennzeichnung nickelhaltiger Fassungen

Nickel und Nickellegierungen stehen im Verdacht, Hautallergien in Form juckender rötender Ausschläge auszulösen. Daher sind nickelhaltige Produkte wie Knöpfe, Schmuck, Bestecke, Schlüssel und auch Brillenfassungen seit dem 1. 7. 1993 kennzeichnungspflichtig.

Die neue Bedarfsgegenständeverordnung verbietet den Verkauf von Erzeugnissen, die mehr als 0,5 Mikrogramm Nickel pro cm^2 pro Woche abgeben und nicht gekennzeichnet sind.

Eine solche Fassung darf aber verkauft werden, wenn sie folgendermaßen gekennzeichnet ist: „Brillenfassung ist nickelhaltig".

Der Augenoptiker sollte in Zukunft darauf achten, daß alle Fassungen bereits vom Lieferanten entsprechend gekennzeichnet sind.

Bestehen Unklarheiten über den Nickelgehalt einer Fassung, so kann ein einfacher Test Aufschluß geben. Man benötigt:

- Wattestäbchen (Kosmetikbedarf),
- 10%ige Lösung von Dimethylglyoxim in absolutem Alkohol,
- 10%ige Ammoniumhydroxidlösung in Wasser.

Die Reagenzen sind in jeder Apoteke erhältlich.

Zum Test gibt man 2 Tropfen von jeder Reagenz auf das Wattestäbchen und reibt 30 Sekunden lang über das zu prüfende Fassungsteil. Färbt sich die bearbeitete Stelle rot, so liegt der Nickelgehalt so hoch, daß die Fassung als nickelhaltiges Produkt gekennzeichnet werden muß.

6 Kunststoffe und Naturstoffe für Brillenfassungen

6.1 Aufbau und Einteilung

Kunststoffe sind synthetische, das heißt künstlich zusammengesetzte Werkstoffe, die aus organischen Riesen(Makro-)molekülen bestehen. Ursprünglich wurden sie als Ersatzstoffe für natürliche Werkstoffe entwickelt, wobei umgewandelte Naturstoffe als Grundlage dienten. Inzwischen sind sie so weit entwickelt worden, daß sie viele Naturstoffe und darüber hinaus sogar Metalle verdrängt haben. Die Ursache hierfür liegt in der Manipulierbarkeit der Kunststoffe, die für zahlreiche Anwendungsfälle optimal angepaßt werden können.

Heute existiert eine kaum noch überschaubare Vielfalt dieser Stoffe. Dennoch lassen sich gemeinsame Eigenschaften der Kunststoffe nennen, die sie von Metallen und Naturstoffen unterscheiden.

- Geringe Dichte, typisch: ϱ = 0,9 – 2,0 g/cm^3:
  Vorteil: Leichte komfortable Fassungen.
- Elektrisch nicht leitend:
  Verwendung als Isolierstoff, zum Beispiel für Steckdosen, Kabel, Schalter, Schraubenziehergriffe.
- Geringe Wärmeleitfähigkeit:
  Wärmedämmung im Bauwesen, geringe Beschlagneigung für Kunststoffgläser.
- Korrosionsfest, beständig gegen viele Laugen und Säuren:
  Verwendung für Fassungsbeschichtungen aus transparentem Kunststoff.
- Wasser- und gasdicht, glatte und dichte Oberfläche:
  Fassungs- und Glasoberfläche muß nicht nachgearbeitet werden.
- Leichtes Polieren, oberflächenfärbbar oder auch in der Masse färbbar.
- In Großserie schnell und einfach zu produzieren.
- Preiswerte modische Fassungen, die man öfter, weil billiger, neu kaufen kann.

Kunststoffe haben aber auch typische Nachteile:

- Geringe Temperaturbeständigkeit:
  Die Dauertemperaturfestigkeit der meisten Kunststoffe liegt bei nur 100 – 150 °C; max. bis 350 °C.
- Hohe Wärmeausdehnung:
  Die Ausdehnung der meisten Kunststoffe ist 3 – 5-mal höher als die von Metallen; max. bis 20fach größer.
  Das ergibt Probleme beim gemeinsamen Einsatz mit Metallen, zum Beispiel Kunststoffglas in der Metallfassung.
- Nicht beständig gegen organische Lösungsmittel, Fette, Hautschweiß:
  Viele Kunststoffe müssen lackiert werden, um den direkten Kontakt mit organischem Hautfett zu vermeiden.

6.1.1 Ausgangsstoffe und Herstellungsverfahren

Man benötigt zu ihrer Herstellung entweder Anwandlungen großmolekularer Naturstoffe (Zellulose, Eiweiß) oder die Elemente Kohlenstoff, Wasserstoff, Sauerstoff, Stickstoff und Schwefel (Hilfswort: S-C-H-O-N). Die abgewandelten Naturstoffe sind zum Beispiel Zelluloid, das aus Zellulose (Holz oder Baumwolle) gewonnen wird. Die Bestandteile der Kunststoffe gewinnt man überwiegend aus Erdöl, daher nennt man diesen Teil der Chemie oft auch „Erdölchemie". Da die genannten Rohstoffe im flüssigen oder gasförmigen Zustand ohne chemischen Zusammenhang stehen, bezeichnet man sie üblicherweise als Monomere.

Typisch für die Herstellung der Kunststoffe ist die Reaktion der Monomere unter hohem Druck und Temperatureinfluß zu riesigen Molekülketten **(Polymere).** Entscheidend ist dabei die Fähigkeit des Kohlenstoffs, mit anderen Atomen oder Atomgruppen große Molekülketten oder Ringe bilden zu können. Zur Steuerung dieses Prozesses benutzt man oftmals **Katalysatoren.** Das sind Stoffe, die eine Reaktion bestimmen können, ohne selbst an der Reaktion teilzunehmen oder sich zu verbrauchen. Die erzeugten Makromoleküle liegen fadenförmig vor, sie können vernetzt oder unvernetzt sein.

Nach den Verfahren zur Bildung der Kunststoffe unterscheidet man:

- Polymerisation,
- Polykondensation,
- Polyaddition.

Einzelheiten siehe Kap. 2, Absatz 2.7.2 – 2.7.5.

6.1.2 Thermoplaste und Duroplaste

Da alle Kunststoffe während ihres Herstellungsprozesses einen weichen knetbaren Zustand einnehmen, nennt man sie auch Plaste. Nach Art ihres Verhaltens bei Erwärmung unterscheidet man Thermoplaste und Duroplaste. (Diese Bezeichnungen sind nicht an bestimmte Herstellungsverfahren geknüpft!) Thermoplaste werden bei Erwärmung wieder weich und formbar. Erwärmt man den festen Thermoplast, so wird er meist innerhalb eines recht engen Temperaturbereichs biegsam. Seine Festigkeit fällt stark ab, er kann durch Ziehen, Pressen und Biegen leicht umgeformt werden. Dieser Zustand wird als thermoelastisch bezeichnet. Kühlt man das umgeformte Werkstück wieder ab, so nimmt es ohne Schaden den festen, formstabilen Zustand wieder ein. Erwärmt man den Kunststoff dann noch höher, so wird er thermoplastisch (zähflüssig). In diesem Bereich kann die Umformung durch Gießen, Warmpressen oder auch das Verschweißen zweier Werkstücke erfolgen (Abb. 6.1).

Wichtig: Die Eigenschaften der Thermoplaste lassen sich durch die Art und die Menge des sogenannten Weichmacherzusatzes sehr stark verändern. Ohne Weichmacher wären diese Stoffe im allgemeinen zu spröde. Nachteil der Weichmachermoleküle ist ihr Hang zur Flüchtigkeit sowie ihr Aufenthaltsort zwischen den Fadenmolekülen, deren Bindungskräfte hierdurch gemindert werden.

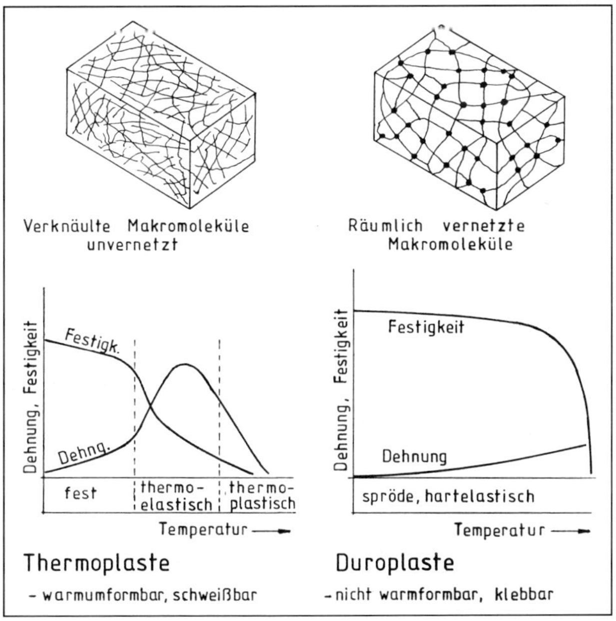

Abb. 6.1 Innerer Aufbau der Kunststoffe. Formänderungsverhalten von Thermoplasten und Duroplasten

Duroplaste sind Kunststoffe, die nach ihrer erstmaligen Erstarrung (Aushärtung genannt) bis zu einer Grenztemperatur fest und formstabil bleiben. Es sind räumlich stark vernetzte Moleküle, die nicht plastisch verformbar sind. Bei Erwärmung gehen sie nicht in einen elastischen oder plastischen Bereich, sondern in Zersetzung über. Duroplaste behalten ihre Härte und Festigkeit näherungsweise über den gesamten Temperaturbereich bis hin zur Zerstörung durch Verkohlung. Duroplaste werden aus unvernetzten Vorprodukten hergestellt. Das Mischungsverhältnis von Binder und Härter ist genau vorgeschrieben. Die Aushärtung kann durch Wärmezufuhr erheblich beschleunigt werden. Duroplaste lassen sich nicht verschweißen, sondern nur verkleben. Bekannt sind Verstärkungen der Duroplaste durch Glasfasern sowie die extrem teuren und leistungsfähigen Zugaben von Kohlefasern oder gar Borfasern für Tragflächen von Segelflugzeugen und Raumgleitern. Ebensowichtig ist zu wissen, daß die Qualität eines angeblich gleichen Kunststoffes sehr stark differieren kann. Schon eine geringfügig andere Zusammensetzung, andere nicht so saubere Rohstoffe und ungenügende Sorgfalt bei der Herstellung („Know-how") können für gänzlich mangelhafte Qualitäten sorgen.

6.2 Fassungswerkstoffe auf Zellulosebasis

Die Verwendung verschiedenartiger Kunststoffe in der Brillenfassungsherstellung hat in jüngster Zeit erheblich zugenommen. Gab es bis etwa 1960 nur zwei Materialien – Zelluloid und Acetat –, so sind heute mindestens zehn unterschiedliche Chemiewerkstoffe in Gebrauch.

Im einzelnen handelt es sich um (Kürzel angefügt):

- Zellulosenitrat CN
- Zelluloseacetat CA
- Zelluloseacetobutyrat CAB
- Zellulosepropionat CP
- Epoxidharz EP
- Polyamid PA
- Plexiglas PMMA.

6.2.1 Zellulosenitrat CN (Zelluloid)

Zelluloid ist der älteste Kunststoff für Brillenfassungen (seit 1874) und einer der ältesten Kunststoffe überhaupt. Auf dem europäischen Markt ist es praktisch verschwunden; nur in Japan und Indien existiert es noch wegen seiner guten Dimensionsstabilität im dortigen feuchtheißen Klima.

Zusammensetzung

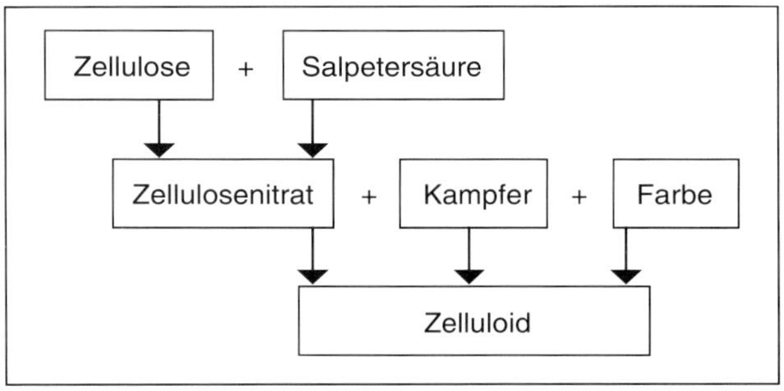

Mechanische und thermische Daten:

Dichte:	1,38 g/cm^3, das schwerste Fassungsmaterial
Zugfestigkeit:	60 – 70 N/mm^2
Kugeldruckhärte:	60 – 70 N/mm^2
Biegetemperatur:	70 °C, muß exakt eingehalten werden
Schmorgrenze:	100 °C, Material wirft Blasen
Flammpunkt:	140 °C, Material entzündet sich selbst und verbrennt explosionsartig.

Altern des Zelluloids: Ein wesentlicher Nachteil ist das rasche Verfliegen des Weichmachers Kampfer. Die Folgen sind Schwundrisse, besonders zwischen der Kaschierschicht und dem Grundmaterial, eine geringere Elastizität und sogenannte Altersbrüche. Der Kampfer mindert die Brennbarkeit des Zelluloids; alte Fassungen verschmoren schneller. Typische Materialverfärbungen sind das Nachdunkeln heller Fassungen und das Ausbleichen von dunklem Material.

6.2.2 Zelluloseacetat CA

Bereits im Jahre 1904 gelang es, ein Ersatzprodukt für das extrem leicht brennbare und rasch alternde Zelluloid zu finden, das Zellulosetriacetat. Es wurde aber erst um 1930 als Fassungsmaterial verwendet; seinen Durchbruch auf dem Markt erlebte das Acetat erst ab 1945. Der Siegeszug des Acetats beruhte auf drei Vorteilen:
- sicherer, weniger brennbar,
- alterungsstabiler,
- fertigungstechnisch einfacher, extrudierbar.

Die extrudierte Acetatplatte stellt heute das bedeutendste Material dar und hat den größten Marktanteil. Durch stetige Verfeinerung des Materials und des Fertigungsverfahrens können heute bis zu fünffarbige Platten und Kombinationen von Streifen, phantasiereiche Strukturen, verschiedenfarbige und dicke Schichtungen sowie interessante Keilmachungen angeboten werden.

Zusammensetzung

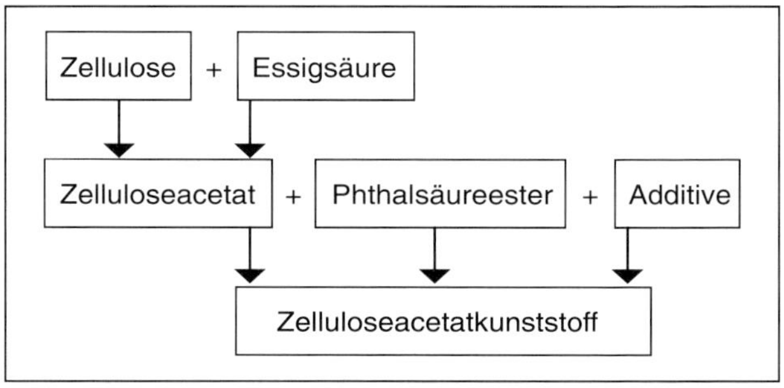

Ester ist eine Verbindung zwischen einem Alkohol und einer Säure.
Additive sind: Katalysatoren, Farben, Pigmente, Stabilisatoren.

Mechanische und thermische Daten:

Dichte:	1,3 g/cm^3
Zugfestigkeit:	30 – 50 N/mm^2
Kugeldruckhärte:	50 – 80 N/mm^2
Biegetemperatur:	80 – 100 °C
Schmorgrenze:	130 °C
Zersetzungstemperatur:	180 °C
Wasseraufnahme:	4,2%

Die mechanischen Daten von Acetat sind geringfügig schlechter als die von Zelluloid. Infolge der relativ hohen Wasseraufnahme (4,2%) des Acetats läßt die Spannung, das heißt die Anpassung der Fassung, nach und erfordert ein häufigeres Nachrichten. Der Weichmacher Phthalsäureester ist erheblich beständiger als der Kampfer im Zelluloid; dennoch neigt auch dieser Weichmacher zur Flüchtigkeit bzw. zur Reaktion mit dem menschlichen Hautschweiß. Insbesondere auf dunklen Fassungen ist nach einiger Zeit – abhängig von der individuellen Hautreaktion – ein weißlicher Belag zu sehen.

Zelluloseacetat wird in drei verschiedenen Varianten und Verarbeitungsverfahren für die Fassungsherstellung verwendet:

- Blockacetat,
- extrudiertes Acetat,
- Spritzgußacetat.

Blockacetat

Die Verwendung als Blockware lehnt sich deutlich an die eingeführten Herstellungsverfahren des Blockzelluloids an. Der fertige einfarbige Acetatblock wird durch scharfe Hobel, ähnlich der Furnierfertigung in der Holzindustrie, in dünne Streifen zerlegt, die dann neu im gewünschten mehrfarbigen Muster verlegt werden.

Nach erneutem Pressen und Erwärmen erhält man den Block, von dem Platten der üblichen 8 mm Dicke geschnitten werden können. Das Verfahren ist zeitaufwendig und teuer; es eignet sich hauptsächlich für konservative Machungen im Schildpatt-, Havanna- und Hornimitat-Stil.

Extrudiertes Acetat

Das Acetat liegt in Form eines Granulats vor, das in einer Extrudermaschine erwärmt, geschmolzen und unter Druck als rechteckiges Plattenprofil ausgestoßen wird.

Dabei kann es kurz vor dem Austritt aus der Düse eingefärbt werden. Zur Zeit sind maximal fünf Farben in einer Platte möglich. Die Farbmuster liegen immer in Ausstoßrichtung; nicht quer oder schräg, wie dies beim gelegten Blockacetat möglich ist. Extruderacetat enthält keine Lösungsmittel, es benötigt also auch keine Trockenzeit. Die extrudierte Platte kann sofort spanend bearbeitet werden, zum Beispiel beim Fräsen des Mittelteils.

Gespritztes Zelluloseacetat

Auf dem Markt der preiswerten Sonnenbrillen existieren auch Fassungen aus gespritztem Acetat. Das billige Fertigungsverfahren mindert die mechanischen und thermischen Eigenschaften dieses Acetats erheblich. Typisch sind Weichmacheranteile bis zu 30%.

Spritzacetat hat große innere Spannungen, die bei Erwärmung leicht zu großen Verformungen, Falten oder Runzeln führen.

Verarbeitungshinweise

a) Spanende Bearbeitung:

- Temperatur: 80 bis max. 100 °C, sonst wird das Acetat zu weich und schmiert.
- Sägen und Feilen: Werkzeuge mit spitzen Keilwinkeln und großen Spanräumen verwenden.
- Nicht zu schnell arbeiten (Reibungshitze!).
- Bohren: Zügig durchbohren, nicht auf der Stelle bohren.
- Schmirgeln: mit feinstem Papier 320 – 400, bis keine Riefen mehr sichtbar sind.
- Schleifen: hohe Drehzahl einstellen, mit leichtem Druck anpressen. Schleifschwabbel und Wachs verwenden.
  Bearbeitungsriefen nicht herausschleifen, sondern schmirgeln. Das Schleifen ist abgeschlossen, wenn die Oberfläche gleichmäßig matt erscheint.
- Polieren: Polierschwabbel und Wachs verwenden. Vorher gründlich vom Schleifmittel reinigen. Hochglanzpolitur mit trockener Schwabbel ohne Poliermittel.

b) Kitten:

Schwierigkeiten beim Kitten entstehen im wesentlichen durch die unterschiedlichen Veresterungsgrade der verschiedenen Acetatsorten. Niedrig verestertes Blockacetat und hoch verestertes Extruderacetat sollten nicht zusammengefügt werden! Das stark lösende Aceton kann Extruderacetat oft zu stark angreifen. Allerdings empfiehlt ein Hersteller Aceton ausdrücklich für sein Extruderacetat. Bei bekanntem Material sei auf die Herstellerempfehlung verwiesen; unbekanntes Material probeweise mit weniger stark lösenden Mitteln, zum Beispiel Aethylacetat oder Me-

thylglykolacetat, behandeln. Acetat und Propionat können nicht zusammengekittet werden!
c) Verglasen und Anpassen:
Die Fassungsränder schrumpfen beim Abkühlen nicht. Daher Gläser mit Null-Toleranz oder sogar 2/10 mm größer schleifen!
Die Biegetemperatur liegt bei 80 – 100 °C, kann aber auch im Einzelfall bei nur 50 – 60 °C liegen. Der Weichmacheranteil ist hier mitentscheidend für den Erweichungspunkt. Das Material kann innerhalb eines schmalen Temperaturbereiches schnell weich werden. Blockacetat wird im allgemeinen schneller weich als Extruderacetat.

6.2.3 Zelluloseacetobutyrat CAB

Verestert man die Zellulose nicht nur mit Essig, sondern mit Essig und Buttersäure, so erhält man CAB. Es entspricht in seinen Eigenschaften und seiner Behandlung dem Zellulosepropionat. Verwendung: als aufgespritztes Bügelende bei Metallbügeln. Einige Hersteller fertigen auch spritzgegossene Fassungen aus CAB.

6.2.4 Zellulosepropionat CP

Zellulosepropionat ist eines der moderneren Produkte auf dem Fassungsmarkt; etwa 1976 erschienen erstmals CP-Fassungen in größerer Stückzahl auf dem Markt. Inzwischen existieren auch CP-Platten nach dem Blockverfahren, so daß Propionatfassungen auch nach dem traditionellen Kopierfräsverfahren hergestellt werden können.
Chemisch handelt es sich um Zellulose, die mit Propionsäure verestert wird; hierdurch kann die Bandbreite der Gebrauchseigenschaften nochmals vergrößert werden, im positiven wie auch im negativen Sinne.
Viele Augenoptiker haben mit Billig-Propionaten teure Erfahrungen gemacht. Die stets vorhandenen Spannungen einer spritzgegossenen Fassung minderer Materialqualität werden bereits bei Temperaturen von 50 °C aufgelöst; die Fassung gerät ziemlich aus der Fasson. Eine Qualitätsfassung aus CP hat folgende Vorteile gegenüber dem Acetat:
- geringere Dichte, das heißt höherer Tragekomfort,
- gute Hautschweißbeständigkeit,
- deutlich weniger Personen sind gegen CP allergisch.

Da das Propionat erst am Anfang seiner Entwicklung steht, die, wie bei jedem technischen Produkt, viele Jahre benötigt, ist zu erwarten, daß es langfristig Marktanteile zuungunsten des Acetats erobern wird.

Zellulosepropionat – Zusammensetzung

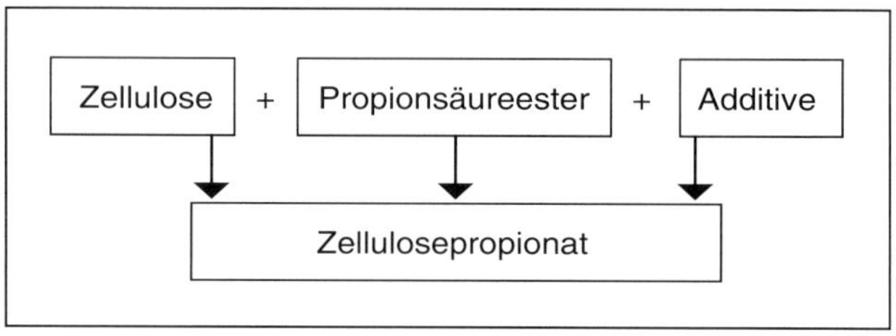

Mechanische und thermische Daten:

Dichte:	1,22 g/cm^3
Zugfestigkeit:	30 – 50 N/mm^2
Biegefestigkeit:	40 – 60 N/mm^2
Kugeldruckhärte:	50 – 80 N/mm^2
Biegetemperatur:	80 – 115 °C
Schmorgrenze:	150 °C
Zersetzungstemperatur:	180 °C

Verarbeitungshinweise

a) Spanende Bearbeitung:
Es gelten die gleichen Regeln wie für Acetat, da Propionat nur ein geringfügig anders aufgebautes Zelluloseprodukt ist.
b) Kitten:
Aceton ist zum Kitten von Propionat ungeeignet! Aceton löst im Regelfall zuviel Weichmacher aus der Klebestelle heraus. Empfehlenswert ist eine Lösung von Aethylacetat und Methylglykolacetat zu etwa gleichen Teilen.
c) Verglasen und Anpassen:
Generell gilt hier das schon beim Acetat Gesagte. Eine gute Propionatfassung kann bei Temperaturen von 80 °C verglast werden, ohne daß in einen Temperaturbereich hinein erwärmt werden muß, in dem die durch Spritzgießen vorhandenen Spannungen aufgelöst werden. Billigfassungen lösen sich bei diesen

Temperaturen bereits weitgehend auf und geben ihrem inneren Spannungszustand nach.
Propionat-Material kann vom Hersteller auf sehr unterschiedliche Härtegrade eingestellt werden! Alle Zahlenangaben können deutlich über- oder unterschritten werden.

6.3 Fassungskunststoffe ohne Zellulosebasis

6.3.1 Epoxidharz EP

Epoxidharze sind neuartige Fassungswerkstoffe, die nicht auf Zellulose als Grundwerkstoff basieren. 1969 erschien dieses Produkt unter dem Markennamen **„Optyl"** erstmals in den Augenoptikergeschäften. Inzwischen ist das Fertigungsverfahren so perfektioniert, daß Optyl seinen sicheren Marktanteil hat.
Spezifische Vorzüge von Optyl sind:
- geringe Dichte, das leichteste Kunststoffmaterial,
- hohe Härte,
- gute Kratzfestigkeit,
- hohe Warmformbeständigkeit.

Epoxidharz enthält keine Weichmacher, also entfallen Ausschwitzen und Versprödung; ein Verblassen der Oberfläche oder Verziehen der Fassung sind unmöglich. Da es kurzfristig Temperaturen bis zu 350 °C aushält, ist es normalerweise unzerstörbar.

Fertigung

Epoxid erfordert grundlegend andere Fertigungsverfahren. Das Material wird in eine luftleere Form, die sogar einen geringen Unterdruck hat, gegossen. Dabei sind die Gelenke bereits eingelegt und werden eingegossen. Die Gießmasse kann farblos oder auch bereits gefärbt sein (Abb. 6.2). Die Härtung, das heißt Vernetzung der Makromoleküle durch Polyaddition, erfolgt bei Temperaturen um ca. 100 °C und dauert etwa eine halbe Stunde. Das Ergebnis ist ein Fassungsteil in seinem endgültigen Design. Es folgen die üblichen Arbeiten wie Entgraten, Nutfräsen, Montieren sowie eventuell Tauchfärben.

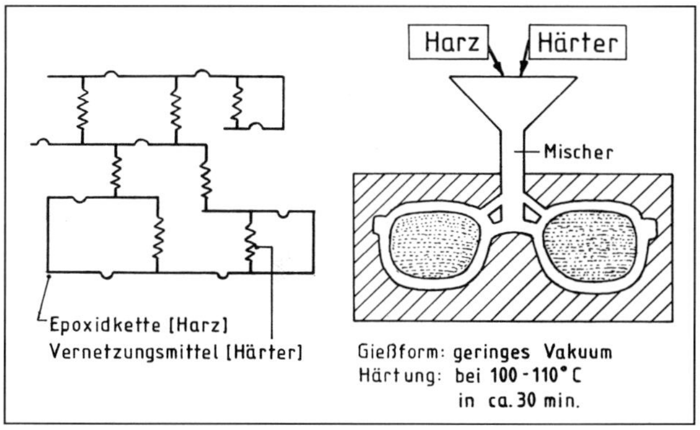

Abb. 6.2 Aufbau des Epoxids „Optyl"

Oberfläche: Optyl ist oberflächengefärbt bzw. lakkiert, der eigentliche Glanz kommt durch eine Polyurethanbeschichtung zustande. Eine nachträgliche Oberflächenbehandlung ist nicht zu empfehlen.
Form: Typisch für das Epoxid ist, daß es die durch Gießen gewonnene Form immer beibehalten wird und durch keine Wärmebehandlung grundlegend verändert werden kann. Jedes Anpassen ist stets nur ein Einfrieren der gerade erhaltenen Form. Erwärmt man das Fassungsteil erneut, so wird es seine Urform, die des Gießens, wieder annehmen. Dieser **„memory effect"** hat seine Ursache in der chemischen Struktur des Werkstoffs.

Zusammensetzung

Epoxidharz besteht aus Harz und Härter. Da der komplizierte Aufbau der beteiligten Stoffe (Harz: Diglyciclylaether des Bisphenols A plus aminische Härter) nur dem Chemiker etwas sagt, sei auf eine nähere Erläuterung verzichtet.
Ein bekannteres Beispiel für Epoxidharz ist sicherlich „Uhu-Plus", ein Zweikomponentenkleber, der wahrscheinlich in jeder Augenoptikerwerkstatt zu finden ist.

Mechanische und thermische Daten:

Dichte:	1,1 g/cm^3 sehr leicht
Zugfestigkeit:	75 N/mm^2
Biegefestigkeit:	110 N/mm^2
Kugeldruckhärte:	130 N/mm^2
Biegetemperatur:	nie unter 80 °C! Optimal zwischen 100 – 130 °C
Schmorgrenze:	250 °C, kurzfristig bis 350 °C
Wasseraufnahme:	praktisch gleich Null.

Verarbeitungshinweise

a) Spanende Verarbeitung:
Entfällt, da keine Blockware existiert. Eine Nachbearbeitung der Optyl-Fassung ist nicht empfehlenswert, da die Oberfläche lackiert bzw. eingefärbt ist und anschließend beschichtet wurde.
b) Kleben:
Optyl ist in den bekannten chemischen Stoffen des Augenoptikers unlösbar. Als Klebstoffe sind Zweikomponentenkleber (Uhu-Plus) oder sogenannte Sekunden-Kleber (Sicomet) zu verwenden. Die Klebung hat zwar eine gute Haltbarkeit und Lebensdauer, ist aber immer sichtbar.
c) Verglasen und Anpassen:
Das Verglasen von Epoxidharz-Fassungen ist unproblematisch. Das Glas kann mit Null-Toleranz eingesetzt werden, die Fassungsränder schrumpfen wieder auf das Glas auf. Bei CR 39 ist es vorteilhaft, das kalte Glas in die sehr heiße Fassung einzusetzen. Die Anpassung ist etwas problematisch. Ein schrittweises Herantasten an die korrekte Bügelform ist nicht möglich, da die Brille bei jeder neuen Erwärmung in ihre Urform zurückgeht (siehe memory effect). Die Fassung kann während der Anpaßphase auch nicht am Kopf getragen werden, da sie a) zu heiß ist und b) die richtige Form ja festgehalten (fixiert) werden muß. Es gibt also nur die Möglichkeit, durch fortwährendes Probieren eine gute Paßform zu erhalten. Abkühlen in kalter Luft oder Wasser verringert die Zeit, in der der Bügel festgehalten werden muß. Die Zahl der Anpaßversuche hängt nur von der Geduld des Kunden oder Augenoptikers ab; technologisch gesehen darf die Fassung beliebig oft erwärmt und verformt werden, ohne Schaden zu erleiden.

6.3.2 Polyamid PA

Polyamid existiert auf dem Fassungsmarkt in zwei deutlich unterschiedlichen Varianten. Bereits seit längerer Zeit nehmen Polyamid-Fassungen auf dem Gebiet der korrigierenden Arbeitsschutzbrille und der Sportbrille eine Sonderstellung ein. Die Qualitäten von Polyamid liegen auf dem Sektor Bruchsicherheit und Schlagzähigkeit erheblich über denen anderer Kunststoffe. Bekannte Handelsnamen von Polyamiden sind Perlon, Nylon, Rilsan, Ultramid und andere. Das bekannteste Produkt ist sicherlich der Nylon-Dübel, der zum Beispiel unter dem Markenzeichen Fischerdübel ein fast unentbehrlicher Helfer beim Befestigen von Regalen, Bildern, Wanduhren ist.
Eine Variante des Polyamids erschien etwa 1982, es handelt sich um ein sogenanntes amorphes Co-Polyamid, Markenname SPX, das speziell für Fassungen entwickelt wurde. Es handelt sich um einen transparenten thermoplastischen Kunststoff, der im Spritzgußverfahren verarbeitet wird. Außer den polyamidtypischen Vorteilen der hohen Bruchsicherheit und Schlagzähigkeit sind beim SPX die sehr geringe Dichte (zur Zeit das leichteste Fassungsmaterial), hohe Härte und Festigkeit hervorzuheben sowie hohe Formbeständigkeit, da der Werkstoff weichmacherfrei ist.

Mechanische und thermische Daten von SPX:

Dichte:	1,04 g/cm^3,
Zugfestigkeit:	75 N/mm^2
Kugeldruckhärte:	130 N/mm^2
Biegetemperatur:	50 – 80 °C
Umformtemperatur:	100 – 110 °C, SPX wird in einem relativ engen Temperaturbereich sehr weich
Schmorgrenze:	140 °C, darüber hinaus hat SPX ein selbstverlöschendes Flammverhalten
Wasseraufnahme:	1,2%.

Als weitere Vorzüge werden genannt:
- hohe chemische Beständigkeit gegen Kosmetika, Alkohol, Öl,
- Schrumpfmöglichkeit bei vorsichtiger Erwärmung auf ca. 110 °C.

Verarbeitungshinweise

a) Spanende Bearbeitung:
Nicht möglich, entfällt.
b) Kleben:
Polyamid läßt sich vom Augenoptiker nicht kleben. Versuche mit Zweikomponentenkleber bzw. Sekundenkleber führen nur zu einem „Anpappen“ der Teile; für eine Notreparatur eventuell ausreichend. Eine Re-

paratur ist aus Sicherheitsgründen für die Sport- bzw. Arbeitsschutzbrille auch nicht ratsam bzw. verboten.
c) Verglasen und Anpassen:
Die Anpassung der Sportschutzbrille ist schwierig, da das Material innerhalb eines sehr engen Temperaturbereichs von hart nach sehr weich überwechselt. Aus dem Erwärmungsgerät genommen, wird Polyamid sofort wieder fest. Das modernere SPX ist hochelastisch und kann bereits bei niedrigen Temperaturen ab etwa 50 bis 80 °C aufgezogen werden. CR 39-Gläser können auch kalt eingesetzt werden.
Die Lackierung von SPX-Material schließt, wie beim Epoxid, eine Oberflächenbehandlung durch den Augenoptiker aus.

6.3.3 Polymethylmethacrylat PMMA

Bekannt unter dem Markennamen **Plexiglas** oder **Acrylglas.** Vorteile von PMMA sind:
- gute mechanische Eigenschaften,
- große Witterungsbeständigkeit,
- hohe Transparenz.

Die wichtigsten Daten sind:
Dichte: 1,2 g/cm^3
Zugfestigkeit: 110 N/mm^2
Kugeldruckhärte: 130 N/mm^2
Biegetemperatur: 100 – 130 °C.
Der relativ alte Werkstoff (seit 1928) wird auch im Bereich der (Gebrauchs-)Abbildungsoptik in großer Stückzahl verwendet. Lupen, Linsen, Prismen, Sichtscheiben und Armaturen sind typische Plexiglasprodukte.
Plexiglas-Modelle sind vorzüglich für spannungsoptische Darstellungen geeignet.
Fassungen aus Plexiglas sind gegossen und verhalten sich ähnlich wie Acetat-Produkte. Sie müssen beim Verglasen auf wenigstens 100 – 130 °C erwärmt werden; darunter ist das Material relativ spröde. Zum Kleben sollten nur spezielle Plexiglaskleber oder Sekundenkleber verwendet werden. Plexiglas läßt sich sehr gut polieren.
Alle angeführten Werte gelten für handelsübliche Produkte. Da Kunststoffe je nach Veresterung, Weichmacherart und -gehalt sowie Additivart sehr unterschiedlich eingestellt werden können, sind deutliche Abweichungen von diesen Mittelwerten möglich. Die angeführten Zahlen beziehen sich auf die Qualitätsprodukte namhafter Hersteller wie Bayer, Dynamit Nobel und Rhone Poulenc.

Tabelle: Kunststoffe für Brillenfassungen

	Zelluloid	Acetat (Cellidor)	Propionat	Epoxid (Optyl)	Polyamid (SPX)
Dichte	1,38	1,3	1,22	1,1	1,04
Zugfestigkeit	60 – 70	30 – 50	30 – 50	75	75
Biegefestigkeit	60	40 – 60	40–60	110	–
Kugeldruckhärte	60 – 70	50 – 80	50 – 80	130	130
Biegetemperatur	70	80	80	110	60
Wasseraufnahme	–	4,2	2,6	0,2	1,2

6.4 Industrielle Fassungsherstellung

6.4.1 Herstellung der Grundstoffe

Beispiel: Zellulose und Acetat
Zellulose ist ein pflanzlicher Rohstoff, der in den Zellwänden vorkommt und das Gerüst der Pflanze darstellt. Von bester Qualität ist die Zellulose aus Baumwoll-Linters, das sind die kurzen, für die Faserherstellung nicht mehr geeigneten Samenhärchen der Baumwolle. Zur Herstellung von Zelluloseacetat benutzt man konzentrierte Essigsäure (Eisessig), die ca. ein bis zwei Stunden in Knetmaschinen auf die Zellulose einwirkt. Die Acetatherstellung erfolgt dann durch entwässerte Essigsäure unter Zusatz von Katalysatoren wie Zinkchlorid oder Schwefelsäure. Der Zelluloseester wird durch Zusatz von Wasser isoliert. Fügt man Weichmacher, Farben und Pigmente hinzu, so erhält man einen verarbeitbaren Kunststoff.

Produktionsverfahren der Fassungswerkstoffe

Die verschiedenen Kunststoffe werden auf unterschiedliche Art aus den Rohmaterialien weiterverarbeitet. Im einzelnen produziert man:
- Acetat als Blockware, Extruderplatte und Spritzgußteil,
- Propionat als Extruderplatte und Spritzguß-Fassungsteil,
- Epoxid als drucklos gegossenes (fast fertiges) Fassungsteil,
- Polyamid als Spritzguß-Fassungsteil.

6.4.2 Herstellung von Blockacetat

Rohstoffe des Blockacetats sind, wie schon erwähnt, Zelluloseacetat, Phthalsäureester und Aceton. Zur besseren Weiterverarbeitung wird den Rohstoffen ein Lösungsmittel (Alkohol) zugefügt. Sind alle Bestandteile gründlich durchgemischt und die Masse vollkommen homogen, wobei ein Teil des Lösungsmittels verdunstet, wird das Material in einem Walzwerk ausgewalzt. Das Ergebnis ist eine mehrere Quadratmeter große und 5 bis 20 mm dicke Tafel.
Bereits in dieser Fertigungsstufe besteht die Möglichkeit, durch Nachfärbung oder Einwalzen von Stäben oder Würfeln besondere Mustereffekte zu erzielen. Mehrere Tafeln werden nun aufeinandergelegt und bei etwa 100° C Temperatur und 2000 N/cm^2 Druck in großen Kochpressen zu Blöcken verschweißt.
Je nach gewünschter Machart können die verschiedensten Tafeln aufeinandergeschichtet und gepreßt werden. Die so entstandenen Blöcke werden auf Schneidemaschinen zu neuen Tafeln geschnitten. Man erhält, ähnlich einem Holzfurnier, Platten zwischen 0,1 und 20 mm Stärke. Die frisch geschnittenen Platten werden erneut – je nach Musterung – verlegt, und wiederum in der Kochpresse verschweißt. Dieser Vorgang ist mehrmals wiederholbar, den Mustern sind fast keine Grenzen gesetzt.
Der Vorteil des Blockacetats besteht darin, mit Hilfe dieser Verlegetechnik fein durchgezeichnete Muster in Horn-, Elfenbein- und Schildpatt-Imitationen sowie zahlreiche Havanna-Arten zu erhalten. Der Nachteil liegt im langwierigen Trockenprozeß. Je nach Dicke ist ein Zeitraum von 5 – 12 Tagen pro mm Plattendikke erforderlich; insgesamt benötigt man 2 – 3 Monate Trockenzeit. Nach dem Trocknen sind die Platten rauh und gewellt, sie werden in geheizten Polierpressen geglättet und anschließend besäumt.
Fassungen aus Blockacetat können modischen Trends kaum folgen, sie werden in konservativen Farben und Formen gefertigt.

6.4.3 Herstellung von extrudiertem Acetat und Propionat

Der entscheidende Unterschied zum Blockacetat besteht darin, daß kein Lösungsmittel zugegeben wird. Aus der andersartigen Mischung der Rohstoffe entsteht ein Granulat, das sofort extrudiert werden kann. Eine Extrusionsmaschine besteht im wesentlichen aus einem Zylinder, in dem eine dicht passende Schnecke das Granulat einzieht, erwärmt, verdichtet und unter hohem Druck ausstößt. Das Mundstück hat dabei die Form des Profils, im Regelfall eine Rechteckform. Ein Förderband zieht das ausgestoßene Profil ab; eine Schneidemaschine zerlegt es in transportfähige Tafeln. Diese Tafeln werden, genau wie jene aus Blockacetat, durch spanende Bearbeitung in vielen Einzelschritten zum fertigen Mittelteil und Bügel.

6.4.4 Spritzgießen von Acetat, Propionat und Polyamid

Beim Spritzgießen wird das Granulat in eine geschlossene Form gespritzt, die dem fertigen Mittelteil exakt entspricht. Da die eingelegten Gelenke gleich mit umspritzt werden, ist binnen weniger Sekunden ein Brillenteil in seinem endgültigen Design fertig. Die Spritzgußmaschinen ähneln in ihrer Konstruktion den Extrudern. Auch hier wird entweder über einen Kolben oder eine Schnecke das Granulat verdichtet und in die zweiteilige Werkzeugform verspritzt (Abb. 6.3). Weitere typische Spritzgußprodukte sind Augenbrauenteile, Sattelstege und Stegplättchen.

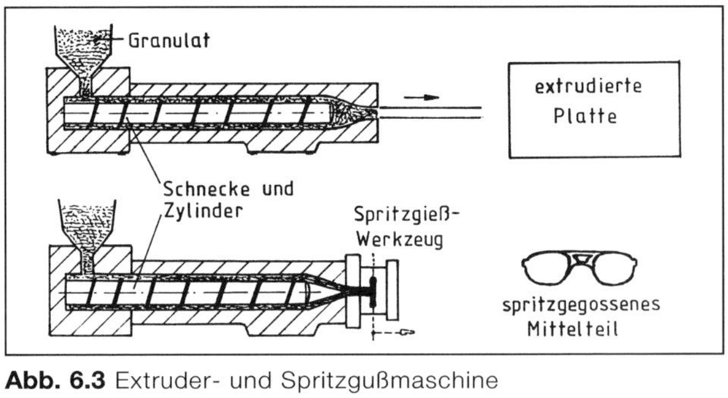

Abb. 6.3 Extruder- und Spritzgußmaschine

6.4.5 Verarbeitung von Platten- bzw. Blockware

Ausgangsprodukt der Kunststoffassungsherstellung sind Platten aus Blockacetat, die in Stärken zwischen 3,5 bis 8 mm Dicke im Handel sind. Sie werden zunächst auf Fassungsgröße, das sind etwa 160 x 70 mm große handliche Platten zerteilt. Auf Vollautomaten und teilweise auch schon CNC-gesteuerten Fräsmaschinen werden hieraus in zahlreichen Arbeitsstufen fertige Mittelteile oder Bügel „aus dem Vollen“ gefräst (Abb. 6.4).

Abb. 6.4 Fräsen der Fassungsform

Typische Arbeitsstufen sind:
- Fräsen der Außenform,
- Fertigung der Innenform,
- Herstellung der Nute,
- Fräsen des Bügelansatzes,
- Aufkitten der Nasenstege,
- Feilen der Stege,
- Einschwemmen der Gelenke usw.

Die Oberflächenverbesserung sowohl von gefräster Plattenware als auch von gespritzten Produkten erfolgt in großen Trommelrührwerken. Rund 24 Stunden schleifen sich die Rohteile durch gegenseitiges Aufeinanderprallen ab. Zur Wirkungsverbesserung sind Zusätze beigefügt, das sind Schleifkörper in Form kleiner Holzstifte, Rhomben und Nadeln. Eine Handpolitur, Größenangabe, Richten, Endkontrolle und Verpacken beenden den industriellen Werdegang einer Kunststoffassung.

Die Abb. 6.5 zeigt drei verschiedene Machungen von Extruderacetat. Verfahrenstechnisch wird dabei der erwärmte zähflüssige Kunststoff, bevor er aus der Düse austritt, durch maximal 4 Extruder gefärbt. Das Muster liegt dabei immer in Ausstoßrichtung, im Unterschied zum Blockacetat. Das Material kann einfarbig, zweifarbig mit Deckschicht oder Tupfungen,

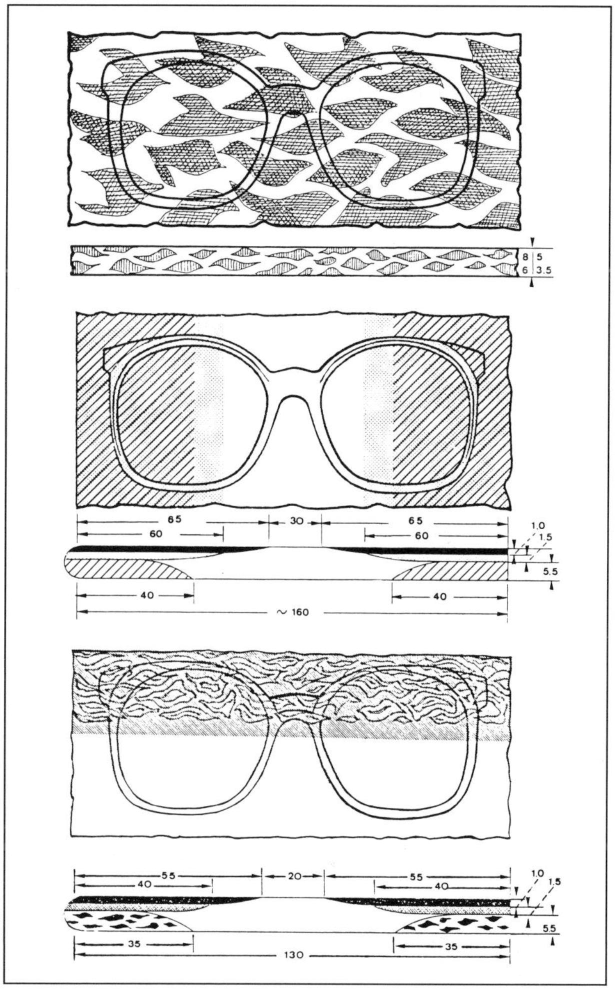

Abb. 6.5 Extruderacetat in drei verschiedenen Machungen

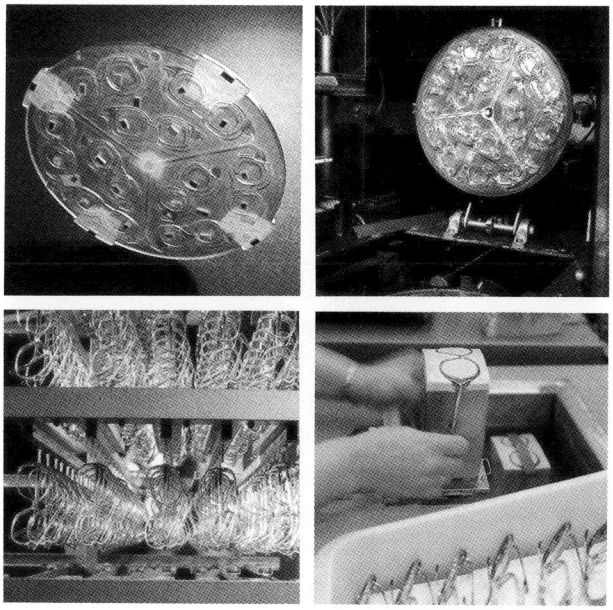

Abb. 6.6 Herstellung einer Optyl-Fassung

drei- und vierfarbig mit Keilschichten, geteilten Deckschichten oder helleren Nasenbrücken ausgestattet werden. Auffällig ist stets die Regelmäßigkeit oder Symmetrie der Tupfen, Schichten und Keile.

6.5 Erkennen von Fassungsmaterial nach der Herstellungsart

6.5.1 Gelegtes Plattenmaterial, gefräst

Fassungen, die aus gelegtem Plattenmaterial – meist Blockacetat – gefräst wurden, erkennt man hauptsächlich an der Vielzahl der Farben und Muster, die durch die Tiefe des gesamten Materials gehen. Betrachtet man eine solche Fassung über eine Schnittkante hinweg, etwa beim Bügelaufschlag, so ist eine deutliche Schichtung verschiedenfarbiger Materiallagen zu erkennen.

6.5.2 Extrudiertes Plattenmaterial, gefräst

Extrudiertes Material weist meistens folgende Machungen auf:
- regelmäßige Tupfungen,
- wellenförmige Schichtungen,
- symmetrische Keile,
- in sich verquirlte Tropfen.

Deutliches Kennzeichen ist die Regelmäßigkeit der Farb- und Mustergebung. Demgegenüber weist sich Blockmaterial, dessen einzelne Platten „verlegt“ wurden, durch gerade Kanten und traditionelle Naturmaterial-Imitationen (Horn) aus.
Für beide Herstellungsarten gilt:
Kennzeichen der „aus dem Vollen“ gefrästen Fassung ist die Größeneinprägung in das Material hinein (Gravur).

6.5.3 Gegossenes und spritzgegossenes Material

Durch Spritzgießen werden normalerweise nur einfarbige Teile hergestellt, die nachträglich durch Tauchen oder Lackieren an der Oberfläche dekoriert werden. Eine Kenntnis des Fertigungsverfahrens ist schon deshalb angebracht, weil solche Fassungen nur mit äußerster Vorsicht poliert oder gar befeilt werden dürfen. Typisches Kennzeichen der gespritzten Fassung ist das gegossene erhabene Größenzeichen. Auch das Gelenk gibt Hinweise auf das Herstellungsverfahren: mittels Wärme oder Ultraschall eingeschwemmte Scharniere besitzen nur geringe Hinterschneidungen oder Verdrehsicherungen. Gelenke, die eingespritzt oder eingegossen wurden, haben meist sehr breite und tiefe Verankerungen im Gußmaterial. Allgemein verfügen gespritzte Fassungen über komplizierte Formen wie dreidimensionale Kurvungen, Hinterschneidungen oder Negativ-Reliefs und bestechen weniger durch aufwendige Farbgebungen. Die weitere Unterscheidung der Materialien erfolgt zunächst durch Betrachten der Bügel. Epoxide und Polyamide haben aufgrund ihrer hohen Festigkeit im Regelfall keine oder nur kurze Metalleinlagen, Acetate und Propionate fast immer. Zur weiteren Unterscheidung dient jetzt ein Anlösetest mit Aceton an unauffälliger Stelle, zum Beispiel in der Fassungsnut.
Acetate und Propionate werden leicht angelöst, Epoxide und Polyamide kaum bis überhaupt nicht. Die Unterscheidung zwischen Epoxid und Polyamid kann am einfachsten durch den „memory effect“ des Epoxids geschehen: Das Material wird stets wieder die gleiche Ursprungsform annehmen. Hierzu ist eine hohe Erwärmung notwendig, wohingegen das Polyamid als fast kaltelastisch beschrieben werden kann. Die Trennung von Acetat und Propionat kann mit Hilfe des Herstellers erfolgen, der im Regelfall Propionat-Fassungen durch ein geprägtes P oder CP kennzeichnet. Bleiben Zweifel bestehen, so gibt ein Anlösetest mit Benzol endgültigen Aufschluß: Acetat wird nicht angelöst, Propionat wird nach wenigen Sekunden anquellen und eine stumpf-schmierige Oberfläche zeigen. Ist der Werkstoff richtig erkannt, so kann die Fassung auch materialgerecht behandelt werden.

6.6 Korrosion von Kunststoffbrillenfassungen

Die Korrosion von Kunststoff ist ihrem Erscheinungsbild nach jedem Augenoptiker hinlänglich bekannt: weißlich-gelbe Ablagerungen auf den Bügelenden, Verfärbungen an Nasenbetten und Augenbrauenteilen, feinste Risse an den Bügeln und ähnliche andere Erscheinungen.
Die Ursachen dieser Korrosion liegen in der Umge-

bung, in der sich die Brillenfassung befindet, das heißt der Atmosphäre mit Feuchtigkeit, Sauerstoff, Temperatureinflüssen und dem Sonnenlicht sowie dem unvermeidlichen Kontakt mit der menschlichen Haut. Wie in den vorigen Kapiteln dargestellt, sind Fassungsmaterialien polymerisiert, also aus langen Molekülketten zusammengesetzt. Insbesondere der UV-Anteil des Lichts sowie das Gas Sauerstoff können diese Molekülketten aufbrechen, wodurch die mechanische Festigkeit erheblich geschwächt wird. Ein guter Fassungskunststoff muß also stets mit einem UV-Stabilisator ausgerüstet sein, der die schädliche **„Lichtalterung"** verhindert.

Noch stärker beeinflußt aber das Mikroklima der menschlichen Haut die Korrosion der Fassung. Es enthält neben dem Wasser und Salz des Schweißes auch organische Substanzen, die als Sekrete der Talgdrüsen die Haut mit Fetten und Wachsen der verschiedensten chemischen Art und Zusammensetzung überziehen. Dies gilt auch für das Haarfett, mit dem eine Brille regelmäßig in Berührung gerät. Während der Hautschweiß mit seinen ionenbildenden und leicht sauren Bestandteilen ohne Einfluß auf die Korrosion ist (Zelluloseester, Epoxide und Polyamide sind säureresistent), gilt für die Fette der Talgdrüsen leider das Gegenteil. Einige der zahlreichen Bestandteile des Fettfilms können in den Kunststoff eindringen und ihn anquellen. Da die Molekülketten des Kunststoffs durch zwischenmolekulare Kräfte und nicht durch echte Bindungskräfte wie bei Metallen zusammengehalten werden, ist diese Quellung, die eine Aufspreizung des Gefüges bewirkt, relativ leicht möglich. Die Folgen sind zweifacher Art: erstens mindern sich die zwischenmolekularen Bindungskräfte durch den vergrößerten Abstand untereinander, zweitens wird das Auswandern des Weichmachers durch die Fette verstärkt, zum Teil auch erst ermöglicht. Der an Weichmachern verarmte Kunststoff wird aber zunehmend spröder und mechanisch empfindlicher.

Die Präventivmaßnahmen zur Minderung der Korrosion sind andere als bei den Metallen. Während bei ihnen vornehmlich der Oberflächenschutz verbessert wird, ist bei den Kunststoffen der gesamte Werkstoff zu verändern, und zwar in Richtung UV-stabiler und weichmacherfreier oder weichmacherfester Grundsubstanzen. Eine Normung der Angaben über Kunststoffkorrosion ist äußerst schwierig, da das Mikroklima der menschlichen Haut auch bei demselben Menschen je nach Alter, Gesundheitszustand, ja sogar psychischer Verfassung wechselt. Exakte Vorhersagen über die Lebensdauer einer Kunststoffbrille sind nicht zu erwarten; insgesamt ist die Entwicklung auf diesem Werkstoffsektor bei weitem noch nicht abgeschlossen. Eine qualitativ gute Kunststoffbrille wird stets ihre Berechtigung haben und Käufer finden.

6.7 Naturstoffe für Brillenfassungen

Die ersten Fassungswerkstoffe, die etwa um 1300 n. Chr. verarbeitet wurden, waren ausschließlich Naturstoffe wie zum Beispiel Holz, Leder, Horn und ähnliche. Schon im Mittelalter kombinierte man das seltene und teure Brillenglas auch mit entsprechend hochwertigen Fassungsmaterialien wie Schildpatt und Elfenbein.

Inzwischen ist der Trend zu natürlichem Material überall festzustellen: Farben im Wohnbereich auf natürlicher Basis, echte Holzmöbel, Lebensmittel ohne Chemie und Konservierungsstoffe, natürliche Textilstoffe. Dementsprechend sind auch natürliche Brillenfassungen „im Kommen".

Als Naturmaterial wird heute nur noch Büffelhorn verwendet; exklusive Handarbeitsmodelle werden aus reinem Horn oder in Kombination mit Seide, Brokat, Schlangenleder oder Holz gestylt.

Der Verkauf von Schildpatt ist seit 1988 sicher zu Recht verboten, da diese Art in ihrem natürlichen Lebensraum gefährdet ist. Selbst die Ausstellung derartiger Fassungen ist nach dem Naturschutzgesetz strafbar.

Büffelhorn

Zum sogenannten Büffelhorn werden die Nasen- und Kopfhörner verschiedener Rinderarten verarbeitet wie des afrikanischen Wasserbüffels, des indischen Siamhorns und des irischen Rindes. Die große Masse des Materials stammt aber vom millionenfach für die Fleischproduktion gezüchteten südamerikanischen Longhorn. Es handelt sich also um ein Abfallprodukt der Fleischproduktion. Das Hornmaterial gehört wie

die menschlichen Fingernägel zu den Gerüstproteiden, das sind Eiweißstoffe, die vom Körper auf einem Knochengerüst produziert werden. Es besteht zu knapp 70% aus reinem Eiweiß.
Eine echte Büffelhornfassung erkennt man an ihrer typisch beige-braunen Maserung. Jede Fassung ist ein Unikat. Das Material ist atmungsaktiv und hautfreundlich. Die natürliche Oberfläche des Büffelhorns wird überall dort, wo sie mit der Haut in Berührung kommt, etwas porös und matt. Die Faserstruktur des Horns wird sichtbar.
Das ist kein Qualitätsverlust, sondern Beweis für das echte Naturprodukt. Die etwas aufgerauhte Oberfläche bietet eine erhöhte Haftung auf der Haut, ähnlich einem porösen „Softpad".
Büffelhorn bietet bei allen Hautsensibilitäten und erst recht bei Allergien die Gewähr für absolute Verträglichkeit.
Büffelhorn ist, wie das Leder in der exklusiven Mode, etwas ganz Besonderes. Beide Materialien verbinden Natürlichkeit, Einmaligkeit, Hautfreundlichkeit mit hochwertiger, alle Modetrends überdauernder Handarbeit.

Fertigung der Hornfassung

Büffelhorn wird immer auf zwei Arten verarbeitet. Das feste massive Horn wird aufgetrennt, zu Platten zersägt und dann in Fassungsform gefräst, gefeilt und poliert.
Etwas schwieriger ist die Verarbeitung des hohlen „Vasenhorns", das zunächst durch mehrwöchiges Lagern im kalten Wasser vom Knochengerüst gelöst werden muß. Anschließend werden die Hörner längs aufgesägt und unter Druck und Wärmeeinwirkung zu ebenen Platten gepreßt. Diese können dann wie üblich spanend bearbeitet werden.
Vasenhörner haben die Neigung, sich in ihre ursprüngliche Form zurückzudrehen; eine gewisse Propellerwirkung ist für solche Hörner typisch. Um diesen Effekt zu mindern, werden neuerdings mehrere Lagen solchen Materials sehr dünn ausgeschnitten und dann kreuzweise übereinander gelegt und verklebt. Man erhält eine Hornplatte, ähnlich einer Sperrholzplatte, die sich nicht mehr verdreht und insgesamt eine höhere Festigkeit hat. Zusätzlich können

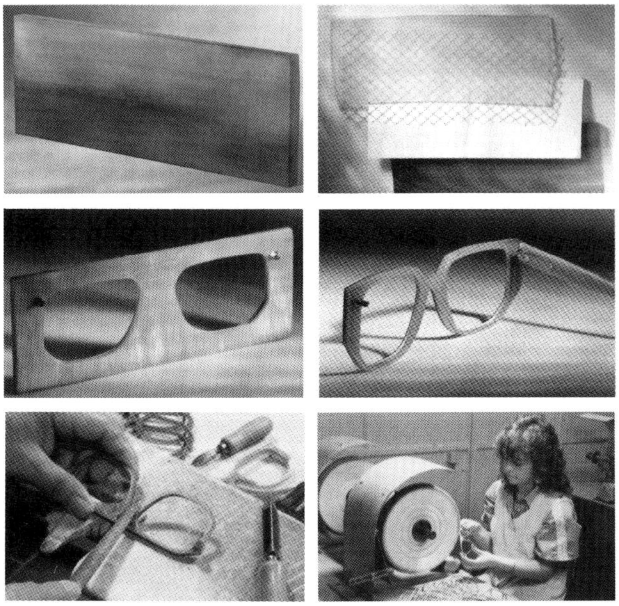

Abb. 6.7 Herstellung einer Büffelhorn-Fassung

andere Stoffe wie Seide, Leder, Holz etc. aufkaschiert werden. Durch Färbungen kann man die verschiedenen Schichten des Materials sehr schön sichtbar machen und somit ausgefallene und entsprechend teure Handarbeitsmodelle kreieren (Abb. 6.7).

Werkstatthinweise

Naturstoffe wie Horn möchten wie ein lebender Körper behandelt werden. Sie werden niemals so weich wie Kunststoffe. Erwärmt man zu lange und intensiv, so wird das Material zwar heißer, aber nicht weicher! Naturstoffe sind sehr schlechte Wärmeleiter, daher sollte das Material immer nur kurz, am besten in Intervallen, erwärmt werden. Es muß andererseits aber ausreichend warm werden (ca. 80 °C), um es gut biegen zu können.
Läßt sich das Brillenglas bei gut temperierten Fassungen nicht einsetzen, so muß das Glas kleiner geschliffen werden. Das Glas darf etwas Spiel haben, denn die Fassung wird noch etwas schrumpfen.
Die Facettenspitze sollte unbedingt gebrochen werden!
Kaschierte Fassungen sind überwiegend an der Innenseite zu erwärmen. Die Frontseite besteht aus einem nur 1 mm dicken transparenten Hornmaterial,

das sich bei zu starker Erwärmung leicht ablösen kann. Daher hier nur kurz erwärmen!
Die Hornfassung wird niemals so leicht aufzuziehen sein, wie von modernen Kunststoffen her gewohnt.
Das Glas ist stets über die Längsseite (temporal) einzusetzen. Nicht wie üblich über den unteren Rand einziehen!
Die Bügel müssen unter ständigem Biegedruck bei ca. 120° C gebogen werden.
Inklinieren nur bei demontierten Bügeln!
Reinigen der Fassung nur mit warmen Wasser, eventuell mit etwas Seifenzusatz; nie im Ultraschallbad!

Schildpatt

Schildpatt diente früher zur Fertigung von Kämmen, Schmuckteilen und hochwertigen Brillenfassungen. Sollte ein so wertvolles altes Einzelstück in einen Betrieb zur Reparatur gelangen, so sind folgende Dinge zu beachten:

Schildpatt wurde aus dem Panzer der echten Schildkröte (lat. Eretmochelys-Imbricata) gewonnen. Die Panzerteile der Schildkröte wurden unter Wärme-, Druck- und Dampfeinwirkung zu Tafeln verschweißt. Schildpatt nie im Ultraschallbad reinigen! Einzelne Materialschichten, die im Herstellungsprozeß verschweißt wurden, könnten sich lösen.
Für die Anpassung gilt das gleiche wie beim Naturstoff Horn: Schildpatt darf nur gut warm gebogen werden. Im Zweifelsfall sollte man das Material stufenweise erhitzen und biegen. Mehrfache Biegeversuche, auch an der gleichen Stelle, sind nicht schädlich. Schildpatt sollte aber auch nicht überhitzt werden, da es dann verschmort. Die Gläser sind knapp und genau einzuschleifen, da Schildpatt nicht aufgezogen werden kann.
Eine einmal gut angepaßte Schildpatt-Fassung verliert nie wieder ihren guten Sitz. Es ist absolut alterungsbeständig und unbrennbar. Eine Schildpattbrille ist garantiert nie allergieauslösend.

7 Glas – Werkstoff für mineralische Brillengläser

Geschichte der Glaserzeugung

Der Ursprung der Glasherstellung liegt im geschichtlichen Dunkel, reicht aber mindestens bis 7 000 Jahre v. Chr. zurück. Vermutungen gehen dahin, daß Glas als Glasur auf Keramiken entstand oder aber Glas ein Zufallsprodukt der Bronzeschmelze war. Eine planmäßige Glasherstellung wurde erstmals in der Hochkultur Ägyptens betrieben, wobei es damals erhebliche Probleme mit dem Erreichen der nötigen Schmelztemperatur gab.

Eine Revolution in der Glastechnik bedeutete die Einführung der Glasmacherpfeife ca. 200 v. Chr., die das Blasen von Hohlkörpern ermöglichte. Über die römischen Glashütten entwickelte sich die Glasmacherkunst weiter und erreichte im Mittelalter in Venedig ihren Höhepunkt. Das reinste Kristallglas mit einem auch heute noch unnachahmlichen Glanz wird dort hergestellt; einige spezielle Verarbeitungsverfahren sind bis heute nur in Venedig bekannt. Bis ins Ende des 17. Jahrhunderts war Glas ein reiner Luxusartikel, ein verglastes Fenster ein sichtbares Zeichen von Reichtum.

Der Weg zur heutigen Glastechnologie war lang und ist nur schwer nachzuvollziehen, da fast alle Glasverfahren geheimgehalten und als streng gehütetes Rezept vererbt wurden. Im wissenschaftlichen Sinne wird die Glasherstellung erst seit 100 Jahren betrieben, untrennbar verknüpft mit den Namen Otto Schott und Ernst Abbe. Sie gründeten 1884 mit Carl Zeiss das Glastechnische Laboratorium Schott und Genossen, woraus jene Firma hervorging, die heute zu den weltweit führenden Herstellern von Spezialgläsern zählt.

Glas ist ein Sammelbegriff für eine kaum überschaubare Anzahl von Stoffen, die sich im glasigen Zustand befinden. Selbst in der Natur findet man glasige Mineralien, zum Beispiel Obsidian, das im vulkanischen Gestein vorkommt und aus Sand, Natrium und Kalk besteht. Die Völker im östlichen Mittelmeer und die Azteken in Mexiko benutzten es für Kult- und Gebrauchsgegenstände. Die Fähigkeit zur Glasbildung besitzen vornehmlich die Sauerstoffverbindungen

Abb. 7.1 Historisches Glas, Maximilianskelch, um 1690

des Siliziums, Bors, Germaniums, Phosphors und Arsens. Unter extremen Bedingungen können aber auch oxidfreie Metallegierungen und organische Stoffe (Glyzerin bei −90 °C) in den Glaszustand übergehen.

Bis zum 18. Jahrhundert verwendete man fast nur Sand, Soda, Kalk und Pottasche zur Glasherstellung; heute fügt man dem Glas, je nach Einsatzart, fast alle Elemente vom Wasserstoff bis zum Uran bei. Optisches Glas kann aus bis zu 20 verschiedenen Elementen bestehen. Die Anwendungsmöglichkeiten von Glas reichen heute von Lichtleitfasern, Textilglasfasern, Glaskeramik bis hin zu elektronenleitenden Gläsern.

7.1 Glaszustand

7.1.1 Kristallisation und Netzwerkbildung

Obwohl die Geschichte der Glasherstellung einige tausend Jahre alt ist, kann die Frage „Was ist Glas?“ bis heute nicht eindeutig beantwortet werden. Eine bekannte Definition lautet:

Glas ist ein anorganisches Schmelzprodukt, das, ohne Kristallisation abgekühlt, einen erstarrten Zustand annimmt. Der Übergang vom flüssigen in den Glaszustand ist umkehrbar.

Weitere Beschreibungen des Glaszustandes lauten: Glas ist eine eingefrorene, unterkühlte Flüssigkeit. Glas ist seinem inneren Aufbau nach gestaltlos (amorph). Glas besitzt keinen definierten Schmelzpunkt.

Tatsächlich verhält sich Glas wie eine äußerst zähe Flüssigkeit, was mit bloßem Auge nicht zu sehen, aber meßbar und nachrechenbar ist. Vergleicht man Glas mit dem Werkstoff Metall, so hat jedes Metall einen bestimmten, exakt nachmeßbaren Schmelzpunkt. Der Molekülaufbau des Metalls ist kristallin, das heißt, seine Moleküle sind einer ganz bestimmten gesetzmäßigen Anordnung unterworfen. Die Glasmoleküle hingegen sind bei jedem Glas, jeder Schmelze anders angeordnet. Beim Abkühlen einer Glasschmelze ordnen sich die Elemente zu einem zufallsbedingten räumlichen Netzwerk von SiO_2-Tetraedern (Abb. 7.2). Glas besitzt keinen Schmelzpunkt, sondern wird innerhalb eines breiten Temperaturbereichs vom festen zum flüssigen Stoff übergehen. Sein Verhalten wird allgemein zuerst als weich, dann als zähflüssig und schließlich als dünnflüssig bezeichnet. Oder mit anderen Worten: Das feste Brillenglas ist nichts anderes als eine extrem zähe Flüssigkeit!

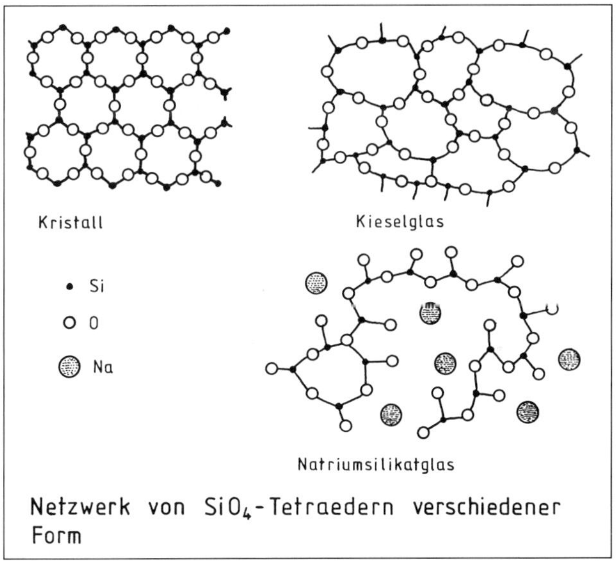

Abb. 7.2 Neztwerk von SiO_2 Tetraedern in verschiedener Form

7.1.2 Transformationstemperatur T_g

Physikalisch gesehen sind alle Gläser, verglichen mit einem Kristall gleicher Art und Zusammensetzung, instabil. Kühlt man die Schmelze eines beliebigen Stoffes ab, so sollte unterhalb des Schmelzpunktes Kristallisation einsetzen. Die Ursache für das Ausbleiben derselben, liegt beim Glas wesentlich in der Bauweise der räumlich vernetzten SiO_2-Tetraeder. Diese Bindungen müßten zuerst aufgebrochen werden, um die typische Kristallformation zu erhalten. Bei den Glasmolekülen ist dies aber erst bei tieferen Temperaturen möglich, wo die Zähigkeit der Schmelze Umlagerungen der Molekülgruppen erschwert. Die Neigung zur Kristallisation (auch „Entglasung" genannt) nimmt im Regelfall mit der Abkühlgeschwindigkeit und der Zahl der Legierungsbestandteile ab; erwünscht ist Entglasung nur bei Glaskeramik. Schematisch kann der Unterschied zwischen einem kristallinen und einem glasig erstarrten System in einem Diagramm dargestellt werden, wobei das Volumen über der Temperatur aufgetragen wird.

Das kristalline System macht beim Erreichen der Schmelztemperatur einen regelrechten Sprung: Sein Volumenbedarf nimmt schlagartig ab. Das glasig erstarrende System verdichtet sich – als unterkühlte Flüssigkeit! – langsam weiter: Es erreicht auch bei Raumtemperatur nie die Dichte des Kristalls. Um eine Maßzahl zu bekommen, die in etwa der Schmelztemperatur eines Metalls vergleichbar ist sowie zum Ver-

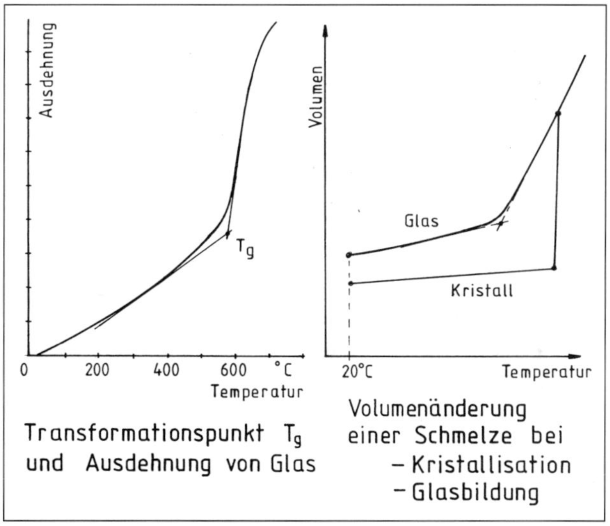

Abb. 7.3 Transformationspunkt und Volumenänderung

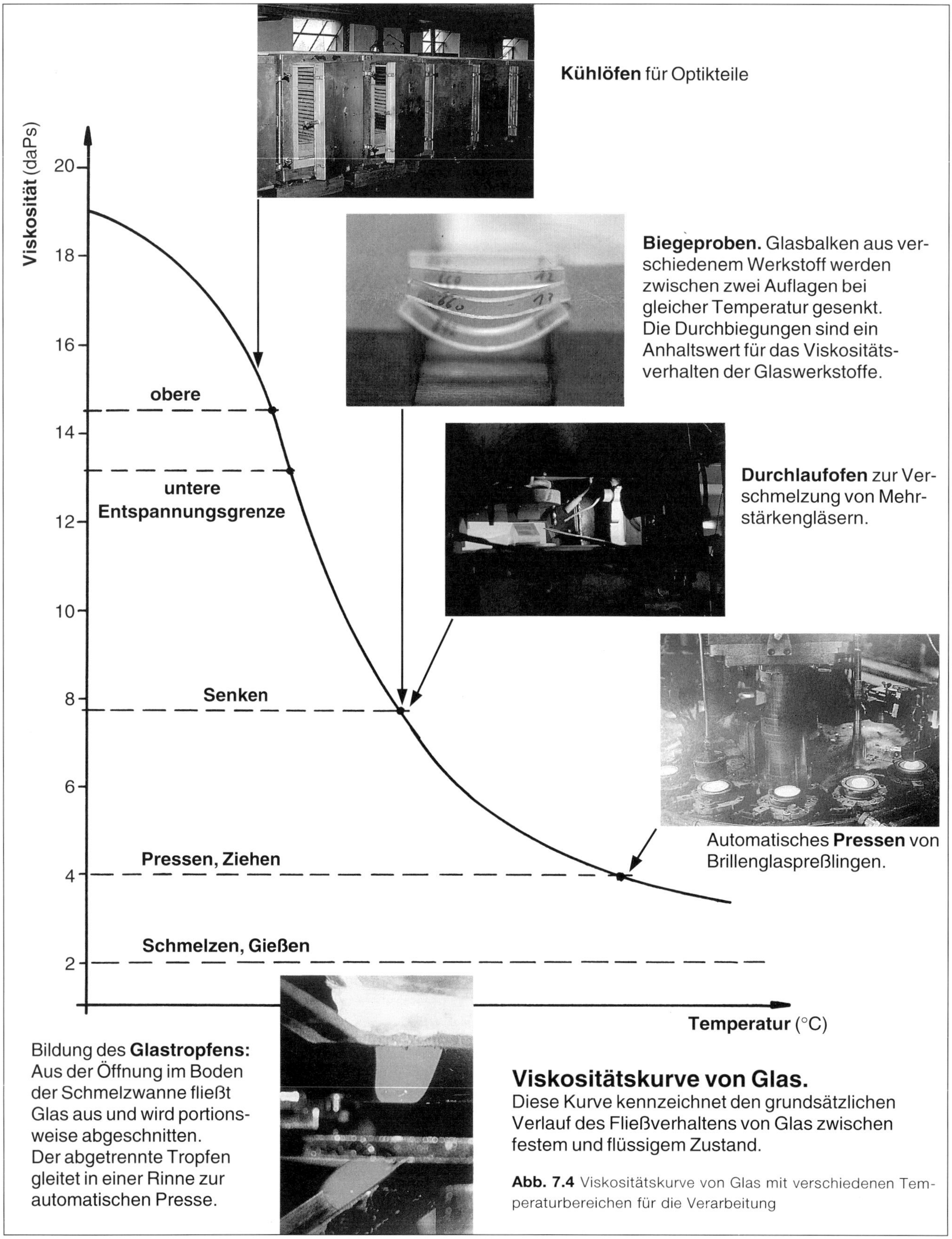

Viskositätskurve von Glas.

Diese Kurve kennzeichnet den grundsätzlichen Verlauf des Fließverhaltens von Glas zwischen festem und flüssigem Zustand.

Abb. 7.4 Viskositätskurve von Glas mit verschiedenen Temperaturbereichen für die Verarbeitung

gleich von Glassorten untereinander, wurde der Transformationspunkt T_g eingeführt. Er gibt die Temperatur an, bei der sich die Schmelze zur Glasstruktur verfestigt. Man erhält diesen Punkt, indem man die Ausdehnung in Abhängigkeit von der Temperatur im Koordinatensystem darstellt und die Tangenten an die Kurventeile anlegt. Im Schnittpunkt der beiden Geraden liegt T_g. Charakteristisch hierfür ist die Kurve (Abb. 7.3), die von einer bestimmten Temperatur an sehr steil nach oben biegt. Der Ausdehnungskoeffizient nimmt um ein Vielfaches zu, vorhandene Spannungen werden aufgelöst; das Glas geht in den zähflüssigen Schmelzzustand über. Bei der Glasherstellung muß dieser Bereich möglichst langsam durchlaufen werden.

7.1.3 Viskosität

Der amorphe Stoff Glas besitzt einen breiten Temperaturbereich, in dem sich der Übergang vom flüssigen zum festen Zustand vollzieht. Während Glas in geschmolzenem Zustand sehr dünnflüssig ist, wird es mit zunehmender Abkühlung immer fester: es „friert ein“. Die Fließfähigkeit wird mit dem Begriff Viskosität beschrieben, auch Zähigkeit genannt. In flüssiger Form hat Glas eine sehr niedrige Viskosität, in fester Form eine sehr hohe. Die Einheit der Viskosität ist das dPas (= deziPascalsekunde) = 0,1 N/sm. (Abb. 7.4 und 7.5).

Um eine Vorstellung von dieser seltenen Maßeinheit zu bekommen, hier ein Vergleich: Bei 20 °C Raum-

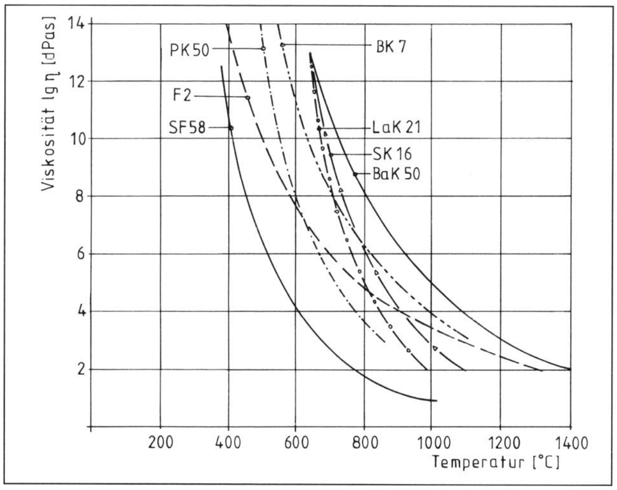

Abb. 7.5 Viskositätskurven verschiedener optischer Gläser

Tabelle der Viskosität von Glas

Viskosität in dPas	entsprechender Temperaturbereich	Bedeutung für die Glasherstellung
10^2	Läuterung	
$10^{2,5}$	Schmelztemperatur	Glasschmelze
$10^{4,2}$	Verarbeitungstemperatur	
10^5	Fließtemperatur	Verarbeitung,
$10^{7,6}$	Erweichungstemperatur	Formgebung
10^{13}	obere Kühltemperatur	
$10^{13,3}$	Transformationstemperatur	Einfrierbereich
$10^{14,5}$	untere Kühltemperatur	Spannungen
10^{19}	Glas bei Raumtemperatur	

temperatur hat Wasser eine Viskosität von 0,01 dPas, Haushaltsspeiseöl 100 dPas und Honig etwa 10 000 dPas. Da die alte Einheit „Poise“ immer noch in der Literatur zu finden ist, sei erwähnt, daß 1 Poise gleich 1 dPas ist.

Wie extrem die Zähigkeitsänderung ist, kann ein anderes Rechenbeispiel verdeutlichen:

Läuft eine bestimmte Menge Glas bei 1 300 °C in einer Minute ab, so benötigt dieselbe Menge bei 800 °C ca. eine Stunde, bei 600 °C etwa 1 Jahr, bei 500 °C rund 1 000 Jahre und bei Raumtemperatur mehr als 30 Milliarden Jahre.

7.1.4 Verschmelzbarkeit von Brillengläsern

Mehrstärken-Brillengläser können durch Verschmelzen eines Fernteils mit einem höherbrechenden Nahteil hergestellt werden. Die hierfür verwendeten Glastypen müssen ganz bestimmten Anforderungen in bezug auf Ausdehnung, Viskosität, Transformation und Kristallisation im Temperaturbereich der Verschmelzung genügen. Eine Verschmelzung ist jedoch nur dann möglich, wenn Transformationstemperatur und Verschmelzspannungen innerhalb ihrer zulässigen Grenzwerte gehalten werden können.

7.1.5 Thermische Eigenschaften – Wärmedehnung

Wie andere Werkstoffe auch, ändert Glas mit der Temperatur sein Volumen. Im allgemeinen wird die relative Längenänderung Δ l/l in mm/m grd benutzt

Abb. 7.6 Spannungen im Glas

(vergleiche Kap. 1.3). Als Maßzahl gibt man den mittleren thermischen Ausdehnungskoeffizienten α für den Temperaturbereich von 20 – 300 °C an; in diesem Bereich besteht ein weitgehend linearer Zusammenhang zwischen Temperatur und Wärmedehnung. Bei den üblichen Glassorten liegt diese Zahl zwischen α = 6,3 und 9,7 · 10^{-6}/K. Für die Glasherstellung ist diese Zahl von hervorragender Bedeutung, da sie die spannungsfreie Verschmelzbarkeit von Brillengläsern bestimmt.

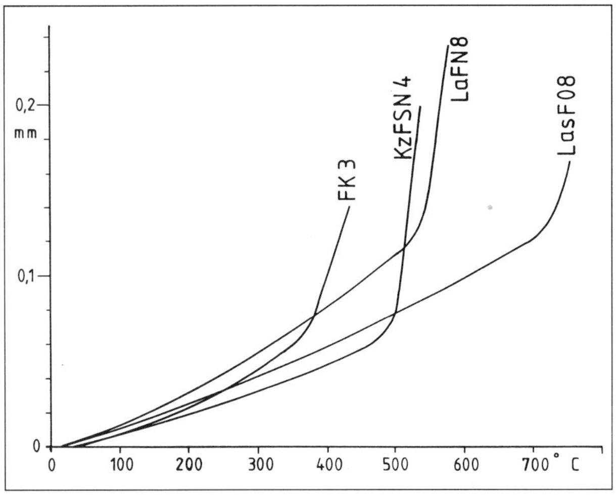

Abb. 7.7 Thermische Ausdehnung verschiedener Glassorten

7.1.6 Dichte

Das Gewicht einer Brille wird wesentlich durch das Gewicht ihrer Gläser bestimmt; das Gewicht des Glases berechnet man aus Volumen mal Dichte. Somit ist die Dichte eine wesentliche Kenngröße für die Eignung einer Glassorte als Brillenglas. Typische Werte für die Dichte sind:

Brillenkron (B 270) ϱ = 2,50 bis 2,55 g/cm^3
Hi-Crown HC ϱ = 2,67 g/cm^3
hochbrechende Flintgläser ϱ = 2,99 bis 3,62 g/cm^3
Gläser für Nahteile ϱ = 3,11 bis 4,35 g/cm^3.

Entwicklungsziel sind Glaswerkstoffe geringer Dichte bei gleichzeitig hoher Brechzahl und hoher Abbescher Zahl. Das „High-Crown" mit ϱ = 2,67 g/cm^3 bei einer Brechzahl von 1,6 und einer Abbeschen Zahl über 40 repräsentiert den jetzigen Entwicklungsstand.

7.1.7 Elastizität und Festigkeit

Die Elastizität von Glas bei Raumtemperatur ist gering, sie beträgt nur etwa ein Viertel der Elastizität von Stahl. Die Zugfestigkeit von Glas ist ebenfalls gering, sie beträgt für konstruktive Bauteile 7 N/mm^2, maximal sind bei sehr guter Oberflächenpolitur Werte von 500 N/mm^2 erreichbar. Die Druckfestigkeit von Glas ist erheblich größer, sie erreicht bei jeder Glassorte mindestens den 10fachen Wert der Zugfestigkeit.

Aufgrund unserer allgemeinen Lebenserfahrung ist bekannt, daß Glas bei schroffen Temperaturwechseln „springt". Hierzu tragen mehrere Umstände bei: das schlechte Wärmeleitvermögen, die relativ hohe Wärmedehnung von Gebrauchsglas und die mäßige Zugfestigkeit. Insbesondere beim Übergang von heiß nach kalt gehen Gläser gern zu Bruch. Da die heiße Außenschicht abgekühlt wird, versucht sie sich zusammenzuziehen, woran sie aber der noch heiße Kern hindert. Die äußere Glasschicht gerät also unter starke Zugbeanspruchung, der sie oftmals nicht gewachsen ist.

Umgekehrt ist sehr schnelles Erhitzen relativ ungefährlich, da die heiße Glasoberfläche unter Druck gerät, eine Druckbeanspruchung aber in weitaus höherem Maße vertragen wird.

7.1.8 Spannungen und Doppelbrechung

Die optischen Eigenschaften von Glas sind in jeder Achsrichtung gleich, das heißt Glas ist isotrop. Spannungen, gleich welcher Ursache, stören die Isotropie und verursachen Doppelbrechungen. Die Anisotropie ist meßbar und wird im allgemeinen als Gangunterschied in nm/cm angegeben. Die spannungsoptische Konstante einer Glassorte gibt an, welcher Gangunterschied in nm/cm bei einer Belastung von 1 bar (= 1 daN/cm^2) auftritt.

7.1.9 Chemische Eigenschaften

Optisches Brillenglas besitzt eine sehr gute Beständigkeit gegen Wasser, Salzlösungen, Säuren und organische Substanzen. Hochkonzentrierte Laugen und Flußsäure bewirken einen merklichen Angriff, besonders bei höherer Temperatur und längerer Einwirkungsdauer. Die **hydrolytische Beständigkeit** wird nach DIN 12 111 bestimmt und teilt Gläser in 3 verschiedene Klassen ein. Gläser der Klasse 1 sind wasserbeständig, solche der Klassen 2 und 3 sind mehr der Korrosion durch Wasser unterworfen.
DIN 12 116 beschreibt die **Säurefestigkeit** von Gläsern; hiernach werden Gläser in fünf Gruppen als säurefest bis hin zu stark säurelöslich eingeteilt. Das gleiche existiert für die **Laugenbeständigkeit.** Für Brillenglashersteller sind darüber hinaus technische Beschreibungen der Gläser bezüglich Fleckempfindlichkeit, Verträglichkeit bei komplexen Waschvorgängen etc. üblich (Abb. 7.8).

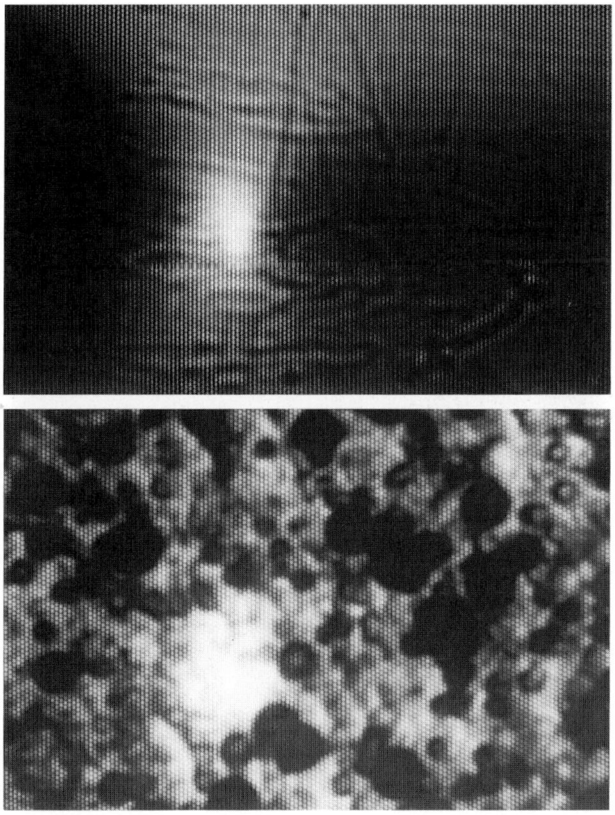

Abb. 7.8 Wasch- und Säurefestigkeit von Brillenglas

7.2 Optische Eigenschaften von Glas

Die Kennzeichnung der optischen Qualitäten eines Glases erfolgt im wesentlichen durch
- Lichtbrechung,
- Dispersion,
- Reflexion, Absorption, Transmission,
- Farbwirkung.

Es sei vorweggeschickt, daß die einem Augenoptiker bekannten optischen Grunderscheinungen hier nicht abgeleitet werden (Einzelheiten siehe Roth, Allgemeine Optik). Alle Angaben beziehen sich auf ein System Glas/Luft und alle Zahlenwerte auf handelsübliches Kronglas B 270, soweit nichts anderes angegeben.

7.2.1 Lichtbrechung

Zur Kennzeichnung der lichtbrechenden Eigenschaften eines Glases dient die Hauptbrechzahl n_e. Da die Brechzahl n von der Wellenlänge des Lichts abhängig ist, gibt der Index einen Hinweis auf die verwendete Meßwellenlänge. Die drei wichtigsten Bezugswellenlängen für Glas sind:
e = 546,07 nm grüne Quecksilberlinie
F' = 479,99 nm blaue Cadmiumlinie
C' = 643,85 nm rote Cadmiumlinie.
Für eine optisch wirksame Fläche mit dem Radius r gilt:

$$D = \frac{n - 1}{r}$$

Es stehen also nur zwei Einflußgrößen zur Verfügung, um den Flächenbrechwert eines Brillenglases zu verändern.

7.2.2 Dispersion

Zur Beschreibung der Dispersion dient die Abbesche Zahl

$$\nu_e = \frac{n_e - 1}{n_{F'} - n_{C'}}$$

Je größer die Abbesche Zahl, desto geringer ist die Dispersion, das heißt, desto weniger auffällig und störend sind Farbsäume beim Durchblick außerhalb des optischen Mittelpunktes eines Brillenglases. Es sei erwähnt, daß die thermische Vorbehandlung eines Glases, besonders die Abkühlungsgeschwindigkeit im kritischen Einfrierbereich um Tg2', Dispersion und Brechung geringfügig beeinflussen.

7.2.3 Reflexion, Absorption, Transmission

Ein angestrahltes Medium (zum Beispiel Brillenglas) wird von einem Lichtstrom durchsetzt. Anschaulich kann man sich ihn als Strom von Photonen vorstellen. Das einfallende Licht kann reflektiert, absorbiert oder transmittiert (durchgelassen) werden. Beim Brillenglas treten alle drei Komponenten auf (Abb. 7.9). Dabei gelten folgende Definitionen:
einfallender Lichtstrom Φ
reflektierter Lichtstrom Φ_r
absorbierter Lichtstrom Φ_a
transmittierter Lichtstrom Φ_t.

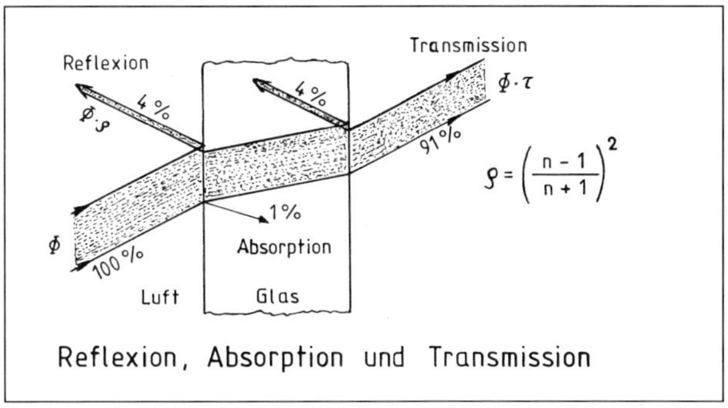

Abb. 7.9 Reflexion, Transmission, Absorption

Da physikalisch gesehen nichts hinzugewonnen und auch nichts verlorengehen kann, gilt:

$$\Phi_r + \Phi_a + \Phi_t = \Phi \text{ oder: } \frac{\Phi_r}{\Phi} + \frac{\Phi_a}{\Phi} + \frac{\Phi_t}{\Phi} = 1$$

Die drei Brüche sind in obiger Reihenfolge als Reflexions-, Absorptions- und Transmissionsgrad bezeichnet.
Obige Formel schreibt man daher oft auch als

$$\varrho + \alpha + \tau = 1 \quad \text{mit } \varrho = \frac{\Phi_r}{\Phi}\ \alpha = \frac{\Phi_a}{\Phi} \text{ und } \tau = \frac{\Phi_t}{\Phi}$$

Da ϱ, α und τ nicht nur vom Werkstoff, sondern auch von Oberflächenbeschaffenheit und Form des Körpers abhängig sind, wird für die Beurteilung von Brillengläsern eine Glasdicke von 2 mm vorgeschrieben. Die **Normlichtart D 65** stellt das mittlere Tageslicht mit 6 500 K Farbtemperatur dar und wird meistens durch Xenonlampen mit Filtern erzeugt.
Befindet sich vor einer Grenzfläche das Medium der Brechzahl n und dahinter ein Medium der Brechzahl n', so gilt für den senkrechten und näherungsweise senkrechten Lichteinfall:

$$\varrho = \left(\frac{n' - n}{n' + n}\right)^2$$

Beispiel: Für eine Kronglasfläche mit n = 1,525 gegen Luft errechnet man eine Reflexion von:

$$\varrho = \left(\frac{1{,}525 - 1}{1{,}525 + 1}\right)^2 = 0{,}043 \text{ oder auch } 4{,}3\%$$

Je höher die Brechzahl n gegenüber Luft, desto stärker ist der Oberflächenreflex.
Die absorbierte Strahlung wird überwiegend in Wärme, zum geringen Teil auch in Fluoreszenz oder eine chemische Reaktion umgesetzt.
Gewünschte Absorptionen bei Brillengläsern werden durch Beigabe von färbenden Mitteln in die Glasmasse oder durch Aufdampfen einer Farbschicht erreicht.
Der Transmissionsgrad τ ist das Verhältnis von durchgelassenem zu auffallendem Strahlungsstrom. Er enthält die Verluste von Reflexion und Absorption, deshalb ist er auch von der Glasdicke abhängig.

Lichtreduktion = Absorption + Reflexion oder:

Reduktion + Transmission = 1 oder 100%.

Für ein unbeschichtetes Brillenkronglas mit zwei Flächen gegen Luft berechnet man:

Einfallender Strahlungsstrom	Φ = 100%	
Reflexion an der Vorderfläche	Φ_{r1} = 4%	→ Reduktion = 9%
Absorption im Glas	Φ_a = 1%	
Reflexion an der Rückfläche	Φ_{r2} = < 4%	
Transmission	Φ_r = 91%	

7.3 Glasherstellung für mineralische Brillengläser

7.3.1 Rohstoffe der Glasherstellung

Die Rohstoffe des Glases müssen in allen Bestandteilen sorgfältig vorbereitet, von höchster Reinheit und sehr gut vermischt werden. Sie bilden das sogenannte Gemenge, das dann der Schmelze zugeführt wird. Alle wesentlichen Bestandteile sind seit Jahrtausenden bekannt, wie das älteste Glasrezept aus der Tontafelbibliothek des assyrischen Königs Ashurbanipal (668 – 626 v. Chr.) beweist. Es lautet: „Nimm 60 Teile Sand, 180 Teile Asche aus Meerespflanzen, 5 Teile Kreide – und Du erhältst Glas". Der niedrige Anteil an Sand läßt auf Probleme mit dem Erreichen der notwendigen Schmelztemperatur schließen. Das heutige Standardmischungsverhältnis der Rohstoffe ist in Klammern angefügt. Man benötigt:
- Glasbildner (ca. 70%)
- Flußmittel (ca. 20%)
- Stabilisatoren (= Glashärter ca. 10%)
- Zusätze.

Glasbildner

Siliziumdioxid (SiO_2) ist in Form von Quarzsand der wichtigste Glasbildner. Nur wenige Sande sind zur Glasherstellung geeignet, da Feinkörnigkeit und Reinheit größten Anforderungen genügen müssen. Bereits ein Gehalt von mehr als 0,01% Eisenoxid (Fe_2O_3) verleiht dem Glas eine deutliche Grünfärbung. Die Gehalte anderer färbender Oxide wie Chrom, Kupfer, Nickel oder Kobalt müssen nochmals wesentlich niedriger liegen: unter 0,001%! Für die hohen Anforderungen, die an optisches Glas gestellt werden, wird der Sand zusätzlichen chemischen Reinigungen unterworfen.
Weitere wichtige glasbildende Oxide sind Bortrioxid (B_2O_3) und Phosphorpentoxid (P_2O_5).

Flußmittel

Flußmittel haben die Aufgabe die hohe Schmelztemperatur von Sand, ca. 1 700° C, herabzusetzen und die Glasherstellung technisch einfacher und wirtschaftlicher zu machen. Ihre Zugabe erfolgt in Form von Soda (Na_2CO_3) und Pottasche (K_2CO_3).

Stabilisatoren

Sand und Flußmittel ergeben Wasserglas. Die erforderliche chemische Beständigkeit, mechanische Festigkeit und Härte erhält das Glas durch Zugabe von Kalk (CaO). Für die Verfestigung des Netzwerks spielen die Oxide des Aluminiums (Tonerde Al_2O_3), des Zinks (ZnO) und des Magnesiums (MgO) eine wesentliche Rolle.

Zusätze

Optische Gläser werden in bezug auf Lichtdurchlässigkeit, Brechung, Dispersion und chemische Beständigkeit besonders beeinflußt durch:
- Bleioxid,
- Bariumoxid,
- Lithiumoxid,
- Oxide der „Seltenen Erden" (Lanthanide).

Diese Zusätze gestatten die genaue Anpassung des Glases an die gewünschte Brechzahl.
Weitere Zusätze, besonders für Wirtschaftsgläser, sind
- Färbungsmittel,
- Trübungsmittel,
- Glasscherben.

Färbungsmittel sind Verbindungen der Nebengruppenelemente.
Die Metallionen ergeben folgende Farbtöne:

Kupfer	(Cu^{++})	: schwach blau
Chrom	(Cr^{3+})	: grün
Chrom	(Cr^{6+})	: gelb
Mangan	(Mn^{3+})	: violett
Kobalt	(Co^{++})	: intensiv blau
Vanadium	(V^{3+})	: grün im Silikatglas braun im Boratglas
Titan	(Ti^{3+})	: violett
Neodym	(Nd^{3+})	: rotviolett
Praseodym	(Pr^{3+})	: schwach grün

Trübungsmittel wie Flußspat (CaF_2) setzen sich in der Glasmasse als feinste kristalline Teilchen ab. Für Milchglas im Bauwesen, Opal- und Opakglas in der Leuchtkörperindustrie sind solche Gläser von Bedeutung. **Glasscherben** sind kein Rohstoff, aber für die Schmelze unentbehrlich. Scherben wirken wie Flußmittel und beschleunigen das Schmelzen des Sandes.

7.3.2 Glasschmelze

Die Glasschmelze geschieht in drei Stufen:
- Rauhschmelze,
- Läuterung,
- Abstehen und Kühlen.

1. Rauhschmelze (Niederschmelzen)

Das eingelegte Gemenge (Sand, Soda, Kalk) benötigt infolge seiner schlechten Wärmeleitfähigkeit einige Stunden, um auf ca. 1 200 °C erwärmt zu werden. Dabei finden zahlreiche chemisch-physikalische Reaktionen statt. Gleichzeitig entstehen große Gasmengen durch den Zerfall der Karbonate, Hydrate und andere. Aus 171 kg Soda werden zum Beispiel 100 kg NaO und 71 kg CO_2 (Kohlensäure).

2. Läuterung

Die Schmelze muß nun vollständig homogenisiert werden, das heißt alle Teile sollen vollständig aufgelöst, gleichmäßig verteilt und alle Gasblasen entfernt werden. Man erhöht die Temperatur auf ca. 1 750 °C, rührt und gibt Läuterungsmittel zu. Das sind Arsenpentoxid (As_2O_5) oder Natriumsulfat (Na_2SO_4), die leicht Sauerstoff abspalten. Die aufsteigenden Gasblasen nehmen andere Gase auf, vergrößern sich und steigen schneller an die Oberfläche. Optisches Glas wird im Regelfall auch mit Rührwerken bearbeitet, um höchste Homogenität zu erzielen.

3. Abstehen und Kühlen

In der Abstehphase werden die letzten Gasblasen aus der Schmelze entfernt, während die Temperatur langsam auf ca. 900 – 1 200 °C sinkt. Danach kann das Glas in vorgewärmte Wannen umgefüllt werden. Das Abkühlen kann je nach Glasart Wochen bis Monate dauern. Die Art der Kühlbehandlung bestimmt beim optischen Glas auch die „letzten Stellen der Brechzahl hinter dem Komma"; eine Feinkorrektur von Brechzahl und Dispersion bis in die 5. Dezimale ist möglich und üblich.

Zur Glasschmelze benutzt man Schmelzöfen, deren Konstruktion einem Stahlofen ähnelt. Optisches Glas wird in kleinen Häfen zu etwa 100 bis 1 000 kg Glasgewicht erschmolzen, kleinere Mengen in Platin- oder Quarztiegeln (Abb. 7.10). Wirtschaftsglas wird in riesigen Wannen kontinuierlich erzeugt; Tagesproduktion pro Wanne bis zu 400 t. Häfen bzw. Wannen bestehen aus einem hochwertigen Steinmaterial, zumeist ein Ton-Schamottegemisch.

Abb. 7.10 Industrielle Glasschmelze

Derartige Dauerwannen können bis zu 40 m lang und 6 m breit sein; ihre Produktionsweise ist vollautomatisiert und wird in drei Schichten pro Tag gefahren. Die Riesen unter den Floatglas-Anlagen enthalten auf 100 m Länge bis zu 2 500 t schmelzflüssiges Glas. Kleinere Hafenöfen werden über Tag gefüllt und in Produktion gebracht, ihre Schmelze erfolgt über Nacht. Im 17. Jahrhundert wurden die Glashütten wegen ihrer Holzfeuerung ausschließlich in waldrei-

chen Gegenden angelegt. Außerdem konnte dort die unentbehrliche Pottasche (Kaliumcarbonat) durch Auslaugen der Holzasche in großen „Pötten" gewonnen werden.
Heute werden die Schmelzöfen mit Heizöl, Gas oder elektrischem Strom beheizt. Die durchschnittliche Lebensdauer eines Ofens liegt bei 5 bis 8 Jahren.

7.3.3 Glasfehler

Es gibt verschiedene Schmelzfehler, die im fertigen Rohglas sichtbar sind und seine Verwendung für optische Zwecke ausschließen:
- steiniges Glas,
- Schlieren,
- blasiges Glas,
- Spannungen.

Steiniges Glas enthält undurchsichtige Körnchen (Steine) unterschiedlicher Größe. Sie können sowohl von der Hafenwand abgeplatzt als auch durch Verklumpung der Rohstoffe entstanden sein. Typisch sind auch sogenannte „Entglasungssteine". Entglasung tritt durch Fehler des Abkühlprozesses ein. Dabei erstarrt die Schmelze – teilweise – nicht zur amorphen durchsichtigen Glasmasse, sondern in Kristallform. Die Neigung zur Entglasung ist bei den verschiedenen Glassorten unterschiedlich stark ausgeprägt.
Schlieren sind Stellen im Glas, die von anderer Zusammensetzung sind wie die Grundmasse. Sie entstehen vornehmlich durch unvollständige Durchmischung der Rohstoffe. Infolge unterschiedlicher chemischer Zusammensetzung zeigen solche Stellen ein abweichendes optisches Verhalten, besonders in der Lichtbrechung.
Blasiges Glas entsteht bei ungenügender Läuterung der Schmelze. Das Rohstoffgemenge setzt sich aus vielen kleinen Körnern zusammen, zwischen denen sich Luft befindet. Hinzu kommen die Gasblasen der chemischen Reaktionen. Während des Schmelzprozesses tragen die aufsteigenden Gasblasen zur besseren Durchmischung der Glasmasse bei und sind dabei durchaus erwünscht. Deshalb beginnt man mit ihrer Beseitigung erst von einem bestimmten Zeitpunkt der Läuterungsphase an.
Spannungen im Glas machen es für optische Zwecke ebenfalls unbrauchbar. Sie entstehen bei unsachgemäßer, meist zu schneller Kühlung. Dabei erstarrt das Glas von der Oberfläche ausgehend in verschiedenen Schichten. Eine bereits abgekühlte äußere Schicht zieht sich zusammen, dem setzt die darunterliegende noch flüssige Schicht aber Widerstand entgegen. So entstehen in der Glasmasse unterschiedliche Zug- und Druckkräfte. Durch eine langsame, auf die Glassorte abgestimmte Kühlung ist es möglich, die auftretenden Spannungskräfte auszugleichen. Verspanntes Glas ist doppelt brechend; der Nachweis der Spannungen geschieht im Spannungsprüfer. Vorsätzlich verspanntes Glas bietet eine hohe mechanische Widerstandsfähigkeit. Es wird als (gehärtetes) Sicherheitsglas verwendet, ist sehr stoßfest und zerfällt bei Bruch in kleine ungefährliche Stücke.

7.4 Herstellung des rohkantigen Brillenglases

Die Brillenglasherstellung geschieht in drei Stufen:
- Fertigung der Preßlinge,
- Schleifen der Flächen,
- Polieren.

7.4.1 Fertigung der Preßlinge

Brillengläser werden in der heutigen Massenfertigung als Preßlinge direkt aus der zähflüssigen Schmelze gepreßt. Über eine Dosieranlage wird ein Preßautomat vollautomatisch beschickt, der dann zwei Preßlingstypen – für Minus- und für Plusgläser – herstellt. Die Durchbiegungen und Mittendicken der Preßlinge sind, auch nach Bestellerwunsch, variabel, so daß der Abschliff gering gehalten werden kann. Typisch für die Preßlingsherstellung sind Drehtelleranlagen, die den herabtropfenden, exakt dosierten Glastropfen aufnehmen, die Form verschließen und durch Stempeldruck den Rohling pressen (Abb. 7.11).

7.4.2 Schleifen der optisch wirksamen Glasflächen

Der Sammelbegriff „Schleifen" beschreibt das spanende Fertigen mit geometrisch unbestimmten Schneiden.

Abb. 7.11 Preßlingsfertigung

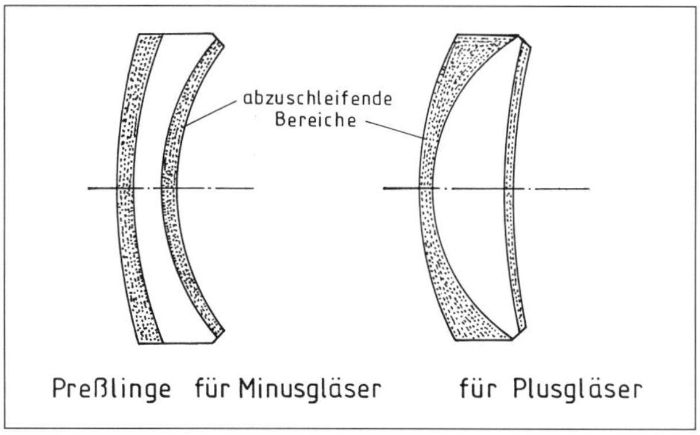

Abb. 7.12 Preßlinge für Plus- und Minusgläser

Die harten Schleifkörner sind mit Hilfe eines Bindemittels in den Schleifkörper eingebunden und bilden eine Vielzahl unbestimmter keilförmiger Schneiden. Die optisch wirksamen Flächen werden im Regelfall mit diamantbesetzten Schleifscheiben oder Ringen geschliffen. Zunächst schleift man mit grobem Korn vor, dann mit feinem Korn nach. Der Vorgang ähnelt der Randbearbeitung in der Optikerwerkstatt. Die geschliffenen Flächen sind seidenmatt und können nach der Reinigung sofort poliert werden.

Die aus der Bindung herausragenden Kornteile ritzen zunächst die Glasoberfläche. Die dabei auftretenden hohen punktförmigen Belastungen bewirken das Abtrennen von Glas. Die auftretende Beanspruchung kann dabei so hoch sein, daß Glaspartikel regelrecht herausgesprengt werden. Das Bruchbild ähnelt einer geöffneten Muschel, weshalb man auch von Ausmuschelungen spricht (Abb. 7.13). Diese sind aber unerwünscht, da sie überwiegend eine zu große Tiefe aufweisen, die dann mühsam herauspoliert werden müßte.

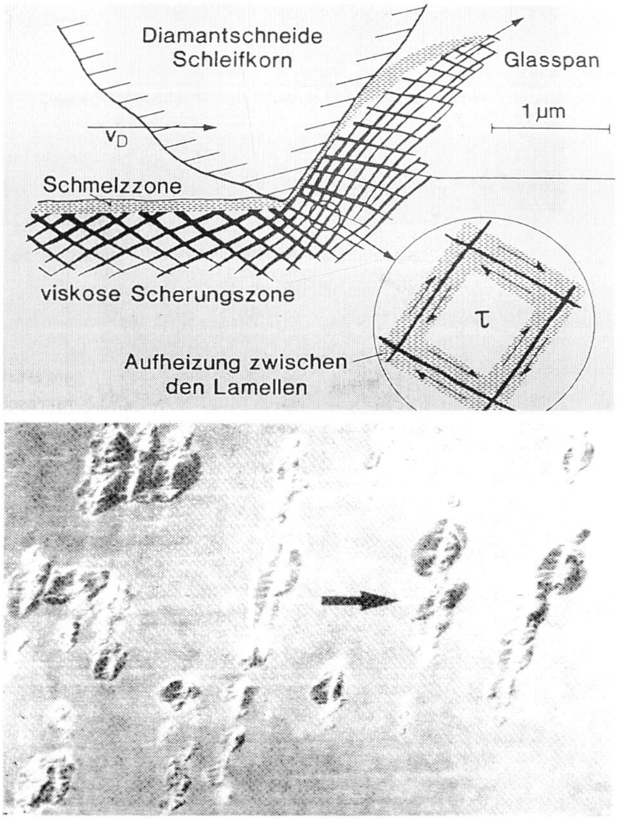

Abb. 7.13 Schleifen von Glas, Ausmuschelungen

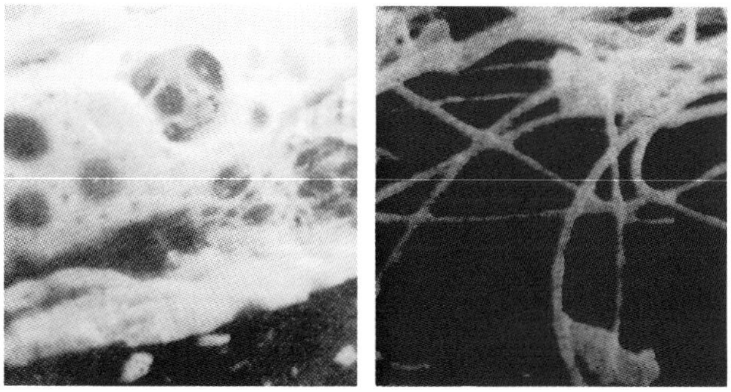

Abb. 7.14 Schleifen von Glas, Glasfäden und Schaumbildung

Neuere Forschungsarbeiten zeigen, daß die Glasoberfläche unter dem Werkzeugeingriff so verdichtet wird, daß das Glas plastisch wird und eine regelrechte Spanbildung zu beobachten ist (Abb. 7.14). Die Erwärmung beim Abtrennen kann so hoch werden, daß Schaumbildung und Glasfäden auftreten können. Leider ist dieser Vorgang oftmals mit **Tiefenrissen** verbunden, die am Grunde der Ritzspur tief ins Material hineinreichen. Diese gefährlichen Risse werden dann erst bei der Ultraschallwäsche sichtbar (Abb. 7.15).

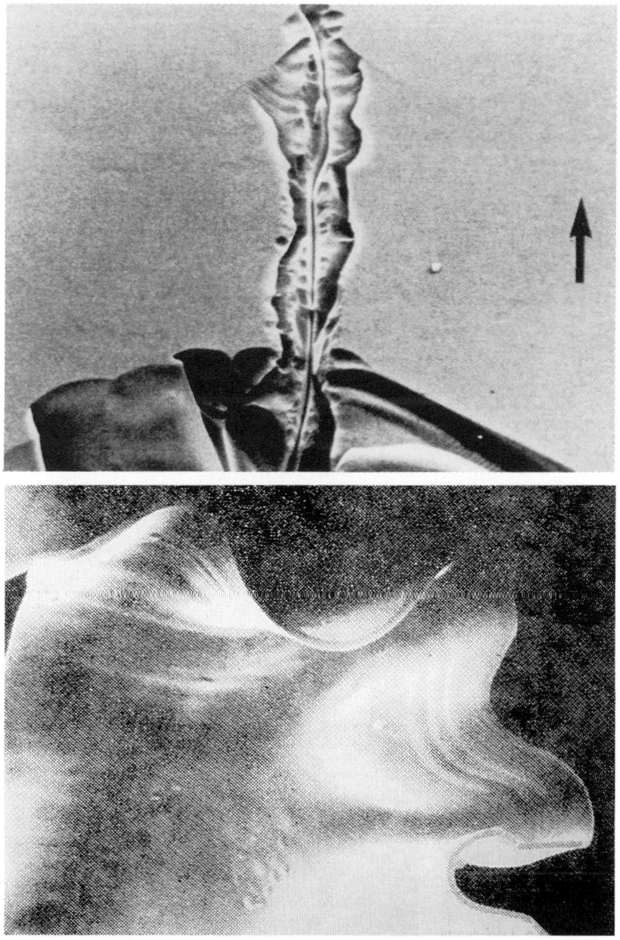

Abb. 7.15 Tiefenriß unterhalb einer Rißspur; Glasspäne

Insgesamt ist der Schleifvorgang von Glas äußerst komplex und hängt von einer Vielzahl von Faktoren ab. Genannt seien hier:

- Korngröße und Form,
- Kornkonzentration auf der Diamantscheibe,
- Bindung,
- Drehzahl und Vorschub,
- Werkzeugform,
- Kühlmittel,
- Glasdurchmesser,
- Radien.

7.4.3 Polieren der Glasoberfläche

Nach dem Schleifen liegt eine Rauhstruktur der Oberfläche von etwa 1 µm vor. Gewünscht ist beim Endprodukt eine Rauhigkeit von 0,05 µm, das ist etwa 1/10 der Lichtwellenlänge! Die verwendeten Poliermittel haben eine Kornstruktur von etwa 1,5 µm. Ihre Korngrenzen und mittlere Korngröße sind eng toleriert.

Die geschliffenen Gläser werden auf einen Gläserkopf gekittet bzw. geklebt. Der Polierkopf ist mit Kunststoff ausgekleidet und poliert die Oberflächen mit synthetischen Poliermitteln (Abb. 7.16). Anschließend werden die Gläser im Ultraschallbad gereinigt und kommen zur Endkontrolle. Dort werden sie auf

Abb. 7.16 Polieren von Gläsern

Glasfehler und Einhaltung der optischen Toleranzen geprüft.

Ähnlich dem Schleifvorgang ist auch der Poliervorgang äußerst kompliziert. Die Einflußgrößen sind sinngemäß dieselben wie beim Schleifen (siehe oben). Eine einheitliche wissenschaftliche Meinung existiert noch nicht. Die Untersuchungen werden da-

durch erschwert, daß die genannten Größen in den unterschiedlichsten Wechselwirkungen zueinander stehen.
Insgesamt ist man der Meinung, daß Polieren kein reiner Materialabtrag durch ein Poliermittel ist. Vielmehr üben Poliermittel und Glas untereinander chemisch-thermische Veränderungen aus. Diese **Reibungs-Verschleiß-Theorie** (Tribochemische Theorie) wird zur Zeit vorrangig untersucht.
Stellt man sich die geschliffene Oberfläche im Profil vor, so liegt der Vergleich mit einem Gebirge mit Bergspitzen und Tälern nahe. Die Spitzen werden erwartungsgemäß zuerst abpoliert. Leider lagern sich Poliermittel und Glasreste in den Tälern an und verbacken dort teilweise. Erst in der Ultraschallwäsche werden diese Reste herausgelöst. Man stellt dann fest, daß das „Resttal" tiefer ist, als zuvor gemessen. Diese Vorgänge sind bekannt und müssen beim Polieren berücksichtigt werden.
Die Abtragleistung eines normalen Kronglases n = 1,525 beträgt beim Polieren ca. 200 mg pro Brillenglasfläche.

7.4.4 Reinigung von Brillengläsern

Bei der Reinigung von Gläsern unterscheidet man die kontrollreife Reinigung und die beschichtungsreife Reinigung. Zur Kontrolle genügt eine Ultraschallwä-

Abb. 7.18 Reinigung von Brillengläsern, Details

sche in etwa drei Bädern. Die Beschichtungsreinigung erfordert mindestens fünf weitere aufwendige Waschvorgänge (Abb. 7.17 – 7.18).

7.4.5 Flächenbearbeitung sphärischer Gläser

Konventionelle sphärische Gläser (asphärische Gläser mit sphärischer Wirkung zählen nicht dazu) werden überwiegend in herkömmlicher Schleiftechnik mittels Schleifschalen gefertigt. Das sind halbkugelförmige Schalen zumeist aus Grauguß, die in der Fertigung für jede optische Wirkung mit unterschiedlichem Radius vorgehalten werden. Die Glasrohlinge

Abb. 7.17 Waschanlage Brillengläser

Abb. 7.19 Schleifen von sphärischen Gläsern

werden eingekittet und die Gegenschale, mit dem Schleifmittel gefüllt, schleift die Oberfläche in drehender Bewegung kugelig (Abb. 7.19).
In der Rezeptfertigung hat sich die moderne CNC-gesteuerte Schleifmaschine mit topfförmiger Pinole bereits durchgesetzt.

7.4.6 Flächenbearbeitung torischer Gläser

Eine torische Vorderfläche wird nach herkömmlicher Technik durch Schleifen auf Toralringen erzeugt. Das sind Gußringe, auf die der Preßling aufgekittet wird. Die torische Fläche entsteht durch Verschwenken der Schleifspindel gegen die Radachse des Toralringes (Abb. 7.20).

Abb. 7.20 Schleifen außentorischer Gläser auf Toralringen

Die moderne CNC-Steuerung erlaubt die Fertigung des torischen Glases auf der gleichen Maschine, auf der auch das sphärische Glas gefertigt wird. Die Steuerung verstellt den Schleifkopf, den Tisch und den Vorschub.

7.4.7 Herstellung mineralischer Mehrstärkengläser

Mehrstärkengläser ermöglichen bei altersbedingtem Nachlassen des Akkommodationsvermögens das Sehen in zwei bzw. drei Sehbereichen. Ohne auf die optischen Probleme eingehen zu wollen, seien hier die technischen Daten und Herstellverfahren geschildert. Die Nahteilwirkung läßt sich auf folgenden Wegen erreichen:
- Die konkave Innenfläche wird teilweise abgeschliffen; eine schwächer negative Rückfläche bedeutet mehr Pluswirkung.
- Die konvexe Außenfläche wird stärker positiv geformt (= außen abgeformt).
- In das Grundglas wird eine Zusatzlinse eingeschmolzen, das kann innen oder außen geschehen (Abb. 7.21).

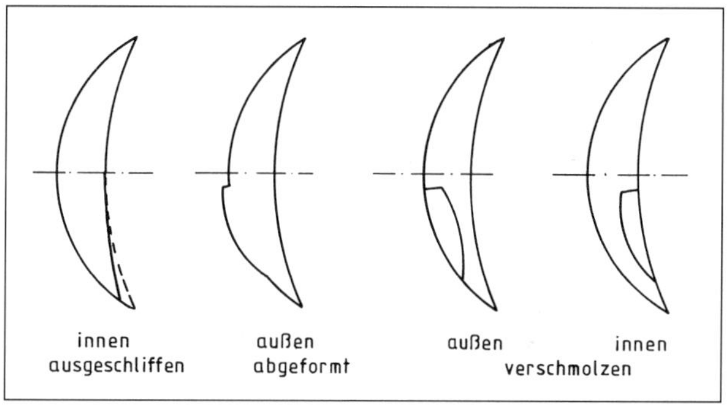

Abb. 7.21 Prinzip der Addition – verschiedene Möglichkeiten

Die erste Möglichkeit, Schleifen eines Doppelglases mit abgesetzter Trennkante, stellt technologisch und optisch keine einwandfreie Lösung dar. Überwiegend aus ästhetischen Gründen werden solche Gläser heute nur noch selten verkauft.
Das außen abgeformte Nahteil wird heute bei Kunststoffgläsern durchgängig verwendet.
Eine nachträgliche Bearbeitung der Vorderfläche ist hierbei unmöglich; das Kunststoff-Mehrstärkenglas muß in „einem Guß" stimmen.
Durch Einschmelzen höherbrechender Zusatzlinsen in mineralische Fernteilgläser kann man Zwei- und Dreistärkengläser herstellen.
Die Zusatzlinse kann auf der Innen- oder auf der Außenseite eines Glases eingeschmolzen werden. Außen eingeschmolzen hat die Nahteillinse die Form einer Bi-Linse, innenverschmolzen die Form eines Meniskus. Letztere Ausführung ist optisch vorteilhafter, aber technologisch schwieriger und teurer. Zur konvexseitigen Herstellung benötigt man einen Fernteilpreßling, der an der Vorderfläche einen hohlen Ausschliff erhält.

Herstellung der Zusatzlinse

Die Zusatzlinse wird aus dem eigentlichen Nahteil gefertigt, typischerweise ein Bariumglas, dessen Trennkante optisch feingeschliffen wird. Hierauf wird sehr sorgfältig ein Ergänzungsstückchen gesetzt, das aus dem gleichen Werkstoff, meistens Brillenkron, besteht wie das Fernteil. Die beiden Teile bilden den sogenannten Knopf oder **Button.** Sie werden auf eine Keramikplatte gelegt, mit einem Ring umschlossen, abgedeckt, beschwert und im Ofen verschmolzen. Dem Button wird außen der gleiche Krümmungsradius angeschliffen wie dem Fernteil innen.

Abb. 7.22 Herstellung des Buttons für Bifokalglas

Die **Trennkante** verursacht kaum Reflexe, da sie nicht poliert wird und in Richtung der Fixierlinie verkippt ist. Ihre Auffälligkeit für das blickende Auge und für den außenstehenden Betrachter ist gering.

Herstellung außenverschmolzener Mehrstärkengläser

Grundglas und Button werden jetzt bei einer Temperatur von etwa 700 – 750 °C verschmolzen. Der Knopf sinkt dabei durch sein Eigengewicht in den Grundwerkstoff ein. Dies ist ein kritischer Punkt der Fertigung, da sich hierbei die Berührungsflächen deformieren können.
Das Ergänzungsteil ist absolut unsichtbar verschmolzen, da es aus dem gleichen Material besteht wie das Grundglas. Zum Schluß der Bearbeitung wird das überstehende Material des Buttons abgeschliffen. Auch dieser Punkt ist problematisch, da bei einem zu kleinen oder zu großen Abtrag der Vorderfläche sich die Geometrie, das heißt die Abmessungen des Nahteils, verändert. Die Toleranzen für diesen Herstellungsgang liegen im Hundertstel-Millimeterbereich (Abb. 7.23).

Abb. 7.23 Gesamtherstellung des Bifokalglases

Vorteile des außenverschmolzenen Glases sind:
- Möglichkeit zur Verkippung der Trennfläche,
- augenseitig gleiche Reflexe,
- innentorische Herstellung.

Herstellung innenverschmolzener Mehrstärkengläser

Die Anfertigung des Buttons unterscheidet sich nicht vom bisher beschriebenen Verfahren, nur wird natürlich seine Außenfläche exakt auf Maß bearbeitet. Dabei kann auch eine zylindrische Wirkung angeschliffen werden, so daß unterschiedliche Achslagen und Wirkungen zwischen Fern- und Nahteil möglich sind. Im weiteren Fertigungsgang wird das Grundglas relativ hoch – auf etwa 900 °C – erhitzt, und der Button ziemlich kalt mit etwa 6 Tonnen Druck konkavseitig eingepreßt. Infolge der geringen Erwärmung des Buttons kann sich seine auf Maß bearbeitete Fläche praktisch nicht verziehen. Die Konkavseite wird anschließend fertig abgeschliffen und poliert. Die Konvexfläche kann gegebenenfalls eine torische Fläche erhalten.
Vorteile der Innenverschmelzung:
- Zusatzteil ist meniskenförmig, also besser abbildend,
- Zusatzteil ist weniger kratzanfällig,
- objektseitig gleich starke Reflexe.

Dreistärkengläser

Dreistärkengläser werden nach den gleichen Prinzipien als innen- oder außenverschmolzene Gläser hergestellt. Da der Ausschliff des Grundglases und des

Buttons nur einen einheitlichen Radius erlaubt, muß die unterschiedliche Wirkung von Zwischen- und Nahteil durch Materialien unterschiedlicher Brechzahl erzielt werden.
Im skizzierten Beispiel sind hierfür gewählt: n = 1,611 im Zwischenteil und n = 1,685 im Nahteil. Im Regelfall ist die Brechzahl des Zwischenteils so gewählt, daß die Addition hier der halben Nahteilwirkung entspricht (Abb. 7.24).

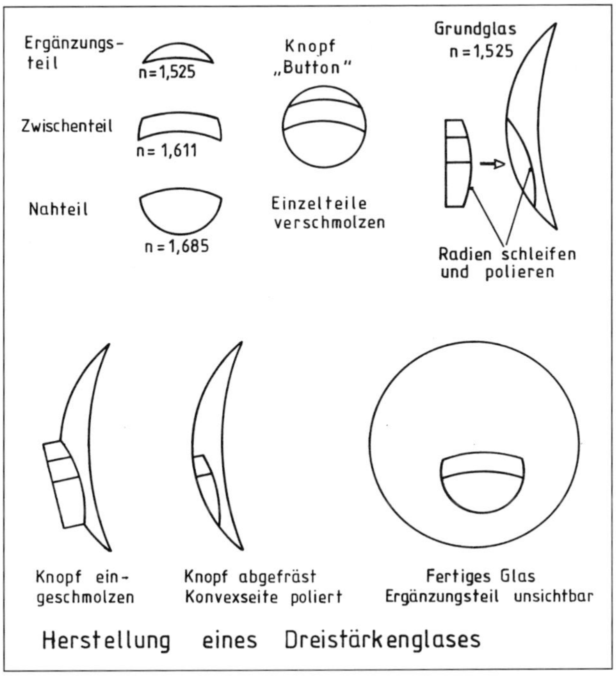

Abb. 7.24 Herstellung eines Trifokalglases

7.4.8 Fertigung von Asphären und Atoren

Asphären und Atoren werden mit steigender Tendenz von Augenoptikern und Kunden bevorzugt. Ihre Technologie repräsentiert den Stand der Technik. Beim klassischen Beispiel des asphärischen Gleitsichtglases sind gegenüber dem Mehrstärkenglas folgende Vorteile zu nennen:
- deutliches Sehen in allen Sehbereichen,
- keine toten Zonen, kein Bildsprung,
- ästhetisch sehr ansprechend wie ein Einstärkenglas.

Insbesondere wenn erstmals eine Nahbrille zur Debatte steht, spricht heute vieles für das Gleitsichtglas. Für den ganztägigen Gebrauch mit einem geringeren Anteil an Naharbeit und ohne spezielle Forderungen an Arbeitsentfernungen und Sehfeld ist dieser Glastyp als Universalglas empfehlenswert.
Die Herstellung von Asphären und Atoren erfolgt immer aus einem Stück. Dabei wird die asphärische Fläche stets konvexseitig angebracht. Mineralische Gläser werden durch Diamantschleifen spanend hergestellt, organische Gläser durch Gießen spanlos geformt. Gleitsichtflächen besitzen keine Rotations- und zum Teil auch keine Spiegelsymmetrie mehr. Die Fertigung von Asphären und Atoren ist nur mittels numerisch gesteuerter Werkzeugmaschinen möglich, da die geschliffene oder gegossene Progressivfläche aus über 600 Meßpunkten zusammengesetzt ist. Die Fertigung erfolgt unter stetiger Kontrolle durch Meßautomaten, da herkömmliche Scheitelbrechwertmesser die komplizierte asphärische Oberfläche nicht ausmessen können. Die Asphäre wird Punkt für Punkt abgetastet und mit dem vorgegebenen Meßprotokoll verglichen (Abb. 7.25).

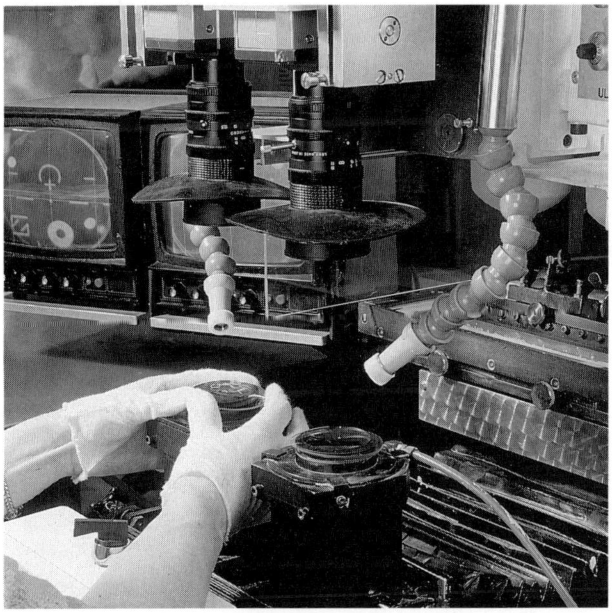

Abb. 7.25 Aufbringen der Gravur auf eine Asphäre

7.5 Material- und Herstellungstoleranzen bei Brillengläsern

DIN 58 203 gilt für rohkantige Gläser aus mineralischem und organischem Material. Sonnenschutzgläser, die nach DIN 58 217 zu prüfen sind, und Industrie-Schutzgläser (DIN 4646 und 4647) werden nach eigenen Normen geprüft.

Teil 1 Grundanforderungen

Teil 1 der fünfteiligen Norm bestimmt **Grundanforderungen,** die für jedes Glas gelten.
Demnach ist die **Bezugswellenlänge** das Licht der grünen Quecksilberlinie λ = 546,07 nm.
Der Transmissionsgrad soll größer als 80% sein und über die ganze Fläche homogen. Hier liegen bereits Probleme, da Gläser mit optischer Wirkung immer eine unterschiedliche Dicke haben. Sind sie in der Masse gefärbt, so liegen zwangsläufig Differenzen vor.
Schließlich werden Forderungen bezüglich
- Streulicht,
- Werkstoff- und Oberflächenfehler,
- Randbeschaffenheit und nutzbare Größe,
- Entflammbarkeit,
- thermische Beständigkeit und Strahlenbeständigkeit aufgestellt.

Teil 2 legt die Zusatzanforderungen für Einstärkengläser fest, Teil 3 solche für Mehrstärkengläser, Teil 4 die für Progressivgläser, Teil 5 beschreibt die Prüfverfahren.

Teil 2 Zusatzanforderungen für Einstärkengläser

Hier findet man die Tabellen mit den Toleranzen der dioptrischen Wirkung. Die untenstehende Tabelle gibt die Toleranzen für Gläser mit sphärischer Wirkung an. Die zulässigen Abweichungen beziehen sich auf den Bezugspunkt des Glases.

Sollscheitelbrechwert dpt	zulässige Abweichungen dpt	
	sphärisch	astigmatisch
0 bis 3	± 0,06	
über 3 bis 6	± 0,09	
über 6 bis 9	± 0,12	0,06
über 9 bis 12	± 0,18	
über 12	± 0,25	

Man sieht, daß die Toleranzen mit steigendem Scheitelbrechwert zunehmen. Unabhängig hiervon darf ein achsensymmetrisches Glas maximal einen Astigmatismus von 0,06 dpt aufweisen.

Gläser mit zylindrischer Wirkung

Für beide Hauptschnitte gelten die zulässigen sphärischen Toleranzen wie oben in Tab. 1 dargestellt.
Beispiel: Das Glas sph +4,00 cyl +1,00
wäre innerhalb folgender Abweichungen tolerierbar:
1. HS = 3,91 2. HS = 5,09,
da die Toleranz ± 0,09 dpt beträgt.
Möglich wäre auch: 1. HS = 4,09 2. HS = 4,91 dpt.
Im erstgenannten Fall wäre der Zylinder um 0,18 dpt zu groß; im zweiten Falle um 0,18 dpt zu klein. Da dieser Fehler in jedem Falle zu groß und nicht tolerierbar ist, wurde zusätzlich Tab. 2 zur Tolerierung der Zylinderstärke eingeführt.
Als Sollscheitelbrechwert ist der absolut größere Brechwert des Brillenglases definiert.

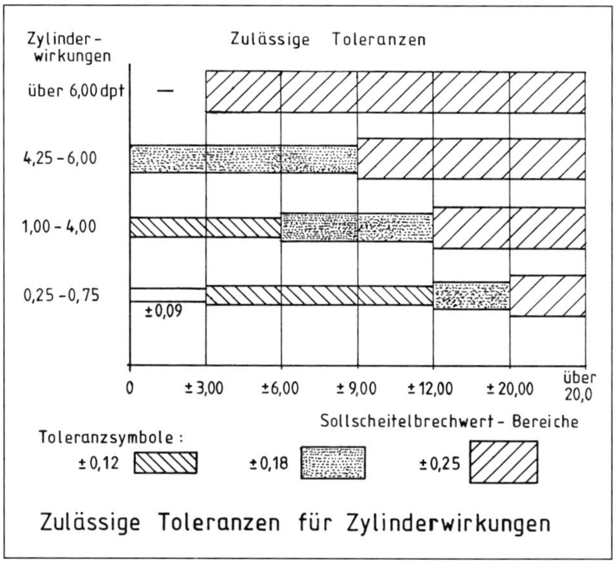

Abb. 7.26 Zulässige Toleranzen für Zylinderwirkungen

1. Beispiel:
Herstelltoleranzen für das Glas sph +4,5 cyl+2,0
HW_1 = +dpt sph Toleranz ±0.09 → $HW_{1.\ Kleinst}$ = +4,41
$HW_{1.\ Größt}$ = +4,59 dpt
HW_2 = +6,5 dpt sph Toleranz ±0,12 → $HW_{2.\ Kleinst}$ = +6,38
$HW_{2.\ Größt}$ = +6,62 dpt
cyl +2,0 dpt cyl Toleranz ± → $cyl_{Kleinst}$ = +1,88
$cyl_{Größt}$ = +2,12 dpt
Kombiniert man jetzt nur Kleinst- und Größtmaße eines Hauptschnitts, so ergeben sich bereits vier verschiedene Beispiele:

sph +4,41 cyl +1,88 → HW_2 = +6,29 dpt → außerhalb der zul. HW-Abweichung
sph +4,41 cyl +2,12 → HW_2 = +6,53 dpt → innerhalb der zul. HW-Abweichung
sph +4,59 cyl +1,88 → HW_2 = +6,47 dpt → innerhalb der zul. HW-Abweichung
sph +4,59 cyl +2,12 → HW_2 = +6,71 dpt → außerhalb der zul. HW-Abweichung

Ergebnis: Die zylindrische Abweichung liegt stets innerhalb ihrer zulässigen Toleranz, aber in Verbindung mit der sphärischen Wirkung – als Kombination – bereits in zwei Fällen außerhalb der zulässigen sphärischen Toleranz! Es muß also in allen Fällen nicht nur die zylindrische Toleranz überprüft werden, sondern immer auch ihre Wirkung in Verbindung mit der gesamten sphärozylindrischen Kombination.

2. Beispiel:

Herstelltoleranzen für das Glas sph −10,0 cyl −3,0
HW_1 = −10,0 dpt sph Toleranz ±0,18 → $HW_{1.\ Kl}$ = −9,82
$HW_{1.\ Gr}$ = −10,18 dpt
HW_2 = −13,0 dpt sph Toleranz ±0,25 → $HW_{2.\ KL}$ = −12,75
$HW_{2.\ Gr}$ = −13,25 dpt
cyl −3,0 dpt cyl Toleranz ±0,25 → cyl_{Kl} = −2,75
cyl_{Gr} = −3,25 dpt
die Kombination des 1. Hauptschnitts mit einem zulässigen Zylinder ergibt:
sph − 9,82 cyl −2,75 → HW_1 = −12,57 dpt → außerhalb der zul. HW-Abweichung
sph − 9,82 cyl −3,25 → HW_1 = −13,07 dpt → innerhalb der zul. HW-Abweichung
sph −10,18 cyl −2,75 → HW_1 = −12,93 dpt → innerhalb der zul. HW-Abweichung
sph −10,18 cyl −3,25 → HW_1 = −13,43 dpt → außerhalb der zul. HW-Abweichung

Ergebnis: In zwei Fällen liegt das genannte Beispiel außerhalb der Toleranz. Für beide Hauptschnitte gelten die zulässigen sphärischen Abweichungen und zusätzlich die Einschränkungen für die zylindrische Wirkung.

Gläser mit prismatischer Wirkung

Für die prismatische Wirkung gelten die Festlegungen nach der folgenden Tabelle.

Bereich für Sollwerte der prismatischen Ablenkung cm/m	zulässige Abweichungen für die prismatische Ablenkung im Bezugspunkt cm/m	zulässige Abweichungen für die Basislage
0 bis 1,5	± 0,12	± 8°
über 1,5 bis 3	± 0,25	± 6°
über 3 bis 6	± 0,25	± 5°
über 6 bis 9	± 0,37	± 4°
über 9	± 0,50	± 3°

Zentrierung

Die Lage des optischen Mittelpunktes darf vom geometrischen Mittelpunkt abweichen. Hierfür ist eine dreistufige Toleranztabelle vorgesehen. Diese Tabelle gilt nicht für Gläser mit prismatischer Wirkung.

Bereich für Sollscheitelbrechwerte dpt	zulässiger Abstand des optischen Mittelpunktes vom Bezugspunkt mm	zulässige prismat. Ablenkung im Bezugspunkt cm/m
0 bis 0,25	–	0,12
über 0,25 bis 2	3	–
über 2	2	–

Teil 3 Zusatzanforderungen für Mehrstärkengläser

Der Nahzusatz (Add) ist definiert als Wirkungsdifferenz zwischen Nahteil und Fernteil.
Diese Differenz hängt ab von der Geometrie und dem Material des Brillenglases sowie vom Strahlenverlauf, der für die Wirkung in Fern- und Nahteil zugrunde gelegt wird.
Man unterscheidet drei unterschiedliche Definitionen für den Nahzusatz.

1) Nahzusatz nach dem Gebrauchswert (Add_R)

Nahzusatz Add_R = $Gebrauchswert_N$ – $Gebrauchswert_F$
Die dioptrische Wirkung eines Brillenglases in der Gebrauchssituation ist der Gebrauchswert. Der Nahzu-

satz nach der Gebrauchsstellung kann nicht unmittelbar aus einer der üblichen Messungen bestimmt werden. Er wird berechnet aus den Mittelwerten der Hauptschnittwirkungen. Der Berechnung liegt eine normierte Gebrauchssituation (Abb. 7.27) zugrunde.

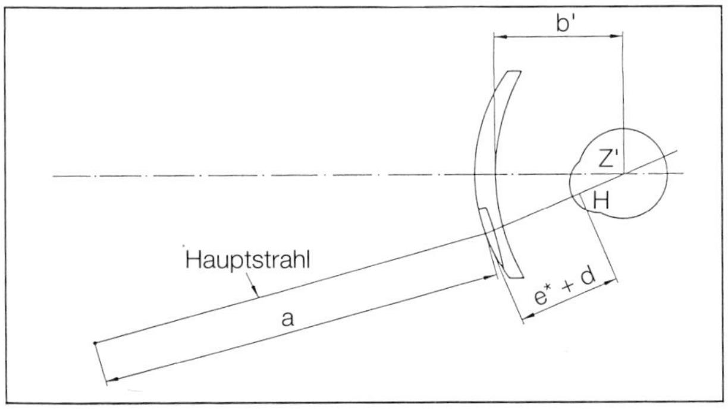

Abb. 7.27 Normierte Gebrauchssituation des Brillenglases

Für die eingezeichneten Strecken gilt:
b' = 28,5 mm (Abstand zwischen hinterem Brillenglasscheitel und Augendrehpunkt),
e* + d = 20 mm (Abstand zwischen vorderem Brillenglasscheitel und Augenhauptpunkt).
Für den Zusammenhang zwischen Nahzusatz Add_R und Objektpunktabstand a gilt die folgende Tabelle:

Nahzusatz Add_R dpt	Objektpunktabstand a mm
$\leqslant 2{,}5$	-380
$> 2{,}5$	$-\frac{1000}{Add_R}$

Bestimmung des Nahzusatzes nach dem Meßverfahren

Die Bestimmung des Nahzusatzes mit dem Scheitelbrechwertmeßgerät ist nach zwei Meßverfahren üblich. International ist das Konvexmeßverfahren weit verbreitet, in Deutschland überwiegt aber der Gebrauch der Konkavmeßmethode.

2) Konkavmeßverfahren (cc)

Durch den Strahlengang des Konkavmeßverfahrens nach DIN 58 203 Teil 5 (siehe unten) sind die konkavseitigen Scheitelbrechwerte von Nahteil und Fernteil in den Bezugspunkten B_N und B_F definiert. Die Wirkungsdifferenz wird im mathematisch kleineren Hauptschnitt definiert.
Nahzusatz Add_{cc} = Scheitelbrechwert$_{cc}$ in B_N – Scheitelbrechwert$_{cc}$ in B_F.

3) Konvexmeßverfahren (cx)

Beim Konvexmeßverfahren wird das Brillenglas mit der Konvexfläche auf die Auflage des Scheitelbrechwertmeßgerätes gelegt. Dann werden die Meßwerte im Bezugspunkt B_N des Nahteils ermittelt und in einem Punkt B_S des Brillenglases, der im Fernteil diametral gegenüber von B_N liegt, bezogen auf den Bezugspunkt B_F des Fernteils (Abb. 7.28).

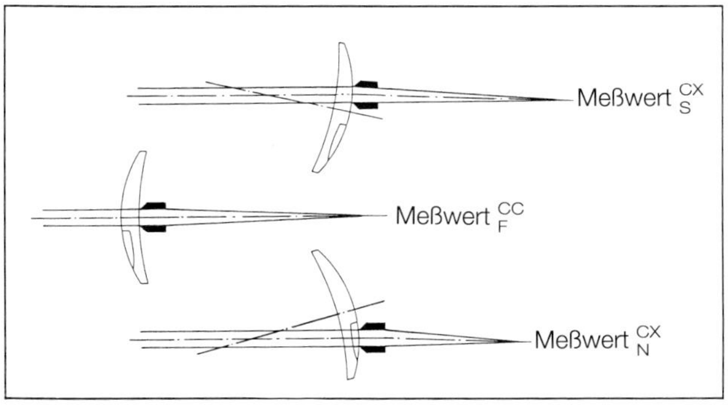

Abb. 7.28 Meßsituation SBWMG Konvexmeßverfahren

Durch diesen Strahlengang werden die konvexseitigen Scheitelbrechwerte des Nahteils in B_N und des Fernteils in B_S definiert.
Die Wirkungsdifferenz wird im mathematisch größeren Hauptschnitt bestimmt.
Nahzusatz Add_{cx} = Scheitelbrechwert$_{cx}$ in B_N – Scheitelbrechwert$_{cx}$ in B_S.

4) Korrekturwert

Entsprechend den unterschiedlichen Definitionen für den Nahzusatz werden Mehrstärkengläser mit unterschiedlichen Nahzusätzen gefertigt. Deshalb sind Korrekturwerte notwendig, um von einem Bezugssystem in ein anderes umzurechnen.
Sind die Mehrstärkengläser entsprechend dem Nahzusatz nach dem Gebrauchswert (Add_R) gefertigt, dann ist ein Korrekturwert notwendig, der eine Kon-

trolle nach dem Konkav- oder Konvexmeßverfahren ermöglicht.

$Add_{cc,cx} = Add_R + Korrekturwert_{cc,cx}$

Sind die Mehrstärkengläser entsprechend dem Nahzusatz nach dem Scheitelbrechwert (Add_{cc} oder Add_{cx}) gefertigt, dann ist ein Korrekturwert notwendig, um den Nahzusatz nach dem Gebrauchswert (Add_R) zu bestimmen.

$Add_R = Add_{cc,cx} - Korrekturwert_{cc,cx}$

Anforderungen

Der Hersteller eines Mehrstärkenglases hat anzugeben, auf welches der drei Bezugssysteme er sich bei seiner Additionsangabe bezieht.

Für das Bezugssystem nach der Gebrauchssituation ist der Korrekturwert oder der Soll-Scheitelbrechwert, nicht gröber als auf 0,06 dpt gerundet, anzugeben.

Für die Bezugssysteme nach dem Meßverfahren soll der Lieferant der rohkantigen Gläser Korrekturwerte in Form einer Tabelle oder Graphik angeben, sobald der Nahzusatz nach seinem Meßverfahren um mehr als 0,12 dpt vom Nahzusatz Add_R abweicht. Die Korrekturwerte sollen in Stufen von höchstens 0,25 dpt angegeben werden.

Die zulässige Abweichung des Nahzusatzes vom Sollwert beträgt bis zu einem Scheitelbrechwert von ± 8,0 dpt im Fernteil ± 12 dpt, sonst ± 0,18 dpt. Dies gilt für das konkavseitige Meßverfahren im mathematisch kleineren Hauptschnitt, für das konvexseitige Meßverfahren im mathematisch größeren Hauptschnitt.

Zusammenfassung

Gleiche Strahlengänge liefern gleiche dioptrische Wirkungen, unterschiedliche Strahlengänge liefern unterschiedliche dioptrische Wirkungen.

Es sei nachdrücklich daran erinnert, daß das Scheitelbrechwertmeßgerät nur für den Fall eines unendlich fernen Objektes mit dem Strahlengang im System Auge – Brille längs der optischen Achse übereinstimmt. Nur der Meßwert eines Brillenglases für den Gebrauch in der Ferne, bei dem optischer Mittelpunkt und Bezugspunkt zusammenfallen, ist dem Gebrauchswert gleich. Alle anderen Strahlengänge zwischen dem System Auge – Brillenglas und der Meßsituation im Scheitelbrechwertmeßgerät sind unterschiedlich (Abb. 7.29).

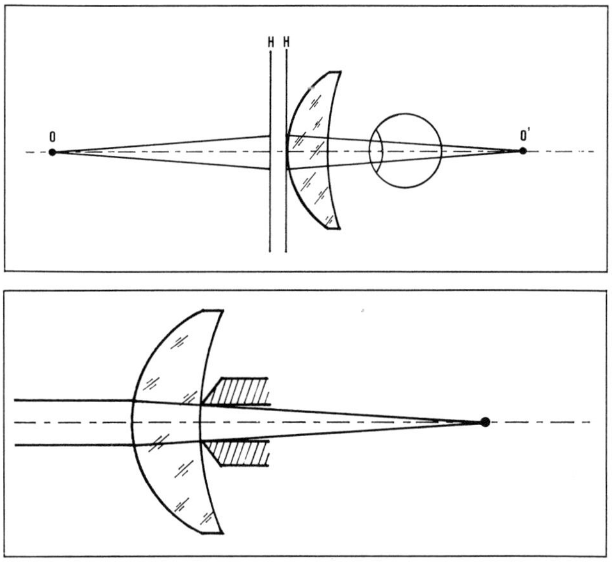

Abb. 7.29 Gebrauchssituation bei Nahgläsern, Meßstrahlengang Ferne

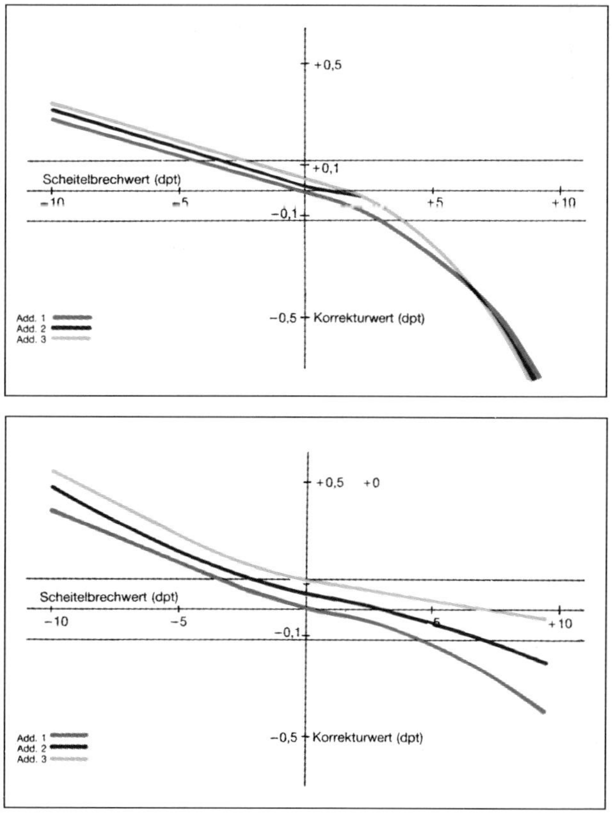

Abb. 7.30 Korrekturwerte bei Anwendung des Konvex- bzw. Konkavmeßverfahrens

Der Brillengläser anpassende und abgebende Augenoptiker sollte diese Problematik stets bedenken und besonders bei Gläsern höherer Wirkung und/oder höherer Addition berücksichtigen.
Die Berücksichtigung der Korrekturwerte hilft besonders jenem Brillenträger, der im wörtlichen Sinne der Sehhilfebedürftigkeit die ganze Aufmerksamkeit des Augenoptikers erfordert.
Die Zeiss-Mitarbeiter Kratzer und Lahres haben im Sonderdruck der Deutschen Optikerzeitung, Heidelberg, von 9/1979 „Über die Meßbarkeit dioptrischer Wirkungen von Brillengläsern" diese Problematik ausführlich beschrieben und mit gängigen Beispielen dargestellt.
Dieser Arbeit entnommen sind die Kurven: „Korrekturwerte bei Anwendung der Konkav- bzw. Konvexmeßmethode" (Abb. 7.30).
Der Rodenstock-Mitarbeiter Guilino beschreibt in seiner Arbeit „Die Korrektion der Aphakie", 26. Sonderdruck der WVAO von 1976, S. 93, um welchen Betrag der Nahzusatz zu verstärken ist und liefert dazu eine graphische Darstellung (Abb. 7.31).

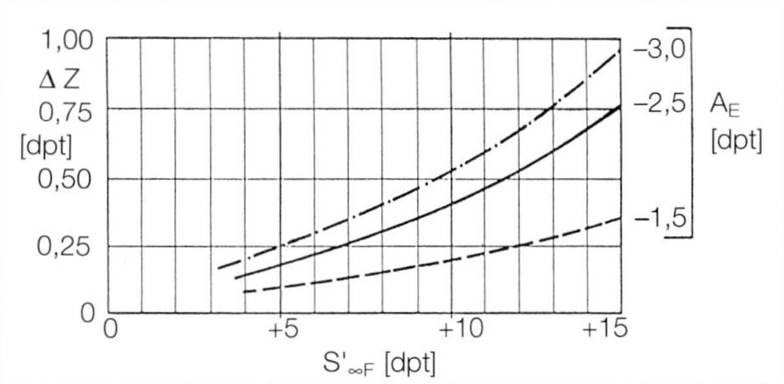

Abb. 7.31 Meßkorrektur in Abhängigkeit vom Scheitelbrechwert

Teil 4 Zusatzanforderungen für Progressivgläser

Teil 4 der DIN 58 203 beschreibt die Toleranzen der optischen Wirkung im Fernteil von Progressivgläsern. Sie liegen geringfügig höher als die Toleranzen bei sphärischen Einstärkengläsern.
Weiterhin wird eine dauerhafte Markierung des Glases gefordert.

Teil 5 Prüfverfahren

Im letzten Teil der Norm werden alle Prüfverfahren beschrieben. Neben Transmissionsgrad und Streulichtmessung werden dort auch die Werkstoff- und Oberflächenfehlerprüfungen beschrieben.
Es handelt sich um die bekannte qualitative Prüfung durch einen geübten Prüfer. Die Prüfanordnung ist in der folgenden Abb. 7.32 dargestellt. Beobachtet wird an der Hell-Dunkel-Grenze ohne vergrößernde Hilfsmittel. Diese Art der Prüfung dürfte den ungeübten Augenoptiker, der keine Vergleichsmöglichkeiten hat, sicher überfordern. Der geübte Industrieprüfer wird hingegen mit großer Sicherheit tolerierbare von unzulässigen Fehlern trennen können.

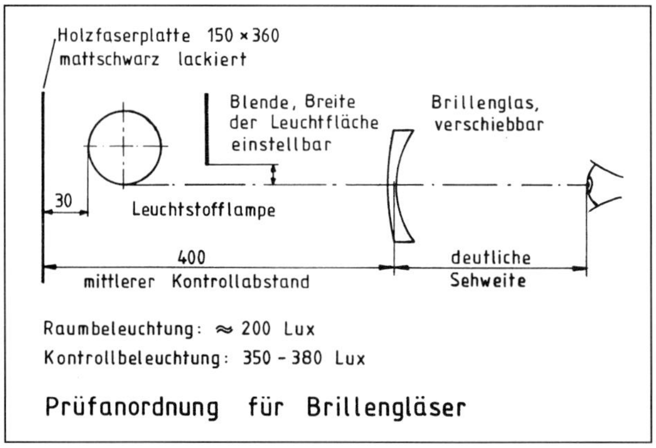

Abb. 7.32 Prüfanordnung für Brillengläser nach DIN 58 203

Brillengläser dürfen innerhalb eines Bereiches von 30 mm, bezogen auf den optischen Mittelpunkt O, keine mit bloßem Auge erkennbaren Schlieren, Blasen, Einschlüsse, Trübungen, Kratzer und andere werkstoff- oder fertigungsbedingte Fehler aufweisen. Innerhalb des übrigen Bereiches sind vereinzelt derartige Fehler zulässig.
Randbeschaffenheit: Vereinzelte Aussprünge sind zulässig.
Der nutzbare geometrische Durchmesser darf bis 1 mm kleiner als der Nenndurchmesser sein.

7.6 Werkstoffe für mineralische Brillengläser

Technologisch unterscheidet man:
- Brillenkronglas B 270
- hochbrechende Gläser
- phototrope Gläser
- Nahteilgläser
- organische Gläser (siehe Kap. 8).

Optisch-technische Daten der wichtigsten Brillenglasmaterialien

Material	Kürzel	Hauptbrechzahl n	Abbesche Zahl ν_e	Dichte g/cm^3	UV-Kante (50%)
Brillenkron	B 270	1,525	58,6	2,55	312
Brillenkron		1,525	58,1	2,53	312
Brillenkron		1,525	59,2	2,50	312
High-Crown	HC 42	1,604	41,7	2,67	350
High-Crown	HC 45	1,604	44,1	2,67	350
Schwerflint	SF 64	1,706	30,6	3,00	361
Schwerflint		1,706	39,3	3,19	362
Bariumflint	BaSF 64	1,706	40,2	2,99	362
Lantal	LaSF 35	1,800	35,4	3,62	
Composit	CS	1,509	57,9	1,48	–
Borosilikat		1,525	59,2	2,53	–
Borosilikat		1,525	56,5	2,41	–
Nahteilglas		1,590	51,0	3,11	–
Nahteilglas		1,610	46,1	3,32	–
Nahteilglas		1,654	44,7	3,42	–
Nahteilglas		1,684	44,3	3,80	–
Nahteilglas		1,755	39,9	4,35	–
Nahteilglas		1,701	33,0	4,08	–
Nahteilglas		1,659	35,9	3,79	–

Diese Auflistung erhebt keinen Anspruch auf Vollständigkeit.

Brechzahlen-Dispersionsdiagramm optischer Gläser, Übersichtsplan nach Unterlagen der Fa. Schott & Gen.

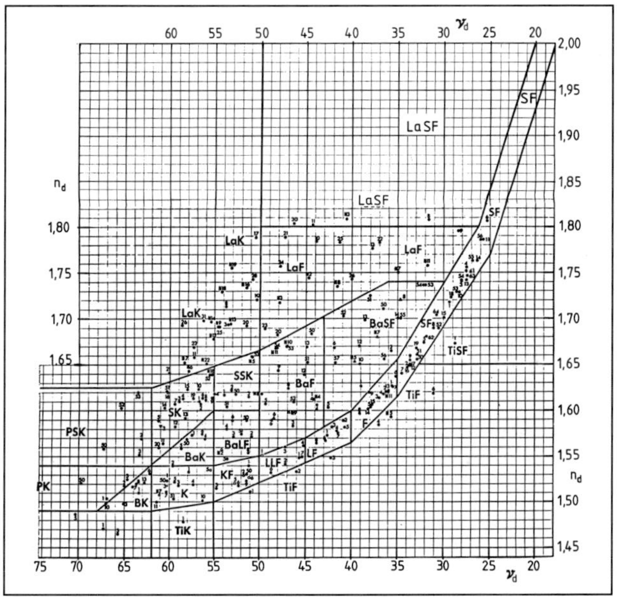

Abb. 7.33 Brechzahlen-Dispersions-Diagramm optischer Gläser

Im n_e/λ-Diagramm kann die Lage jedes optischen Glases entsprechend der Brechzahl und der Abbezahl dargestellt werden. Einzelne Glasarten sind zu Gruppen zusammengestellt und mit einer abgekürzten Gruppenbezeichnung und einer Zahl gekennzeichnet.

Beispiele:

BaSF 50 ist ein Barytschwerflintglas der Nummer 50
LaK 23 ein Lanthankronglas der Nummer 23.

Die verwendeten Abkürzungen stehen für:

B = Bor,
F = Flint,
LF = Leichtflintglas,
LLF = Doppel-Leichtflint,
SF = Schwerflint,
TiF = Tiefflint,
TiSF = Tiefschwerflintglas,
K = Kron,
FK = Flintkron,
KF = Kronflint,
PK = Phosphatkron,
SK = Schwerkron,
TiK = Tiefkron.

Einer alten Tradition folgend werden Gläser als „Krone" und „Flinte" eingeteilt, wobei gilt:

Kronglas hat eine Abbezahl > 50,
Flintglas hat eine Abbezahl < 50.

7.6.1 Kronglas B 270

Kronglas B 270 n = 1,525 ν_e = 58,6 ϱ =2,55 g/cm^3

Kronglas B 270 ist Standardmaterial für farblose Gläser. Es verbindet hohe Transparenz und optische Reinheit mit bester Formstabilität, hoher Oberflächenhärte sowie Beständigkeit gegen Witterung, Säuren und Basen.

Vorteile: mechanisch sehr stabil, hohe Oberflächenhärte, geringe Farbzerstreuung, gut bedampfbar, geringe Dichte.

Nachteile: relativ geringe Brechzahl, schlechter Wärmeleiter (Neigung zum Beschlagen), Bruch- und Splittergefahr.

Längerfristig wird dieses Material wohl nur noch für sogenannte Kassengläser in Gebrauch sein. Mit hoher Wahrscheinlichkeit wird es durch das High-Crown zunächst im Bereich höherwertiger Gläser, später in allen Bereichen abgelöst werden.

7.6.2 Hi-Crown HC 42 und HC 45

HC 42	n = 1,604	ν_e = 41,7	ϱ = 2,67 g/cm³
HC 45	n = 1,604	ν_e = 44,1	ϱ = 2,67 g/cm³

Das zukünftige Standardmaterial HC 42 bzw. 45 ist eine Entwicklung der Glaswerke Schott aus dem Jahre 1984. Die Brechzahl von 1,6 sorgt für geringere Rand- bzw. Mittendicken als beim Kronglas; die Abbezahl von 44,1 bzw. 41,7 bedeutet praktisch keine auffällige Verschlechterung gegenüber der bekannt geringen Farbsaumbreite des B 270. Der entscheidende Fortschritt der Glastechnologie zeigt sich aber in der nur unwesentlich höheren Dichte gegenüber dem Kronglas. Die Summe der Vorteile wird für den stetig steigenden Marktanteil dieses Glasmaterials sorgen.

7.6.3 Hoch brechende Brillengläser

BaSF 64	n = 1,706	ν_e = 40,1	ϱ = 2,99 g/cm³

Schwerflint SF 64 und Bariumflint BaSF 64

Das titanoxidhaltige SF 64 löste etwa 1975 das ältere, zu schwere Bleiflintglas ab. SF 64 brachte zwar die gewünschte hohe Brechzahl von 1,7 mit, war aber mit einer Abbezahl von 30 auffällig für Farbsäume. Seinerseits wurde es etwa ab 1983 durch das Bariumflint BaSF 64 ersetzt, das die gleiche Brechzahl von 1,7 hat. Einen sichtbaren Fortschritt bezüglich der Farbsaumbreite stellte die Abbezahl von 40 dar. Hochbrechende Gläser sind besonders für hochgradig Myope interessant. Sie bieten den Vorteil flacherer Grundkurven und ermöglichen es, damit auch bei höheren Minuswirkungen „schönere“ dünnere Gläser zu schleifen. Der Vorteil eines geringeren Volumens – ca. 40% – wird allerdings durch die höhere Dichte zum Teil wieder aufgehoben; der Gewichtsvorteil beträgt ca. 20%.

Weiterhin gilt, daß der höhere Reflexionsgrad gegenüber normalem Kronglas zwar vorhanden ist, andererseits aber die reflexmindernde Wirkung einer λ/4-Schicht mit steigender Brechzahl zunimmt. Die bessere Erfüllung der Amplitudenbedingung zeigt sich in der Praxis darin, daß eine Einfachschicht auf hoch brechendem Glas mindestens die gleiche Wirkung zeigt, wie eine Mehrfachschicht auf B 270.

Lantal	n = 1,8	ν_e = 35,4	ϱ = 3,62 g/cm³

Das Glas erhält seinen Namen von dem Element Lantal, einer „Seltenen Erde“. Seine hohe Brechzahl prädestiniert es für die Brille des hochgradig Myopen. Die Abbezahl von nur 35,4 läßt seinen Gebrauch für prismatische Verordnungen nicht ratsam erscheinen. Sein hoher Reflexionsgrad von 8% pro Fläche erfordert zwangsläufig eine Entspiegelung.

7.6.4 Phototrope Brillengläser

Phototrope Gläser verfärben sich unter dem Einfluß von UV-Strahlung bzw. kurzwelligem sichtbarem Licht (λ = 300 bis 430 nm). Ohne die fortdauernde Einwirkung der anregenden Strahlung wird das Glas innerhalb kurzer Zeit wieder hell.
Der Modellvorstellung zufolge wird durch die höherenergetische kurzwellige Strahlung aus dem durchsichtigen Silbersalz das metallische Silber, welches das Licht absorbiert. Dieser Prozeß ist dynamisch, das heißt es werden stets andere neue Silberteilchen angeregt und umgewandelt, während andere, nicht weiter von der UV-Strahlung getroffene Teilchen, wieder in den Ionenzustand zurückfallen (Abb. 7.34).
Ausgangsmaterial für phototrope Gläser ist ein geringfügig variiertes Kronglas, genannt Borosilikatglas.

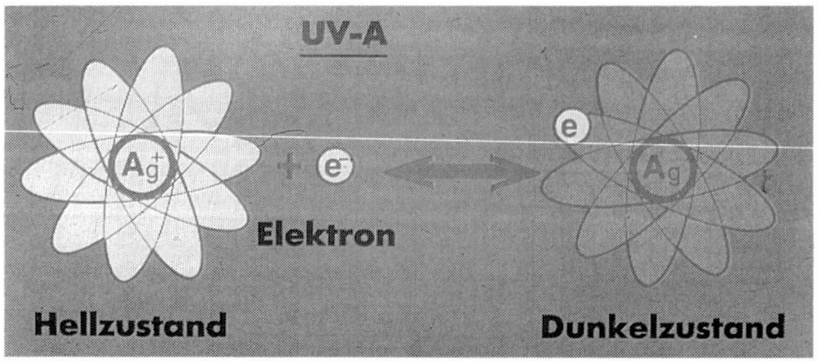

Abb. 7.34 Phototroper Prozeß – Modellvorstellung

Neben den üblichen Grundbestandteilen enthält dieses Material hohe Anteile an Borsäure (B_2O_3) und Aluminiumoxid (Al_2O_3). Sie stabilisieren den phototropen Prozeß über einen langen Zeitraum (Alterungsbeständigkeit).
In seinen optischen Daten weicht es kaum vom Kronglas ab. Als Träger der Phototropie werden Silbersalze in Form von Silberhalogeniden – Silberchlorid und Bromid – zugegeben. Ihre Größe beträgt 5 bis 20 nm, ihre Konzentration ca. 10^{15} pro cm^3 Glasmaterial. Die Eigenschaft der Phototropie wird aber erst nach dem Schmelzprozeß durch eine zusätzliche Temperaturbehandlung bei etwa 600 °C erzeugt. Eine programmierte Temperaturführung während des Erwärmungs- und Abkühlungsprozesses bildet die eigentlichen Reaktionszentren. Art und Dauer der Wärmeeinwirkung bestimmen die Farbe, Dunkelung und Reaktionsgeschwindigkeit.
Die Entwicklung der letzten Jahre lief darauf hinaus, die Reaktionsgeschwindigkeit der Dunkelung/Aufhellung zu erhöhen und den Hub des Glases, das heißt die Spanne zwischen den Grenzen der minimalen und maximalen Reduktion zu erhöhen. Beides ist durch intensive Forschungsarbeit gelungen. Insbesondere die Dunkelung setzt bereits nach wenigen Sekunden Bestrahlungsdauer ein, während die Aufhellung noch ein wenig länger auf sich warten läßt. Ein Hub von 60% ist heute Standard; mit einer Grenzreduktion 15% bis 75% ist ein solches Glas auch für Autofahrer geeignet. Um eine dickenunabhängige Einfärbung zu bekommen, wurde ein Verfahren entwickelt, eine phototrope Schale auf ein farbloses Grundglas aufzukleben. Die Dicke dieser Schale beträgt 1,3 mm wodurch eine ausreichende gleichmäßige Dunkelung erzielt wird.
Drei Größen bestimmen den phototropen Prozeß:

- Art der Strahlungsquelle. Hierzu ist anzumerken, daß die verschiedenen phototropen Glassorten unterschiedlich auf Sonnen- oder Leuchtstofflampenstrahlung reagieren.
- Temperatur des Glases: Je kälter, desto dunkler wird das Glas.
- Intensität und Dauer der Bestrahlung.

Um vergleichbare Werte zu erhalten, wird als Sättigungstransmission jene Durchlässigkeit definiert, die nach 15 Minuten Belichtung erreicht ist. Danach wird die Transmission wie üblich bei 555 nm und 2 mm Glasdicke gemessen.

7.6.5 Filtergläser

Brillengläser mit Filterwirkung sind für alle Glasarten erhältlich. Je nach Grundmaterial sind folgende Ausführungsformen üblich:

- in der Masse gefärbt,
- im Vakuum aufgedampft,
- im Tauchverfahren gefärbt.

Typisch ist auch die Kombination von Filter- und Entspiegelungsschicht, wodurch sogenannte Filter ET-Schichten entstehen.
Mineralische Brillengläser können entweder aus der entsprechend gefärbten Glasschmelze – also in der Masse gefärbt – oder durch Beschichtung mit einer Filterwirkung hergestellt werden. Für die erforderliche UV-Absorption sind Beimengungen von Cer-Verbindungen üblich, die Tönung wird durch Manganzusatz erzielt. Für Gläser, die auch im IR-Bereich absorbieren, wird Selen als Zusatz verwendet. Da die Transmission von in der Masse gefärbten Gläsern dickenabhängig ist, wird dieses Verfahren überwiegend für Nullgläser oder als aufgeschmolzene Überfangschicht auf farblosen Gläsern verwendet.
Verbreiteter ist das Aufdampfen von dünnen Schichten, die auch bei Gläsern hoher dioptrischer Wirkung im gesamten Glasdurchmesser gleichmäßig aufgetragen sind.
Organische Gläser erhalten durch Tauchen im Farbbad ihre gewünschte Tönung.

Anwendung

Normales Tageslicht und künstliche Beleuchtung, sowohl von Glühlampen als auch Leuchtstofflampen, sind üblicherweise unschädlich für das menschliche Auge. Dennoch können Augen- oder Kopfschmerzen auftreten, deren Ursache nicht endgültig festzustellen ist. Diese sogenannten asthenopischen Beschwerden sind in vielen Fällen durch Filtergläser zu mildern oder gar ganz zu beseitigen. Wahrscheinliche Ursache sind die UV-A-Wirkungen im Auge, Streulicht und Fluoreszenz. Für Benutzer ist die Kontraststeigerung unter schwierigen Sehbedingungen angenehm.

Wirkung von Filterschichten

Filterschichten reduzieren den gesamten UV-Bereich deutlich und wirken dadurch gegen asthenopische Erscheinungsformen.
Man spricht vielfach von einer UV-Kante, da die Transmission des Filterglases für sichtbares Licht fast schlagartig an der 380-nm-Grenze beginnt. Es sind auch Gläser erhältlich, die zusätzlich eine Absorption im Infrarotbereich besitzen. Filtergläser können für alle Tätigkeiten, auch zur Benutzung im nächtlichen Straßenverkehr, verwendet werden. Bei höheren Korrektionswirkungen sind nach DIN 58 216 aber einige Einschränkungen zu beachten. Die meisten Herstellerfirmen liefern für ihr Glasprogramm Tabellen, die einen schnellen Überblick über die erlaubte Verwendung gestatten (Abb. 7.35).

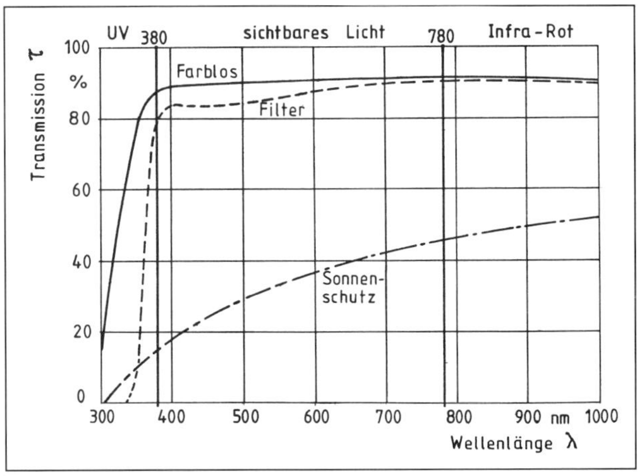

Abb. 7.35 Transmission einer Filterschicht

7.6.6 Sonnenschutzgläser

Die Ausführungsformen von Sonnenschutzgläsern entsprechen denen der Filtergläser (siehe oben). Es werden, je nach Grundmaterial, in der Masse gefärbte, beschichtete und getauchte Gläser angeboten. Zu den schon genannten Vorteilen der UV-A-Absorption kommt hier eine Reduktion des sichtbaren Lichts in verschiedenen Stufen hinzu. Typisch sind Reduktionen von 35, 50, 65, 75 und 85%. Gemessen wird die Reduktion bei 555 nm für ein 2 mm dickes Glas mit der Normlichtart D65.
Das Glas sollte seinem Verwendungszweck entsprechend ausgewählt werden, zu hohe Reduktionen sind physiologisch nicht sinnvoll. DIN 58 217 beschreibt Einzelheiten der Sonnenschutzgläser. Ein qualitativ einwandfreies Glas sollte unter anderem folgende Merkmale aufweisen:
- die Transmission im UV-B-Bereich sollte vollständig sein,
- die Transmission im UV-A-Bereich bis 360 nm sehr gering,
- zwischen 450 und 650 nm sollte der Transmissionsgrad nicht kleiner sein als 20% des Gesamttransmissionsgrades.

Das bedeutet, daß alle Farben vorhanden sind und nicht etwa einzelne Farben ausgefiltert werden dürfen; eine Forderung, die üblicherweise als naturgetreue Farbwiedergabe bezeichnet wird (Abb. 7.36).

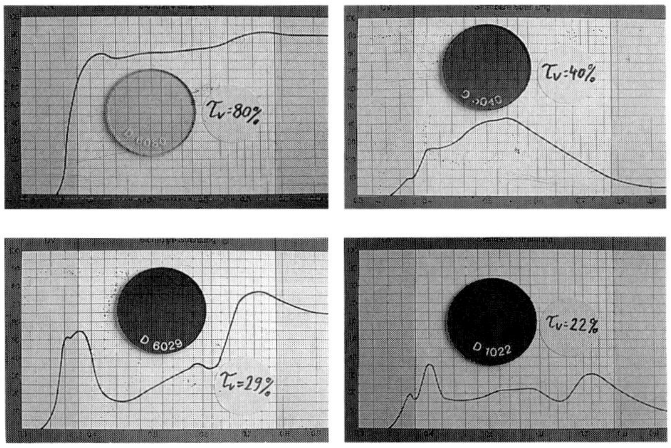

Abb. 7.36 Transmission von vier Sonnenschutzgläsern

7.6.7 Nahteilgläser

Kriterien für die Auswahl des Nahteilglases sind:
- höhere brechende Wirkung als das Grundglas,
- spannungsarme Verschmelzung mit dem Grundglas,
- geringe Farbsaumbreite.

Grundglas	mögliche Nahteilgläser
Kron Index n = 1,5	n = 1,59; 1,61; 1,65; 1,68; 1,706; 1,75
High-Crown HC Index n = 1,6	n = 1,685; 1,74; 1,77; 1,81
hochbrechend Index n = 1,7	n = 1,76; 1,81; 1,856

Gleichzeitig sind nicht alle Forderungen zu verwirklichen. Standardmaterial ist das Bariumglas wegen der leichteren Verschmelzung.
Nahteilgläser sind für die verschiedenen Grundglasarten in den Brechzahlen lieferbar, die in der Tabelle auf Seite 122 unten angegeben sind.

7.6.8 Composit-Glas

Der erste Versuch, Glas und Kunststoff miteinander zu verbinden, wurde von Essilor gestartet. Die geringe Dichte des Kunststoffkerns wurde mit der hohen Oberflächenhärte des Glases per kovalenter Bindung zu einer unlösbaren Einheit verankert. Das CS-Glas besteht zum größeren Teil aus einem Polyurethankern (kein CR 39!), der mindestens die halbe Mittendicke des Gesamtglases ausmacht. Die Kronglasflächen, die beiderseits das Glas begrenzen, sind zwischen 0,2 und 0,4 mm dick. Diese geringe Glasstärke erforderte erheblich präzisere Fertigungsverfahren als üblich, da die Toleranz der Mittendicke eines klassischen Kronglases bereits 0,2 mm beträgt.
Die Daten des CS-Glases sind: Brechzahl n = 1,509 Dichte ϱ = 1,48 g/cm^3; die Abbezahl von 57,9 entspricht fast exakt der eines Standardkronglases.

7.7 Beschichtungen mineralischer Gläser

Fast drei Viertel aller Brillengläser werden mit Veredelungen hergestellt. Damit ist Deutschland Marktführer, denn in Europa liegt der durchschnittliche Anteil bei 50%, in den USA sogar bei nur 10%.
Die Aufgaben der Vergütung sind:
- Reflexionsminderung (= Entspiegelung),
- Absorptionserhöhung (Filter- oder Sonnenschutz),
- Oberflächenverfestigung (Hartschichten) nur für organische Gläser.

Die Schichten sind je nach Glasmaterial und Verwendungszweck in sehr unterschiedlicher Art zusammengesetzt und technologisch verschieden.
Gerade auf dem Gebiet der Beschichtung von Brillengläsern zeigte sich der technische Fortschritt von seiner besten Seite. Anfängliche Probleme mit der Haltbarkeit der Schicht, der Reinigungsfreundlichkeit und der wenig ästhetischen Restreflexfarbe konnten inzwischen endgültig behoben werden.

Die Technologien, die dabei eingesetzt werden, sind von der Hochtechnologie der Chip-Herstellung kaum zu unterscheiden. Hier wie dort benötigt man Reinsträume und hochreines Substrat, um hauchdünne Schichten auf Chips bzw. Gläser aufzudampfen.

7.7.1 Entspiegelungsschichten – Prinzip der Reflexion

Infolge der stark unterschiedlichen Brechzahlen von Glas und Luft erhält man an jeder Grenzfläche Reflexionen, deren Stärke nach der Fresnelformel leicht bestimmt werden kann. Für den außenstehenden Beobachter ist der Blick ins Auge des Brillenglasträgers erschwert, während er selbst einen verminderten Bildkontrast durch Nebenbilder und Lichtschleier zu beklagen hat (Abb. 7.37). Bei beschichteten Gläsern werden die Reflexe gemindert und dadurch die Durchlässigkeit (Transmission) des Brillenglases erhöht.

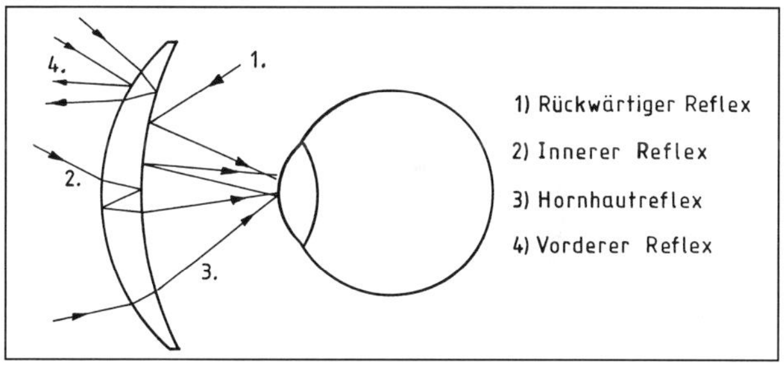

Abb. 7.37 Reflexe an Brillengläsern

Dieser Sachverhalt ist bei Tätigkeiten, die das Auge hoch belasten, wie zum Beispiel Teilnahme am Straßenverkehr in der Dämmerung oder Bildschirmarbeit, von einiger Bedeutung.

Reflexe an Brillengläsern

Man unterscheidet bei Brillengläsern vier verschiedene Arten von Reflexen:

Reflexart:	besonders störend bei:	Wirkung:
rückwärtige	nächtlichen Autofahrten	
innere Hornhaut	dunklem Hintergrund hohen dioptrischen Wirkungen	stören den Brillenträger selbst
vordere	starken Minusgläsern Mehrstärkengläsern	auffällig für den außenstehenden Beobachter

7.7.2 Prinzip der Reflexminderung

Das Prinzip der Reflexminderung soll hier nicht im Detail dargestellt werden (siehe Roth, Allgemeine Optik). Zur Reflexminderung ist es notwendig, daß die auf beiden Seiten der dünnen Schicht reflektierten Anteile interferieren müssen. Dazu sind Schichtdicke und Brechzahl so abzustimmen, daß jeweils ein Wellenberg und ein Wellental übereinanderfallen und sich so auslöschen (Abb. 7.38).

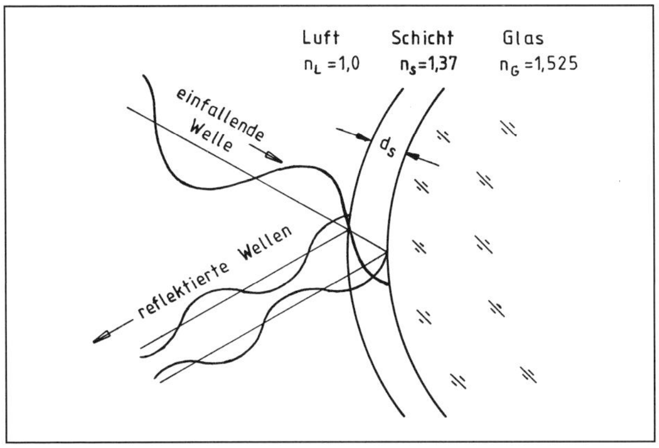

Abb. 7.38 Prinzip der Reflexminderung

Die physikalische Grundlage hierzu liefern zwei einfache Formeln, die unter der Bezeichnung Phasen- bzw. Amplitudenbedingung bekannt sind.

Phasenbedingung: $n_s \cdot d_s = \lambda/4$

Amplitudenbedingung: $n_s = \sqrt{n_G}$

Indices: s = Schicht; G = Glas

Wie man erkennt, ist für die Erfüllung der Phasenbedingung die passende Wahl der Schichtdicke d erforderlich, während die Amplitudenbedingung die Auswahl eines geeigneten Mediums n bedingt.
Beispiel: Es soll eine Kronglasfläche n = 1,525 entspiegelt werden.
Gemäß der Amplitudenbedingung muß die Schicht folgende Brechzahl n haben:

$$n_s = \sqrt{1{,}525} = 1{,}23$$

Die Phasenbedingung für Licht der Wellenlänge λ = 550 nm liefert eine Schichtdicke von:

$$d_s = \frac{\lambda}{n_s \cdot 4} = \frac{550}{1{,}23 \cdot 4} = 111{,}8 \text{ nm}$$

Ergebnis Amplitudenbedingung: Ein fester Stoff der Brechzahl n = 1,23 mit der erforderlichen mechanischen und chemischen Festigkeit existiert nicht. Also läßt sich eine Kronglasfläche mit einer Schicht nie vollkommen reflexfrei machen.
Ergebnis Phasenbedingung: Die Dicke der Schicht müßte ca. 0,0001 mm betragen; diese Forderung ist durch Aufdampfen technisch erfüllbar.
Außerdem muß beachtet werden, daß eine vollständige Reflexminderung nur für diese eine Wellenlänge (im obigen Beispiel λ = 550 nm) erreicht wird. Jede andere Wellenlänge wird nur teilweise interferieren und auch nur teilweise ausgelöscht werden. Da unser alltägliches Sonnen- oder Glühlampenlicht aber ein optisches Gemenge des Wellenlängenbereiches von 380 bis 780 nm darstellt, ist für jedes entspiegelte Brillenglas ein sogenannter **Restreflex** typisch. Die Summe der reflektierten Strahlen ergibt eine Mischfarbe, welche die Komplementärfarbe jener Wellenlänge ist, für die die Entspiegelung berechnet wurde. Da reflexmindernde Schichten im Regelfall auf die Auslöschung des gelbgrünen Lichts berechnet werden, ergibt die Summe der Restwellenlängen eine violett bis purpurrote Reflexfarbe.
Dieser nicht sonderlich ästhetische Farbton war in der Tat bei den ET-Schichten der ersten Generation zu beobachten.
Heute können auch kosmetisch günstigere Farbtöne wie braune oder goldfarbene Töne erzielt und auch reproduzierbar eingehalten werden. Entscheidend hierfür ist eine hochwertige Meßtechnik, die die Schichtdicke durch Mitbedampfen eines Schwingquarzes mißt und die Anteile der Beschichtungsmaterialien durch Massenspektrometer genau kontrolliert. Damit wurde auch das Problem der Nachbestellung von einzelnen entspiegelten Gläsern gelöst.

7.7.3 Einfach-Entspiegelungsschichten

Als Schichtwerkstoff für eine Einfachschicht wird ausschließlich Magnesiumfluorid (MgF_2) benutzt. Es hat die Brechzahl n = 1,37 bis 1,38 und wird beidseitig je 100 nm = 1/10 000 mm dick auf das Glas aufgedampft. Obwohl MgF_2 für Kronglas nicht der Amplitudenbedingung genügt, wird das Material wegen seiner Festigkeit für Einfachschichten verwendet. Es ist heute der einzige Werkstoff, der in einer Schicht genügend haft- und kratzfest ist. Für Gläser aus hochbrechendem Material ist Magnesiumfluorid bereits gut geeignet, wie die näherungsweise Einhaltung der Amplitudenbedingung zeigt: Da solche Gläser unbeschichtet knapp 7% Reflexion pro Glasfläche oder rund 13% pro Brillenglas aufweisen, sind erhebliche Störlichtanteile für den Brillenträger und den außenstehenden Beobachter zu erwarten. Bei der Kundenberatung sollte eine Entspiegelung dringend empfohlen werden. Die Wirkung einer Einfachschicht auf Kronglas und hochbrechendem Material zeigt Abb. 7.39. Ferner sind zum Vergleich die unbeschichteten Glasflächen eingetragen: Laut Diagramm verläuft die Linie der unbeschichteten Kronglasfläche bei ca. 4,3% und ist fast waagerecht. Ganz exakt liegt dem Fresnelgesetz zufolge eine Abhängigkeit der Intensität des reflektierten Lichts von der Brechzahl vor; das bedeutet für den kurzwelligen Bereich eine etwas höhere Reflexion als für den langwelligen Bereich. Die einfach entspiegelte B 270-Fläche zeigt ein Minimum der Reflexion zwischen 500 und 600 nm von etwa 1,3%; der Rot- und Violett-Bereich reflektieren etwas

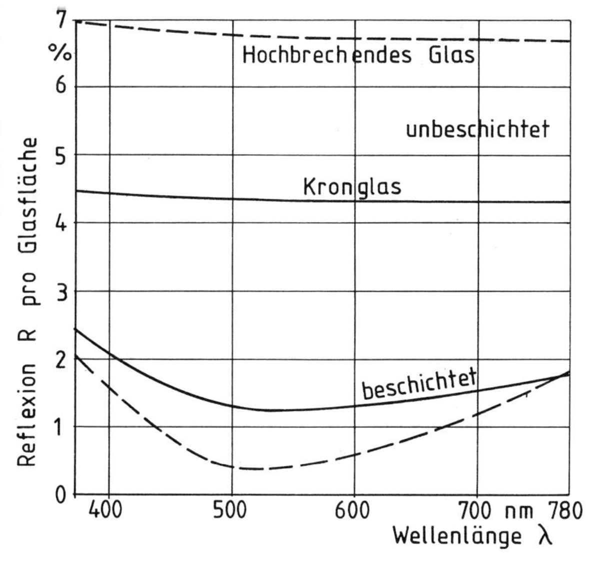

Wirkung einer Einfachschicht (MgF_2) auf Kron- und hochbrechendem Glas

Abb. 7.39 Wirkung einer Einfachschicht

stärker. Insgesamt liegt die Reflexion aber stets unter der des unbeschichteten Glases. Die bessere Einhaltung der Amplitudenbedingung für hochbrechendes Glas zeigt sich im geringeren Reflexionsvermögen, das im wichtigsten Wellenlängenbereich von 500 bis 600 nm deutlich unter 1% liegt. Auffallend ist der steilere Anstieg der Kurve beiderseits des Minimums; dies bedeutet eine größere Farbigkeit des Restreflexes.

7.7.4 Zweifach-Entspiegelungsschichten

Die Zweifachschicht gestattet eine deutliche Senkung der Reflexe gegenüber der Einfachschicht auf unter 1%, wobei weiterhin die Phasenbedingung gilt, für die Amplitudenbedingung aber folgende Modifikation eingeführt werden muß:

$n_1^2 \cdot n_G = n_2^2$

n_1 = äußere Schicht (MgF_2) n = 1,38

n_2 = innere, an das Glas angrenzende Schicht

Als Material für die zweite – und weitere – Schichten kommen unter anderem folgende Stoffe in Frage:

La_2O_3 n = 1,78

Ti_2O_3 n = 2,25 bis 2,28 (variierbar)

SiO_2 n = 1,46,

wobei dieser Stoff dazu neigt, sich sehr leicht in SiO mit der Brechzahl n = 1,8 zu verwandeln, das heißt statt einer Entspiegelung tritt eine Verspiegelung auf! Die Wahl der Schichtdicke und des Materials erlauben jetzt unterschiedliche Lösungen. Zwei mögliche Varianten wären: Ein Kurvenverlauf, der zwei Minima bei 400 und 600 nm enthält, aber gerade im Bereich der maximalen spektralen Tagesempfindlichkeit des Auges ein deutliches Maximum von rund 1%. Nachteilig sind außerdem relativ steile Flankenanstiege der Reflexion im kurz- und langwelligen Bereich. Deutlich besser und von allen Herstellern gewählt ist eine Lösung, die nur ein Minimum bei rund 500 nm erreicht, aber einen deutlich mäßigeren Anstieg der Reflexion in den Randbereichen des Spektrums aufweist. Insgesamt stellt eine Zweifachschicht einen günstigen Kompromiß zwischen Reflexionsvermögen, mechanischer Festigkeit und Putzbedürftigkeit dar (Abb. 7.40).

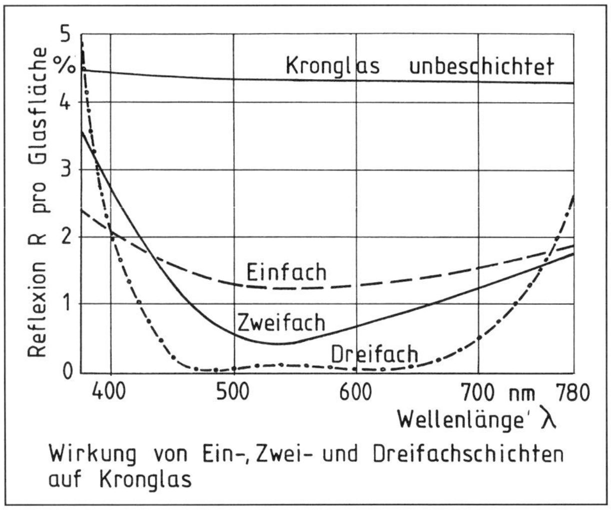

Abb. 7.40 Wirkung von Ein-, Zwei- und Dreifachschichten

7.7.5 Drei- und Mehrfachschichten

Die Verwendung von Dreifachschichten erlaubt eine optimale Reflexminderung. Über einen breiten Wellenlängenbereich kann die Reflexion bei praktisch 0% gehalten werden. Typisch ist heute die Anwendung von Schichtpaketen, die innerhalb der drei Schichten nochmals aus Unterschichten bestehen. Insgesamt können so 6 oder noch mehr Schichten aufgebaut werden, wobei höhere und niedrigere Brechzahlen einander abwechseln. Dieser komplizierte Schichtaufbau wird von allen Firmen verständlicherweise als Betriebsgeheimnis gehütet. Als äußere Schicht wird aber stets MgF_2 verwendet. Für den Augenoptiker und Kunden ist von Bedeutung, daß solche Superentspiegelungen nicht ganz die Verschleißfestigkeit einer Einfachschicht haben, aber für die Praxis immer noch ausreichend haftfest sind. Weiterhin ist eine solche Schicht für kleinste Verunreinigungen besonders auffällig, da der Schmutzfleck ja nach beiden Seiten (Glas-Fleck und Fleck-Luft) reflektiert. Auf die Putzbedürftigkeit einer Superentspiegelung sollte der Kunde unbedingt aufmerksam gemacht werden (Abb. 7.41).

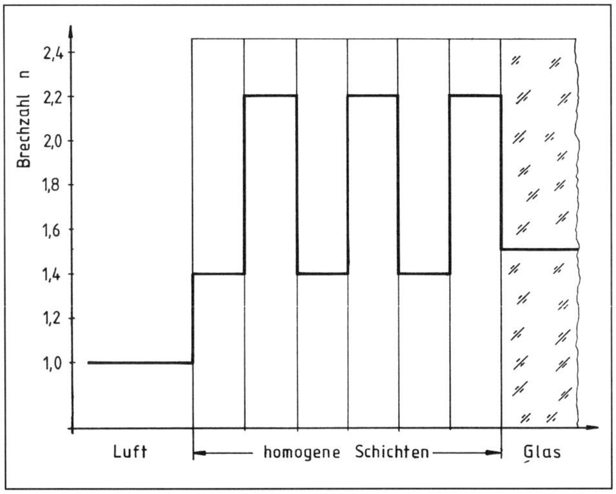

Abb. 7.41 Reflexminderne homogene Schicht

Abhilfe versprechen hierbei sogenannte plasmapolymerisierte organische Schichten **(„Clean-Schicht“).** Sie versiegeln, als letzte Schicht aufgetragen, die Oberfläche fast porenlos und haben außerdem eine wasserabstoßende Wirkung (Abb. 7.42).

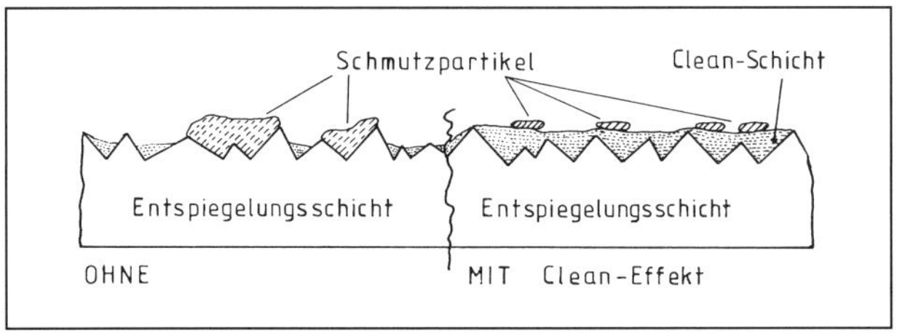

Abb. 7.42 Clean-Schicht

7.7.6 Absorptionsschichten

Filtergläser und Sonnenschutzgläser werden nach dem Stand der Technik als dünne Schicht aus Metalloxiden aufgedampft. Die Technik entspricht derjenigen von Entspiegelungsschichten. Der Schichtaufbau kann homogen oder inhomogen sein (siehe auch Abschnitt 7.6.5 Filtergläser).

Zusätzlich können reflexmindernde Schichten außen aufgebracht werden.

7.7.7 Herstellung von dünnen Schichten

Die Technologie der dünnen Schichten ist sehr aufwendig und erfordert viel Erfahrung. Immerhin geht es darum, eine Schicht von – maßstäblich vergrößert – 1 mm Dicke auf ein 20 m dickes Brillenglas aufzubringen, wobei die Gleichmäßigkeit dieser Schicht – um ein anderes Bild zu wählen – so exakt eingehalten werden muß, daß die Fläche des Bodensees keine größere Wellenhöhe als 10 cm haben sollte!

Auch die Theorie der dünnen Schichten ist vergleichbar kompliziert. Warum haftet eine so dünne Schicht so gut? Es wurde nachgewiesen, daß die Magnesiumfluoridschicht in die Silikatschicht eines mineralischen Glases eindiffundiert. Dieser Prozeß der thermischen Interdiffusion erfordert eine Temperatur von etwa 300 °C, die regelmäßig beim Beschichtungsprozeß erreicht werden muß. Die Theorie unterstellt weiter, daß durch Ionenwanderung und Valenzbindung eine erhöhte Haftung auf dem mineralischen Glas stattfindet. Beim organischen Glas hingegen, das ja nur bis 100 °C erwärmt werden darf, liegt die Schicht auf der Oberfläche und haftet vornehmlich durch van der Waalsche Kräfte, Polarkräfte und Klusterbildung.

Grundlage einer guten Beschichtung ist eine aufwendige Reinigung in 8 bis 10 Bädern, eine anschließende Ultraschallwäsche und rückstandsfreie Trocknung. Danach werden die Gläser in Kugelkalotten eingesetzt (Abb. 7.43), um einen möglichst gleichmäßigen Abstand zur Beschichtungsquelle zu erhalten. Mit einer mechanischen Drehschieberpumpe wird ein Unterdruck von etwa 1 – 10 hectopascal (= millibar) erzeugt. Es folgt eine etwa 10minütige Glimmentladung, bei der Ionen und Elektronen durch eine angelegte Spannung so gegen die Glasoberfläche geschlagen werden, daß letzte Gas- und Wasserreste abgerissen werden. Bei der Glimmentladung wird außerdem die Glasoberfläche leicht angerauht. Für die eigentliche Beschichtung muß ein Hochvakuum von mindestens 10^{-6} hpas erzeugt werden; dazu werden sogenannte Öldiffusionspumpen eingesetzt. Um eine Vorstellung von der Leistungsfähigkeit solcher Pumpen zu bekommen, seien drei Zahlen genannt:

Die mittlere freie Weglänge der Gasmoleküle beträgt bei:

1000 hPa (Normaldruck) = $6{,}6 \cdot 10^{-5}$ cm
1 hPa (Glimmentladung) = 0,005 cm
10^{-6} hPa (Beschichtung) = 500 cm.

Im Schnitt kann ein Gasmolekül 500 cm weit fliegen, bevor es auf ein anderes Molekül trifft. Das ist dem Druck im Weltall bei rund 150 km Abstand von der Erdoberfläche vergleichbar.

Für den Verdampfungsprozeß benutzte man früher Wolframfäden zwischen zwei Elektroden. Leider haben viele geeignete Schichtmaterialien den Nachteil, erst bei sehr hohen Temperaturen zu verdampfen. Verbindungen wie Titanoxid, Yttriumoxid oder Ma-

Abb. 7.43 Beschickung einer Bedampfungsanlage, Füllen der Kugelkalotten

gnesiumfluorid werden bei Temperaturen von weit über 2000 °C verdampft.

Zur Erzeugung dieser Temperaturen benutzt man **Elektronenstrahlverdampfer,** vergleichbar dem Elektronenstrahl in der TV-Röhre. Die freigesetzten Energien betragen bis zu 40 KW pro cm^2!

Das Magnesiumfluorid wird in einem Platinschiffchen eingesetzt, verdampft im Elektronenstrahl und bewegt sich mit hoher Geschwindigkeit durch den Beschichtungsraum. Auf der Glasoberfläche schlägt es sich nieder, es kondensiert.

Zur Messung der Schichtdicke wird ein Schwingquarz, wie es vergleichsweise auch in einer Uhr schwingt, mitbeschichtet. Die Dicke der aufgebrachten Schicht ändert die Schwingungszahl und stellt so eine ausgezeichnete Meßzahl für die errechnete Schichtdicke dar. Die chemischen Anteile der einzelnen Schichtmaterialien werden über ein Massenspektrometer ermittelt.

Die beiden wichtigsten Geräte der Dünnschichttechnologie sind in Abb. 7.44 schematisch skizziert; die Vakuumkammer, Rezipient genannt, sowie im Detail der moderne Elektronenstrahlverdampfer. Im Bildteil Rezipient ist noch die ältere Technik der Verdampfung des Substrats aus einem Schiffchen und einer Glimmelektrode skizziert. Der heute übliche Elektronenstrahlverdampfer benötigt für seine hohe Leistungsdichte eine zusätzliche Wasserkühlung.

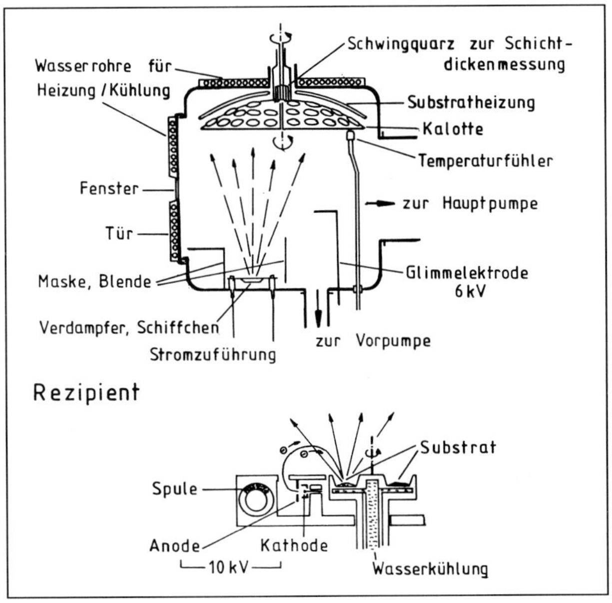

Abb. 7.44 Elektronenstrahlverdampfer

Zur Zeit laufen bereits Entwicklungen am Plasmastrahlverdampfer, der in der Prozeßkammer ein ausgedehntes Plasma hoher Energiedichte erzeugt.

7.8 Härtung mineralischer Brillengläser

Ein mineralisches Brillenglas besitzt zwar eine große Oberflächenhärte, aber zerbricht sehr leicht. Ausschlaggebend hierfür ist seine geringe Zugfestigkeit, während seine Druckfestigkeit mindestens um den Faktor 10 bis sogar 40 höher liegt. Beim Schleifen des Glasrohlings durch Diamantbearbeitung entstehen an der Oberfläche eine Unzahl von feinsten Kerbrissen, die Ausgangspunkt von Zugspannungen sein können. Das anschließende Polieren hat unter anderem den Zweck, diese Kerbrisse und die an ihnen anliegenden Spannungen möglichst vollständig abzutragen. Es wäre vollkommen unwirtschaftlich, bei einem Massenprodukt wie einem relativ billigen Brillenglas eine absolut perfekte Oberflächenpolitur vorzunehmen; technisch gangbar wäre dieser Weg. Glasprodukte, die als konstruktive Bauelemente einer Zugbeanspruchung unterliegen, können durch Feuerpolitur oder chemisches Abätzen eine Festigkeitssteigerung erfahren. Für Brillengläser kommen nur zwei andere Möglichkeiten in Betracht:

– thermische Härtung,
– chemische Härtung.

7.8.1 Thermische Härtung

Bei der thermischen Härtung wird Glas rasch bis an seine Erweichungstemperatur (Tg-Punkt) erwärmt, das heißt seine Oberfläche hat diese Temperatur erreicht, der Kern ist noch geringfügig kälter. Das Glas wird dann sofort durch Anblasen mit kalter Luft abgekühlt. Dieses Abschrecken erfolgt an der Oberfläche schneller als im Glaskern, der sich also noch zusammenzieht, wenn die Oberfläche bereits kalt ist. Da Oberfläche und Kern aber miteinander verbunden sind, entsteht in der Oberflächenschicht eine Druckvorspannung und im Kern eine Zugvorspannung. Die Druckspannung ist etwa dreimal so hoch wie die normale Biegezugfestigkeit und um so höher, je dicker das Glas ist. Wird thermisch vorgespanntes Glas durch Schlag oder Stoß verletzt, so zerfällt es in ungefährliche kleine, fast regelmäßige Glasstücke ohne scharfe Kanten. Die Größe der Glaskrümel läßt sich durch die Temperaturführung beim Härten im voraus bestimmen.

Die Frontscheiben von Kraftfahrzeugen bestanden früher aus derartigem Einscheibensicherheitsglas, heute aus Verbundglas. Thermisch gehärtete Gläser lassen sich nicht weiter bearbeiten, deshalb müssen endgültige Form und Maße sowie alle Bohrungen vor dem Härten vorhanden sein. Thermisch gehärtete Gläser erkennt man am Spannungskreuz, das im Spannungsprüfer sichtbar ist; das Glas besitzt also große innere Spannungen (Abb. 7.45).

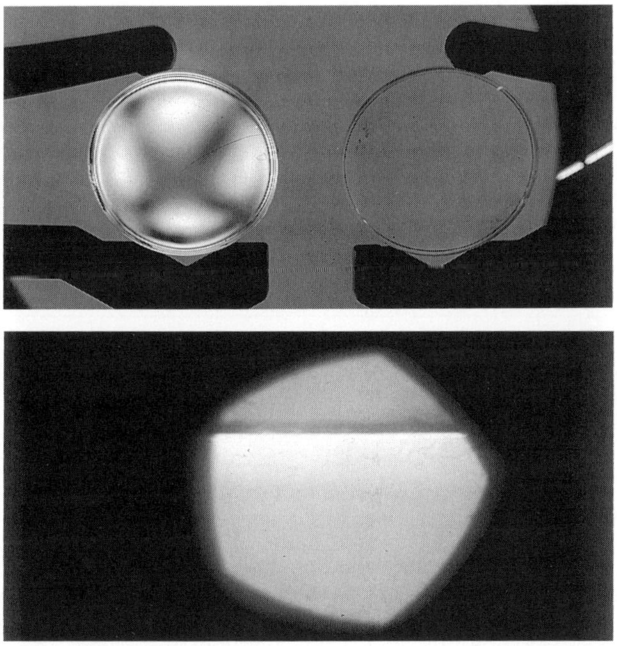

Abb. 7.45 Spannungskreuz infolge thermischer Härtung im Spannungsprüfer; Probe nach chemischer Härtung: Die auftretenden Farbmuster zeigen das Maß der Durchhärtung an

7.8.2 Chemische Härtung

Die chemische Härtung von Brillengläsern ist dadurch gekennzeichnet, daß die Druckspannung in der Glasoberfläche durch Änderung ihrer Zusammensetzung gegenüber dem Glaskern erreicht wird. Die Änderung geschieht durch Ionenaustausch in einer heißen Salzschmelze. Wie bekannt, haben die Ionen der einzelnen chemischen Elemente unterschiedliche Radien

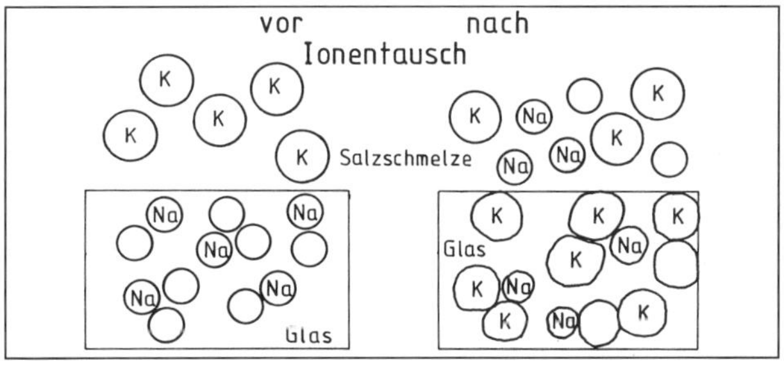

Abb. 7.46 Chemische Härtung von Glas: Ionenaustausch

und Abstände zueinander. Bringt man ein Glas, das einen entsprechenden Gehalt an austauschfähigen Ionen haben muß, in eine Kaliumschmelze, so wandern die Na-Ionen aus dem Glas in die Salzschmelze und die K-Ionen aus der Schmelze in das Glas. Da die eindringenden K-Ionen einen ca. 30% größeren Ionenradius besitzen, entsteht in der Glasoberfläche ein Platzmangel, der sich als Druckspannung äußert. Die Austauschzone muß mindestens 0,1 mm tief in das Glas reichen, um eine Festigkeitssteigerung um den Faktor 3 – 5 zu erreichen (Abb. 7.46).

Vorteile der chemischen Härtung sind geringere Randspannungen, kein Spannungskreuz und ein gleichmäßiger Härteeffekt. Nachteilig sind die Zeitdauer des Verfahrens mit ca. 17 Stunden sowie die Beschränkung auf Glastypen, die genügend austauschfähige Ionen besitzen. Praktisch durchführbar sind beide Verfahren nur beim Hersteller, der zuvor die Randbearbeitung nach Angabe des Augenoptikers vornimmt.

8 Kunststoffe – Werkstoffe für organische Brillengläser

Organische Brillengläser liegen im Trend, ihr Marktanteil nimmt stetig zu, zahlreiche Neuentwicklungen der optischen Industrie in diesem Bereich beweisen dies.
Generelle Vor- bzw. Nachteile organischer Gläser:

Vorteile	Nachteile
Gewicht Bruchfestigkeit Färbemöglichkeit	relativ geringe Brechzahl Mindestmittendicke relativ geringe Härte aufwendige Beschichtung schwierige Phototropie

Alle Entwicklungen zielen deutlich darauf ab, die Vorteile des organischen Glases auszubauen und seine Nachteile durch zum Teil hochmoderne Technologie abzubauen.

8.1 Werkstoffe für organische Brillengläser

Als organische Werkstoffe für optisch wirksame Flächen finden Verwendung:
- CR 39
- hochbrechender Kunststoff (High-Plast)
- Polycarbonat (PC)
- Polystryrol (PS)
- Plexiglas (PMMA).

8.1.1 CR 39

CR 39	$n = 1{,}50$ $\nu = 58$ $\varrho = 1{,}32$ g/cm^3

Der Werkstoff CR 39 ist das älteste organische Material, welches speziell für Brillengläser entwickelt wurde. Es steht als Kürzel für Columbia Resin 39 der US-Firma Pittsburgh Plate Glass; die Entwicklung stammt aus dem Jahre 1939.
Optisch-technische Daten:
Brechzahl n = 1,501
Abbezahl = 58,0

Eigenschaften verschiedener Kunststoffe

	Brechzahl	Abbezahl	Dichte g/cm^3
CR 39	1,50	58	1,32
PMMA	1,49	58	1,15
PC	1,59	31	1,05
PS	1,59	31	1,20

Dichte = 1,32
Transmission = 92,1%
UV-Kante 50% = 380 nm.
Beschreibung der Eigenschaften:
Das hervorragende Merkmal dieses Werkstoffs ist seine minimale Dichte, sie ist nur halb so groß wie die des Brillenkrons. Durch die geringfügig kleinere Brechzahl sind Kunststoffgläser etwas dicker als Krongläser; hieraus resultiert eine Gewichtsersparnis von bis zu 40%. Aus Stabilitätsgründen ist aber im Minusbereich eine Mindestmittendicke von 2 mm erforderlich.
Die Dispersion ist praktisch identisch zum B 270. Im UV-Bereich absorbiert aber schon das farblose CR 39 deutlich mehr als Kronglas. CR 39 hat eine geringe Oberflächenhärte, Brillengläser verkratzen also leicht. Allerdings bieten alle Hersteller sogenannte Hartschichten an, die eine deutliche Verbesserung der Oberflächenhärte bieten, zum Teil mit einer Reflexminderung kombiniert.
CR 39 ist etwa 20mal so bruchfest wie Glas; die Splitter sind stumpf, Verletzungen fast unmöglich. Daher eignen sich solche Gläser besonders für Kinder- und Sportbrillen; wegen ihrer geringen Dichte auch für Stargläser und starke Plusgläser. Thermisch ist das Material ein guter Wärmeleiter: Es beschlägt deutlich weniger als anorganisches Glas. Schleif- und Schweißspritzer verursachen durch den Polstereffekt nur geringe Kratzer. Auch chemisch ist das Material widerstandsfähig gegen Benzin, Aceton, viele Säuren und Laugen, nur bei Farb- und Lösungsmitteln ist Vorsicht geboten. CR 39 ist in vielen Ausführungen lieferbar, außer dem farblosen Glas werden Filter- und Sonnenschutzausführungen, modische Farbvarianten sowie Verlaufsgläser hergestellt. Nachdem in der ersten Produktionsperiode des öfteren Farbabweichungen vorkamen, wird die Technologie des Färbens und Nachfär-

bens heute sicher beherrscht und ist weder von der dioptrischen Wirkung noch von der Glasdicke abhängig.

8.1.2 Herstellung des CR 39

Die Herstellung des CR 39 erfolgt im Gießverfahren und unterscheidet sich grundlegend sowohl von der Kunststoffassungsherstellung als auch von der mineralischen Glastechnologie.

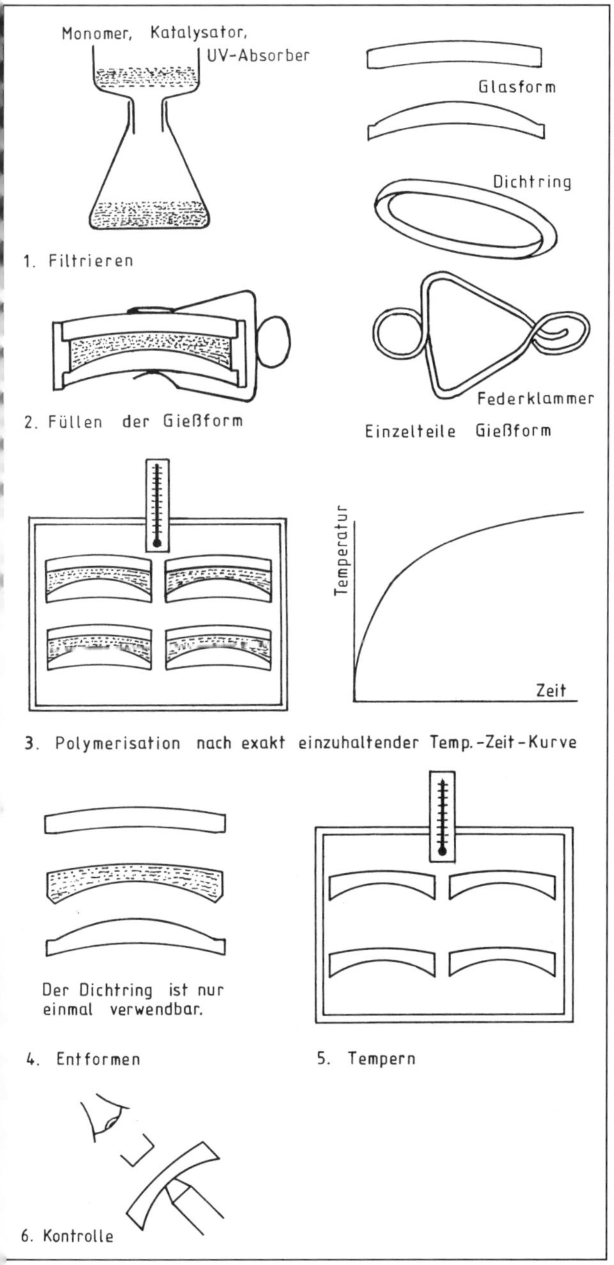

Abb. 8.1 Herstellung des CR 39-Brillenglases

Abb. 8.2 Füllen der Gießform

Abb. 8.3 Glasformen für die Abformung von Nahteilen aus CR 39

Ausgangsstoffe sind:
- flüssiges Monomer (Diäthylenglykol-diallylbiscarbonat),
- Härter (Peroxid),
- Stabilisatoren, Katalysatoren, UV-Absorber.

Das fertige CR 39-Brillenglas ist ein vernetztes hochtransparentes Duroplast. Die sehr sorgfältig gereinigten und gemischten Rohstoffe werden in eine Gießform aus Glas gefüllt, auch Aluminium oder Stahlformen sind möglich. Die optisch wirksamen Flächen müssen mit feinoptischer Genauigkeit geschliffen und poliert sein. Jeder Fehler auf der Oberfläche der Form würde mehrfach vergrößert im fertigen Glas „abgebildet". In einem exakt temperierten Prozeß, der je nach Dicke des Glases ca. 8 – 20 h Zeit bei 50 – 100 °C benötigt, härtet das Material aus.

Die Qualität des fertigen Glases wird wesentlich durch die Güte der Rohstoffe und das Know-how dieser Temperaturführung bestimmt. Bei dieser Polymerisation schrumpft das Material gleichzeitig um ca. 14 Volumenprozent. Daher muß die Gießform durch Federkraft nachgeführt werden. Die Abdichtung der beiden „Glaslinsen", die die äußere Form bilden, übernimmt ein hochelastischer Silikonring. Das Entformen der fertigen Kunststofflinse ist ein kritischer Vorgang. Wegen der notwendigen exakten Abbildung der Glasoberfläche haftet die Form durch Adhäsion sehr fest an; es kann passieren, daß bereits nach wenigen Abgüssen die teure Glasform zerstört ist. Im Schnitt sind etwa 100 Gießvorgänge pro Form möglich, ein Nachpolieren ist eventuell notwendig.

Unbedingt erforderlich ist der nachfolgende Entspannungsprozeß, das „Tempern" des CR 39-Glases, um Spannungen abzubauen und ein Nachschrumpfen zu verhindern. Getempert wird bei Temperaturen von ca. 50 °C etwa 30 bis 60 Minuten.

Man erreicht beim Gießen:

- hohe Oberflächengüte,
- gleiche Mittendicke,
- hohe Zentriergenauigkeiten – exakte Scheitelbrechwerte,
- Zweistärkengläser werden in einem Guß gefertigt.

Durch Tauchen in Farbbädern sind beliebige Farbvariationen möglich.

8.1.3 Hoch brechende Kunststoffe (High-Plast)

HP	n = 1,56 – 1,61 ν = 38 – 44 ϱ = 1,2 – 1,25 g/cm^3

Auf dem Gebiet neuer optischer Kunststoffmaterialien gibt es eine lebhafte Entwicklung. Der Trend zu höheren Brechzahlen bei gleichzeitig ausreichend hohen Abbezahlen ist unverkennbar. Dabei dürfen die übrigen Eigenschaften wie Oberflächenhärte, Temperatur- und Formbeständigkeit sowie Einfärbemöglichkeit nicht außer acht gelassen werden.

Die zur Zeit angebotenen Gläser (Markenname: Clarlet SL, Cosmolit, Ormex, Hi-Lux 2, Hellaplast . . .) haben Brechzahlen von 1,56 bis 1,61, wobei die Abbezahl ca. 40 beträgt.

Dem Ruf als High-Tech-Produkt wird man durch gleichzeitige Gestaltung der Oberfläche im asphärischen Design gerecht.

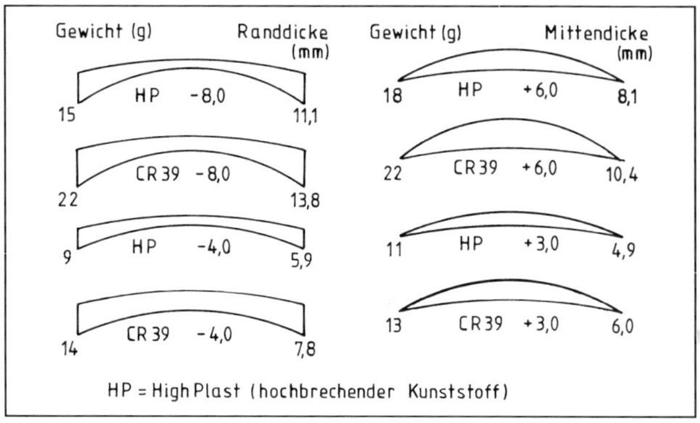

Abb. 8.4 Gewichts-, Mitten- und Randdickenvergleich von Brillengläsern aus CR 39 und hochbrechendem Kunststoff

Bei organischen Gläsern sind zwei Entwicklungslinien festzustellen: zum einen wird versucht, vorhandene Kunststoffe zu modifizieren, zum anderen sucht man im „Baukasten" der organischen Chemie nach völlig neuen Stoffen. Theoretisch soll die Grenze der Brechzahl n unter Einbeziehung heute bekannter physikalischer Theorien bei etwa n = 1,7 liegen.

Insgesamt gibt es aber kein Patentrezept, ein hoch brechendes Kunststoffbrillenglas mit nur positiven Eigenschaften herzustellen. Jede Entwicklung ist ein Kompromiß zwischen einer Vielzahl von Eigenschaften. Beispielsweise kann die Brechzahl n zwar noch angehoben werden, darunter leiden aber die Dichte des Glases, seine Härte und seine Transparenz.

8.1.4 Polycarbonat (PC)

PC	n = 1,585 ν = 30 ϱ = 1,2 g/cm^3

Ebenfalls relativ neu auf dem Brillenglassektor ist die Verwendung des thermoplastischen Kunststoffs Polycarbonat, Kurzzeichen PC.

PC wird in Deutschland unter dem Markennamen „Makrolon" produziert und für die verschiedensten industriellen Zwecke genutzt, zum Beispiel: Motorrad- und Sicherheitshelme, Kfz-Frontteile, Kameragehäuse, Schutzbrillen und Visiere. Herausragendes Merkmal des Polycarbonat ist die extrem hohe Schlagzähigkeit, die das Material für Sicherheitseinrichtungen prädestiniert. Gleichzeitig können mit PC Teile wie Kameragehäuse mit einer Vielzahl von Bohrungen und Flächen genauestens hergestellt werden.

Optisch-technische Daten:
Brechzahl n = 1,585
Abbezahl $\gamma = 30$
Dichte $\varrho = 1{,}2\ g/cm^3$
UV-Kante 50% bei 390 nm
Beschreibung der Eigenschaften:
Die Brechzahl des Polycarbonat liegt hoch; sie erreicht fast den Wert des mineralischen Glases High Crown HC mit 1,6. Noch günstiger liegt die Dichte des Materials mit dem Wert 1,2 g/cm^3. Damit ist PC der leichteste optisch wirksame Werkstoff überhaupt. Auf dem Papier ist die Abbezahl mit 30 leider recht niedrig, die erwarteten Farbsäume scheinen im praktischen Gebrauch aber weniger störend zu sein als beim mineralischen Glas.

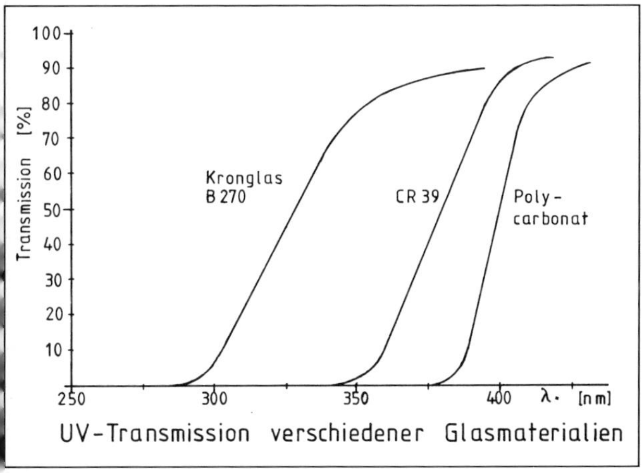

Abb. 8.5 UV-Transmission von Kronglas, CR 39 und Polycarbonat

Herstellung von Polycarbonat

Die industrielle Herstellung des PC unterscheidet sich erheblich vom bekannten Verfahren der CR 39-Produktion. Es handelt sich um ein Spritzgußverfahren, das weitgehend automatisiert eine schnelle Massenproduktion erlaubt. Hierin liegen Vor- und Nachteile des Werkstoffs zugleich. Auf Spritzgußmaschinen wird das schmelzflüssige Polymer mit hohem Druck in eine wassergekühlte Metallform gespritzt. Nach 90 – 120 Sekunden ist das Glas erstarrt, wobei im Regelfall gleich mehrere Formen ausgespritzt werden. Die Qualität der Formenoberfläche muß ähnlich exakt sein wie beim CR 39, das heißt im µm-Bereich liegen. Der Verschleiß der Form ist gleich Null, da keine chemischen Prozesse stattfinden, die die Formoberfläche angreifen könnten. Dementsprechend sind die Kosten der PC-Brillenglasfertigung ganz wesentlich durch die teure Metallform bestimmt, die sich aber bei einigen zehntausend Stück günstig umwälzen. Folglich sind nur gängige Einstärkengläser mit schwachen Zylindern für die beschriebene Fertigung geeignet. Nachteilig war zunächst die weiche Oberfläche des Werkstoffs. Inzwischen wird jedes Glas durch eine 5 µm dicke vernetzte Polymerschicht auf Siliziumoxidbasis geschützt. Die hierdurch gewonnene Härte ist so groß, daß sie fast an die eines mineralischen Glases heranreicht und 18mal größer ist als die Kratzfestigkeit von CR 39. Weiterhin laufen Versuche, Polycarbonatlinsen mit Entspiegelungsschichten zu versehen sowie eine Färbung ähnlich der CR 39-Einfärbung zu entwickeln.

Behandlung von Polycarbonatgläsern durch den Augenoptiker

Das Einschleifen von PC-Material erfolgt mit der trokkenen Diamantscheibe oder, falls vorhanden, auf der groben CR 39-Spezialscheibe. Eine nasse Schleifscheibe hinterläßt ein dünnes störendes Randhäutchen. Gegebenenfalls ist die Verwendung spanender Schneidwerkzeuge wie Fräser oder Raspeln möglich, auch schlichte Handfeilen können benutzt werden.

8.1.5 PMMA (Plexiglas)

PMMA wird für Brillengläser nicht mehr verwendet. Wie bereits in Kap. 6 (Fassungswerkstoffe) beschrieben, nutzt man die hohe Transparenz, mechanische Festigkeit und chemische Beständigkeit dieses Kunststoffs für abbildende Gebrauchsoptik. Zwar werden die Qualitäten optischen Glases nicht erreicht, dennoch wird Plexiglas für die Massenherstellung von Linsen, Lupen, Prismen und Strahlern in zahlreichen Fällen verwendet.

8.2 Beschichtungen organischer Brillengläser

Die Beschichtung von Kunststoffgläsern erfolgt nach den gleichen physikalischen Prinzipien (Phasen- und Amplitudenbedingung) wie für mineralische Gläser.

Grundsätzliche Unterschiede ergeben sich aber durch die unterschiedlichen Materialeigenschaften von Glas und Kunststoff.
Organischer Kunststoff hat
- einen hohen thermischen Ausdehnungskoeffizienten,
- eine niedrige Temperaturbeständigkeit,
- einen anderen Bindungsmechanismus.

Mineralisches Glas dehnt sich bei Erwärmung im Bereich von 20 – 300 °C nur geringfügig aus. Organisches Glas unterscheidet sich aber im Ausdehnungsverhalten vom üblichen anorganischen Beschichtungsmaterial deutlich. Die beiden zu verbindenden Materialien haben eine um den Faktor 7 bis 20 unterschiedliche Ausdehnung. Außerdem darf kein Kunststoff auf ca. 300 °C erwärmt werden; jene Temperatur, bei der Magnesiumfluorid haftfest getempert werden kann. Mit einem Wort: Im mineralischen Bereich kann „Heiß" beschichtet werden; im Kunststoffbereich ist man gezwungen, „Kalt" zu beschichten.
Ferner neigen Kunststoffe dazu, im Vakuum Wassermoleküle aus ihrer Oberfläche abzugeben. Alle diese Gründe führten zur Entwicklung völlig neuer Beschichtungstechniken.

Schichtarten

Für organische Gläser werden analog zu mineralischen Gläsern drei Schichtarten angeboten:
- Entspiegelungsschichten,
- Filterschichten,
- Sonnenschutzschichten.

Auch Kombinationen sind üblich, zum Beispiel Filter-ET-Schichten.
Zusätzlich gibt es nur bei organischen Gläsern wegen ihrer geringen Oberflächenhärte „Hartschichten".

8.2.1 Reflexmindernde Schichten

Reflexmindernde Schichten können homogen oder inhomogen aufgebaut sein. Beiden Lösungen ist gemeinsam, daß sie eine Quarz-Außenschicht verwenden; ausschlaggebend hierfür ist die mechanische Festigkeit des Quarzes. Leider unterscheidet sich Quarz mit seiner Brechzahl von n = 1,47 zuwenig von der des CR 39 mit n = 1,502. Eine einfache Quarzbeschichtung scheidet also aus. Jede hergestellte CR 39-Beschichtung besteht nach heutigem Stand der Technik aus Mehrfachpaketen. Bei der inhomogenen Zwischenschicht werden mehrere verschieden starke Schichten, die auch verschiedene Brechzahlen haben, übereinander aufgedampft. Typisch ist der steile Anstieg der Brechzahl der ersten Schicht auf etwa n = 1,8 und die schrittweise Überführung auf die Brechzahl n = 1,50 des CR 39. Damit tritt an der Grenzfläche CR 39-Zwischenschicht praktisch keine Reflexion mehr auf; an der Grenzfläche Quarz-Zwischenschicht ist die Bedingung $n^2_{Quarz} = n_{Zwischenschicht}$ hinreichend gut erfüllt.
Beim homogenen Schichtaufbau kann entweder eine sehr dünne Metalloxid-Zwischenschicht aufgebracht werden oder ein Paket von mehreren gleich dicken Schichten, die abwechselnd hohe und niedrige Brechzahlen haben, verwendet werden. In der Praxis wird stets der Kompromiß gesucht zwischen schwacher Restreflexfarbe, günstiger Lage des Minimums und einem nicht zu steilen Anstieg der Reflexion an den Flanken, das heißt im Rot- bzw. Blau/Violett-Grenzbereich. Wichtig ist im gesamten Bereich der CR 39-Beschichtung eine sehr sorgfältige Vorbereitung der Gläser, um zu verhindern, daß Wasser- oder Gasreste in der relativ porösen Oberflächenstruktur des Kunststoffs verbleiben. Auch das CR 39-Polymerisat selbst muß erhöhten Anforderungen an Reinheit und Qualität genügen. Auf dem Sektor „Beschichtungen" ist der Stand der Technik in stetem Fluß begriffen und die Firmen halten sich – aus verständlichen Gründen – mit der Offenlegung von Details sehr zurück.

8.2.2 Hartschichten auf organischen Gläsern

Die geringe Oberflächenhärte des Kunststoffs verlangt nach einer Beschichtung, die einen wirksamen Oberflächenschutz, das heißt insbesondere einen Kratzschutz, darstellt. Dazu werden bereits unter die übliche Quarzentspiegelungsschicht relativ dicke Quarzpakete von etwa 1 – 2 µm aufgebracht. Hauptproblem blieb aber die stark unterschiedliche thermische Ausdehnung von Quarz und CR 39-Grundmaterial. Ein gänzlich neuer Lösungsansatz führte dann zum nassen Aufbringen chemischer Schichten in der

Dicke von 3 – 5 µm. Die Härte des Quarzes ergibt sich aus der tetraederartigen Raumstruktur des Materials. Dabei sitzt ein Si-Atom in der Raummitte und bildet chemische Valenzen zu den vier gleich weit entfernten Sauerstoffatomen an den Ecken des Tetraeders aus. Hieraus resultiert die Härte, aber auch die geringe Elastizität des Quarzes. Gesucht war jetzt ein Stoff, der einen Teil der Atome nicht nach allen drei Raumrichtungen im Kristallgitter verankerte. Die wünschenswerte Elastizität wurde in Organo-Alkoxysilanen chemisch realisiert. Dies sind Verbindungen des Siliziums mit Sauerstoff und bestimmten organischen Molekülgruppen, zum Beispiel Kohlenwasserstoffresten und Äthylgruppen. Durch Hydrolyse mußte der Stoff in Silanole umgeformt werden, die dann unter Mithilfe eines Katalysators zu einem Polysiloxan-Riesenmolekül kondensierten.
Durch intensive Forschung gelang es, die Silanole so aufeinander abzustimmen, daß das Verhältnis Schichtdicke zu Schichtelastizität optimal eingestellt werden konnte.

Tauchlackierung von organischen Gläsern

Silanole lassen sich nicht im Vakuum aufdampfen, sie würden sich hierbei zersetzen. Zusätzlich mußte also eine neue Beschichtungstechnik gefunden werden. Dieser als Tauchlackierung beschriebene Prozeß erforderte die Entwicklung völlig neuartiger Produktionsverfahren.
Nach der Reinigung in chemischen Bädern und Ultraschallwaschvorgängen wird das Glas in eine Haltezange eingesetzt und durchläuft den Tauchprozeß. Dabei wird das Glas beidseitig mit der gewünschten Dicke der Siloxanschicht lackiert. Entscheidende Regelparameter sind hierbei die Lackviskosität und die Geschwindigkeit, mit der die Gläser aus dem Bad gezogen werden.
Der kleinste Wellenschlag im Lackbad hätte unterschiedliche Schichtdicken zur Folge. Alle Antriebselemente der Anlage müssen daher vibrationsfrei aufgehängt und jegliche Übertragung auf das Tauchbad ausgeschlossen werden.
Anschließend wird die Lackschicht dann bei Temperaturen von knapp unter 100 °C polymerisiert und erhält so ihre Härte.

Tauchbad und Trocknung erfordern außerdem hochgradig konstante Lufttemperatur, Feuchte und Dichte sowie eine Luftreinheit, wie sie auch bei Arbeitsprozessen in der Chipherstellung der elektronischen Industrie üblich ist.
Das Ergebnis dieser Bemühungen ist eine deutlich verbesserte Kratzfestigkeit von CR 39-Brillengläsern. Die inzwischen in der Praxis bewährte Tauchlackierung ist auch gegenüber üblichen organischen Reinigungsmitteln und Haushaltspflegemitteln unempfindlich. Nur stark alkalische Lösungen greifen die Schicht an. Besondere Pflegehinweise für den Kunden oder Bearbeitungsrichtlinien für den Augenoptiker sind entbehrlich. Zu starkes Einspannen im Automaten ist aber zu vermeiden.

Lackbeschichten durch Spin-Coating

Ein anderer Lösungsansatz wurde über das sogenannte Spin-Coating gefunden. Das zu beschichtende Glas wird in hohe Rotation versetzt und von oben ein Tropfen Lack auf die Oberfläche getropft.

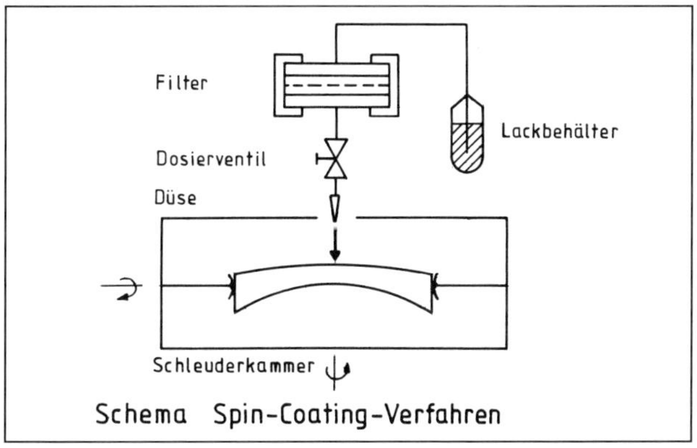

Abb. 8.6 Spin-Coating

Der sorgfältig dosierte Lacktropfen kann kurz vor dem Austritt noch einmal fein gefiltert werden, so daß jede Verunreinigung durch Lackreste, wie beim Tauchlackieren möglich, auszuschließen ist. Weiterhin ist Spin-Coating dort sinnvoll, wo relativ kleine Chargen beschichtet werden müssen. Die Standzeit des Hartlacks ist nämlich sehr gering, er trocknet praktisch schon an Luft sehr schnell, bildet eine Haut und zieht Fäden. In der abgeschlossenen kleinen Lackkammer beim Schleuderverfahren können solche Effekte aber kaum auftreten.

8.3 Organische Gläser mit Filter- bzw. Sonnenschutz

8.3.1 Filtergläser

Organische Brillengläser mit Filterwirkung sind im Regelfall im Tauchverfahren gefärbt.
Dazu erhalten sie durch – kurzes – Tauchen im Farbbad ihre gewünschte Tönung. Auch das „Enttönen" und Umfärben auf eine andere Farbe ist möglich und üblich; der Farbenvielfalt sind nur ästhetische Grenzen gesetzt.
Angeboten werden auch zweifarbige Gläser oder solche mit Farbverlauf oder Überfang in allen modischen Farben.

8.3.2 Sonnenschutzgläser

Die Ausführungsformen von Sonnenschutzgläsern entsprechen denen der Filtergläser (siehe dort), das heißt, organische Gläser werden durch Tauchen gefärbt. Zu den genannten Vorteilen der UV-A Absorption kommt hier eine Reduktion des sichtbaren Lichts in verschiedenen Stufen hinzu. Typisch sind Reduktionen von 35, 50, 65, 75 und 85%.

8.3.3 Phototrope organische Brillengläser

Die vom mineralischen Glas her bekannten Silberhalogenide als Träger der Phototropie konnten im organischen Glas nicht eingebaut werden; alle Versuche in dieser Richtung schlugen fehl.
Es wurden aber chemische Verbindungen gesucht und auch gefunden, die unter Strahlungsanregung ihre Absorption reversibel ändern. Diese äußerst komplexen Spiroverbindungen reagieren sehr stark und auch wärmeempfindlich. Leider ist ihre maximale Absorption noch gering, ihre Lebensdauer mäßig und vor allem ihre blaue Farbe nicht sehr ansprechend. Auf diesem Gebiet sind sicherlich noch Entwicklungen zu erwarten.

9 Kontaktlinsen

Die ersten Kontaktlinsen waren geschliffene Skleralschalen aus Glas. Bei ihrer Anpassung waren die medizinisch-therapeutischen Gründe vorrangig. Solche Schalen wurden gegen Ende des 19. Jahrhunderts erprobt. Zwischen 1920 und 1930 wurden diese Haftgläser sogar in Anpaßsätzen verwendet, die 39 verschiedene Linsen umfaßten. Trotz guter optischer Qualität war die Verträglichkeit dieser Gläser gering; der hohe Druck auf die Lederhaut ließ das Tragen schon nach kurzer Zeit zur Qual werden.
Im nächsten Entwicklungsschritt wurden die Skleralschalen zentral durchbohrt: in das Loch wurde ein optisch wirksames Teil aus Plexiglas eingesetzt. Diese kombinierten Gläser wurden zwischen 1930–45 verwendet. Obwohl auch die Anpaßtechniken weiterentwickelt wurden, wurden nur die rein medizinisch notwendigen Fälle versorgt.
Der Durchbruch zur Kontaktlinse, die im Sinne des Wortes direkt die Hornhaut kontaktiert, gelang erst zwischen 1946 und 1948. Das harte Plexiglasteil aus PMMA schwamm auf dem Tränenfilm der Hornhaut. Die vergleichsweise winzige Kunststoffscheibe von ca. 11 mm Durchmesser wurde von der Hornhaut deutlich besser vertragen als die große Sklerallinse. Ab dann nahm die Verbreitung der Kontaktlinse einen stürmischen Verlauf, der durch die Einführung der ersten weichen Kontaktlinsen etwa ab 1970 einen weiteren Anschub erhielt (Abb. 9.1).

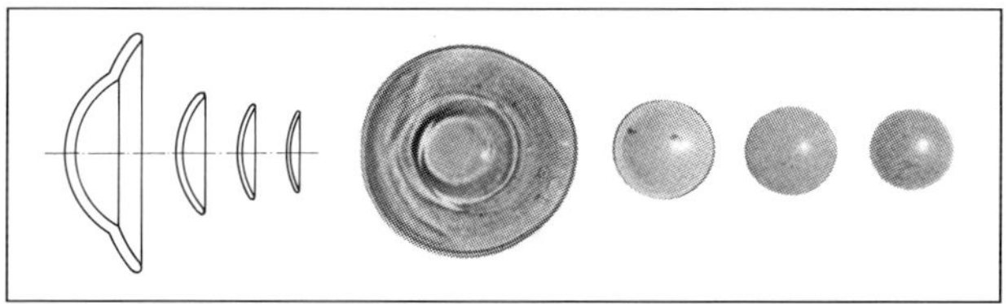

Abb. 9.1 Skleral- und Cornealinse

9.1 Materialien für Kontaktlinsen

9.1.1 Einteilung der Kontaktlinsen

Obwohl die Unterteilung der Linsenmaterialien in „hart" und „weich" physikalisch nicht sonderlich sinnvoll ist, hat sich diese Bezeichnungsart weitgehend durchgesetzt. Besser erscheint die Bezeichnung „formstabil" für Linsen, die ihre Form ohne Stützung beibehalten. Weiche Kontaktlinsen benötigen demnach in ihrer fertigen Form eine Stützung. Als gasdurchlässig bezeichnet man Linsen, die den Durchtritt der gasförmigen Stoffwechselprodukte, insbesondere des Sauerstoffs, ermöglichen. Hydrogele benötigen zur Beibehaltung ihrer weichen Materialstruktur Wasser; Silikonkautschuk nicht.
Gasundurchlässige Linsen behindern also den Durchtritt des Sauerstoffs.
Folgende Unterteilung erscheint sinnvoll:

harte oder formstabile Materialien	gasundurchlässige Materialien
	gasdurchlässige Materialien
weiche oder nicht formstabile Materialien	Hydrogele
	Silikonkautschuk

9.1.2 Grundeigenschaften

Zu den Basiseigenschaften für alle Kontaktlinsenmaterialien zählen:
- optische Transparenz,
- chemische Indifferenz,
- nicht toxisch,
- physiologisch gute Verträglichkeit,
- leichte Handhabung und Pflege,
- wirtschaftlich herstellbar und lange haltbar.

Es lassen sich aber auch weitere Eigenschaften aufführen, die eindeutig nur weichen oder nur harten Linsen zuzuordnen sind wie Wassergehalt, Reißfestigkeit, Härte, Benetzbarkeit, Hydratationsverhalten. Die Materialien von Kontaktlinsen lassen sich nicht beschreiben, ohne einige spezielle Fachbegriffe zu kennen. Es würde den Rahmen dieses Kapitels bei weitem sprengen, eine exakte Ableitung aller Begriffe der Kontaktoptik zu liefern. Dennoch sei der Versuch unternommen, einige Begriffe in Kürze zu erläutern.

9.1.3 Brechzahl und Dichte

Die Brechzahlen von Kontaktlinsenmaterialien reichen von 1,36 bis zu 1,60. Im einzelnen betragen sie für

- formstabile Linsenmaterialien 1,46 – 1,49
- Hydrogele je nach Wassergehalt 1,36 – 1,45
- Silikonkautschuk 1,43 – 1,45
- Sondermaterialien 1,56 – 1,60

Zu beachten ist, daß die Vorderfläche der Linse ganz wesentlich den Brechwert bestimmt, da die Linsenrückfläche durch die Corneavorderfläche des Trägers und die Anpassung festgelegt wird.
Die Dichte der üblichen Kontaktlinsenmaterialien unterscheidet sich geringfügig. Sie liegt in der Größenordnung von 1,12 bis 1,21 g/cm^3. Hoch wasserhaltige Linsen haben bei einem Wassergehalt von 70% und mehr eine Dichte, die fast an die des Wassers heranreicht; sie liegt bei 1,05 g/cm^3.

9.1.4 Transmission und Streulicht

Der Lichttransmissionsgrad von Kontaktlinsen wird nach der gleichen Norm DIN 58224 bestimmt wie der von Brillenglasmaterialien. Danach darf der auftreffende Lichtstrahl durch Reflexion und Absorption um höchstens 20% gemindert werden. Nach DIN 58216 ist andernfalls eine Eignung des Materials für Führer von Kraftfahrzeugen im Straßenverkehr nicht gegeben. Außer speziellen farbigen Kontaktlinsen erfüllen alle anderen Materialien diese Forderung.

9.1.5 Wasseraufnahmevermögen, Wassergehalt

Da Kontaktlinsenmaterial im Regelfall ständig von Flüssigkeit umgeben ist (Tränenfilm, Pflegemittel) nimmt das Linsenmaterial ständig Wasser auf (Hydratation) oder gibt Wasser ab (Dehydratation).
Dieser Prozeß ändert natürlich die Linsenparameter wie Radien, Durchmesser, Mitten- und Randdicke. Da die weiche Linse aus trockenem Material hergestellt wird, ist das Verhalten bei Quellung für den Hersteller von besonderer Bedeutung.
Der Wassergehalt eines Kontaktlinsenmaterials ist definiert als

$$Q_G = \frac{\text{Feuchtgewicht} - \text{Trockengewicht}}{\text{Feuchtgewicht}} \cdot 100\%$$

Typische Wassergehalte sind für
- formstabile Materialien 0,1 – 3 %
- Silikonkautschuk 0,5%
- Hydrogele 30 – 85%

9.1.6 Permeabilität (Dk-Wert)

Die Durchlässigkeit oder Permeabilität für Gase ist eine wichtige Kenngröße des Kontaktlinsenmaterials. Die auf dem Tränenfilm schwimmende Linse stellt eine Art Filter, exakter gesagt eine Membran dar, die im Idealfall alle Stoffe auf die Hornhaut gelangen lassen und umgekehrt auch wieder herauslassen müßte. Kernproblem ist dabei die Durchlässigkeit für Gase, das heißt die Sauerstoffversorgung der Hornhaut. Der häufig gebrauchte Begriff Permeation beschreibt dabei den Spezialfall der Diffusion, nämlich die Diffusion durch eine Membran.
Die Permeabilität ist demzufolge eine materialspezifische Eigenschaft, die die Anzahl der hindurchgelassenen Moleküle durch den Permeationskoeffizienten P beschreibt.
Exakt steht das Kürzel Dk für das Produkt aus Diffusionskoeffizient D und Löslichkeitskoeffizient k, also

Permeationskoeffizienten handelsüblicher Kontaktlinsenmaterialien

Material	Dk-Wert
Harte Materialien:	
PMMA	1,1–0,3
CAB	4,3
Paraperm 02	15,6
Boston IV	28
Polycon HDK	40
Conflex-Air	52
OxyFlow 56	56
Boston Equalens	60
Fluorex 700	70
Fluorperm 92	92
Advent	100
Hydrogele:	
PolyHEMA 38	8–9
Poly-Alkylmethacrylate	
NVP-Copolymere (Wassergehalt 55%)	23
MMA-VP-Copolymere (Wassergehalt 70%)	43

$P = D \cdot k$. Diese Details sollen hier nicht weiter erörtert werden.
Der Sauerstoffdurchlässigkeitskoeffizient P = Dk beschreibt das Sauerstoffvolumen (ml O_2), das pro Sekunde durch ein 1 cm^2 großes und 1 cm dickes Materialstück hindurchtritt, wenn beiderseits ein Sauerstoffdruckunterschied von 1 mm Hg besteht. Die Maßeinheit für P ist demnach:

$$[P] = \frac{cm^2}{s} \cdot \frac{ml\ O_2}{ml \cdot mm\ Hg} \quad \text{oder:} \frac{ml\ O_2 \cdot cm^2}{ml \cdot s \cdot mm\ Hg}$$

Da der Dk-Wert eine zentrale Aussage über die Sauerstoffdurchlässigkeit der Kontaktlinse darstellt, wird er oft (werbewirksam) deutlich vereinfacht dargeboten.
Sehr viele Hersteller und Anpasser beschreiben den Dk-Wert üblicherweise nur durch Angabe des Zahlenfaktors vor der Zehnerpotenz $P = 10^{-11}$. Die Angabe Dk = 50 meint also:
$Dk = 50 \cdot 10^{-11}$ (ml $O_2 \cdot cm^2$/ml $\cdot$ s $\cdot$ mm Hg)
Wegen der großen Werbewirkung des Dk-Wertes sei ausdrücklich darauf hingewiesen, daß seine Bestimmung nicht immer durch vergleichbare Meßmethoden erfolgt.
Der Dk-Wert ist als Materialkonstante unabhängig von Form und Dicke der Kontaktlinse. Will man real gefertigte Linsen hinsichtlich ihrer Sauerstoffdurchlässigkeit vergleichen, so muß die mittlere Linsendicke eingerechnet werden.
Dividiert man den Dk-Wert durch die Mittendicke, so erhält man die **Transmissibilität T**. Sie berücksichtigt die Abmessungen der Kontaktlinse und stellt somit ein direktes Maß für die Sauerstoffdurchlässigkeit der Kontaktlinse dar. Die Transmissibilität T ist deutlich besser zum Vergleich von Kontaktlinsen geeignet.
Bezieht man nämlich die Mittendicke d ein, so ist beispielsweise ein Material mit dem Wert Dk = 30 bei 0,3 mm Mittendicke keineswegs besser als ein Material Dk = 10 bei nur 0,1 mm Dicke der fertigen Kontaktlinse. Beide Linsen verhalten sich hinsichtlich der Sauerstoffdurchlässigkeit gleich! Auch ein Material mit schlechtem Dk-Wert kann also durchaus zu einer gut sauerstoffdurchlässigen Kontaktlinse führen, wenn es aufgrund seiner Stabilität dünner gefertigt werden kann.

9.1.7 Porosität

Die Porosität oder auch die „Löcher" im Material der Kontaktlinse sind Grundvoraussetzung für die notwendige Permeabilität. Da Kontaktlinsenmaterial in absoluter Homogenität nicht existiert, wird der mittlere Porendurchmesser zugrunde gelegt. Bei der Messung der Durchmesser wurde ermittelt, daß zusätzlich die elektrische Ladung und Polarität der beteiligten Stoffe eine Einflußgröße darstellen. Die elektrischen Kräfte können selbst kleine Partikel am Durchgang durch relativ große Poren hindern.
Bei harten Kontaktlinsenmaterialien und bei Silikonkautschuk ist der Porendurchmesser so klein, daß nur Gasmoleküle hindurchtreten können.
Für Hydrogele hingegen ist die Porenweite von größerer Bedeutung, da hier auch Mikroorganismen, Abbauprodukte der Hornhaut und Teile von Pflegemitteln eindringen oder gar im Materialgitter gespeichert werden können. Bei älteren Hydrogellinsen wurden insbesondere Komponenten der Konservierungsstoffe in höherer Konzentration im Material festgestellt. Sie könnten Ursache für allergische Reaktionen sein.

9.1.8 Benetzbarkeit

Für die Verträglichkeit einer Kontaktlinse spielt die Benetzbarkeit des Linsenmaterials eine wichtige Rolle. Die gute Benetzbarkeit der Kontaktlinse durch die Tränenflüssigkeit ist wesentliche Voraussetzung für einen beschwerdefreien Sitz der Linse ohne Fremdkörpergefühl.
Eine gleichmäßige Tränenflüssigkeitsschicht verhindert den direkten mechanischen Kontakt zwischen Linse und Gewebe, erleichtert den Austausch der Stoffwechselprodukte und gewährleistet eine gute optische Abbildungsqualität.
Atome bzw. Moleküle gleicher Art üben Kohäsionskräfte untereinander aus; Atome und Moleküle verschiedener Art üben Adhäsionskräfte aufeinander aus.
Beispiel: Die Moleküle eines Kontatklinsenmaterials halten durch Kohäsionskräfte zusammen, die Tränenflüssigkeit haftet aufgrund von Adhäsion auf der Linse.
Als Maß für die Benetzbarkeit wird in der Kontaktlin-

senoptik häufig der Begriff **Kontaktwinkel** oder auch **Rand- bzw. Benetzungswinkel** benutzt. Es ist der Winkel, den die Tangente im Endpunkt des Tropfens gegen die Unterlage bildet. Je kleiner der Kontaktwinkel, desto besser ist die Benetzbarkeit. Im Idealfall der vollständigen Ausbreitung des Tropfens, das heißt der völligen Benetzung, ist der Kontaktwinkel gleich null Grad. Im Gegenteil bildet sich ein kugeliger Tropfen mit dem Winkel 180°.
In diesem Zusammenhang wird gerne der Begriff der Hydrophobie bzw. der Hydrophilie benutzt. Hydrophob oder wasserabstoßend ist ein Material, dessen Kontaktwinkel zwischen 90 und 180° liegt. Als hydrophil oder wasseranziehend gelten Winkel zwischen 0 und 90°. Diese Einteilung ist aber absolut willkürlich und ohne praktischen Bezug.
In der Realität zeigt sich nämlich, daß bereits nach wenigen Lidschlägen eine Kontaktlinse von einem dünnen Muzinfilm der Tränenflüssigkeit überzogen wird, der den Kontaktwinkel erheblich reduziert. Damit wird aber die beim einzelnen Menschen sehr unterschiedliche Zusammensetzung der Tränenflüssigkeit zu einem bedeutenden Parameter der Benetzung. Der Kontaktwinkel sinkt damit zu einer mehr theoretischen Größe ab.

9.1.9 Sonstige Eigenschaften

Hierzu zählen die mechanischen, thermischen und chemischen Eigenschaften.
Bei den mechanischen Eigenschaften sind vorrangig Härte, Elastizität, Zug- und Kratzfestigkeit zu nennen. Eine Kontaktlinse ist bei der Reinigung und Manipulation äußeren Krafteinwirkungen ausgesetzt, die sie entweder ertragen oder denen sie durch Elastizität ausweichen muß.
Die thermischen Anforderungen an eine Kontaktlinse sind wesentlich durch zwei Faktoren beschrieben: hohe Wärmeleitfähigkeit, um keinen Wärmestau unter der Linse hervorzurufen, sowie hohe Temperaturbeständigkeit bis etwa 120° C, um eine Reinigung durch thermische Desinfektion zu ermöglichen.
Schließlich sind Kontaktlinsenmaterialien schwachen Säuren, Laugen, Fetten, Seifen, Ölen und Alkohol ausgesetzt. Dies kann bei der Reinigung beabsichtigt als auch unbeabsichtigt im täglichen Leben geschehen. Selbstverständlich muß das Kontaktlinsenmaterial gegen Tränenflüssigkeit und alle vorkommenden Reinigungslösungen beständig sein.

9.2 Harte Kontaktlinsenmaterialien

Nach üblichem Sprachgebrauch unterteilt man die Hartlinsen weiter in gasdurchlässige (permeable) mit einem Dk-Wert > 20 Einheiten und gasundurchlässige mit einem Dk-Wert < 20 Einheiten. (Auch diese ist eher willkürlich, aber allgemein üblich.)

9.2.1 Harte gasundurchlässige Materialien

Hierzu zählt nur noch das (Ur-)Altmaterial PMMA, bekannt unter dem Markennamen Plexiglas. Als besonderen Vorteil dieses Materials muß man die minimalen Ansprüche an Pflege und Sorgfalt im täglichen Umgang herausheben.
Daten:
Brechzahl n = 1,50
Dichte (ϱ) = 1,18 g/cm^3
Wassergehalt: 0,2 bis 1,5%
Dk-Wert: 0,1 – 0,3 (fast absolut gasundurchlässig), chemisch sehr beständig.

9.2.2 Harte gasdurchlässige Materialien

Die Weiterentwicklung des harten Kontaktlinsenmaterials ging vorrangig in Richtung größerer Sauerstoffdurchlässigkeit, was aber auch mit Nachteilen wegen geringerer Härte und mechanischer Stabilität verbunden war.
CAB, das auch als Fassungsmaterial bekannte Zelluloseacetobutyrat, besitzt eine größere Sauerstoffpermeabilität, aber auch eine geringere mechanische Härte bzw. Stabilität.
Modernere Entwicklungen gehören zur Gruppe der Silikon-MMA-Copolymere. Dieses Material hat wegen des Anteils an MMA, ein Monomer des PMMA, eine deutlich bessere Stabilität. Das Silikon sorgt für eine höhere Sauerstoffdurchlässigkeit, aber leider gleichzeitig auch für eine schlechtere Benetzbarkeit.
Eine Variante hiervon ist das Silikon-MMA-Fluor-MA-Copolymer. Es enthält neben Fluor auch noch VP (= Vinyl-Pyrrolydon) und/oder MMA.

Als Faustregel gilt für diese Linsenarten, daß die O_2-Durchlässigkeit in dem Maße steigt, in dem die Konzentration an Silikon- und Fluorverbindungen zunimmt. Mit der Zunahme von Siloxaneinheiten im Polymer ist eine leichtere Biegefähigkeit des Materials verbunden, was diesen Stoffen auch die Bezeichnung hartflexible Kontaktlinsen eingebracht hat.

9.3 Weiche Kontaktlinsenmaterialien

Bei den weichen Kontaktlinsenmaterialien kennt man die Gruppe der Hydrogele (wasserhaltige Linsen) und die der nicht wasserhaltigen Stoffe. Auch hier ist eine Feindifferenzierung der Hydrogele in solche mit Wassergehalten kleiner als 40%, mit Gehalten von 40 bis 60% sowie der Gruppe über 60% Wassergehalt üblich. Die nicht wasserhaltigen weichen Linsen aus Elastomeren und hier speziell Silikonkautschuk spielen keine bedeutende Rolle mehr, bzw. noch nicht die Rolle, die ihnen eigentlich theoretisch zustehen könnte. Durch stetige Forschung und Neuentwicklungen sind die Dinge hier aber ständig im Fluß.

9.3.1 Hydrogele

Hydrogele sind Polymere mit hydrophilen (wasserfreundlichen) Gruppen. Sie nehmen Wasser auf, quellen dabei ganz erheblich und sind in diesem Zustand hochflexibel. Ihre Sauerstoffdurchlässigkeit ist hoch.
Man unterscheidet:
P HEMA (= Poly-Hydroxyd-Ethyl-Methacrylat), ein Homopolymer mit 38% Wassergehalt, das älteste Hydrogel.
HEMA/VP (= Copolymere mit VP-Zusatz), Wassergehalte bis etwa 55%. Hiervon gibt es auch Varianten mit MAS- bzw. VA-Zusätzen anstelle des VP-Zusatzes.
MMA/VP, ein HEMA-freies Copolymer, hoch wasserhaltig bis ca. 78%.
Für alle diese Materialtypen gilt, daß sie durch die Art der Monomere, der Vernetzer und deren Konzentration auf unterschiedliche Wassergehalte eingestellt werden können. Sie unterscheiden sich dann allerdings auch in ihren anderen chemisch-physikalischen Eigenschaften, zum Beispiel Sauerstoffdurchlässigkeit und Reißfestigkeit.

Wasserdurchlässigkeit und O_2-Permeabilität verhalten sich bei den Hydrogelen proportional zueinander, das heißt, geht bei einem Material der Wassergehalt in die Höhe, steigt gleichzeitig die Sauerstoffdurchlässigkeit. Das Wasser spielt bei den Hydrogelen praktisch den Transporteur für den Sauerstoff. Umgekehrt zum Wassergehalt verhalten sich die mechanischen Eigenschaften, vornehmlich die Reißfestigkeit. Diese nimmt bei steigendem Wassergehalt ab.

9.3.2 Silikonkautschuk

Silikonkautschuk zählt zu den Elastomeren. Diese Stoffe sind auch im wasserfreien Zustand weich und flexibel. Das Material ist außerordentlich hoch gasdurchlässig, jedoch ohne Oberflächenbehandlung nicht benetzbar. Weiterhin neigt es zu schwer zu entfernenden Verschmutzungen. Insgesamt hat Silikonkautschuk noch ein gewisses Entwicklungspotential.
Die theoretisch ungeheure Vielfalt an Kunststoffen für die Kontaktlinsenherstellung reduziert sich in der Realität auf einige wenige Stoffe. Aus einer einzigen Grundverbindung, dem Methacrylsäureester, werden durch Variation des Restes R rund 70% aller Kontaktlinsen überhaupt hergestellt. Dennoch erreicht man durch Veränderung des Restes R entscheidende Eigenschaftsveränderungen bei den Kontaktlinsenmaterialien.
Nimmt man nur den MMA-Teil aus der Modellverbindung des PMMA als Linsenmaterial, so erhält man Dk-Werte in der Größenordnung um 1.
Fügt man ein Siliconmethacrylat als Co-Monomere hinzu, so erreicht dieses Material Dk-Werte um 70 Einheiten.
Bei Hinzunahme von Fluormethacrylaten, optimaler Wahl der Zusammensetzung und Herstellungsverfahren erreicht man schließlich Dk-Werte von 150 Einheiten.

9.4 Herstellung von Kontaktlinsen

9.4.1 Herstellung harter Kontaktlinsen

Harte Kontaktlinsen können nach heutigem Stand der Technik hergestellt werden im
– Schmelzverfahren,

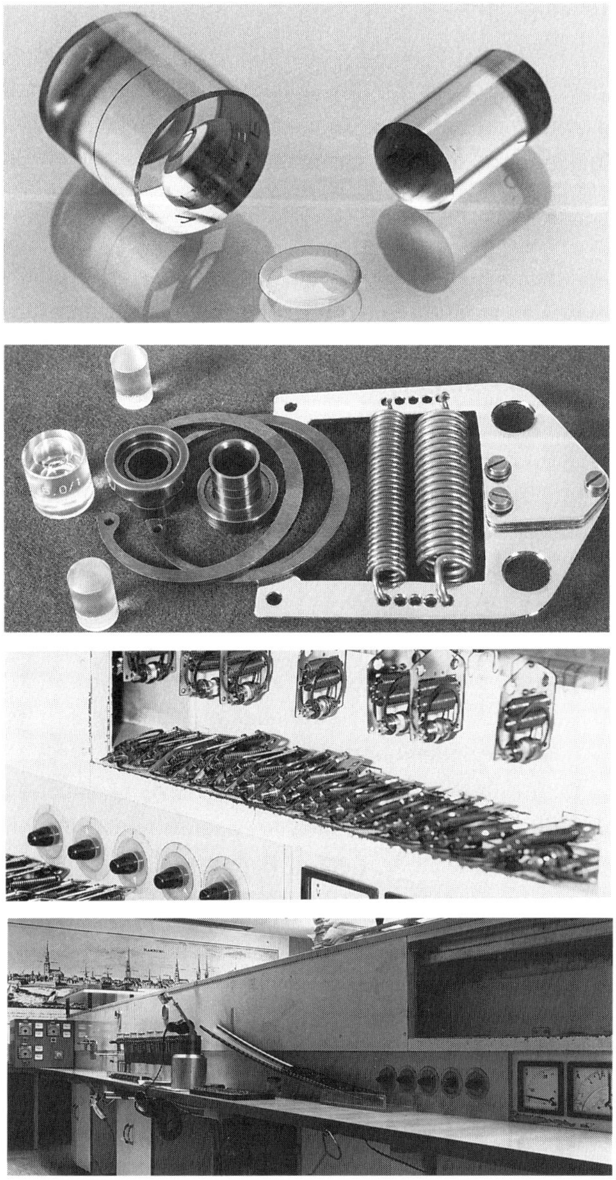

Abb. 9.2 Herstellung harter Linsen

- Drehverfahren,
- als Kombination beider Verfahren.

Bei der Fertigung im Schmelzverfahren wird der Hohlraum zwischen zwei Glasstempeln mit dem Rohstoff als Granulat befüllt, diese Einheit zwischen Federn eingespannt und im Infrarotofen ca. 1 Stunde lang erschmolzen. Jeder Linsentyp mit seinen unterschiedlichen Radien, Brechwerten und Durchmesservarianten erfordert aber einen eigenen Schmelzstempel.

Die Linse ist nach dem Erschmelzen optisch fertig und muß lediglich noch randbearbeitet werden. Kontrolle und Verpackung beschließen den Herstellungsprozeß.

Die Mehrzahl der harten Kontaktlinsen wird heute im spanenden Drehverfahren hergestellt. Vorteilhaft ist hierbei die leichtere Umstellung auf andere Linsenparameter; nachteilig die aufwendigere Herstellung. Moderne CNC-gesteuerte Drehautomaten erlauben aber eine flexible Fertigung mit hoher Produktivität. Alle Vorarbeiten können am Schreibtisch bei der Erstellung der CNC-Programme erledigt werden.

Der typische Fertigungsvorgang erfolgt in der Reihenfolge:

- Herstellung der Rückfläche,
- Bearbeitung der Randzonen der Rückfläche,
- Herstellung der Vorderfläche,
- Bearbeitung des Randes.

Spanendes Werkzeug ist der Drehdiamant; die Oberfläche ist danach so glatt, daß unmittelbar die Politur anschließen kann (Abb. 9.3).

Abb. 9.3 Herstellung harter Linsen

9.4.2 Herstellung weicher Kontaktlinsen

Die Herstellung der weichen Kontaktlinsen geschieht in zwei Schritten:

- Formung der harten Linse aus dem Grundmaterial im Drehverfahren oder auch im Formguß,
- Hydratation der harten Linse in Kochsalzlösung, um die gebrauchsfertige weiche Linse zu erhalten.

Abb. 9.4 Herstellung weicher Linsen

Das Drehen aus dem harten Rohmaterial erfolgt ähnlich der Herstellung der harten Linse mit vollautomatischen CNC-Maschinen. Danach erfolgt das ca. 24stündige Hydrieren in physiologischer Kochsalzlösung. Die harte Linse quillt auf, wird weich und nimmt ihre vorberechnete Form an.

Das Formgußverfahren hat in neuerer Zeit an Bedeutung gewonnen, da es die preisgünstige Herstellung von Massenware erlaubt. Besonders die Einweglinsen werden so in großer Stückzahl gefertigt.

Mit Hilfe von Masterformen aus Stahl werden nur einmal zu verwendende Kunststoffstempel gespritzt, zwischen denen das flüssige Kunststoffpolymer aushärtet.

Die Wahl des richtigen Kontaktlinsenmaterials ist natürlich von zahlreichen Randbedingungen abhängig und kann nicht für jeden Linsenträger einzeln begründet werden. Verallgemeinert gelten für die Auswahl der harten oder weichen Linse etwa folgende Übersichten:

Harte Kontaktlinsen	
Pro	Kontra
optische Gründe Korrektion des Astigmatismus leichte Pflege lange Lebensdauer einfaches Handling	nicht für gelegentliches Tragen geeignet, erfordert dann eine neue Eingewöhnungszeit staubempfindlich für einige Sportarten nicht geeignet

Weiche Kontaktlinsen	
Pro	Kontra
kurze Eingewöhnungszeit flexible Tragezeiten für jede Sportart auch in staubiger Umgebung tragbar	optische Gründe keine Korrektion des Astigmatismus höhere Pflegekosten geringere Lebensdauer

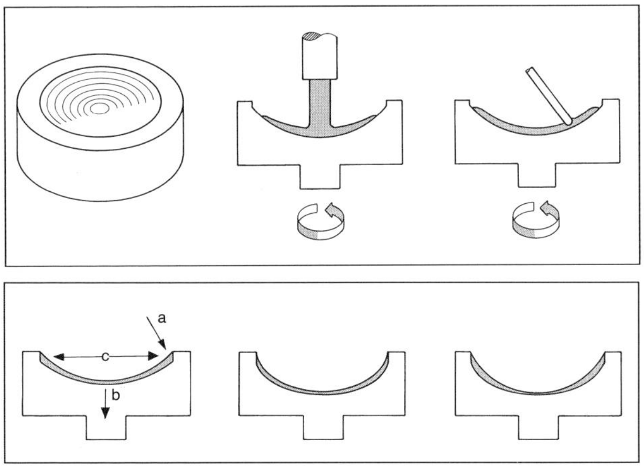

Abb. 9.5 Herstellung von Hydrogellinsen

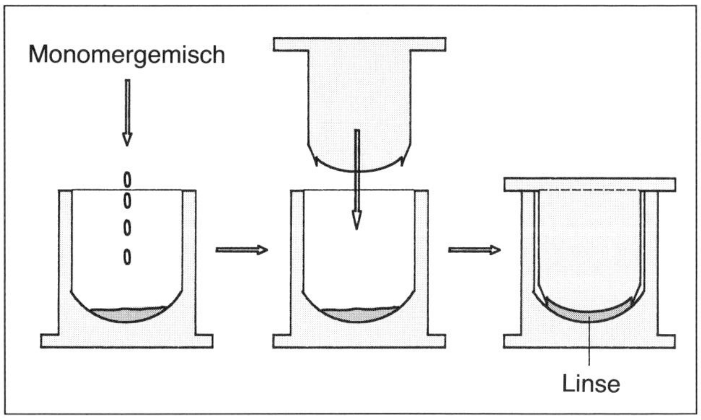

Abb. 9.6 Schema Formgußverfahren

9.5 Kontaktlinsenpflege und Hygiene

Die kurze Übersicht der verwendeten Linsenmaterialien zeigt bereits, daß für die verschiedenen Kontaktlinsenmaterialien auch unterschiedliche Pflegemittel angewandt werden müssen. Es ist Aufgabe des Augenoptikers, den Kunden bei der Auswahl des richtigen Pflegemittels zu beraten, und das für den Linsentyp und den Linsenträger passende Mittel auszuwählen.

Für alle Kontaktlinsen gelten folgende Pflegeschritte:

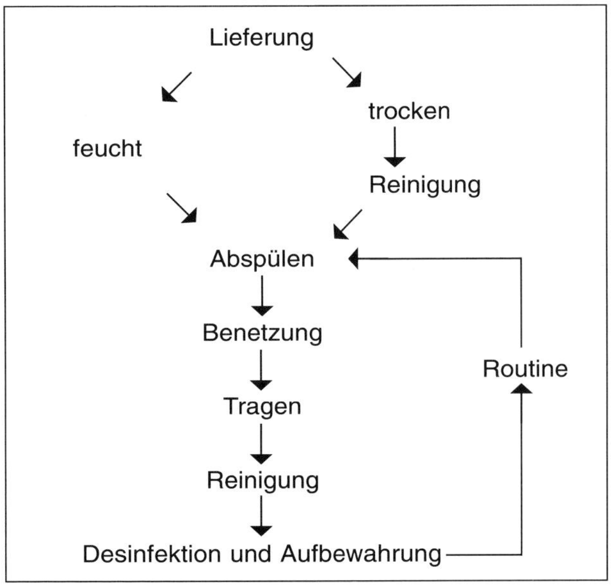

Der hier skizzierte grundsätzliche Pflegezyklus kann je nach Linsentyp leicht variiert sein.

Demnach werden für die Pflege der Kontaktlinsen un-

Abb. 9.7 Herstellung von Hydrogellinsen

terschiedliche Flüssigkeiten mit unterschiedlichen Zusammensetzungen benötigt. Man unterscheidet:

- Reinigungslösungen für die tägliche Anwendung,
- Benetzungslösungen (zum Aufsetzen der Linse),
- Desinfektionslösungen (eventuell Neutralisationslösungen),
- Aufbewahrungslösungen,
- Lösungen für die Intensivreinigung,
- Abspüllösungen,
- Lösungen für spezielle Anwendungen.

Kombinationslösungen übernehmen zwei oder mehrere Funktionen. Universalmittel „für alles" gibt es zwar, sie stellen aber nur einen Kompromiß dar.

Da die Lösungen unmittelbar mit dem Auge kontaktieren, gilt für alle Kontaktlinsenpflegemittel eine Anzahl fast selbstverständlicher Forderungen:

- Keimfreie Lieferung und Sterilität durch chemische Stabilität mindestens bis zum Verfallsdatum.
- Keine Irritationen des Auges, das heißt gleicher pH-Wert wie die Tränenflüssigkeit über die gesamte Gebrauchsdauer.
- Möglichst geringe Allergiequote.
- Verträglichkeit der Mittel untereinander. Auch bei unbeabsichtigter Mischung dürfen keine gefährlichen chemischen Reaktionen erfolgen.
- Keine Reaktion mit den Linsenmaterialien.

Beschreibung einiger Begriffe:

Isotonie: Alle Lösungen, die mit dem Auge in Berührung kommen, müssen einen Kochsalzgehalt von 0,9% haben. Sie sind dann isotonisch eingestellt, das heißt, ihr osmotischer Druck entspricht dem der Tränenflüssigkeit des menschlichen Auges. Wird eine nicht isotonisch eingestellte Flüssigkeit auf das Auge gebracht, so wird der osmotische Druck zwingend einen Ausgleich zwischen der veränderten Tränenflüssigkeit und der Zellflüssigkeit des Auges herbeiführen. Das äußert sich in einem Brennen und vermehrtem Tränenfluß des Auges.

Isohydrie: Alle Lösungen, die Kontakt mit dem Auge haben, müssen isohydrisch gepuffert sein, das heißt, ihr pH-Wert muß dem der Tränenflüssigkeit entsprechend zwischen 6,3 und 7,9 liegen. **Puffer** sind Verbindungen, die Veränderungen des pH-Wertes auszugleichen versuchen. Üblicherweise verwendet man als Puffer Phosphate, Bicarbonat und Borsäure.

Verfallsdatum: Für die Gebrauchsdauer des Mittels muß absolute Stabilität garantiert sein; hierfür sorgen Konservierungsstoffe. Das auf der Packung aufgedruckte Datum gilt nur bei sachgemäßer Lagerung für die nicht angebrochene Packung.

Ist das Mittel in Gebrauch genommen, also die Packung geöffnet worden, so gilt als Verfallsdatum die bei „normalem" Verbrauch übliche Zeit. Beispiel: Ein Sportler, der seine weiche Kontaktlinse nur beim Sport benutzt, bricht eine neue Pflegepackung an und benutzt sie einmal. Infolge einer Verletzung fällt er für den Sportbetrieb aus, Linsen und Pflegemittel werden vorerst nicht benötigt. Normalerweise würde das Pflegemittel in 4 Wochen verbraucht sein. Wie lange hält es jetzt? Die Aktivität der Konservierungsstoffe im Pflegemittel reicht nicht wesentlich über die normale Gebrauchsdauer hinaus. Wäre das Mittel üblicherweise nach vier Wochen verbraucht, so wird ein sicherer Gebrauch nur maximal 6 bis 8 Wochen möglich sein.

Die Brechungszahl n der Lösung muß der von Cornea und Tränenflüssigkeit entsprechend zwischen 1,33 und 1,37 liegen.

Alle Lösungen müssen dem Linsentyp entsprechen. Hartlinsenpflegemittel können beispielsweise Stoffe enthalten, die nicht mit Hydrogellinsen in Berührung kommen dürfen. Dort können sie gespeichert werden, und dann in zu hoher Konzentration auf das Auge einwirken.

Die **Verpackung** bzw. der **Behälter des Pflegemittels** sollte eine genaue Angabe über den Verwendungszweck, eine Gebrauchsanleitung, Inhaltsstoffe und Verfallsdatum enthalten.

9.5.1 Reinigung der Kontaktlinsen

Die Reinigung einer Kontaktlinse sollte im Regelfall nach dem Gebrauch, also nach dem Absetzen, erfolgen. Auf der Linse setzen sich Ablagerungen und Fremdstoffe ab, die entfernt werden müssen. Zu den Ablagerungen zählen vornehmlich die Komponenten der Tränenflüssigkeit:

- Proteine wie Lysozym, Albumine und Globuline,
- Lipide, ölige Substanzen,
- Muzine, schleimige Substanzen,
- Salze.

Zu den Fremdstoffen zählen insbesondere

- abgeschilferte Epithelzellen, deren Lebensdauer ca. 3 bis 7 Tage beträgt,
- Umweltschmutz,
- Spuren von Körperpflegemitteln und Kosmetika,
- Mikroorganismen wie Pilze und Bazillen.

Verfahren zur Reinigung

Reinigungsverfahren sind:
- Desorption organischer Ablagerungen durch Tenside, eventuell unterstützt durch leicht radierende Teilchen,
- biochemischer Abbau der organischen Ablagerungen durch Enzyme,
- chemischer Abbau durch Oxidation,
- Chelatisierung anorganischer Ablagerungen,
- Ultraschall.

Die **Desorption** von Ablagerungen ist das Gegenteil der Adsorption. Hierbei werden die angelagerten (adsorbierten) Fremdstoffe auf der Kontaktlinse durch Desorption gelockert und können dann durch Abspülen entfernt werden. Zur Lockerung der Bindung benutzt man oberflächenaktive organische Verbindungen, die unter dem Namen Tenside in der Waschmittelindustrie eine große Rolle spielen.

Im Regelfall werden harte Linsen durch Desorption der organischen Ablagerungen durch Tenside gereinigt. **Tenside** haben ein hydrophiles oder wasserfreundliches Ende, während das andere Ende lipophil oder fettfreundlich ist. Damit heften sie sich an die

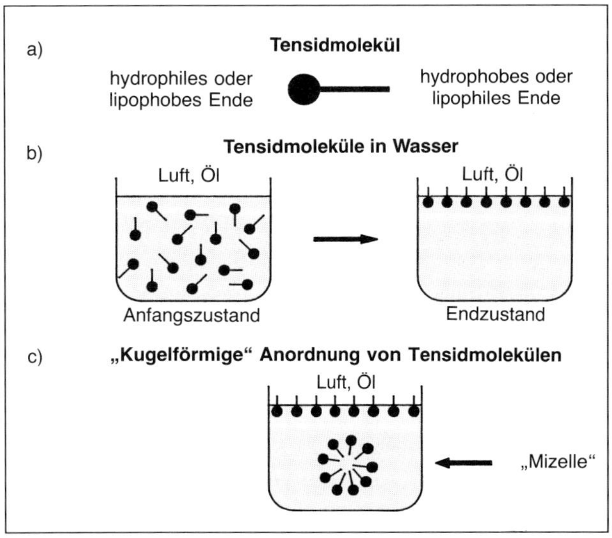

Abb. 9.8 Aufbau und Wirkung von Tensiden

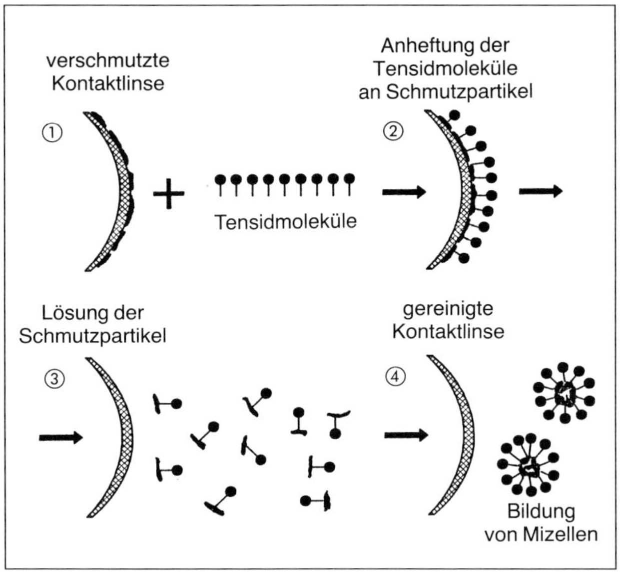

Abb. 9.9 Desorption von Ablagerungen durch Tenside

ölige, fettige Ablagerung auf der Kontaktlinse. Das wasserfreundliche Ende des Tensids wird vom Wasser angezogen und zieht damit gleichzeitig an dem fettigen Fremdkörperpartikel. Diese Kräfte reichen im allgemeinen aus, die Adhäsionskräfte der Ablagerungen zu lockern und die Fremdstoffe herauszuziehen. Im Endzustand sind entweder die Tenside mit ihren anhaftenden Partikeln an der Wasseroberfläche zu finden, oder sie bilden eine kugelförmige Mizelle, in deren Mitte die Verunreinigungen eingeschlossen sind und deren hydrophiles Ende nach außen weist.

Enzyme sind kompliziert aufgebaute Proteine oder Eiweißstoffe, die von lebenden Zellen erzeugt werden. Jedes Enzym wirkt spezifisch auf nur einen Stoff,

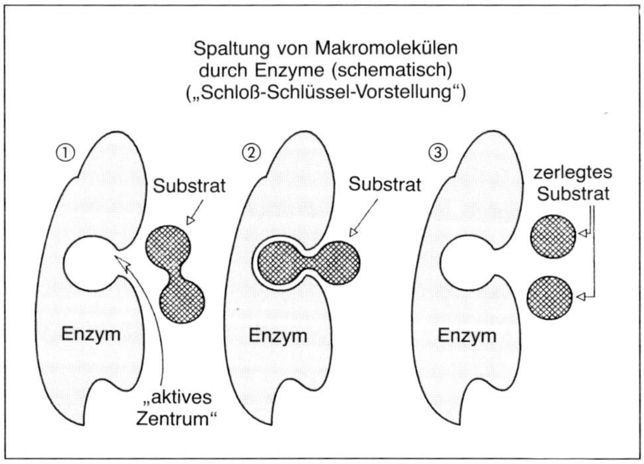

Abb. 9.10 Enzymatische Reinigung

daher wird es oftmals mit einem Schloßschlüssel verglichen, der auch nur ein bestimmtes Schloß zu öffnen vermag. Kontaktlinsenreiniger auf Enzymbasis sollten also mehrere Komponenten enthalten.
Die Enzyme und ihre Rückstände dürfen auf keinen Fall ins Auge gelangen, da sie selbst allergieauslösend sind.
Oxidationsmittel reinigen die Linse, indem sie reaktiven Sauerstoff freisetzen. Hierfür kommen insbesondere in Frage:
- Wasserstoffperoxid,
- Perborate,
- Halogenverbindungen.

Der Vorteil der oxidierenden Reinigung besteht darin, daß alle organischen Ablagerungen vom Sauerstoff angegriffen werden und in kleine, leicht entfernbare Bruchstücke zerlegt werden. Außerdem ist der Sauerstoff ein vorzügliches Desinfektionsmittel.
Nachteilig ist die erforderliche Neutralisation von Oxidresten.
Chelate beseitigen die anorganischen Ablagerungen (Eisen-, Kalzium- und Magnesiumsalze) auf der Kontaktlinse.
Es handelt sich bei den Chelaten um Komplexbildner wie EDTA oder Natriumhexametaphosphat, die sich ringförmig um die erwähnten Salze legen und sie von der Oberfläche ablösen.
Stark verunreinigte Kontaktlinsen können einer **Intensivreinigung** durch den Anpasser oder den Hersteller unterzogen werden.
Dabei werden kräftigere Reinigungsmittel, Ultraschallreinigung und/oder thermische Reinigung eingesetzt. Der Hersteller kann darüber hinaus die Linsen auch polieren.
Solche Schritte sollten erwogen werden, wenn der Linsenträger über Irritationen der Bindehaut klagt. Allerdings kann eine Intensivreinigung nicht beliebig oft durchgeführt werden. Nach mehrmaliger derartiger Reinigung kann die Linse unbrauchbar werden.

9.5.2 Desinfektion

Da einige Begriffe im Bereich der Desinfektion oft verwechselt werden, seien sie hier kurz erläutert.
Sterilisation oder **Keimfreimachung** ist die Tötung aller Bakterien. Dazu ist der Anwender nicht in der Lage, nur der Hersteller kann eine fachgerechte Sterilisation durchführen.
Desinfektion ist die Abtötung krankmachender Bakterien, eben dies ist das Ziel des Linsenträgers bei ihrer Anwendung.
Konservierung ist der Schutz vor Befall durch Mikroorganismen und die Verhinderung der Vermehrung krankmachender (pathogener) Keime.
Man unterscheidet bei der Desinfektion zwischen
- chemischer und
- thermischer Desinfektion.

Da Desinfektion und Konservierung ähnliche Ziele haben, versucht man für beide Aufgaben die gleichen chemischen Verbindungen zu verwenden. Soll eine Lösung nur konservierende Wirkung haben, kann die Konzentration der Wirkstoffe geringer gewählt werden; bei der Desinfektion werden die gleichen Stoffe höher konzentriert.
Als Desinfektionsmittel in der Aufbewahrungslösung dienen die Konservierungsstoffe wie Benzalkoniumchlorid, Thiomersal, Chlorhexidin und Phenylquecksilbernitrat. Mittel, die solche Stoffe enthalten, sollten immer materialspezifisch verwendet werden. Der Hersteller gibt dazu eine Liste von Desinfektionsmitteln heraus, die für einen bestimmten Linsentyp geeignet sind.
Auf keinen Fall dürfen Mittel für harte und weiche Linsen vertauscht oder vermischt werden! Das Verfallsdatum von solchen Mitteln ist streng zu beachten!
Wegen der hervorragenden Desinfektionswirkung werden oftmals oxidierende Systeme angeboten. Sie besitzen gleichzeitig eine gewisse reinigende Wirkung (siehe oben). Die **zweistufigen Wasserstoffsuperoxid-Systeme** sind weit verbreitet (H_2O_2). Chemisch gesehen handelt es sich um die Aufspaltung von

$$H_2O_2 \rightarrow H_2O + O$$

Der freie reaktive Sauerstoff spaltet Makromoleküle in kleinere Teile und greift Bakterien an.
Leider verträgt sich H_2O_2 mit dem menschlichen Auge sehr wenig. Ein Tropfen Peroxid führt zur Verätzung des Epithels und einem typischen knallroten Auge. Es muß also ein Weg gefunden werden, das nicht verbrauchte Wasserstoffsuperoxid zu neutralisieren.
Hierbei sind drei Wege der **Neutralisation** möglich:

1) Enzymatisch. Es handelt sich hierbei um Eiweißstoffe in Kochsalzlösung (Katalase). Diese Stoffe wirken recht schnell (ca. 10 – 15 min) und müssen nicht in einem bestimmten Mengenverhältnis zugegeben werden.
2) Katalytisch. Hierbei befindet sich eine platinbeschichtete Kunststoffscheibe im Boden des Aufbewahrungsbehälters. Das Verfahren ist sehr langsam, es nimmt ca. 6 h in Anspruch.
3) Chemisch. Durch Zugabe von Natriumsulfit-Benztraubensäure wird das Peroxid neutralisiert. Die Zeitdauer hierfür beträgt ca. 2 h, allerdings ist eine sorgfältige Mengenbemessung notwendig, da eine bestimmte Menge des Katalysators für eine ebensolche Menge des oxidierenden Mittels bereitgestellt werden muß.
Die thermische Desinfektion mit handlichen elektrisch betriebenen Kochern war lange Zeit in den USA dominierend, sie ist aber dort wie auch in Deutschland weitgehend durch die chemische Desinfektion verdrängt worden.

9.5.3 Benetzung

Die gereinigte und desinfizierte Linse wird stets feucht auf das Auge gesetzt. Dies mindert den Fremdkörperreiz, erleichtert den Austausch der Tränenflüssigkeit und hält die Kontaktlinse während des Aufsetzens sauber und keimfrei.
Da die weiche Linse ohnehin feucht aufbewahrt wurde, ist eine zusätzliche Benetzung nicht erforderlich. Die harte Linse ist nach dem Herausnehmen aus der Desinfektions- und Aufbewahrungslösung zunächst hydrophob, das heißt, Wasser und Tränenfilm perlen ab.
Ein häufig verwendeter Benetzer ist PVA (Polyvinylalkohol), im Prinzip handelt es sich um in Wasser gelösten Kunststoff. Die Aufsetzlösung erzeugt einen dünnen Film, der günstig auf die Tränenflüssigkeit wirkt. Diese Mittel werden auch als Nachbenetzer während des Tragens angeboten, sie sollen kleinere Partikel entfernen und die Augen erfrischen.

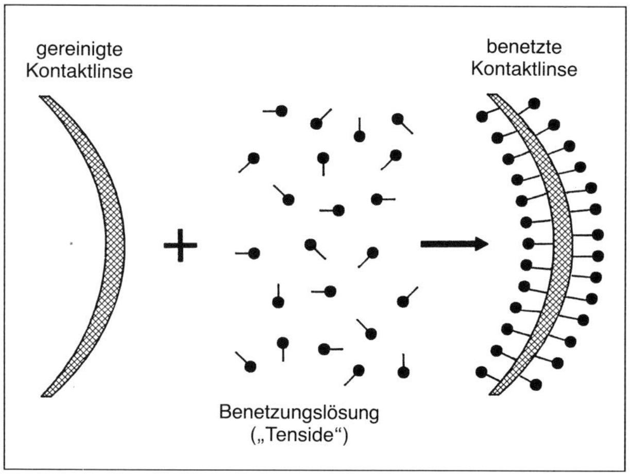

Abb. 9.11 Benetzung von harten Kontaktlinsen

9.5.4 Aufbewahrung

Alle Linsenarten sollten während des Nichtgebrauchs feucht gelagert werden. Diese Forderung erscheint für weiche Linsen selbstverständlich und jedermann einsichtig; hingegen wird die Aufbewahrung in geeigneter Lösung für harte Linsen oftmals nicht vorgenommen.
Zahlreiche Gründe sprechen indessen auch für die Feuchtlagerung von harten Kontaktlinsen:
- Bei Trockenlagerung können Rückstände der Tränenflüssigkeit antrocknen und hartnäckige Ablagerungen bilden,
- Trockenreiben der Linse führt auch bei weichem Tuch oder fusselfreiem Papier zu Oberflächenbeschädigungen, besonders bei den modernen gasdurchlässigen Materialien, die nicht die Härte des PMMA besitzen,
- Gefahr der mikrobiellen Verunreinigung der Linse,
- Austrocknen der Linse mit der Folge der Änderung der Linsengeometrie.

Aufbewahrungslösungen sind oftmals mit anderen Funktionen gekoppelt; bei harten Linsen ist es üblich, die Lagerung mit der Desinfektion zu verbinden. Auch die weichen Linsenmaterialien werden häufig aufbewahrt und gleichzeitig desinfiziert. Dabei erfordern die zweistufigen Oxidationssysteme die weitere Lagerung in Neutralisationslösung, die gleichzeitig konservierende Wirkung hat.
Alle diese Funktionen lassen den Gebrauch von speziellen Aufbewahrungslösungen ratsam erscheinen, die nur für das bestimmte Linsenmaterial entwickelt wurden. In keinem Fall sollte die Aufbewahrung in Leitungswasser oder demineralisiertem Wasser erfolgen, da hierdurch die Quellung der Linse deutlich

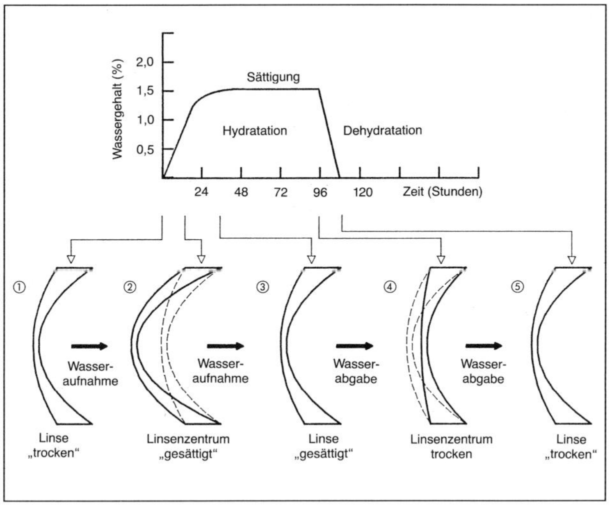

Abb. 9.12 Hydratationszyklus

verändert wird. Veränderter Linsensitz und die Gefahr eines mikrobiellen Befalls sprechen dagegen.

9.6 Pflege der harten Kontaktlinsen

9.6.1 Reinigung der harten Kontaktlinsen

Die Reinigung der harten Kontaktlinse ist relativ problemlos, alle marktüblichen Mittel können hierfür empfohlen werden, gravierende Nachteile sind nicht bekannt.
Nach der klassischen Methode wird ein Tropfen der Reinigungslösung auf die Innenseite der Kontaktlinse geträufelt und zwischen Daumen und Zeigefinger vorsichtig gerieben. Es wurde nachgewiesen, daß hierbei Kratzspuren auf praktisch allen Linsenoberflächen entstehen.
Empfehlenswert ist der Einsatz eines halbautomatischen Reinigungsgerätes in Form eines Kunststofftanks mit drehbarem Einsatz. Dreht man den Einsatz schnell hin und her, so wird die Linse gut umspült, ohne dabei zerkratzt zu werden.

9.6.2 Desinfektion der harten Kontaktlinsen

Formstabile Linsen dürfen ausschließlich chemisch desinfiziert werden! Eine thermische Behandlung würde die Linse zerstören oder beschädigen.
Die Auswahl des Desinfektionsmittels ist materialspezifisch; eine Gefahr des Eindringens und der Anreicherung im harten Kontaktlinsenmaterial besteht nicht. Komplikationen sind nicht bekannt. Wichtig ist nur das sorgfältige Abspülen der Linse.

9.6.3 Abspülen der harten Kontaktlinsen

Da diese Linsenart über eine feste, harte Oberfläche verfügt, reicht ein einfaches Abspülen in Leitungswasser aus. Nur sehr sensible Augen benötigen eine Spülung der Linse mit einer isotonischen gepufferten Kochsalzlösung.

9.6.4 Benetzung der harten Kontaktlinsen

Aufsetzlösungen für harte Linsen sind aus mehreren Komponenten zusammengesetzt, fast immer ist als wichtigster Bestandteil PVA (Polyvinylalkohol) darin enthalten. Zur Erhöhung der Viskosität sind Zellulosederivate enthalten. Sie sind nicht direkt benetzend, schützen das Auge aber durch einen Polstereffekt. Ferner sind Konservierungsstoffe enthalten sowie Salze, die die Lösung isotonisch einstellen.

9.7 Pflege der weichen Kontaktlinsen

Die Pflege der weichen Linse gilt allgemein als umständlicher; der Träger muß diesem Punkt eine größere Aufmerksamkeit widmen. Die Gründe hierfür liegen in der größeren Neigung zur Verschmutzung, leichterer Ablagerung von Fremdstoffen und dem höheren Wassergehalt der Linse.

Die Pflegeschritte der Hydrogellinse sind:

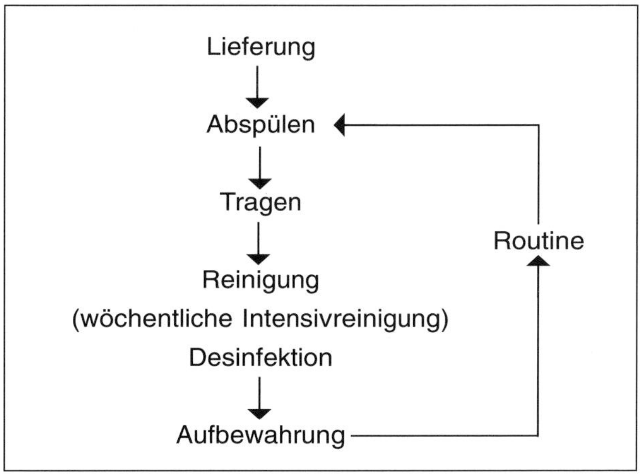

9.7.1 Reinigung der weichen Kontaktlinsen

Vorweg sei auf die Kap. 8.5.1 und 8.6.1 verwiesen, in denen viel Grundsätzliches bereits ausgeführt ist.
Die Reinigung der weichen Linse ist mit dem täglichen Reinigungsvorgang nicht erledigt, vielmehr ist eine wöchentliche Intensivreinigung notwendig. Sie dient der Entfernung hartnäckiger, festsitzender Proteinablagerungen.
Hierzu sind die enzymatisch wirkenden Intensivreiniger mit ihrem breiten Wirkungsspektrum besonders geeignet. Möglich ist auch die Kombination mit Tensiden, so daß zusätzlich eine Oberflächenreinigung stattfindet.

9.7.2 Desinfektion der weichen Kontaktlinsen

Weit verbreitet ist die chemische Desinfektion durch oxidierende zweistufige Wasserstoffperoxidsysteme. Die eigentliche Desinfektion – und auch gleichzeitig eine gewisse Reinigung – erfolgt durch Wasserstoffperoxid. Je höher es konzentriert ist, desto schneller erfolgt die Desinfektion. Bei 3%iger Konzentration reicht eine 10- bis 20minütige Einwirkzeit aus; bei einer Konzentration von 0,6% sind mindestens zwei Stunden zu veranschlagen.
Das Problem liegt in der Neutralisation des unverbrauchten Peroxidrestes. Man kann ihn enzymatisch, katalytisch oder chemisch neutralisieren.
Geeignete Enzyme sind Katalase oder Peroxidase; der Katalysator kann in Form einer platinbeschichteten Kunststoffscheibe im Aufbewahrungsbehälter vorhanden sein, oder man kann mit Hilfe von Natriumthiosulfat das Peroxid chemisch in Wasser und Sauerstoff zersetzen.
Die chemische Desinfektion ist ein mikrobiologisch sicheres Verfahren, das darüber hinaus das Linsenmaterial schonend behandelt. Ihr Nachteil liegt in der Neutralisation, die vergessen oder nach zu kurzer Zeit beendet sein könnte. Im einfachen Fall reizt das verbliebene Wasserstoffperoxid das Auge, im schlimmsten Fall kann das Hornhautepithel ernsthaft angegriffen werden. Teststäbchen, die durch ihre Farbe die Stärke der Neutralisationslösung anzeigen, sind ein gutes Hilfsmittel.
Eine deutliche Pflegeerleichterung stellen auch Lösungen dar, die in Kombination eine tägliche Desinfektion durch Wasserstoffperoxid und eine wöchentliche enzymatische Reinigung verbinden.
Die weiche Kontaktlinse kann auch thermisch desinfiziert werden, dazu wird sie feuchter Hitze im Bereich von 80 – 95 °C ausgesetzt. Wenn die erwähnte Temperatur und richtige Einwirkzeit von etwa 20 Minuten eingehalten werden, handelt es sich hierbei um ein sicheres antimikrobielles Verfahren.
Voraussetzung ist aber eine sorgfältige Reinigung der Linse, damit die Rückstände von Enzymreinigern und Proteinen nicht anbacken.
Als Lösungsmittel verwendet man eine sterile Kochsalzlösung in Einmalpackung.

9.7.3 Benetzung der weichen Kontaktlinsen

Da die Hydrogellinse stets feucht gelagert werden muß, ist die Aufbewahrungslösung im Regelfall auch so zusammengesetzt, daß sie als Aufsetzlösung dienen kann. Empfehlenswert ist aber ein Abspülen in einer frischen, nicht konservierten physiologischen Kochsalzlösung.
Man träufelt einige Tropfen der Aufsetzlösung auf die Linse und entfernt überschüssige Reste durch Abschleudern.

9.8 Kombinationspräparate

Kombinationspräparate versprechen Pflegeerleichterung im Umgang mit der Kontaktlinse. Der mehrstufige Weg ist sicherlich umständlich, aber sachlich der bessere. Dennoch lassen sich Pflegeschritte zufriedenstellend zusammenfassen, zumal die Gefahr der Verwechslung von Fläschchen oder die zeitlich zu kurze Ausführung eines Pflegeschrittes auch Risiken des mehrstufigen Weges darstellen.
Die harte Kontaktlinse verlangt drei Pflegeschritte:
1) Reinigung,
2) Benetzung,
3) Aufbewahrung und Desinfektion.
Faßt man die Schritte 1) und 2) zusammen, so sind die dann zu verwendenden Reinigungsmittel oft nicht aggressiv genug.
Zweckmäßiger erscheint die Kombination der Schritte 2) und 3). Die Reinigung kann optimal erfolgen;

hingegen die Aufbewahrung, Desinfektion und Benetzung in einer Lösung zusammengefaßt werden, die dann auch mit dem Auge in Berührung kommen kann. Auch die Kombination der Schritte 1) und 3) in einer Lösung ist üblich. Sie verlangt jedoch das sorgfältige Abspülen unter fließendem Wasser oder mit der Benetzungslösung, bevor die Linse aufgesetzt wird.
Die Allzweckkontaktlinsenlösung für alle drei Pflegeschritte stellt jedoch stets nur einen Kompromiß dar; besonders die reinigende Wirkung solcher Lösungen läßt Wünsche offen.
Hydrogellinsen verlangen täglich drei Pflegeschritte:
1) Reinigung,
2) Desinfektion,
3) Aufbewahrung (und auch Neutralisation) sowie Abspülung.

Dazu kommt 4) eine wöchentliche Intensivreinigung. Dieser Pflegeschritt wird in keinem Fall in die Kombination einbezogen.
Auf dem Markt durchgesetzt haben sich Kombinationspräparate folgender Art:
Die Schritte 1) plus 2) werden kombiniert, Neutralisation und Aufbewahrung werden in einer zweiten Lösung zusammengefaßt.
Ebenso gibt es die Kombination der Schritte 2) und 3), wobei die Reinigung in einer ersten Lösung vorgeschaltet ist.
Die Gründe und Überlegungen zur Zusammenfassung von Lösungen bleiben die gleichen wie oben für die harte Linse angeführt.

9.9 Probleme im Umgang mit Kontaktlinsen

Bei nicht sachgerechter Anwendung von Reinigungs- und Pflegevorschriften von Kontaktlinsen drohen gesundheitliche Schäden. Besonders gefährdet sind Menschen mit Depressionen, Diabetes und Allergien. Wie Reihenuntersuchungen belegen, reinigen nur etwa 50% aller Linsenträger ihre Linsen vorschriftsmäßig und ausreichend.
Auf jeder 2. Linse und in jedem 2. Aufbewahrungsbehälter wurden Bakterien und Pilze als Folge mangelnder Hygiene gefunden. Die resultierenden Erkrankungen sind möglicherweise Hornhautgeschwüre, Pilzinfektionen, Zysten und Wucherungen.
Generell gilt, daß harte Linsen hiervon weniger betroffen sind, Hydrogellinsen um so mehr.
Weiterhin sind die erwähnten Krankheitsbilder Depression und Allergie auffällig, da ihre medikamentöse Behandlung oft zu trockenen Augen führt. Infektionsgefährdet sind auch Diabetiker, da ihre Abwehrkräfte oft geschwächt sind.
Eine sorgfältige Kontaktlinsenpflege schafft aber alle Voraussetzungen für einen problemlosen Umgang mit der Kontaktlinse. Die auf dem Markt vorhandenen Pflegemittel reichen bei vorschriftsmäßiger Anwendung aus, dem Benutzer einen gesundheitlich unbedenklichen Umgang mit der Kontaktlinse zu gestatten.

10 Prüftechniken

Bei der Fertigung einer Brillenfassung, die je nach verwendetem Werkstoff und Verfahren bis zu 200 Arbeitsgänge umfassen kann, sind zahlreiche Prüfungen eingeschaltet, um ein gebrauchsfertiges Endprodukt zu erhalten.
Prüfvorgänge sind Teil des täglichen Lebens. Die Wohnraumtemperatur, die Bremswirkung des Autos, die Beleuchtung und vieles mehr werden häufig geprüft. Man vergleicht dabei den geforderten Sollzustand mit den tatsächlichen Gegebenheiten, dem Istzustand. Das genaue Erfassen von Soll- und Istzustand ist nicht immer einfach und erfordert Kenntnisse über das Meßverfahren, Ablesen von Meßwerten und Wissen um mögliche Meßfehler.

10.1 Begriffe der Längenprüftechnik

Die Prüfungen bei der Fassungsproduktion umfassen:
- Eingangskontrolle, Prüfung der Rohmaterialien,
- Zwischenprüfungen während des Fertigungsprozesses,
- Endkontrolle.

Bei der Eingangsprüfung werden unter anderem Sollwerte überprüft. Sollwerte sind zum Beispiel:
- Maßgenauigkeit,
- Oberflächengüte,
- Farbgenauigkeit,
- Festigkeit.

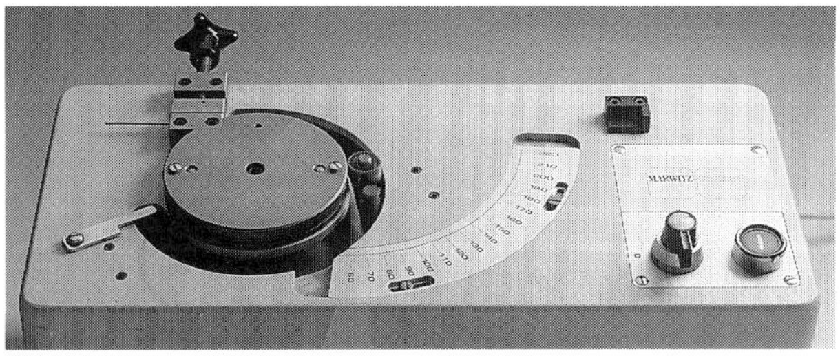

Abb. 10.1 Wareneingangskontrolle: Prüfen des Drahtes auf Elastizität

Prüfen kann man

objektiv	**subjektiv**
(durch Prüfgeräte)	(mit seinen Sinnen)

Prüfungen durch Sinneswahrnehmung sind an die Person des Prüfers gebunden.
Beispiel: Farbvergleiche mit dem Auge, Oberflächenprüfung mit dem Finger.
Prüfungen mit Geräten sind objektive Prüfungen. Sie erlauben eine quantitative Aussage der Abweichungen von vorgegebenen Sollwerten. Beispiel: Messen des Scheitelbrechwertes, Messen einer Länge, Wägen einer Masse.
Man unterscheidet das Prüfen in

Messen	**Lehren**

Die folgende Abbildung von Prüfmitteln verdeutlicht den Unterschied zwischen Messen und Lehren (Abb. 10.2).

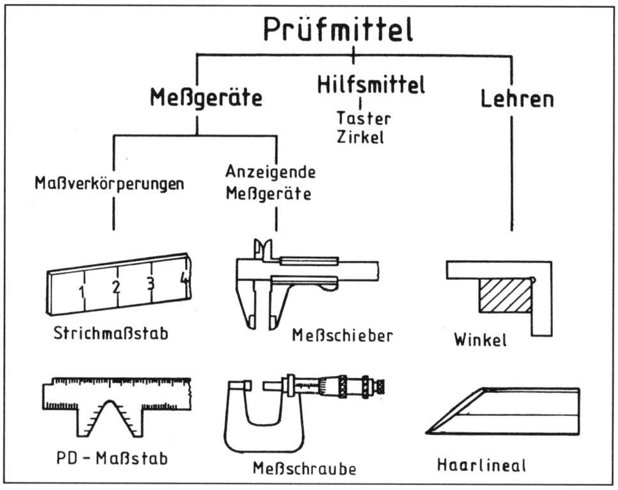

Abb. 10.2 Prüfmittel

Lehren

Die Winkeligkeit eines Werkstücks kann mit Hilfe eines Flachwinkels überprüft werden. Der Flachwinkel ist die sogenannte Formverkörperung des verlangten Winkels. Man vergleicht also beim Lehren, ob eine Abweichung zwischen dem Werkstück und der Maß- oder Formverkörperung (der Lehre) vorliegt. Der Zahlenwert der Abweichung kann nicht festgestellt werden. Das Ergebnis lautet: „Gut" oder „Nicht den Anforderungen entsprechend".
Beispiele: Winkellehren, Längenlehren, Radienlehren, Gewindelehren.

Messen

Die als Einheit bekannte Größe wird mit der zu messenden Größe verglichen. Man stellt fest, wie oft die Einheit in der Meßgröße enthalten ist. Die als Einheit bekannte Größe ist zum Beispiel 1 Meter, 1 Dioptrie, 1 Kilogramm, 1 Grad. Das Ergebnis einer Messung lautet: 30 m, 4,5 dpt, 1,87 kg, 20 °C.

Begriffe

Meßgröße:
Größe, die gemessen werden soll, zum Beispiel Scheitelbrechwert, Länge, Kraft.

Skalenteil:
0,125 1/m; 1 mm; 1 Grad, 5 Newton.

Skalenwert:
Änderung der Meßgröße, die auf einer Strichskala eine Verschiebung des Zeigers um einen Skalenteil bewirkt.

Beispiel: Eine Änderung der Meßgröße um 0,1 mm ruft bei einem Meßgerät eine Verschiebung des Zeigers um einen Skalenteil hervor, also ist der Skalenwert dieses Geräts 0,1 mm.

Meßbereich:
Bereich des Meßgeräts, in dem Meßwerte abgelesen werden können.

Meßergebnis:
Das Ergebnis einer Messung ohne bekannte Meßfehler.

Die Meßwertanzeige kann entweder analog oder digital sein.

Analoganzeige: Geräte mit Strichskalen oder -marken sind für eine stetige Anzeige bestimmt. Ihre Anzeige wechselt zum Beispiel von 0,05 auf 0,1 auf 0,15 auf 0,2 usw.

Digitalanzeige: Bei Meßgeräten mit Digitalanzeige ist im Regelfall nur die abzulesende Ziffer sichtbar. Die Anzeige ist unstetig und sprunghaft, sie wechselt zum Beispiel von 0,04 auf 0,09 auf 0,12 auf 0,13 usw. Der Vorteil der Digitalanzeige, die sich immer mehr durchsetzt, liegt in der sicheren Ablesung, da keine Strichmarken durch den Benutzer in Zehntel- oder Hundertstelteile gedanklich umgesetzt werden müssen. Scheitelbrechwertmesser können sowohl Analog- als auch Digitalanzeigen haben.

Maße und Maßabweichungen am Werkstück

Die in der Zeichnung angegebenen Maße können in der Fertigung nicht absolut genau eingehalten werden. Gründe hierfür sind:

- Abnutzung der Werkzeuge während der Fertigung,
- Ungenauigkeit der Maschine,
- Meßfehler.

Aus wirtschaftlichen Gründen ist eine sehr hohe Genauigkeit auch gar nicht erwünscht. Mit zunehmender Genauigkeit steigen nämlich die Fertigungskosten überproportional stark an. Wirtschaftliche Fertigung erfolgt stets so grob wie möglich und so genau wie nötig.

Die erforderliche Genauigkeit richtet sich nach der Funktion, Belastung und zu erwartenden Lebensdauer eines Produkts. Es reicht zum Beispiel vollkommen aus, die Länge eines Bügels auf einen Millimeter zu tolerieren, da er ja ohnehin nach der individuellen Kopfform des Benutzers verformt wird. Würde man aber eine Gelenkschraube ebenfalls mit einer Toleranz von einem Millimeter fertigen, wäre sie fast immer unbrauchbar. Daher sind in der Zeichnung zulässige Maßabweichungen (Toleranzen) angegeben. Alle Bezeichnungen sind genormt (DIN 7182).

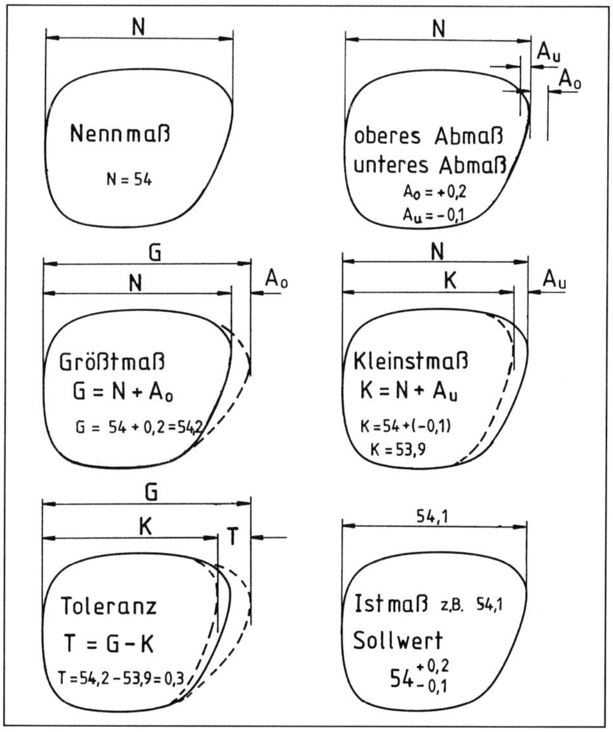

Abb. 10.3 Maße und Maßabweichungen

ISO-Toleranzen und Passungen

Die Serienherstellung von Brillenfassungen und Gläsern verlangt, daß Teile, die an unterschiedlichen Maschinen gefertigt wurden, wahllos untereinander zusammengefügt werden können. Jegliche Nacharbeit würde den Arbeitsablauf stören und teure Einpaßarbeit erfordern. Auch beim Einbau von Ersatz- oder Austauschteilen ist unter wirtschaftlichen Gesichtspunkten eine problemlose Montage wünschenswert. Daher existieren nicht nur DIN-Normen, sondern sogar ISO-Normen (Internationale Organisation für Normung), um weltweit Teile zu fertigen und austauschen zu können. Viele DIN-Normen sind bereits an ISO-Normen orientiert.

Begriffe

Nennmaß:
Gewünschtes Maß, auf das alle anderen Maße bezogen sind.
Abmaße:
Geben die zulässigen Abweichungen nach oben und unten vom Nennmaß an. Plus- und Minuszeichen geben die Richtung der Abweichung an.
Größtmaß:
Nennmaß + oberes Abmaß.
Kleinstmaß:
Nennmaß + unteres Abmaß.
Toleranz:
Differenz zwischen Größt- und Kleinstmaß.
Istmaß:
Das durch Messen an einer Stelle des Werkstücks ermittelte tatsächliche (vorhandene) Maß.

Begriffe	Länge (mm)	Brechwert (dpt)
Nennmaß	50	+ 8,00
oberes Abmaß	+ 0,05	+ 0,12
unteres Abmaß	− 0,02	− 0,12
Größtmaß	50.05	+ 8,12
Kleinstmaß	49,98	+ 7,88
Toleranz	0,07	0,24
Sollwert	50	8,00
Istmaß, z.B.	50,03	+ 7,95

Sollwert:
Der Nennwert mit gleichzeitiger Angabe von oberem und unterem Abmaß wird als Sollwert bezeichnet.

Meßfehler

Es ist nicht möglich, fehlerfrei zu messen.
Zwar verführt die steigende Qualität der Prüfmittel zu dieser Annahme, aber die tatsächliche Größe eines Gegenstandes (auf die Längenmeßtechnik bezogen), läßt sich nie genau erfassen.
Meßergebnisse werden verfälscht durch:
- den zu messenden Gegenstand,
- das Meßgerät,
- Umwelteinflüsse,
- persönliche Fehler des Messenden.

Die Abweichung des Prüfergebnisses von der tatsächlichen Größe des Gegenstandes nennt man Prüf- oder Meßfehler.
Meßfehler = gemessener Wert minus tatsächlicher Wert.
Meßfehler können

systematisch oder **zufällig** sein.

Systematische Fehler sind regelmäßig auftretende Fehler, sie können beim Prüfen berücksichtigt werden.
Beispiel: Tritt bei einem Meßschieber infolge Abnutzung der Meßschenkel stets ein Fehler von 1/10 mm auf, so kann man ihn bei jeder Messung berücksichtigen.
Zufällige Fehler treten unregelmäßig auf. Sie können beim Prüfen nicht berücksichtigt werden.
Beispiel: Bei jeder Messung werden die Schenkel des Meßschiebers im allgemeinem unterschiedlich stark an das Werkstück angepreßt. Dadurch ergeben sich Fehler, die bei jeder Messung anders ausfallen. Solche zufälligen Fehler versucht man durch mehrere Messungen und Mittelwertbildung zu verringern.

Beispiel:	1. Messung	54,1 mm
	2. Messung	53,9 mm
	3. Messung	54,2 mm
	4. Messung	54,0 mm
	Mittelwert:	54,05 mm

Ursachen von Meßfehlern

Fehler durch den Meßgegenstand sind in erster Linie auf Gestaltabweichungen zurückzuführen. Dies sind:
- unrunde und nicht parallele Flächen,
- Rauhigkeiten, Welligkeiten der Oberfläche,
- Werkstücke mit Graten, Öl oder Fett,
- Werkstücke hoher Elastizität (Gummi).

Fehler durch Meßgeräte und Maßverkörperungen haben ihre Ursache in:
- Herstelltoleranz des Meßgerätes,
- Abnutzung durch Verschleiß.

Abb. 10.4 zeigt einen Meßfehler durch nicht parallele Flächen.

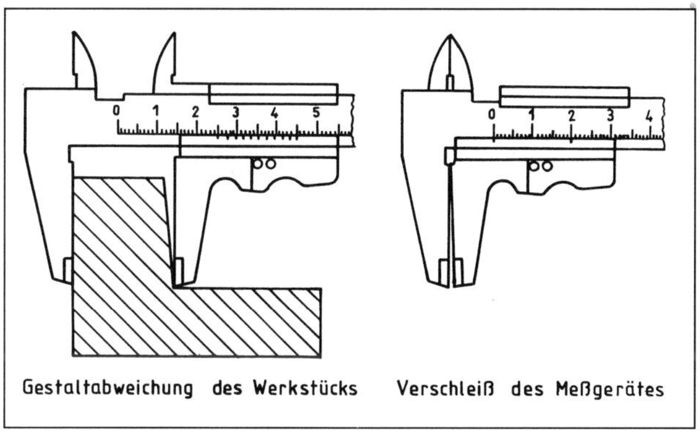

Abb. 10.4 Ursachen von Meßfehlern

Meßgeräte müssen daher von Zeit zu Zeit auf ihre Genauigkeit geprüft werden. Meßschieber überprüft man, indem man die Meßflächen der Schenkel leicht zusammendrückt. In geschlossener Stellung müssen die Nullstriche des Schiebers und des Nonius übereinstimmen. Gegen das Licht gehalten, sollten sich die Meßflächen auf ihrer ganzen Länge berühren.

Umwelteinflüsse

Umwelteinflüsse, die den Meßwert verfälschen, sind:
- Temperatur,
- Luftfeuchtigkeit,
- magnetische Fehler,
- Erschütterungen.

Von den genannten Größen ist die Temperatur die entscheidende. Infolge der Temperaturerhöhung, speziell durch spanende Bearbeitung, wird die Längenausdehnung bei einer sofortigen Messung nach der Bearbeitung erhebliche Meßfehler nach sich ziehen. Alle Meßwerte sind auf eine Bezugstemperatur von 20 °C bezogen. Nicht nur die Meßgeräte, auch die Werkstücke selbst müssen während der Messung diese Temperatur haben.

Persönliche Fehler des Messenden

Diese Fehler sind besonders abhängig von
- genügender Kenntnis im Umgang mit dem Meßgerät,
- ausreichender Übung,
- ausreichendem Seh- und Schätzvermögen,
- Geduld und Konzentration.

Ein häufiger Meßfehler besteht darin, beim Ablesen von Strichmaßen und Zeigerinstrumenten schräg zur Strichteilung über Zeiger oder Strich zu blicken. Die Folge ist ein Meßfehler durch Parallaxe (Abb. 10.5).

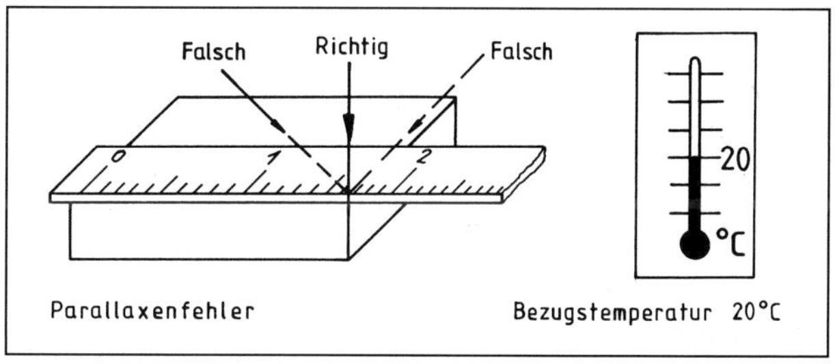

Abb. 10.5 Ursachen von Meßfehlern

Ebenso häufig und wichtig sind Kippfehler. Wenn bei einer Messung Werkstück und Maßverkörperung parallel nebeneinander liegen, können Kippfehler auftreten. Der bewegliche Schenkel des Meßschiebers kann durch Führungsfehler kippen. Werkstück und Meßgerät sollten daher in Meßrichtung fluchtend hintereinander angeordnet sein. Dieser wichtige meßtechnische Grundsatz wurde zuerst von Ernst Abbe

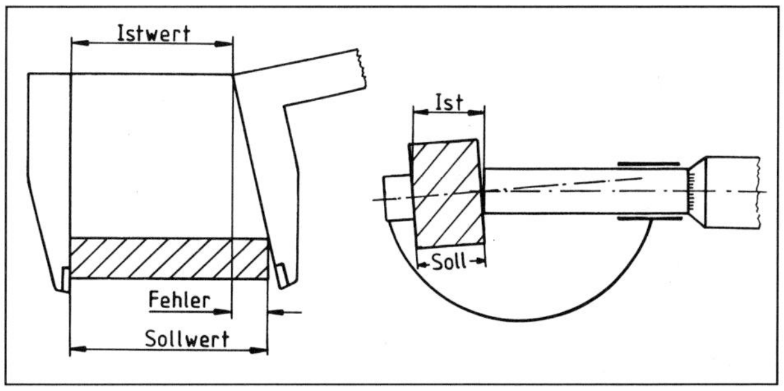

Abb. 10.6 Kippfehler bei Meßschieber und Meßschraube

aufgestellt; er wird als Abbesches Prinzip bezeichnet. So wird der Kippfehler bei einer Meßschraube grundsätzlich geringer sein als bei einem Meßschieber (Abb. 10.6).

10.2 Prüfen von Längen – Maßeinheit

Die international festgelegte und gesetzlich vorgeschriebene Einheit für die Länge ist das Meter (Einheitenzeichen m). Das Meter ist durch das Vielfache einer bestimmten Lichtwellenlänge festgelegt. Die Strecke, die von 1650763,73 Wellenlängen des orangefarbenen Lichtes des Edelgases Krypton unter zahlreichen festgelegten Rahmenbedingungen eingenommen wird, ist ein Meter.

Bis 1960 galt als Festlegung des Meters der Abstand zweier Striche auf einem Metallstab. Die heutige Lichtwellenmessung hat gegenüber der alten ungültigen Maßverkörperung mehrere Vorteile. Sie ist

- sehr genau,
- an jedem Ort jederzeit wiederholbar,
- keiner Änderung unterworfen.

Meßschieber

Meßschieber sind in der Augenoptik die am häufigsten gebrauchten anzeigenden Längenmeßgeräte. Sie gestatten das Ablesen von 1/10 oder 1/20 mm.

Meßschieber haben folgende Hauptteile:

- Strichmaß mit festem Meßschenkel,
- Schieber mit Nonius und beweglichem Meßschenkel,
- Meßflächen für Außenmessung,
- Meßflächen für Innenmessung, oft auch Tiefenmessung.

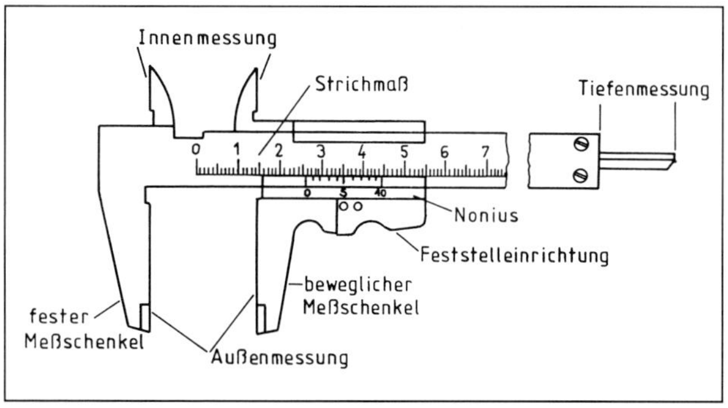

Abb. 10.7 Meßschieber

Die Ablesegenauigkeit des Meßschiebers kommt durch den **Nonius** zustande.

Beim einfachen Zehntelnonius sind 9 mm Noniuslänge in zehn gleiche Abschnitte unterteilt. Der Abstand zweier Striche auf der Noniusskala beträgt daher 9 mm : 10 = 9/10 mm. Ein Skalenteil auf dem Nonius ist also um 1/10 mm kleiner als auf dem festen Strichmaßstab. Jener Noniusteilstrich, der sich mit einem Teilstrich der festen Skala deckt, gibt die Zehntelmillimeter an.

Die Noniusfunktion sei an folgenden Beispielen erläutert:

Um die Ablesung zu erleichtern und die Ablesegenauigkeit zu erhöhen, gibt es andere Noniusarten. Häufig ist der Nonius auf 19 mm Länge erweitert. Teilt man diese Strecke in 10 gleiche Teile, so beträgt der Abstand zweier Skalenstriche 19 : 10 = 19/10 mm. Ein Skalenteil auf dem Nonius ist also um 1/10 mm kleiner als der Abstand zweier Teilstriche auf der festen Skala.

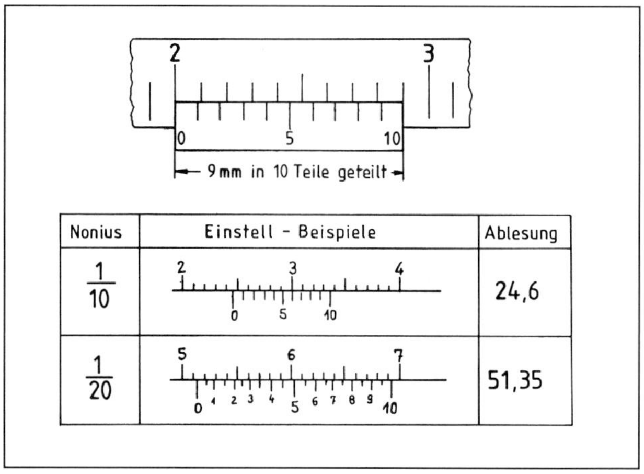

Abb. 10.8 Noniusfunktion

Beim Zwanzigstelnonius ist die gleiche Strecke von 19 mm in 20 gleiche Abschnitte geteilt. Der Abstand zweier Teilstriche beträgt 19/20 mm. Demzufolge ist ein Skalenteil auf dem Nonius um 1/20 mm kleiner als auf der festen Strichskala. Die Ablesegenauigkeit beträgt 1/20 mm.

Uhrmeßschieber besitzen anstelle von Nonien Zifferblätter mit Zeigern. Hiermit kann das Meßergebnis einfach, sicher und schnell ermittelt werden. Meßschieber mit Digitalanzeige erlauben (fast) keine Ablesefehler mehr.

Pflege und Behandlung von Meßschiebern

- Meßschieber nur zum Messen benutzen, nicht als Zirkel oder Anreißwerkzeug verwenden,
- Meßschieber vor Staub, Wärme und Feuchtigkeit schützen,
- nicht an laufenden Maschinen messen,
- nach Gebrauch reinigen und im Etui ablegen,
- von Zeit zu Zeit auf Genauigkeit überprüfen.

Meßschrauben

Meßschrauben nach DIN 863 sind anzeigende Längenmeßgeräte mit einer Ablesegenauigkeit von 0,01 mm.
Die Maßverkörperung ist die Gewindesteigung der Meßspindel, sie beträgt meistens 0,5 mm. Meßtrommel und Meßspindel sind fest verbunden. Dreht man die Meßtrommel, so verschiebt sich die Meßspindel mit der beweglichen Meßfläche in Längsrichtung. Der Abstand zwischen der festen und der beweglichen Meßfläche vergrößert oder verkleinert sich. Eine Umdrehung der Meßspindel verschiebt die Meßfläche um das Maß der Gewindesteigung, zum Beispiel um 0,5 mm. Die Meßtrommel trägt auf ihrem Umfang eine Skala mit 50 Teilen. Dreht man die Meßtrommel um einen Teilstrich weiter, verschiebt sich die Meßfläche um 1/50 0,5 mm = 0,01 mm.
Die bekannteste Meßschraube ist die Bügelmeßschraube für Außenmessungen (Abb. 10.9).

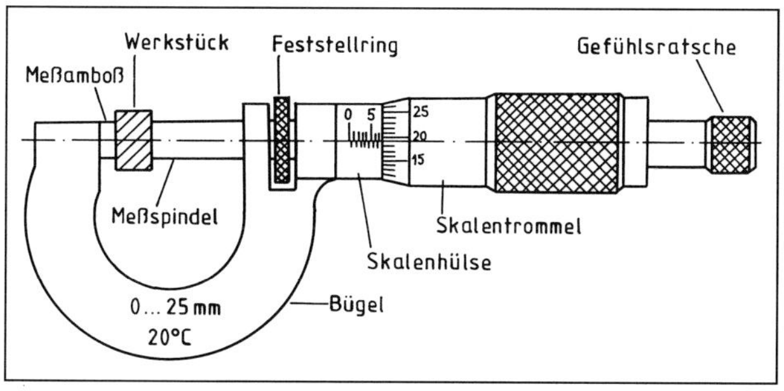

Abb. 10.9 Bügelmeßschraube

Damit das Werkstück durch die Meßkraft nicht verformt wird, ist die Bügelmeßschraube mit einer Ratsche (Rutschkupplung) versehen, die für stets gleichbleibende Meßkraft sorgt. Der Bügel der Meßschraube ist mit Schutzplatten aus wärmedämmendem Kunststoff umgeben, um die Handwärme möglichst wenig auf die Meßschraube zu übertragen.
Pflege und Behandlung von Meßschrauben:
- Meßschrauben nur dann benutzen, wenn tatsächlich Toleranzen im Hundertstelmillimeterbereich erfaßt werden müssen.
- Meßschrauben nicht durch Herumschleudern des Bügels um die Meßtrommel verstellen.
- Meßkraft durch Benutzung der Kupplung dosieren.

10.3 Prüfen von Oberflächen und Winkeln

Einheiten-Maßsystem

Für Winkelmessungen in der Augenoptik – und in anderen Bereichen der Technik – ist der Kreis in 360 gleiche Abschnitte geteilt. Jeder Abschnitt hat die Größe von 1/360 des Vollkreises. Der Winkel zwischen den Schenkeln eines solchen Abschnittes hat die Einheitsgröße 1 Grad (1°).
Die weitere Unterteilung erfolgt in
1 Grad = 60 Minuten = 3600 Sekunden
1 Minute = 60 Sekunden.

Prüfen mit Winkellehren

In der augenoptischen Werkstatt erfolgt das Prüfen von Winkeln fast ausschließlich über Lehren, zum Beispiel Lehren von Facetten, Bügelanschlägen. Lehren verkörpern einen bestimmten festen Winkel. Zum Prüfen wird die Winkellehre mit ihren Prüfflächen an das Werkstück angelegt. Beobachtet man einen Lichtspalt zwischen Prüfgegenstand und Lehre, so weicht der gefertigte vom verlangten Winkel ab.
Der Istwert des Winkels oder das Maß der Abweichung wird beim Lehren nicht festgestellt.
Winkellehren mit einem Winkel von 90° (rechte Winkel) werden häufig gebraucht.
Man unterscheidet hierbei
- Anschlagwinkel,
- Flachwinkel.

Anschlagwinkel werden überwiegend zum Anreißen benutzt. Bei sehr genauen Flachwinkeln ist eine Prüffläche sehr schmal ausgebildet. Solche Haarwinkel gestatten beim Prüfen, einen Lichtspalt von nur wenigen Mikrometern wahrzunehmen (Abb. 10.10).

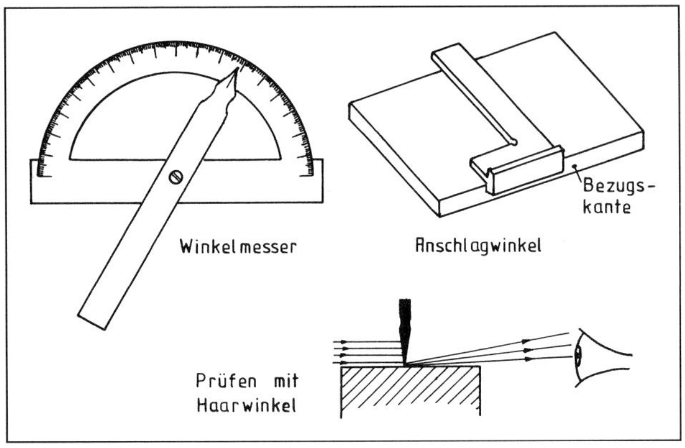

Abb. 10.10 Winkelprüfmittel

Messen mit Winkelmessern

Mit Winkelmessern kann der Istwert eines Winkels zahlenmäßig festgestellt werden. Der einfache Winkelmesser hat einen Meßbereich von 0–180° und eine Ablesegenauigkeit von 1°.
Er besteht aus einer festen Gradskala mit Gradeinteilung und einem beweglichen Meßschenkel, der um den Kreismittelpunkt schwenkt. Der Zeiger an der Spitze des Schenkels dient zur Anzeige des Winkels auf der Gradskala.

10.4 Anreißen

Anreißen heißt, Form und Abmessungen eines Werkstücks von der Zeichnung auf das Rohteil zu übertragen.
Die Fertigung von Brillenteilen erfolgt nach Angaben, die in der technischen Zeichnung festgelegt sind. Insbesondere Werkstückumrisse, Durchbrüche, Bohrungsmitten und Abstände müssen auf dem Werkstück durch Anrißlinien bzw. Körner markiert werden.
Forderungen an den Anriß sind
- ausreichende Genauigkeit,
- gute Sichtbarkeit und Dauerhaftigkeit,
- keine unnötige Beschädigung der Oberfläche.

Die Übertragung der Maße erfolgt zweckmäßigerweise von zwei Ebenen, den Maßbezugsebenen aus. Im Regelfall sind dies die größten äußeren Flächen des Werkstücks; sie müssen vor dem Anreißen eben und winkelig bearbeitet sein.
Symmetrische Stücke kann man auch von der Werkstückmitte aus anreißen.

Werkzeuge und Arbeitsweise

Das Aufbringen der Rißlinien ist dem Zeichnen auf Papier vergleichbar. Linien auf dem Werkstück werden mit Reißnadeln erzeugt.
Stahlreißnadeln: Hart, ritzen die Oberfläche tief. Solche Kerben sind oft Ursache von Fehlern, etwa bei dünnen Teilen, und beeinträchtigen das Aussehen des fertigen Werkstücks.
Messingreißnadeln: Ritzen die Oberfläche nicht, nutzen sich aber stark ab.
Bleistift: Ritzt nicht, hinterläßt Graphitspur, nutzt sich sehr stark ab.
Rechtwinklige Werkstücke werden mit Hilfe des Anschlagwinkels angerissen. Für Schrägschnitte und Gehrungen verwendet man Gehrungswinkel.
Kreislinien werden mit Spitz- oder Federzirkel angerissen. Der Mittelpunkt wird gekörnt. Bohrungsabstände trägt man von einer Maßbezugskante aus an. Alle Bohrungsmitten werden gekörnt, um der Bohrerspitze eine erste Führung zu geben. Körner sind aus Werkzeugstahl, die Spitze ist gehärtet, die Form der Spitze kegelig ca. 60 Grad.
Beim Ansetzen des Körners wird er so geneigt, daß man einen freien Blick auf Rißlinienkreuzungspunkt und Körnerspitze hat. Beim Schlag hält man den Körner gerade, da sonst die Spitze verläuft.
Körnerpunkte entlang der Anreißlinien geben die Möglichkeit einer ständigen Kontrolle. Bei sauberer Ausführung aller Feil-, Fräs- oder Bohrarbeiten bleiben halbe Körnerpunkte stehen.
Das Anreißen verursacht als rein manuelle Arbeit hohe Kosten, die man schon bei kleineren Stückzahlen durch Anfertigung von entsprechenden Schablonen und Vorrichtungen zu verringern sucht. Für die industrielle Fassungsherstellung in größerer Serie sind dann teure Schnitt- und Stanzwerkzeuge für das einzelne Modell selbstverständlich.
Im Augenoptikbetrieb sind für die Herstellung einzelner Fassungsteile aus Reparaturgründen oder zu Übungszwecken Musterzeichnungen üblich, die fotokopiert oder aufgeklebt werden. Die geometrisch komplizierte Form einer Brillenfassung oder Formscheibe zeichnerisch komplett zu vermaßen, ist fast unmöglich. Die Übertragung des Musters bleibt die einzig rationelle Möglichkeit.

11 Zerteilende und spanende Formgebung

Als Fertigung bezeichnet man den industriellen oder handwerklichen Prozeß (Produktion), der zwischen der Beschaffung der Werkstoffe und dem Absatz der Güter stattfindet. Unter wirtschaftlicher Fertigung versteht man den Anfall niedriger Kosten bei der geforderten Qualität; man bedient sich hierbei der jeweils zweckmäßigen Techniken und Arbeitsverfahren.

Aus der Vielzahl der sich anbietenden Möglichkeiten wählt man nach folgenden Gesichtspunkten das geeignete Arbeitsverfahren aus:
- Gestaltung des Erzeugnisses,
- Form und Beschaffenheit des Produkts,
- Gestaltung des Produktionsprozesses,
- Kosten der Fertigung.

Nach Beendigung der Fertigung stehen die Herstellkosten für das Produkt fest. Sie enthalten die Werkstoffkosten (Rohstoffe, Hilfsstoffe) und die Fertigungskosten (Lohnkosten, Maschinenkosten).

11.1 Begriffe der Fertigungsverfahren

Die Fertigung von Werkstücken erfolgt vielfach durch Verfahren des Trennens. Die wichtige Hauptgruppe 3 „Trennen" wird in sechs Untergruppen eingeteilt:

1. Zerteilen	2. Spanen	3. Abtragen
4. Zerlegen	5. Reinigen	6. Evakuieren

Tabelle der Fertigungsverfahren nach DIN 8580

Hauptgruppe	Merkmale	Beispiele
1 Urformen	Zusammenhalt schaffen. Es entsteht ein fester Körper bestimmter Form.	Gießen Sintern Pressen
2 Umformen	Zusammenhalt beibehalten. Ein fester Körper wird durch plastisches Umformen verändert.	Schmieden Strangziehen Tiefziehen Biegeumformen
3 Trennen	Zusammenhalt vermindern. Örtliches Aufheben des Zusammenhalts von Werkstoffteilchen.	Sägen Bohren Drehen Schleifen
4 Fügen	Zusammenhalt vermehren. Mehrere Werkstücke werden miteinander verbunden.	Schrauben Löten Kleben
5 Beschichten	Zusammenhalt vermehren durch Aufbringen von Überzügen.	Aufdampfen Verchromen Galvanisieren
6 Stoffeigenschaften ändern	Änderung der Stoffeigenschaften durch Umlagern, Aussondern oder Einbringen von Stoffteilchen.	Härten Glühen Nitrieren

11.1.1 Trennverfahren – Zerteilen

Grundform aller zerteilenden und spanenden Werkzeuge ist der Keil. Die beiden Seitenflächen des Keils bilden eine gemeinsame Schneide; der Winkel zwischen ihnen ist der Keilwinkel β (Beta).

Abb. 11.1 zeigt den Unterschied zwischen Trennen und Spanen.

Zerteilen ist mechanisches Trennen von Werkstücken ohne Entstehen von formlosem Stoff (Späne).

Der Abfall beim Zerteilen hat eine bestimmte geometrische Form und kann im Regelfall weiterverarbeitet werden. Verfahren des Zerteilens sind:
- Keilschneiden mit einschneidenden Werkzeugen, zum Beispiel Flachmeißel,
- Keilschneiden mit zweischneidigen Werkzeugen, zum Beispiel Kneifzange, Seitenschneider,
- Scherschneiden, zum Beispiel mit Papierschere oder Blechschere.

11.1.2 Trennverfahren – Spanen

Spanen ist mechanisches Trennen von Werkstoffteilchen zur Änderung der Werkstückform. Werkstoffteilchen fallen als Späne an.

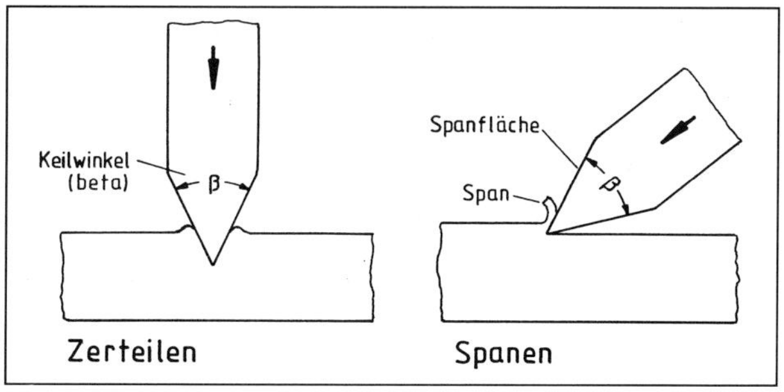

Abb. 11.1 Trennverfahren Zerteilen – Spanen

Die keilförmigen Schneiden trennen den überschüssigen Werkstoff schichtweise in Form von Spänen ab. Der Keil dringt dabei parallel zur Werkstückoberfläche in den Werkstoff ein. An der oberen Seitenfläche bildet sich ein Span, der dann an der „Spanfläche“ des Keils hochgeschoben wird. Bei den meisten Fertigungsverfahren sind Form und Lage der Schneidkeile geometrisch bestimmt. Auch die Körner der Schleifscheibe können als Schneidkeile betrachtet werden. Bei ihnen sind Lage und Form der Schneiden jedoch geometrisch unbestimmt (zufällig). Verfahren der spanenden Bearbeitung, die in der Optikerwerkstatt sowohl manuell als auch maschinell durchgeführt werden, sind:

- Sägen, Feilen, Schaben,
- Bohren, Fräsen,
- Schleifen.

11.1.3 Zerteilende Wirkung des Keils

Der Werkstoffzusammenhalt wird beim Keilschneiden durch Überwindung der Werkstoffestigkeit aufgehoben.

In der ersten Phase des Zerteilens dringt der Keil senkrecht in den Werkstoff ein und erzeugt eine Kerbe. Die Schneide muß dabei den Zusammenhalt der Werkstoffteilchen – die Kohäsionskräfte des Werkstoffs – überwinden. Die Teilchen werden verdrängt und bilden an beiden Seiten der Schneide einen Wulst (Abb. 11.2).

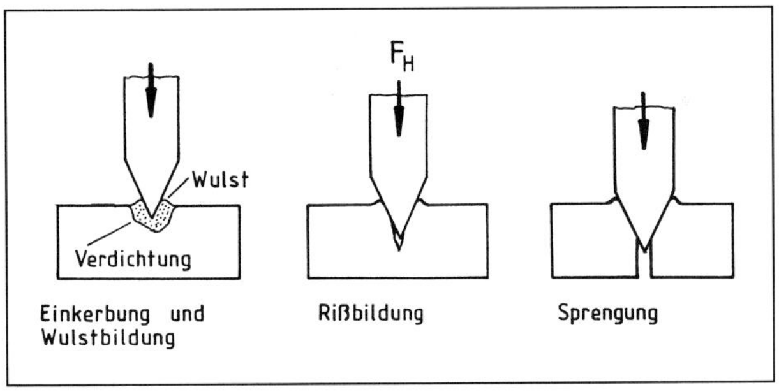

Abb. 11.2 Zerteilende Wirkung des Keils

In der zweiten Phase, das heißt mit zunehmender Eindringtiefe, wächst der Widerstand gegen die Verdrängung des Werkstoffs. Während die Schneide weiter in den Werkstoff eindringt, werden die Schneidenflächen, die den Keil bilden, wirksam. Die Hauptkraft F_H wird zerlegt in die Keilflankenkraft F_T, die senkrecht auf den Keilflächen steht.

Schließlich ist ein weiteres Eindringen des Keils nur möglich, wenn vor der Keilschneide ein Riß entsteht. Der Werkstoff reißt aber nur dann ein, wenn die Trennkräfte F größer sind als die Kohäsionskräfte des Werkstoffs.

Bei elastischen Werkstoffen ist der voreilende Riß ganz kurz, bei spröden Werkstoffen relativ lang; der Restquerschnitt kann schlagartig auseinanderbrechen.

Die zerteilende Wirkung des Keils ist nur zu verstehen, wenn man die Trennkräfte genauer untersucht. Die Festigkeit metallischer Werkstoffe beträgt je nach Werkstoffart zwischen 100 und 1800 N/mm^2. Da auf direktem Wege so große Kräfte nur schwer zu erreichen sind, ist eine Kraftübersetzung erforderlich.

Der Keil ist ein Mittel zur Kraftübersetzung

Diese Kraftübersetzung kann zeichnerisch mit Hilfe des Kräfteparallelogramms leicht geprüft und dargestellt werden.

Dazu wird in einer kleinen Untersuchung zunächst die Hauptkraft F_H verändert bei konstantem Keilwinkel; in der zweiten Darstellung werden unterschiedliche Keilwinkel β bei gleichbleibender Kraft F_H untersucht.

1) Bei konstantem Keilwinkel β – hier 45° – wird die Hauptkraft F_H durch unterschiedlich große Kraftpfeile (Vektoren) dargestellt. Die Trennkraft F_T konstruiert man als Resultierende des Parallelogramms.

	Zeichnung	1	2	3
	F (N)	100	300	500
Ergebnis	F (N)	131	392	653
		0,76	0,76	0,76

Das Ergebnis zeigt Abb. 11.3; dort ist die Hauptkraft F_H auf der waagerechten und die Trennkraft F_T auf der senkrechten Achse abgetragen.

Alle Punkte lassen sich durch eine Gerade verbinden; dieser Sachverhalt ist typisch für eine geradlinige oder proportionale Abhängigkeit. Eine Verdopplung der Hauptkraft F_H bewirkt eine Verdopplung der Trennkräfte; eine Verdreifachung ergibt eine dreifache Trennwirkung. Allgemein gilt:

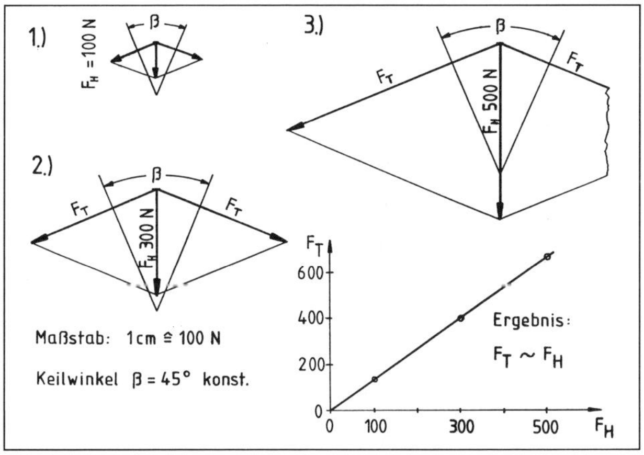

Abb. 11.3 Abhängigkeit der Trennkraft F_T von der Hauptkraft F_H bei konstantem Keilwinkel β

Mit wachsender Hauptkraft F_H nimmt die Trennkraft F_T verhältnisgleich (proportional) zu.

2) Bei gleicher Hauptkraft F_H – hier 300 N – werden nacheinander Keile mit unterschiedlichem Keilwinkel β verwendet.

	Zeichnung		1	2	3
	Keilwinkel	(°)	30	50	70
Ergebnis	F	(N)	580	355	261

Hier trägt man die Trennkraft F_T auf der senkrechten Achse über dem Keilwinkel β auf der waagerechten Achse auf. Diesmal lassen sich die Meßpunkte nicht durch eine Gerade, sondern nur durch eine Kurve verbinden. Die Kurve in Abb. 11.4 ist typisch für eine

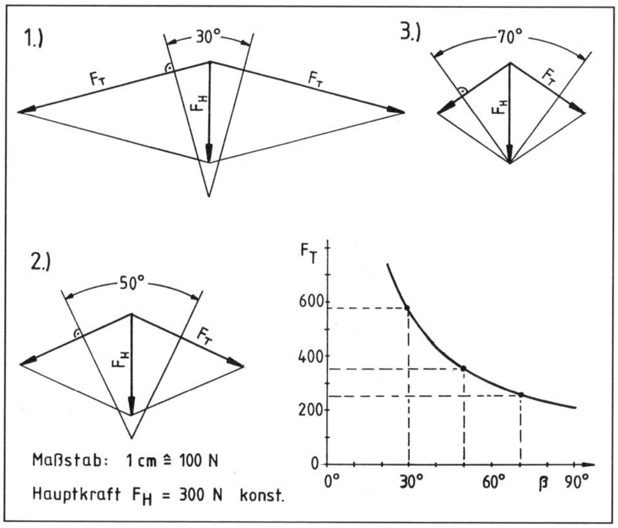

Abb. 11.4 Abhängigkeit der Trennkraft F_T vom Keilwinkel β bei konstanter Hauptkraft F_H

nicht proportionale Abhängigkeit des Versuchsergebnisses.

Mit zunehmendem Keilwinkel β nimmt die Trennkraft F_T ab.

Ergebnis: Keilwinkel, Kräfte und Werkstoffestigkeit.

Die Deutung dieser kleinen Untersuchung zeigt, daß sich bei der Auswahl eines geeigneten Keilwinkels β zwei widersprüchliche Gesichtspunkte entgegenstehen:

- Ein kleiner Keilwinkel β erzeugt bei geringen aufzuwendenden Hauptkräften bereits große Trennkräfte.
- Der Keil selbst muß aber Mindestanforderungen an seine Festigkeit genügen, also über einen ausreichend großen Winkel β verfügen.

Die keilförmige Schneide kann die Kohäsionskräfte des Werkstoffs nur dann überwinden, wenn sie eine zumindest gleich große Gegenkraft aushält (Kraft = Gegenkraft). Bei alledem darf sie nicht beschädigt werden, etwa durch Ausplatzer, oder nach wenigen Trennversuchen bereits verschlissen sein. Eine ausreichend große Festigkeit der Keilschneide ist aber mit einem schlanken Keil nicht zu erzielen. Würde man, gerade bei hochfesten Werkstoffen, den Keil sehr schlank machen, wäre die Stabilität der Keilschneide stark gefährdet.

Daher wird der notwendige Kompromiß bei der Festlegung des Keilwinkels in erster Linie durch die Festigkeit des zu trennenden Werkstoffs bestimmt. Auch aus wirtschaftlichen Interessen – ausreichend lange Standzeit der Keilschneide – wird bei harten Werkstoffen der Keilwinkel größer gewählt.

Tabelle zur Wahl des Keilwinkels

Je nach Werkstoff sind Keilwinkel zwischen 35° und 85° üblich. Die folgende Tabelle, die das Ergebnis einer an der Praxis orientierten Erfahrung ist, gibt Anhaltswerte für die Wahl des richtigen Keilwinkels.

Werkstoff	Keilwinkel
Aluminium, weiche Alulegierungen	35 . . 40°
Kupfer, weiche Bronzen	50 . . 60°
weicher Stahl, Messing, Grauguß	65 . . 70°
hochfester Stahl, Hartmessing	75 . . 85°

11.1.4 Spanende Wirkung des Schneidkeils

Bewegt man den Keil parallel zur Oberfläche des Werkstücks, so wird ein Span abgetragen. Ziel des Spanens ist es, eine möglichst glatte Oberfläche in einer kurzen Zeit bei geringem Kraftaufwand zu erhalten. Hierfür sind die Winkel des spanenden Keils von Bedeutung.

Der Keilwinkel β wird, wie oben beschrieben, im wesentlichen durch die Festigkeit des zu zerspanenden Werkstoffs bestimmt.

Der Freiwinkel α ist der Winkel zwischen der Schnittfläche des Werkstücks und der Freifläche des Schneidkeils. Er bestimmt Reibung und Erwärmung des Werkstücks und Werkzeugs. Größere Freiwinkel bedeuten hierbei geringere Reibung zwischen Frei- und Schnittfläche, folglich eine geringere Erwärmung und einen geringeren Verschleiß (Abb. 11.5).

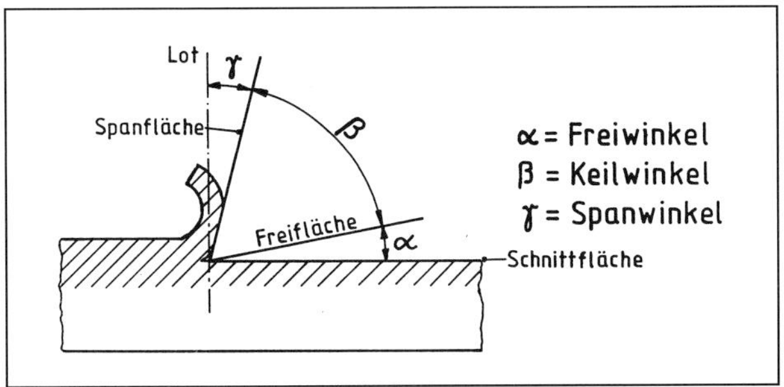

Abb. 11.5 Spanende Wirkung des Keils

Für das Spanen von Metall haben sich Freiwinkel zwischen 6° und 10° als günstig erwiesen. Ist das Werkzeug mehrschneidig, so muß der durch den Winkel α erzeugte Spanraum eine ausreichend große Menge an Spänen aufnehmen können.

Der Spanwinkel γ liegt zwischen der Spanfläche des Keils und dem Lot auf die Schnittfläche.

Bei kleinen Spanwinkeln (0° – 10°) werden die Späne stark gestaucht. Bei größeren Spanwinkeln (10° – 30°) ist die Stauchung geringer. Die Schnittkraft und die Temperatur an der Werkzeugschneide nehmen ab. Andererseits führt ein größerer Spanwinkel zu einer Schwächung des Schneidkeils und ist somit nur bei weicheren Werkstoffen verwendbar.

Keil-, Frei- und Spanwinkel bilden zusammen stets einen rechten Winkel. Daher können Frei- und Spanwinkel nicht beliebig verändert werden.

Freiwinkel	+	**Keilwinkel**	+	**Spanwinkel**	=	**90°**
α	+	β	+	γ	=	**90°**

Die Spanabnahme selbst ist ein komplizierter Vorgang, auf den zahlreiche Einflußgrößen wirken. Günstige Schneidenwinkel sind das Ergebnis von vielen Versuchen und Praxiserfahrung.

11.1.5 Spanungsvorgang

(modellhaft für weichzähes Metall)

Die Spanbildung bei weichzähen metallischen Werkstoffen erfolgt in drei Schritten:

- Stauchung der Spanelemente vor der Keilschneide.
- Wachsender Schnittdruck überwindet die Kohäsionskräfte des Werkstoffgefüges. Es entsteht ein voreilender Riß. Das gestauchte Spanelement wird längs einer Ebene (Scherebene) abgeschert.
- Das abgescherte Element gleitet an der Spanfläche der Keilschneide hoch (Abb. 11.6).

Je härter und spröder ein Werkstoff, desto kleiner bleiben die Spanelemente.

Die Spanart wird wesentlich bestimmt durch

- Spanwinkel,
- Schnittgeschwindigkeit,
- Spanungsquerschnitt,
- Werkstoffestigkeit.

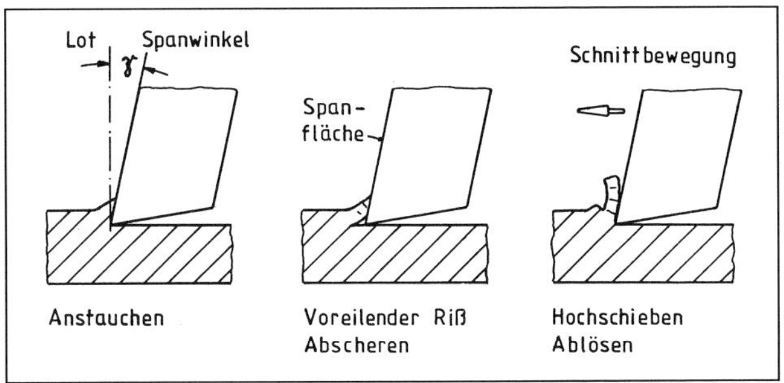

Abb. 11.6 Spanbildung – modellhaft

Positiver und negativer Spanwinkel

Ein positiver Spanwinkel liegt vor, wenn zwischen Lot und Spanfläche ein offener Winkel vorhanden ist. Die Wirkung des Schneidkeils ist in diesem Falle spanend oder schneidend. Ist der Winkel γ durch den Keilwinkel β überdeckt, liegt ein negativer Spanwinkel vor. Die Folge ist ein geringer Materialabtrag; das Werkzeug wirkt schabend (Abb. 11.7).

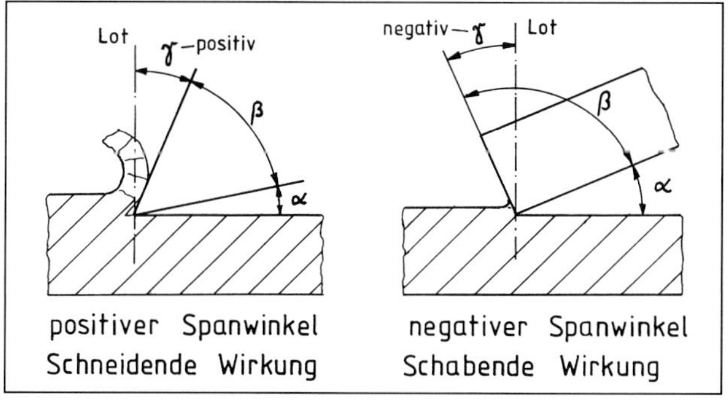

Abb. 11.7 Positiver und negativer Spanwinkel

11.1.6 Schneidmittel, Materialien, Eigenschaften

Schneidmittel müssen stets eine größere Härte besitzen als der zu schneidende Werkstoff. Dieser Satz hat aber mehr theoretische Bedeutung, denn im Regelfall wird ein Schneidmittel nach seiner Wirtschaftlichkeit ausgewählt. Wirtschaftlichkeit bei Schneidstoffen bedeutet:

- hohe erzielbare Schnittgeschwindigkeit,
- hohe Härte, ohne spröde zu sein,
- lange Standzeit,
- geringer Preis des Schneidmittels.

Für die augenoptische Werkstatt sind folgende Schneidmittel in Gebrauch:

- unlegierte Werkzeugstähle,
- niedriglegierte Werkzeugstähle,
- hochlegierte Werkzeugstähle,
- Hartmetalle (Sinterwerkstoffe),
- Diamant.

Unlegierte Werkzeugstähle

Kohlenstoffstähle mit 0,5 – 1,5 % C. Können selbst gehärtet werden (Wasser oder Öl).
Warmstandfest bis 250 °C, nur für minimale Schnittgeschwindigkeiten geeignet; nicht empfehlenswert.

Niedriglegierte Werkzeugstähle

Enthalten außer 0,5 – 1,5 % C bis zu 5 % Legierungsbestandteile, zum Beispiel Chrom, Mangan, Silizium.
Bezeichnung: Werkzeugstahl WS.
Warmstandfest bis ca. 400 °C.
Für Bohrer, Fräser, Gewindeschneider; wenig empfehlenswert.

Hochlegierte Werkzeugstähle

Enthalten 0,8 – 2 % C und über 5 % bis zu 3 % Legierungsbestandteile wie typischerweise Wolfram, Kobalt, Molybdän, Vanadium.
Bezeichnung: Schnellarbeitsstahl SS,
Hochleistungsschnellstahl HSS.
Warmstandfest bis ca. 600 °C.
Geeignet für hohe Schnittgeschwindigkeiten bei Bohrern, Fräsern, Senkern; in jedem Fall vorzuziehen.

Hartmetalle

Sinterwerkstoffe, die aus Wolfram- oder Tantalkarbid mit Kohlenstoffbindung bestehen. Werden als kleine Schneidplättchen auf Stahlkörper aufgelötet oder geklebt. Bezeichnung: HM (Markennamen: Widia, Titanit, Böhlerit).
Warmstandfest bis ca. 900 °C, ziemlich spröde!
Verwendung: Glasschneidrädchen, Reißnadeln, Bohrerschneiden.

Diamant

Höchste Härte und längste Standzeit, aber sehr spröde, daher ist der Keilwinkel immer stumpf. Warmstandfest bis ca. 1600 °C; wird in Schleifscheiben eingesintert bzw. in Halter eingelötet.

11.2 Metall- und Kunststoffbearbeitungsverfahren

11.2.1 Sägen

Sägen ist das Trennen von Werkstücken durch vielzahnige Sägeblätter geringer Breite mit geradliniger oder kreisförmiger Schnittbewegung.
Das Sägen wird zum Ablängen von Werkstücken auf Rohgröße und zur Herstellung von Ein- und Ausschnitten verwendet. Schneidwerkzeug ist üblicherweise ein dünnes Sägeblatt aus SS- oder HSS-Stahl,

das aus einer Vielzahl aneinandergereihter Keilschneiden besteht.

Sägevorgang

Das Sägeblatt zerspant den Werkstoff gleichzeitig in mehreren Schichten. Jede Schneide der Säge hebt einen gleich dicken Span. Die Schnittkraft F_H der Säge kann mit Hilfe des Kräfteparallelogramms aus der waagerechten und der senkrechten Zustellkraft bestimmt werden. Die Winkel am Sägezahn bestimmen die Schnittleistung und den Kraftaufwand. Die Winkel und die Anzahl der Zähne richten sich wesentlich nach dem zu trennenden Werkstoff. Die Zahnlücke dient der Spanabfuhr.

Sägeblätter

Beim geraden Metallsägeblatt betragen die Winkel am einzelnen Sägezahn etwa: $\alpha = 40$, $\beta = 50$, $\gamma = 0$. Laubsägeblätter gibt es in gerader und gedrillter (gewendelter) Ausführung. Das gedrillte Blatt eignet sich sehr gut für Kunststoff und Aluminium.

Sägenteilung

Theoretisch könnte man die Festigkeit der zu trennenden Materialien berücksichtigen, indem man den Spanwinkel zu Lasten des Keilwinkels verändert. In der Praxis geht man einen anderen Weg: Die oben beschriebene Zahnform bleibt erhalten; statt dessen wird die anfallende Spanarbeit auf eine größere Zahl von Keilschneiden verteilt. Das Ergebnis sind die unterschiedlichen Sägeteilungen t.

Teilung	Werkstoffe	Zähnezahl/Zoll
grob	Aluminium, Kupfer, Kunststoffe	15 – 18
mittel	Neusilberlegierungen	22 – 24
fein	Stahl, dünne Werkstoffe jeder Art	30 – 33

Zur Kennzeichnung der Sägeblätter gibt man die Zähnezahl pro Zoll an. Für weiche Werkstoffe, speziell Kunststoffe, wählt man großgezahnte Blätter. Die großen Zahnlücken führen die reichlich anfallenden Späne besser ab. Für harte und zähe Werkstoffe sind feingezahnte Sägeblätter besser geeignet. Sie verteilen die notwendige Zerspanarbeit auf viele Zähne.
Für dünne Werkstoffe ist immer ein feines Blatt zu wählen, da mindestens zwei Zähne im Eingriff sein sollten. Das feine Sägeblatt wird nicht so leicht einhaken und ausbrechen (Abb. 11.8).

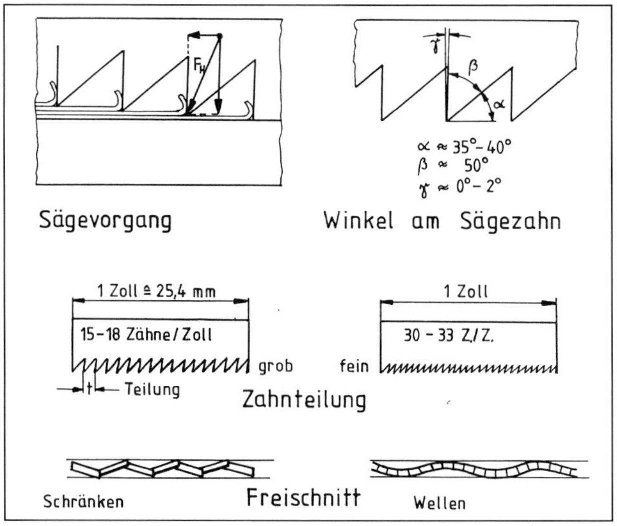

Abb. 11.8 Sägen: Winkel, Zahnteilung, Freischnitt

Sägearten

Laubsäge

Laubsägen gibt es in verschiedenen Ausführungen, mit festem Bügel wie auch mit verstellbarer Bügellänge.
Sägeblätter sind in verschiedenen Dicken und Breiten sowie den unterschiedlichsten Zahnformen und Teilungen erhältlich. Wichtig: Der Schnitt erfolgt beim Zug, die Zähne zeigen zum Handgriff. Laubsägeblätter sollten so stramm wie möglich eingespannt werden.

Metallsäge als Handbügelsäge

Sehr gut für die augenoptische Werkstatt eignet sich die kleine Bügelsäge („Puk") mit einer Blattlänge von 150 mm. Die Säge ist sehr handlich und mit unterschiedlichen Blatteilungen für Metalle und Kunststoffe erhältlich. Die große Handbügelsäge dient zum Trennen dicker Metallteile; die Blattlänge beträgt

300 mm. Der Schnitt erfolgt bei dieser Säge auf Stoß; die Zähne zeigen also zur Spanschraube.

Freischnitt

Werkzeug, Werkstück und Späne werden beim Sägen durch Reibung erwärmt; das hat eine Ausdehnung des Sägeblattes und gleichzeitig eine Verengung der Schnittfuge zur Folge. Ohne Freischnitt würde das Sägeblatt bald einklemmen, wie bei verschlissenen Blättern oft beobachtet werden kann.
Freischnitt erreicht man durch
- Wellen; die feinen Handsägeblätter für die Metallbearbeitung sind üblicherweise gewellt;
- Schränken; bei groben Teilungen sind die Zähne abwechselnd nach rechts und links herausgebogen.

Die Sägefuge ist infolge des Freischnitts stets größer als die Dicke des Sägeblattes.

Arbeitshinweise

- Richtige Einspannung des Sägeblattes beachten, die Zähne sollen in Arbeitsrichtung zeigen.
- Werkstück an der Schnittfuge leicht einkerben, das erleichtert das Ansägen.
- Schnittdruck auf die Säge möglichst gleichmäßig ausüben.
- Rückhub ohne Druck ausführen.

11.2.2 Feilen

Durch Feilen sollen form- und maßgerechte Werkstücke gefertigt werden. Die Oberflächengüte der vorgearbeiteten Werkstücke wird durch Feilen (Schlichten) verbessert.

Spanungsvorgang

Bei der Feile zerspanen viele hintereinanderliegende Feilzähne den Werkstoff. Die Spanabnahme erfolgt ähnlich wie beim Sägen. Die Keilschneiden der Feile tragen nur geringe Werkstoffmengen ab. Damit die Feilzähne nicht so tief eindringen und um ein Festhaken zu vermeiden, ist im Regelfall die Zahnteilung feiner als bei der Säge.

Aufbau der Feile

Die Feile besteht aus
- Feilenkörper (Blatt) mit Angel,
- Feilenheft mit Zwinge.

Der Feilenrohling wird durch Schmieden, Glühen, Schleifen und Richten hergestellt, anschließend wird der Hieb gehauen oder gefräst. Das Feilenblatt wird gehärtet, die Angel nach dem Härten angelassen; sie ist also weich. Das Feilenheft wird auf die Angel geschlagen. Damit es nicht aufspaltet, hält eine Zwinge (Blechring) aus Metall das Holzfeilenheft zusammen. Kunststoffhefte haben üblicherweise einen dicken Materialkranz, auch als Handschutz.

Hiebzahl und Zähneform

Die Anzahl der Zähne je Zentimeter Feilenlänge nennt man Hiebzahl. Feilen mit kleiner Hiebzahl (grober Zahnteilung) erzeugen rauhe Oberflächen; Feilen mit großer Hiebzahl (feiner Teilung) kleine Späne und gute Oberflächen. Die Spanungsbedingungen hängen außer von der Teilung auch von der Zahnform ab. Nach Art der Herstellung können Feilenzähne schabend oder schneidend wirken.

Gehauene Feilen

Der gehauene Feilzahn entsteht, indem mit einem meißelartigen Werkzeug Kerben in das Feilenblatt geschlagen werden. Die Einkerbung (Hieb) weist stets einen negativen Spanwinkel auf. Ein solcher Zahn schabt nur ganz feine Späne ab, wobei die aufzuwendende Armkraft relativ gering ist. Ein gehauener Zahn hat eine sehr stabile Schneide, er eignet sich für harte Werkstoffe wie Stahl.
Gehauene Feilen haben einen **negativen Spanwinkel.** Ihre Trennwirkung ist **schabend**. Man bearbeitet mit ihnen **harte Werkstoffe**.

Gefräste Feilen

Gefräste Feilen entstehen, indem mit einem kegelförmigen Fräser die Zähne in das Feilenblatt eingearbeitet werden. Der gefräste Zahn hat einen positiven Spanwinkel, die Wirkung des Keils ist schneidend.

Weiche Materialien wie Aluminium oder Kunststoff können mit einer gefrästen Feile besser bearbeitet werden. Ohne größeren Kraftaufwand kann man hier eine größere Menge Späne „abschneiden". Die Kerben sind entsprechend tief gefräst, um die größeren Spanmengen aufzunehmen. Der Zahngrund ist gerundet, um ein Festsetzen der Späne zu vermeiden. **Gefräste** Feilen haben einen **positiven Spanwinkel.** Ihre Trennwirkung ist **schneidend**. Man bearbeitet mit ihnen **weiche Werkstoffe** (Abb. 11.9).

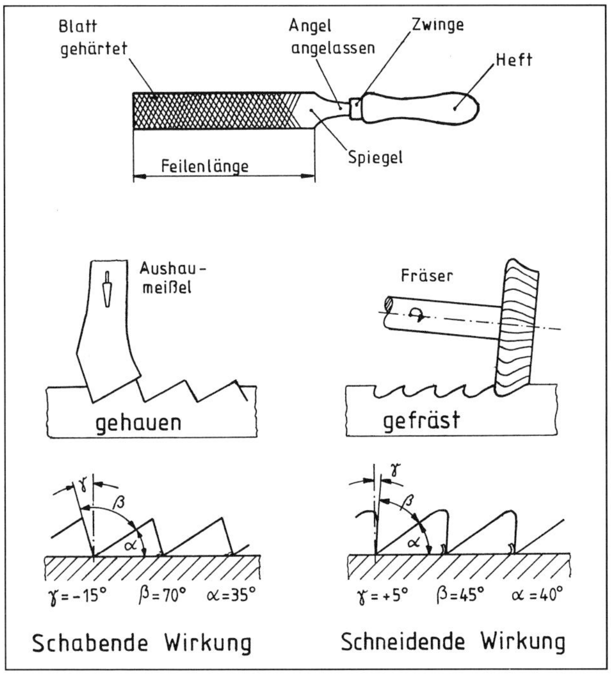

Abb. 11.9 Feilenarten

Feilenhieb

Der Feilenhieb wird über die gesamte Breite des Feilenblattes eingehauen oder gefräst. Nach Form und Anordnung unterscheidet man:

- Einhieb gerade, schräg oder bogenförmig,
- Kreuzhieb,
- Raspelhieb.

Einhiebige Feilen

Einhiebige Feilen verwendet man vorwiegend für weiche Werkstoffe.
Beim geraden Hieb stauen sich die Späne leicht. Bei schrägem oder bogenförmigem Hieb ist der Spanfluß nach einer bzw. beiden Seiten besser gewährleistet. Zusätzliche Spanbrechernuten sorgen für kürzere Späne und bessere Spanabfuhr.

Kreuzhiebige Feilen

Der Kreuzhieb entsteht durch Einschlagen eines zweiten Hiebs schräg zum ersten. Den zuerst aufgebrachten Hieb nennt man Unterhieb, den daraufgeschlagenen Oberhieb. Ober- und Unterhieb werden im Regelfall unter verschiedenen Winkeln oder auch mit unterschiedlicher Teilung gehauen (Kinositzanordnung). Dadurch werden die Zähne versetzt. Das ergibt den Vorteil kurzer gebrochener Späne und vermeidet Riefenbildung.
Kreuzhiebige Feilen sind „Universalfeilen". Sie sind für alle harten und spröden Metalle und Kunststoffe geeignet (Abb. 11.10).
Raspelhiebige Feilen haben gehauene, einzeln und weit auseinanderstehende Zähne. Sie sind für die grobe Bearbeitung von Holz und Kunststoff vorgesehen.

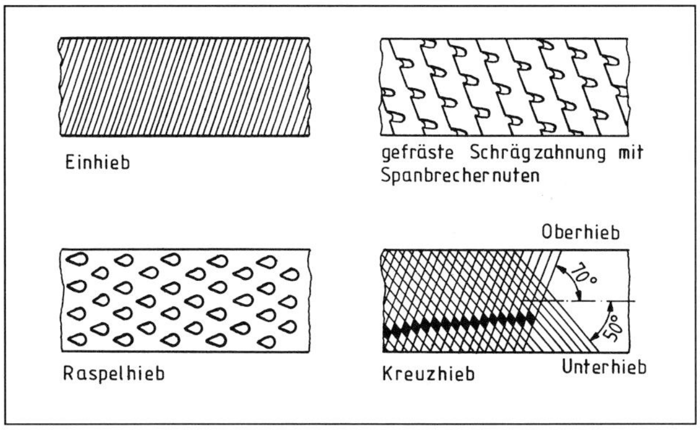

Abb. 11.10 Hiebarten

Kennzeichnung von Feilen

Feilen werden nach ihrer Hiebteilung und ihrer Querschnittsform gekennzeichnet.

Hiebteilung

Gehauene Feilen werden mit den Hiebnummern 1 bis 4 bezeichnet. Dies entspricht bei genormten Feilen einer Zahl von 6 bis 34 Hieben pro Zentimeter Feilenlänge. Darüber hinaus sind weitere nicht genormte

Teilungen im Handel. Die Hiebzahl wird mit steigender Hiebnummer und abnehmender Feilenlänge immer größer.
Beispiel: Eine kurze Feile der Hiebnummer 3 hat eine größere Hiebzahl, ist also feiner als eine lange Feile der gleichen Hiebnummer 3.

Hieb Nr.	Hiebart	Hiebe je cm	Oberflächenbearbeitung	Spanabnahme
0 1	grob, nicht genormt Bastard	4–15 6–17	Schruppen Vorfeilen	mehr als 0,5 mm
2 3	halbschlicht schlicht	9–23 13–28	Vorschlichten Schlichten	zwischen 0,2–0,5 mm
4 5–8	doppelschlicht feinschlicht	16–34 nicht genormt	Feinschlichten	weniger als 0,2 mm

Bei den gefrästen Feilen unterscheidet man die Zahnung 1 bis 3.
Zahnung 1: 3,5 Zähne pro Zentimeter Feilenlänge
Zahnung 2: 4,7 Zähne pro Zentimeter Feilenlänge
Zahnung 3: 7,1 Zähne pro Zentimeter Feilenlänge.

Diamant-Nadelfeile

Erwähnung verdient in diesem Zusammenhang auch die Diamant-Nadelfeile. Sie ist geschmiedet, geschliffen und auf galvanischem Wege mit Naturdiamantsplittern belegt. Diese Feile eignet sich besonders für die Bearbeitung von Glas (Kerben, Runden, Fasen).

Querschnittsformen

Für die verschiedensten Feilarbeiten stehen entsprechend viele Querschnittsformen zur Auswahl. Nach DIN 7261 werden diese Formen mit den Buchstaben A bis H gekennzeichnet.
In alphabetischer Reihenfolge sind dies:
Flachstumpf = A
Flachspitz = B
Dreikant = C
Vierkant = D
Halbrund = E
Rund = F
Messer = G
Flachspitz (extra dünn) = H
Daneben existieren Sonderfeilen verschiedenster Art.

Arbeitshinweise

- Auf richtige Druckverteilung achten! Nur während des Vorstoßens drücken, der Rückhub ist drucklos.
- Die Bewegungsrichtung ist gerade in Richtung der Feilenachse, wobei sich die Feile um eine halbe Feilenbreite nach rechts bzw. links verschiebt.
- Geradlinige (waagerechte) Führung der Feile in Feilrichtung.
- Gleichmäßige Spanabnahme über die gesamte Fläche.
- Abwechselnd Quer- und Längsstrich feilen, um die Spanabnahme besser erkennen zu können.

Pflege von Feilwerkzeugen

Feilen nie lose zusammenlegen; sie schlagen aneinander und werden stumpf.
Feilen öfters reinigen. Dazu mit der Feilenbürste in Richtung des Hiebes ziehen. Festsitzende Späne mit spitzem Nagel entfernen.

11.2.3 Schaben

Gesägte oder gefeilte Flächen genügen nicht immer den Anforderungen an Oberflächengüte, Maß- und Formgenauigkeit. Durch Schaben trägt man die spitzen und kantigen Erhebungen einer Fläche ab. Auch die Riefen einer Feilarbeit können ganz oder teilweise beseitigt werden.
Die Spanabnahme beim Schaben geschieht mit einem keilförmigen Werkzeug, dem Flachschaber oder dem Dreikantschaber. Ihr Keilwinkel beträgt 90°.
Beim Schaben führt man das Werkzeug so, daß der Freiwinkel ca. 30–45° beträgt. Daraus ergibt sich, daß der Schaber mit negativem Spanwinkel arbeitet und feinste Späne abhebt. Durch Veränderung der Werkzeughaltung beeinflußt man die Größe von Frei- und Spanwinkel und variiert damit die schabende Wirkung des Keils. Man beginnt mit der Beseitigung der vorhandenen Riefen. Der Schaber wird schräg zu den Riefen geführt (unter 45°), da er sonst einhakt.

Nach jedem Durchschaben wechselt man die Schabrichtung um 90°. Beim Zurückführen hebt man den Schaber vom Werkstück ab. Schaber schleift man mit feinster Körnung unter reichlicher Wasserzufuhr. Anschließend zieht man sie mit einem Ölstein ab, um den Grat an der Schneide zu beseitigen. Zur Bearbeitung von Kunststoffoberflächen ist in der optischen Werkstatt der Gebrauch einer scharfkantigen Glasscherbe (Fensterglas) üblich, die schleppend über die Oberfläche gezogen wird (Abb. 11.11).

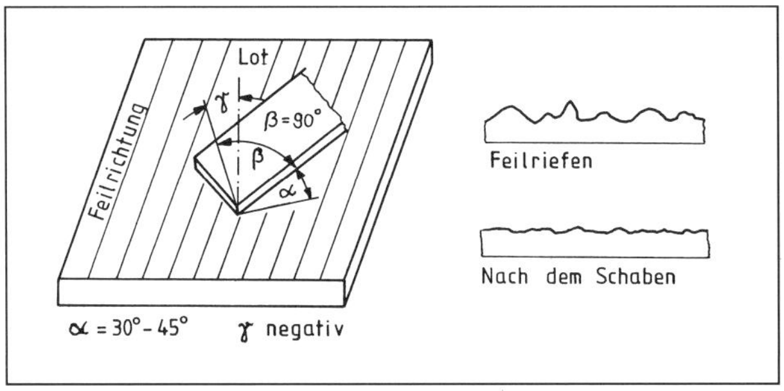

Abb. 11.11 Schaben

11.2.4 Bohren

Bohren ist ein spanendes Verfahren mit kreisförmiger Schnittbewegung zur Herstellung zylindrischer Löcher (Bohrungen). Als spanendes Werkzeug wird der Bohrer verwendet.

Typische Bohrarbeiten sind die Bohrungen am Gelenk, Seitensteg und Schließblock der Fassung sowie Bohrungen in Brillengläser für Glasbrillen.

Bohren, Reiben, Fräsen und Schleifen sind Verfahren der spanenden Formgebung, bei denen Maschinen zum Antrieb der Werkzeuge verwendet werden. Die

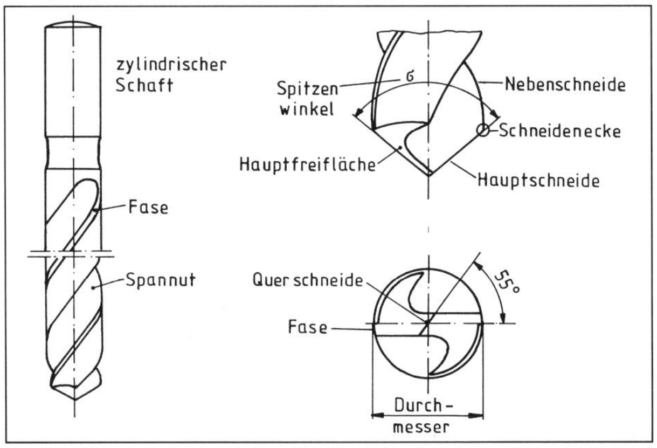

Abb. 11.12 Bezeichnungen am Spiralbohrer

notwendigen Bewegungen zur Spanabnahme beim Bohren sind:

- Schnittbewegung = Drehbewegung des Bohrers,
- Vorschub = geradlinige Bewegung des Bohrers in das Werkstück.

Die Schnittbewegung wird über einen Elektromotor erzeugt; sie ist durch Keilriemenübersetzung oder eine elektronische Regelung veränderbar. Der Vorschub wird über Handhebel, Zahnrad und Zahnstange vom Bediener selbst aufgebracht.

Bohrwerkzeug

Von den verschiedenen Bohrwerkzeugen wird der Augenoptiker fast ausschließlich den Spiralbohrer (Wendelbohrer) benutzen.

Das Schneidteil ist ein von zwei Wendelnuten ausgehöhlter Stahlzylinder. Die Nuten werden eingewalzt oder geschliffen. Spiralbohrer haben fünf Schneiden, die gleichzeitig beim Spanen im Eingriff sind:

- zwei Hauptschneiden,
- zwei Nebenschneiden,
- eine Querschneide.

Die wendelförmigen Nuten nennt man Spannuten. Sie erlauben die Abfuhr der Späne und den Zutritt der Kühl- und Schmieremulsion. Den dünnen Rest des Zylindermantels nennt man Fase. Bohrerfasen sind schmal, um die Reibung im Bohrloch zu verringern. Die Fasenkante ist die Nebenschneide des Bohrers. Der eigentliche spanende Keil sind die beiden Hauptschneiden an der Spitze des Bohrers. Sie sind hinterschliffen, um eine Freifläche gegen den Werkstoff zu erhalten. An der Bohrerspitze bilden die beiden Hauptschneiden den Spitzenwinkel σ (Sigma), der auf den jeweils zu bohrenden Werkstoff abgestimmt sein muß.

Der Berührungspunkt der beiden Hauptschneiden ist abgeknickt und bildet die Querschneide. Ihr Spanwinkel ist negativ, sie hat also schabende Wirkung, während die beiden Hauptschneiden „schneidend" spanen. Mengenmäßig ist der Anteil der Querschneide an der Spanarbeit gering, dennoch erfordert sie weit über die Hälfte der Vorschubkraft. Der Bohrerschaft ist zylindrisch, er dient zum Einspannen des Bohrers. Auf ihm ist der Bohrerdurchmesser, über den Fasen gemessen, eingeprägt.

Bohrerarten

Harte Werkstoffe erfordern, wie bekannt, einen größeren Keilwinkel β. Durch einen größeren Keilwinkel verringert sich aber der Spanwinkel γ. Der Spanwinkel ist leicht erkennbar, da er der Steigung (exakt dem Drallsteigungswinkel) entspricht. Der Einsatzbereich eines Bohrers wird nach der Größe des Spanwinkels beurteilt und ist nach DIN in drei Typenklassen genormt: **N**ormal, **H**art und **W**eich.

Typ	Spanwinkel	Spitzenwinkel	geeignet für folgende Werkstoffe
H	10 – 13°	80 – 85°	Bronze, Hartmessing, Preßstoffe
N	16 – 30°	118°	Stahl, Neusilber, Nickel, Messing
W	30 – 40°	118 – 140°	Alulegierungen, Kunststoffe

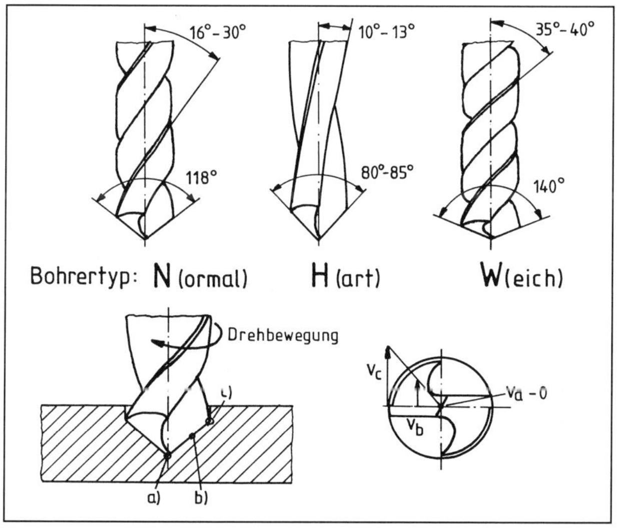

Abb. 11.13 Bohrertypen

Schnittgeschwindigkeit und Drehzahl

Die kreisförmige Schnittbewegung des Bohrers wird als Schnittgeschwindigkeit v bezeichnet; ihre Einheit in m/min gemessen. Die Schnittgeschwindigkeit v wird wesentlich durch zwei Größen bestimmt:

- Festigkeit des Werkstoffs,
- Warmstandfestigkeit des Bohrers.

Bohrer aus SS- oder HSS-Stahl ertragen Schneidentemperaturen von etwa 500 bis 600° C, ohne spürbar an Härte zu verlieren. Die Zugabe von Kühlmittel verbessert die Abfuhr der Zerspanungswärme.

Die Schnittgeschwindigkeiten von in der Optik gebräuchlichen Werkstoffen sind in der folgenden Tabelle relativ gering angesetzt. Das hat zwei Gründe: In der industriellen Fertigung, in der der Zeitfaktor eine wesentliche Rolle spielt, sind unter optimalen Bedingungen etwa zwei- bis dreifach höhere Schnittgeschwindigkeiten zu erzielen. Der Faktor Zeit dürfte bei den relativ wenigen Bohrarbeiten in der augenoptischen Werkstatt eine untergeordnete Rolle spielen; die Sicherheit des erzielten Ergebnisses hat hier Vorrang. Zum zweiten sind beim Bohren kleiner Durchmesser generell niedrigere Geschwindigkeiten zu erzielen als beim Bohren „großer" Löcher.

Tabelle Schnittgeschwindigkeiten

Werkstoff	Schnittgeschwindigkeit v m/min
Stahl, Nickel	10
Kunststoffe	10–20
Bronze, Messing	20
Kupfer, Neusilber	30
Aluminium	50–60

Da an einer Bohrmaschine nur Drehzahlen eingestellt werden können, muß aus der Schnittgeschwindigkeit und dem Bohrerdurchmesser d die Drehzahl n bestimmt werden. Die Berechnung erfolgt nach der allgemeinen Beziehung zwischen Drehzahl und Umfangsgeschwindigkeit:

Schnittgeschwindigkeit = Bohrer ∅ · π · Drehzahl

$$v = d \cdot \pi \cdot n$$

Beispiel: Das Material Neusilber soll gebohrt werden. Laut unserer Tabelle sollte die Schnittgeschwindigkeit v = 30 m/min betragen.
Der Bohrer soll einen Durchmesser von 2 mm haben. Welche Drehzahl n ist an der Maschine einzustellen?

$$n = \frac{v}{d \cdot \pi} \rightarrow n = \frac{30}{0{,}002 \cdot \pi} \, \frac{\text{m/min}}{\text{m}} \rightarrow n = 4775 \text{ 1/min}$$

In der folgenden Tabelle sind die wichtigsten Schnittgeschwindigkeiten und Bohrerdurchmesser zusammengefaßt. Die lineare Abhängigkeit zwischen Durchmesser und Geschwindigkeit zeigt sich deutlich.

Tabelle der an der Bohrmaschine einzustellenden Drehzahlen

Schnitt-geschw. m/min	Bohrerdurchmesser in mm 2	3	4	5	6	8	10
10	1600	1060	800	640	530	400	320
20	3180	2120	1600	1270	1060	800	640
30	4770	3180	2390	1910	1600	1200	950
40	6370	4240	3180	2550	2120	1600	1270
50	7960	5300	3980	3180	2650	1990	1600

Besonderheiten des Trennverfahrens Bohren

Es sei an dieser Stelle erwähnt, daß Bohren sich von den übrigen spanenden Bearbeitungsverfahren speziell unterscheidet durch die unterschiedliche Schnittgeschwindigkeit des Werkzeugs. Jeder Punkt des Bohrers hat eine andere Geschwindigkeit. Die Fase und die Schneidenecke haben die größte Geschwindigkeit, in der Bohrerachse hingegen ist sie Null. Weiter ist von Interesse, daß durch die schrägliegende Schnittebene sich Frei- und Spanwinkel ändern. Mit jedem Anschliff ändert sich außerdem der Schneidendurchmesser sowie durch Abnutzung der Durchmesser der Fase.

Vorschub

Da alle marktüblichen Bohrmaschinen für die Optikerwerkstatt einen handbetätigten Vorschub haben, kann man hier keine zahlenmäßigen Angaben machen. Wichtig ist nach aller Erfahrung, einen zu kleinen Vorschub zu vermeiden. „Kein Bohren auf der Stelle!" In der Folge entsteht sogenanntes Bohrmehl mit seinen ungünstigen Auswirkungen wie Überhitzen der Bohrstelle, Klebewirkung und ähnliches.

Oberflächenbelag bei Bohrern

Viele Bohrer weisen an ihrer Oberfläche einen Belag auf. Es handelt sich dabei entweder um einen einfachen Oxidbelag (Blaubelag) oder einen goldfarbenen hochwertigen Bortrioxidbelag, der folgende Vorteile mit sich bringt:

- Oberflächenschutz des Bohrers gegen Oxidation,
- keine metallische Berührung von Werkzeug und Werkstück, also verringerte Neigung zur Kaltverschweißung,
- verbesserte Kühlmittelaufnahme durch poröse Oberfläche,
- deutlich erhöhte Schnittgeschwindigkeiten beim Bortrioxidbelag möglich.

Kühl- und Schmiermittel beim Bohren

Werkstoff	Kühlmittel
Stahl, Nickel, Neusilber, Bronze, Messing, Aluminium und Alulegierungen, weiche Kunststoffe	Bohrölemulsion
Harte spröde Kunststoffe, Plexiglas, CR 39	Luft, Wasser
sprödes Messing, Hartgummi, Preßwerkstoffe	trocken

Arbeitshinweise

1) Vorarbeiten:
- Bohrlochmitte anreißen,
- Mittelpunkt ankörnen.

2) Bohrertyp nach dem zu bohrenden Material auswählen: Typ H, N, W bestimmen.

3) Bohrmaschine einrichten:
- Richtige Drehzahl nach Werkstoff und Bohrer bestimmen; Keilriemen umlegen oder Drehzahlregelung einstellen. Bohrer am Schaft fest einspannen.

4) Bohrtisch vorbereiten:
- Werkstück fest einspannen, gegen Herumschlagen sichern.
- Bei Durchgangslöchern auf entsprechende Unterlage achten.

5) Maschine einschalten:
- Kontrollieren, ob der Bohrer zentrisch läuft. Schlagende Bohrer verlaufen oder brechen ab.

6) Anbohren:
- Vorsichtig am Körnerpunkt anbohren; kontrollieren, ob die Bohrung in der Mitte des Anrisses sitzt; gegebenfalls neu ankörnen.

7) Bohren:
- Mit genügendem Vorschub bohren: Es sollten gelockte Späne entstehen.
- Kunststoffe zügig bohren, bei tieferer Bohrung stufenweise bohren und Späne öfter entfernen, Bohrer herausziehen.
- Vorsicht beim Durchbohren!
  Bohrer haken beim Durchbohren leicht ein, wenn der Restwerkstoff durchgedrückt wird. Kurz vor dem Durchbohren entlasten.

8) Bohrer bei laufendem Motor zurückziehen. Maschine abstellen; Bohrer reinigen; Bohrtisch reinigen.
9) Kanten brechen oder ansenken.

11.2.5 Fräsen

Fräsen ist ein spanendes Formgebungsverfahren, das in der Augenoptikwerkstatt hauptsächlich beim Scharnierbettfräsen und Nutenfräsen angewendet wird. Das Werkzeug Fräser ist mehrschneidig; die Schneiden haben eine geometrisch bestimmte Form. Das Werkzeug führt eine kreisförmige Schnittbewegung aus. Dabei wird das Werkstück zugestellt. (Hier liegt ein Gegensatz zum Arbeitsverfahren Bohren vor; dort wird das Werkzeug Bohrer zugestellt.)

Fräserarten

In der Werkstatt werden Nutenfräser und Scharnierbettfräser verwendet. Der Nutenfräser ist ein Formfräser, das heißt, seine Werkzeugform wird abbildgetreu zur Fertigung von Winkelnuten mit 120°-Winkel benutzt. Er ist in zwei Ausführungen gebräuchlich:
- als Metallfräser mit zahlreichen kleinen Fräszähnen,
- als Fräser für Kunststoffe mit im Regelfall vier großen Fräszähnen und großen Spanräumen.

Um die Nutentiefe von 0,5 mm exakt einhalten zu können, ist dieser Fräser zwischen zwei kreisförmigen Metallplatten gefaßt, die die Fräszähne nur um 0,5 mm überstehen lassen. Die Metallringe geben dem Fräser gleichzeitig Führung. Scharnierbettfräser verwendet man zum Ausfräsen des Scharnierbettes in Kunststoffbügeln. Es handelt sich hierbei um einen Mantelstirnfräser, der an der Mantel- (Seitenfläche) und an der Stirnfläche Fräszähne besitzt. Das Verfahren ist vergleichbar der Herstellung einer Bohrung, die am Fuß des Bohrloches plan ausgebohrt ist.

Arbeitshinweise

Fräser werden im Bohrfutter der Bohrmaschine gespannt. Für Vorschub und Schnittgeschwindigkeit gilt sinngemäß das gleiche wie beim Bohren. Das Fassungsteil wird möglichst an einem Anschlaglineal geführt, eine freihändige Führung erfordert Übung und eine ruhige Hand. Optimal ist die Einspannung des Werkstücks in einen Kreuzsupport, der in zwei Achsen präzise verstellt werden kann. Kunststoffe sollten zügig bearbeitet werden, da sie – infolge der Zerspanungswärme – zum Verschmieren der Oberfläche neigen.

11.2.6 Gewindeschneiden mit Gewindebohrer

Gewindegänge entstehen durch Zerspanen und Verdichten (Fließen) von Werkstoff im Gewindekernloch oder auf dem Gewindebolzen.
In der augenoptischen Werkstatt wird fast ausschließlich zu Reparaturzwecken Gewinde mit dem Gewindebohrer geschnitten. Schnitt- und Vorschubbewegung sind durch die Schneidzähne und die Gewindesteigung des Bohrers festgelegt. Die Formgebung erfolgt überwiegend spanend durch die Schneiden des Gewindebohrers, ein kleinerer Teil wird an den Gewindespitzen gestaucht und verdichtet. Hieraus ergibt sich, daß beim Innengewinde das Kernloch größer gebohrt sein muß als der Kerndurchmesser des Gewindes.
Als gute Faustregel gilt: Außendurchmesser minus Steigung gleich vorzubohrendes Kernloch.
Beispiel: Gewinde M2 hat eine Steigung von 0,4 mm, also sollte das Kernloch mit 2 – 0,4 = 1,6 mm vorgebohrt werden.

Gewindebohrer

Werkzeug zum Innengewindebohren ist der Satzgewindebohrer, dreiteilig für ISO-Norm-Gewinde; zweiteilig für Feingewinde (Abb. 11.14).
Der Vorschneider trägt 1 Ring, ca. 50% Anschnitt.

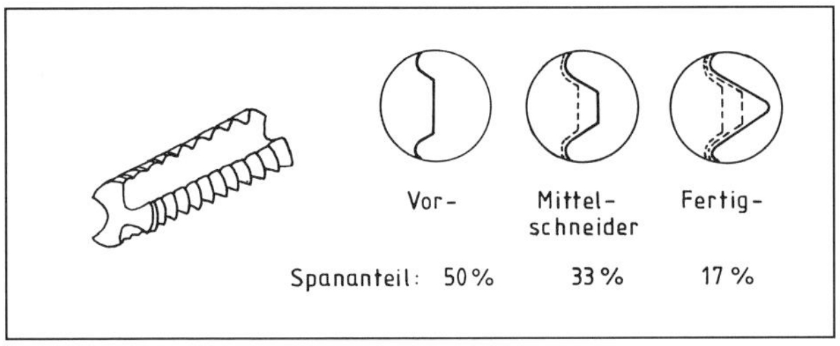

Abb. 11.14 Handgewindebohrer

Der Mittelschneider trägt 2 Ringe, ca. 30% Anschnitt. Der Fertigschneider trägt 3 oder keinen Ring, ca. 20% Anschnitt. Für durchgehende Gewindelöcher, zum Beispiel in Gelenken, sind auch der Einschnittgewindebohrer gebräuchlich. Diese Bohrer besitzen einen relativ kurzen Anschnitt; die folgenden Gewindeprofile nähern sich, über mehrere Gewindegänge verteilt, stetig dem Endprofil an.

Der Bohrerschaft ist viereckig zur Windeisenaufnahme.

Gewinde	M 1	M 1,2	M 1,4	M 1,6	M 2	M 2,5	M 3	M 4
Bohrloch	0,75	0,95	1,1	1,25	1,6	2,05	2,5	3,3

Arbeitshinweise

1) Gewindeloch nach obenstehender Tabelle bohren. Es muß etwas größer sein als der Kerndurchmesser des Innengewindes.
2) Bohrung ansenken.
3) Gewindebohrer senkrecht zur Gewindeachse ansetzen und mit leichtem Druck anbohren.
4) Wenn die Schneiden gefaßt haben, ohne Druck weiterdrehen.
5) Regelmäßig nach einer halben Umdrehung den Span durch kurzes Zurückdrehen brechen.
6) Bei tiefen Bohrungen Spänestau durch öfteres Herausdrehen des Bohrers verhindern.
7) Schmiermittel – Schneidöl, Petroleum, Terpentin – verwenden.

11.2.7 Schleifen von Metall und Kunststoff

Die Spanabnahme beim Schleifen unterscheidet sich von anderen spanenden Verfahren dadurch, daß keine geometrisch eindeutig bestimmte Keilschneide vorliegt. Die scharfen Kanten des Schleifmittels, Korn genannt, die durch ein Bindemittel gehalten werden, zerspanen den Werkstoff in feinste Teile. Bindemittel und eingelagertes Korn werden auf einen Schleifmittelträger aufgebracht; das kann eine feste Schleifscheibe aus Bronzelegierung sein oder eine verformbare Scheibe aus Filz oder Stoff. Ziel ist das Glätten der Oberfläche; die notwendige Werkstoffabnahme erfolgt durch Einwirkung vieler hintereinanderliegender Schneiden. Die Körner des Schleifmittels stellen mit ihren Kanten die Schneiden dar. Die einzelne Schneide (Korn) hat aus Gründen der Haltbarkeit meistens einen negativen Spanwinkel (Abb. 11.15).

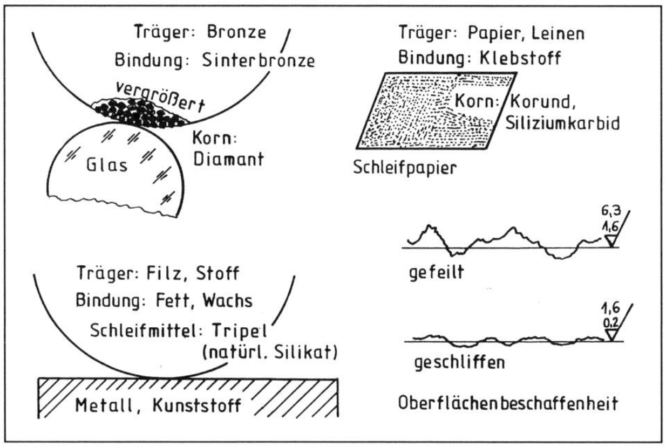

Abb. 11.15 Schleifen

Eine Fläche, die geschliffen werden soll, muß mindestens geschlichtet sein; gröbere Rauhtiefen würden erstens eine sehr lange Bearbeitungszeit und zweitens Welligkeit zur Folge haben. Auch das Verfahren des „Schabens" vor einer Schleifarbeit ist ausdrücklich zu empfehlen. Speziell Kunststoffe lassen sich sehr gut mit schleppender Schneide schaben.

Schleifpapier und Schleifscheiben bestehen aus drei Teilen:

- Schleifmittel, das sogenannte Korn,
- Bindung, hält das Schleifkorn fest,
- Schleifmittelträger, Papier bzw. Stoffscheibe.

Schleifmittel (Körner) sind Korunde (AlO) und Siliziumkarbid (SiC). Rohstoff der Korundherstellung ist Bauxit (Al_2O_3), der im Elektroofen erschmolzen wird.

Produkte dieser Herstellung sind:

Normalkorund (Farbe braun) mit einem AlO-Anteil von ca. 95%; Edelkorund (Farbe hellgrau) mit ca. 99% Anteil an AlO.

Schleifmittel aus Siliziumkarbid (Farbe blaugrün oder schwarzbraun) eignen sich besonders für spröde Werkstoffe, NE-Metalle und Kunststoffe.
Die erschmolzenen Schleifmittel werden zerkleinert, und in Rüttelsieben nach Korngrößen sortiert. Die angewandte Numerierung ist als Anzahl der Maschen pro 1 Zoll Siebgröße zu verstehen. Ein vergleichsweise grobes Sieb mit 30 Maschen pro Zoll (= 25,4 mm) sortiert jene Körner aus, die dann als Körnungsnummer 30 bezeichnet werden.
Übliche Körnungen sind:

Bezeichung	Korngröße (mm)	Körnungs-nummer	Bearbeitungs-art
grob	0,5 –2,5	10–35	Schruppen
mittel	0,3 –0,16	45–80	Schruppen
fein	0,16–0,05	90–180	Feinschleifen
sehr fein	0,07–0,003	200–600	Feinstschleifen

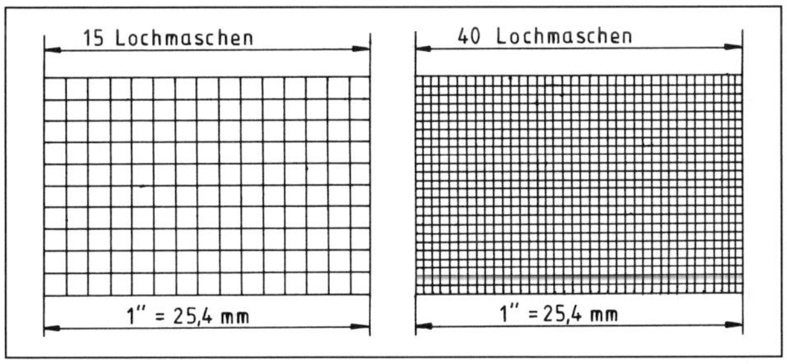

Abb. 11.16 Körnung (Größe des Schleifkorns)

Bindung

Die Bindung hält die Schleifkörner im Schleifkörper zusammen. Im einfachen Fall des Schleifpapiers bzw. Leinens ist Klebstoff das Bindemittel. Diamantschleifscheiben für die maschinelle Randbearbeitung haben Sinterkörper; die älteren Keramikschleifscheiben keramische Tone oder eine sorgfältig ausgewählte Mischung von Kunstharzen als Basis des Schleifkörpers. Schleifscheiben werden in Kap. 14.2 ausführlich behandelt.
Schleifpapier wird heute im elektrostatischen Verfahren hergestellt. Dabei wird das Schleifkorn in einem elektrostatischen Feld aufgetragen und stellt sich unter dem Einfluß des Feldes in günstiger Lage hoch. Klebstoffe halten die Schleifkörner in dieser Lage fest.

Schleifen mit Schleifpapier und Leinen

Man beginnt mit einer Körnung von etwa 120 und nimmt nach und nach feinere Körnungen, bis man bei Körnung 400 eine seidenmatte riefenfreie Oberfläche erhalten hat. Schleifpapier wird in einen Schleifklotz eingespannt bzw. auf einen solchen aufgeklebt. Man schleift mit gleichmäßig kreisenden Handbewegungen, um Riefen an einer Stelle zu vermeiden.

Schleifschwamm

Der Schleifschwamm enthält das Korn in einem porösen Kunststoffmaterial gebunden. Da diese Bindung sehr weich ist, also schnell verschleißt, ist stets frisches Schleifkorn an der Oberfläche zur Verfügung. Schleifschwämme können im Trocken- oder Naßschliff verwendet werden. Die Handhabung eines Schleifschwamms ähnelt dem Gebrauch eines Radiergummis.

Schleifen mit Schleifmaschine

Die üblichen Schleif- und Poliermaschinen bestehen aus einem Elektromotor mit beidseitig überstehenden Wellenenden. Ein Wellenende ist meist als Spitze, das andere als Welle mit Scheiben ausgebildet. Das Schleifen erfolgt mit rotierenden Schleifschwabbeln oder Bürsten. Das eigentliche Schleifmittel wird, in Fett oder Wachs gebunden, auf die Scheibe aufgebracht.
Grundsätzlich gilt: Je weicher der Werkstoff, desto weicher muß die Schleif- und auch die Polierscheibe sein.
Im Regelfall verwendet man:
- zum Metallschleifen eine Filzscheibe,
- zur Kunststoffbearbeitung eine Nesselschwabbel (Stoff).

Schleifmittel für Metall und Kunststoff sind Kieselsäure (Tripel) und Bimsmehl.
Nach dem Schleifen muß das Werkstück sehr sorgfältig vom anhaftenden Schleifmittel gereinigt werden.

Schleifmittelreste dürfen auf keinen Fall auf die Polierscheibe gelangen.

Säubern der Schleif- und Polierscheiben

Schleif- und Poliermittel setzen die Oberfläche der Scheiben nach und nach zu. Die Scheiben werden hart und unbrauchbar. Daher ist eine regelmäßige und gründliche Säuberung mit der Schärfrolle angebracht.
Auf einer stabilen Welle mit Holzgriffen sitzt ein breiter Kranz mit stählernen Stacheln. Er wird gegen die laufende Scheibe gedrückt, deren Oberfläche in kurzer Zeit wieder aufgerauht und weich wird.

Arbeitshinweise

- Nur mit mäßigem Druck schleifen.
- Nicht auf einer Stelle schleifen, Werkstück fortlaufend bewegen.
- Werden Bearbeitungsriefen sichtbar, müssen diese von Hand durch erneutes Schmirgeln entfernt werden; andernfalls wird die Oberfläche leicht wellig. Sollten bereits Wellen entstanden sein, so ändert man die Bearbeitungsrichtung und schleift quer zur bisherigen Richtung.

11.2.8 Polieren von Metall und Kunststoff

Polieren stellt die letzte Phase der Oberflächenbehandlung dar. Mit Hilfe eines geeigneten Poliermittels wird eine glänzende Oberfläche erzeugt. Zum Nachpolieren wird eine reine Scheibe verwendet, die für den eigentlichen Hochglanz sorgt.
Polierscheiben für Metall sind:
- Wildlederbürsten,
- Borstenbürsten.

Für Kunststoff benutzt man
- sehr weiche Wollgarnbürsten.

Poliermittel

Rot (Pariser Rot = Eisenoxid) für Stahl und Gold,
Grün (Chromoxid) für Stahl, Silber, Neusilber und Nickel,
Blau (Wiener Kalk) für Kunststoffe und Naturstoffe.

Golddoublé und galvanische Schichten dürfen nur mit äußerster Vorsicht und schwach angreifenden Mitteln wie Rot oder Blau poliert werden. Kunststoff ist ebenfalls sehr vorsichtig, das heißt mit geringem Druck zu bearbeiten. Andernfalls kann es durch Überhitzung leicht zu Schmorstellen kommen.

Schleifgeschwindigkeit und dynamische Härte

Erhöht man die Drehzahl des Elektromotors, so steigt die sogenannte dynamische Härte der Scheibe. Umgekehrt kann man die Scheibe weicher machen, indem man sie langsamer laufen läßt, zum Beispiel um das Nasenbett nachzuarbeiten.
Das bedeutet aber gleichzeitig eine Deformation der Scheibe mit einem starken Abschleifen der Fassungskanten.
Die korrekte Schleif- und Poliergeschwindigkeit liegt zwischen 15 und 20 m/s (Schleifgeschwindigkeiten werden in Meter pro Sekunde angegeben). Die marktüblichen Schleif- und Poliermaschinen besitzen eine Drehzahl von 2700 oder 3000 1/min; bessere Ausführungen zusätzlich eine zweite Drehzahl von 1500 1/min. Benutzt man die bekannte Drehzahlgeschwindigkeitsbeziehung $v = d \cdot \pi \cdot n$, so errechnet man mit $v = 20$ m/s:
Für eine Drehzahl von 3000 U/min einen Scheibendurchmesser $d = 125$ mm,
für eine Drehzahl von 1500 U/min einen Durchmesser $d = 250$ mm.
Läßt man also eine kleine Scheibe mit der geringeren Drehzahl laufen, so ist ihre Wirkung weicher; dabei besteht aber die Gefahr, die Kanten deutlich abzuschleifen bzw. zu polieren.

Arbeitshinweise

- Beim Polieren stets nur mit leichtem Druck arbeiten. Die auftretende Reibungswärme ist hoch, besonders Kunststoffe können leicht überhitzt werden.
- Nicht auf der Stelle polieren! Werkstück vielmehr zügig über die Schwabbel bewegen.
- Werden beim Polieren Bearbeitungsriefen sichtbar, muß zunächst von Hand weitergeschliffen werden. Ein Auspolieren von Riefen ist nicht möglich.

11.3 Glasrandbearbeitung von Hand

Verfahren zum Vorranden von Brillengläsern

Wenn aus den verschiedensten Gründen eine Randbearbeitung mit einem Schleifautomaten nicht in Frage kommt, so wird das (zentrierte) Rohglas von Hand auf Form und Größe gerandet. Hierfür werden im wesentlichen folgende Arbeitsverfahren angewandt:
- Vorranden durch Bröckeln oder Schneiden,
- Facetteschleifen von Hand,
- Glasbohren und Kerben.

11.3.1 Bröckeln

Bröckeln ist das Abbrechen kleiner Glasteilchen mit Hilfe der Bröckelzange zur groben Formgebung. Die Schleifzeit von Hand wird verkürzt. Gebröckelt wird mit Hilfe der Bröckelzange, deren Maulflächen extra breit ausgebildet sind. Die Backen sind kreuzweise gerieft, damit sie nicht so leicht vom Glas abrutschen. Da die Maulflächen relativ schnell verschleißen, sind Zangen mit auswechselbaren Backen vorzuziehen.

Arbeitstechnik

Beim Bröckeln hält man das Glas mit der Konkavseite nach oben zwischen Daumen (oben) und Zeigefinger (unten). Der Glasrand sollte nur kurz überstehen. Der Zeigefinger kann als Führungshilfe zum Anlegen der Bröckelzange benutzt werden. Der Glasrand wird ca. 1–2 mm breit mit einer Maulecke ohne großen Druck gefaßt, dann die Zange nach unten weggedreht. Die Folge sind Zug- und Druckspannungen im Glas, die schließlich zu einem Riß führen; ein Stückchen Glas ist gebröckelt.
Beim korrekten Bröckeln entsteht eine scharfe Kante, die gut angefaßt und weitergebröckelt werden kann. Hauptfehler ist der Versuch, das Glas abzukneifen. Das Ergebnis ist eine stumpfe Kante, die schlecht weitergebröckelt werden kann. Eine solche stumpfe Kante läßt sich durch Anfeuchten der Maulflächen und Zugabe von Glasstaub besser in eine scharfe Bröckelkante umwandeln. Das Anfeuchten des Backens sollte bei stärkeren Minusgläsern regelmäßig durchgeführt werden (Abb. 11.17).

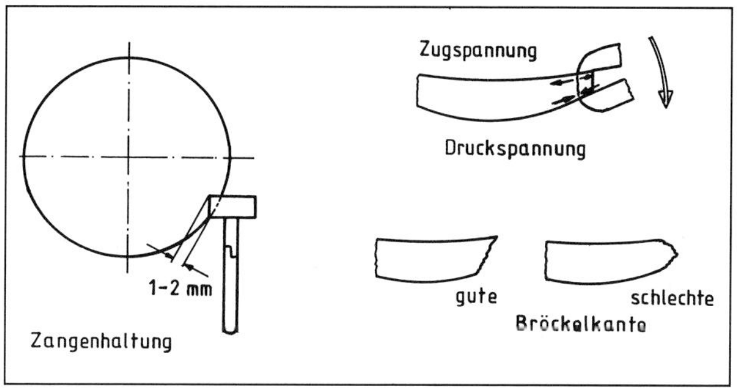

Abb. 11.17 Bröckeln von Glas

Arbeitshinweise

- Die Zugabe bis zur Endform sollte allseitig ca. 1 mm betragen,
- ein sauberer scharfkantiger Rand ohne Ausplatzer entsteht durch Abbrechen und nicht durch Abkneifen des Glasrandes.

11.3.2 Schneiden

Ein weiteres Verfahren, das Rohglas möglichst schnell der verlangten Fassungsform anzunähern, ist das Schneiden.
Beim Schneiden wird die Sprödigkeit des Glases ausgenutzt, um das Brillenglas formgenau auszuschneiden. Als Werkzeug dient ein Schneidrädchen aus gehärtetem Stahl oder Hartmetall im sogenannten Schneidlöffel. Die Spitze des Rädchens wird senkrecht auf der Glasinnenseite geführt. Schon bei mäßiger Handkraft wird durch die sehr kleine Auflagefläche des Rädchens eine hohe Druckspannung erzeugt (Abb. 11.18).

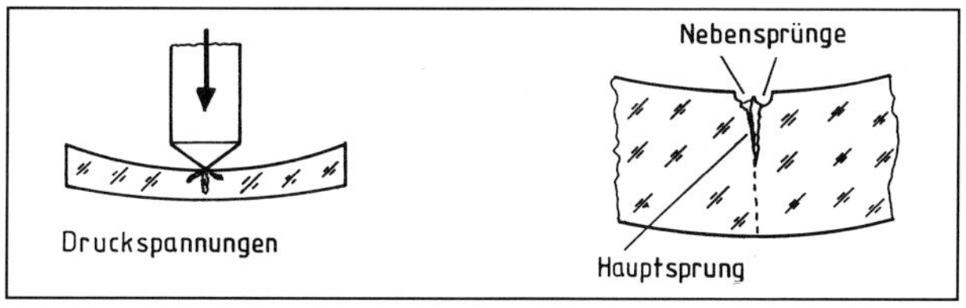

Abb. 11.18 Schneiden von Glas

Technik des Glasschneidens

Das Glasschneiden geschieht in zwei Stufen:
1) Schneiden mit dem Schneidrädchen,
2) Trennen mit der Abreißzange.

Die Druckfestigkeit von Glas beträgt ca. 500–700 N/mm^2; wird eine größere Spannung erzeugt, so entstehen Sprünge im Glas.
Der Hauptsprung reicht in geradliniger Verlängerung des Schneidrädchens tief ins Glas. An der Oberfläche entstehen zwei Nebensprünge. Beim Trennen muß man den Hauptsprung bis zur zweiten Glasfläche führen. Das geschieht durch Abreißen mit der Abreißzange. Oft hilft auch Klopfen entlang des Schnittes, da sich Glasstaub in der Schnittfuge verkeilt. Wichtig ist, unmittelbar nach dem Schneiden zu trennen, da sich die durch das Schneiden erzeugten Spannungen im Laufe der Zeit lösen. Im allgemeinen wird auf der schwächer durchgebogenen Innenseite des Glases geschnitten. Starke Minusgläser können aber auch auf der Außenseite geschnitten werden.

Arbeitshinweise

- Schneidrad stets senkrecht zur Glasoberfläche führen!
- Gleichmäßigen Druck ausüben.
- Die Schnittzugabe beträgt allseitig ca. 1 mm.
- Nie nochmals im gleichen Schnitt schneiden.

11.3.3 Facettenschleifen von Hand

Gebröckelte oder geschnittene Gläser werden mit einer Facette versehen, um sie in die Fassung einsetzen zu können.
Facettenarten sind
- Spitzfacette,
- Flachfacette.

Eine Spitzfacette sollte folgende Forderungen erfüllen:
1) der Facettenwinkel sollte 120° betragen,
2) die Facette sollte in sich gerade sein,
3) der Facettenschliff sollte ansatz- und wolkenlos sein,
4) die Facettenlage muß der jeweiligen Glaswirkung entsprechen.

Zu 1) Der Facettenwinkel sollte 120° betragen

Andere Facettenwinkel führen zu einer ungleichmäßigen Druckverteilung. Ist der Winkel kleiner als 120°, so lastet ein hoher Druck auf der Facettenspitze, Ausplatzer sind wahrscheinlich die Folge.
Ist der Winkel größer als 120°, so führt dies zu hohem Druck auf die Facettenkante, Ausplatzer am Rand sind möglich.

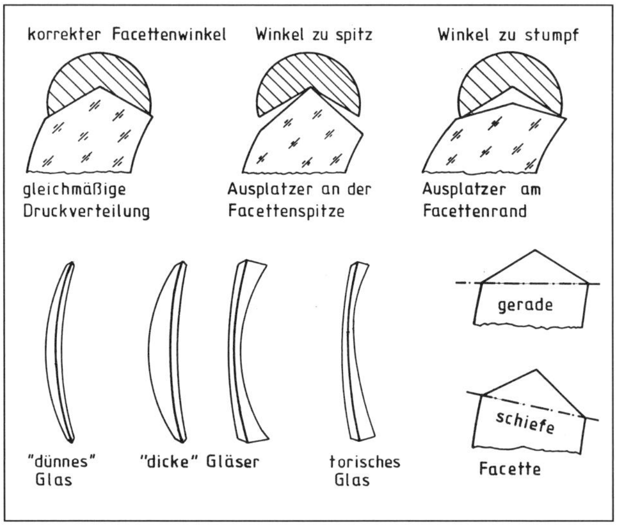

Abb. 11.19 Facettenlage und Winkel

Zu 2) Die Facette sollte in sich gerade sein

Beide Facettenflächen sollten den gleichen Winkel gegen die Fassungsebene haben.

Zu 3) Ansatz- und wolkenloser Facettenschliff

Das Glas sollte beim Schleifen sowenig wie möglich abgesetzt werden. Die Ansätze werden fast unsichtbar, wenn man den Druck auf das Glas
- nach dem Aufsetzen langsam steigert,
- vor dem Absetzen langsam nachläßt.

Zu 4) Facettenlage

Die Facettenlage ist abhängig von
- der Stärke der Plus- oder Minuswirkung,
- einer eventuell vorhandenen astigmatischen und/oder prismatischen Wirkung.

a) Dünne wirkungsschwache Gläser

Bei dünnen wirkungsschwachen Gläsern sollte die Facette in der Mitte des Glases liegen.

b) Starke Gläser großer Randdicke

Bei starken Gläsern größerer Randdicke wird die Facette nach vorn verlagert, das heißt parallel zur Glasvorderfläche. Der unschöne und breitere Facettenrand liegt dadurch in der Fassung bzw. steht nach hinten heraus.
Diese Regel sollte für große Scheibendurchmesser und starke Pluswirkungen etwas differenziert werden. Die Fassung würde bei strikter Einhaltung dieser Regel sehr stark durchgewölbt. Es ist ratsam, die Facette nach der geringer durchgebogenen Innenkurve zu verlagern.

c) Torische Gläser

Bei torischen Gläsern läßt man die Facettenkurve mehr der sphärischen Fläche folgen. Man erreicht ein besseres Aussehen der Brille und einen guten Halt des Glases.

d) Prismatische Gläser

Bei prismatischen Gläsern wird die Facette nach (der „alten") RAL RG 915 so verlagert, daß bei
- Minusgläsern die Basis nach vorn heraussteht,
- Plusgläsern die Basis nach hinten heraussteht.

Wegen der Abbildungsgüte und wegen der Meßkorrektur ist aber nach DIN 58204 für starke Prismen die Facette an die objektseitige Fläche – also nach vorn – zu verlagern.
Zwar ist die RAL RG 915 noch gültig, dennoch ist diese Forderung wegen der Anwendung der Drehpunktforderung überholt.

Kanten brechen

Die Facettenkanten werden gebrochen, um scharfe Kanten und Ausplatzer zu verhindern. Dabei sind die Kanten auf beiden Seiten in gleicher Breite und gut sichtbar in einem Winkel von 45° zu brechen.

Flachfacette

Für Glasbrillen und randlose Fassungen erhält das Brillenglas eine Flachfacette. Die Forderungen an eine Flachfacette sind im Prinzip die gleichen wie an eine Spitzfacette.

1) Winkelgenaue Flachfacette

Die exakte Winkeligkeit der Flachfacette kann mit einem 90°-Winkel leicht überprüft werden (Abb. 11.20).

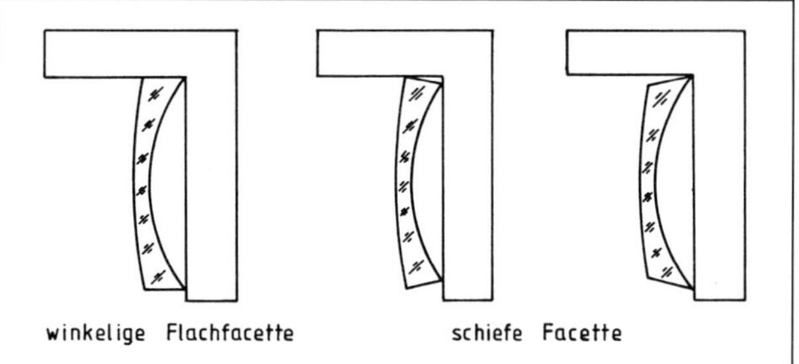

Abb. 11.20 Flachfacette

2) Facette ohne Wolken und Ansätze

Das Glas muß stets im gleichen Winkel und mit der gesamten Breite aufgesetzt werden. Zur Kontrolle dient die Wasserspur zwischen Glas und Schleifscheibe; diese Spur muß über die gesamte Breite der Facette laufen.

3) Kanten brechen

Die Kanten sollten vor jeder Messung mit dem Meßschieber leicht gebrochen werden, da es schnell Ausplatzer gibt. Nach dem Schliff auf Sollmaß werden die Kanten endgültig gebrochen: Als Anhalt nehme man ein Maß von 0,5 mm Breite unter einem Winkel von 45°. Gläser, die mit einem Nylonfaden befestigt werden, können steiler gebrochene Kanten erhalten. Man erhält dadurch eine breitere Facette zum Fräsen der Nut.

11.3.4 Bohren mineralischer Gläser

Beim Glasbohren müssen die besonderen Eigenschaften des Werkstoffes Glas, nämlich Härte und Sprödigkeit, sorgfältig berücksichtigt werden. Das Glasbohren ist ähnlich dem Glasschleifen keine spanende Tätigkeit, sondern eine rein schabende Bearbeitung des Werkstoffs. Der Glasbohrer besteht im Regelfall aus einer Messinghülse, die mit einer Hartmetall- oder Diamantspitze bestückt ist. Der Spitzenwinkel beträgt etwa 80–110°. Die Drehzahl für den meist verwendeten Bohrer von 2 mm Durchmesser sollte zwischen 2500 und 3500 1/min liegen.

Kühlung des Glasbohrers

Der Bohrer darf nie trocken laufen, sondern muß ständig gekühlt bzw. geschmiert werden. Als Bohremulsion verwendet man eine Mischung aus Terpentin mit 10% Kampferzusatz und etwas Petroleum.

Arbeitshinweise

- Anzeichnen des Bohrlochs,
- Einstellen der Bohrmaschine auf richtige Drehzahl, Bohrungsmitte und Tiefe,
- Anbohren, auf Mittenlage kontrollieren,
- Glas etwa bis zur Mitte bohren. Nicht durchbohren!
- Glas wenden und sorgfältig zentrieren, um eine versetzte Bohrung zu vermeiden,
- nicht völlig durchbohren, da das Glas sehr leicht verkantet; die Folge wäre ein Bohrer- oder Glasbruch,
- besser ist es, den Durchbruch mit der Nadelfeile aufzureiben,
- nur mit geringem Vorschub und stufenweise bohren,
- häufig Kühlmittel nachtragen,
- Lochkanten mit konischem Schleifstift aus Siliziumkarbid ansenken.

Kerben

Randlose Brillen können nicht nur mit einem Nylonfaden, sondern auch mit kurzen Metallhaken befestigt werden. Diese Haken werden in Kerben am Glas umgebogen. Zum Anbringen dieser Kerben haben sich Diamantnadelfeilen sehr gut bewährt.

12 Fügen

Durch Fügen werden zwei oder mehrere Werkstücke miteinander verbunden. Durch Fügen, oft auch Verbinden genannt, wird der Zusammenhalt zwischen den Bauteilen hergestellt. Dabei wird Zusammenhalt örtlich geschaffen und im ganzen vermehrt (DIN 8593).

Nach den unterschiedlichen physikalischen Wirkprinzipien unterteilt man die Fügeverfahren in Verbindungen durch

- **Formschluß,** wirkt durch Scherkräfte,
- **Kraftschluß,** wirkt durch Reibungskräfte,
- **Stoffschluß,** wirkt durch Kohäsions- und Adhäsionskräfte.

Tabelle **Übersicht der Fügeverfahren**

Zusammenhalt durch	Wirkprinzip	Verfahren
Formschluß	mechanisches Ineinandergreifen geometrischer Formen an den Bauteilen	Nieten
Kraftschluß	Reibungskräfte zwischen den Oberflächen der zu verbindenden Teile	Schrauben
Stoffschluß	Molekularkräfte (Kohäsion, Adhäsion) zwischen den zu verbindenden Teilen	Löten Schweißen Kleben Kitten

Fügeverbindungen werden auch unterteilt in:

| feste | bewegliche | Verbindungen |

Bewegliche Verbindungen erlauben die Bewegung verbundener Teile in festgelegten Grenzen gegeneinander. (Beispiele: Gelenke, Gewindespindel des Schraubstocks.)

Feste Verbindungen erlauben keine Bewegung der Teile gegeneinander. Das Verbindungselement sichert ihre unveränderliche Lage zueinander.

Feste Fügeverbindungen werden weiter unterteilt in

| lösbare | unlösbare | Verbindungen |

Lösbare Verbindungen lassen sich ohne Zerstörung des Verbindungselementes oder der verbundenen Bauteile wieder zerlegen; alle Teile sind weiterverwendbar.

Unlösbare Verbindungen lassen sich nur durch Zerstörung des Elementes oder der Bauteile wieder zerlegen; allerdings bieten sie größere Sicherheiten gegen unbeabsichtigtes Lösen (Abb. 12.1).

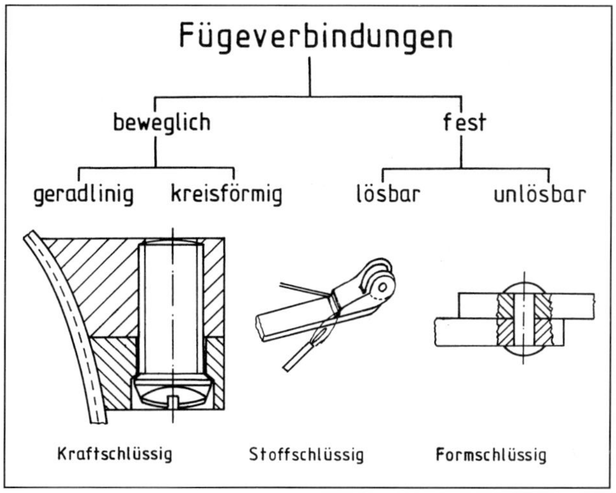

Abb. 12.1 Einteilung der Fügeverbindungen

12.1 Schraubenverbindungen

Durch Verschrauben werden lösbare Verbindungen hergestellt, bei denen Kraftschluß und Formschluß zusammenwirken.

Zu einer Schraubenverbindung gehören:

- Schraubenbolzen mit Außengewinde,
- Mutter mit Innengewinde,
- eventuell Unterlegscheibe.

Die Verbindung kann auch so gestaltet werden, daß nicht alle Elemente benötigt werden. Beispiel: Scharnier mit eingeschnittenem Innengewinde in einer Schrauböse.

12.1.1 Mechanik und Kräfte der Schraubenverbindung

Durch das Anziehen der Mutter werden die zu verbindenden Teile (Werkstücke) an ihren Berührungsflächen zusammengepreßt. Die Folge ist Kraftschluß. Die Gewindegänge von Schraube und Mutter greifen ineinander und ergeben an den anliegenden Gewindeflanken eine formschlüssige Verbindung. Durch die Verspannung von Schraube und Mutter entsteht hieraus in den Gewindegängen Kraftschluß. Will man die verbundenen Bauteile gewaltsam gegeneinander verschieben, so wirken dem die äußeren Formen von Schraubenbolzen und Bohrung entgegen. Es entsteht Formschluß. Um die Kräfte in der Schraubenverbindung richtig deuten zu können, muß man auf Aufbau und Wirkung des Gewindes eingehen.

Ein Gewinde ist einer Wendeltreppe vergleichbar. Man bewegt sich beim Begehen einer solchen Treppe
1) kreisförmig um die Mittelachse,
2) steigt man auf eine bestimmte Höhe.

Faßt man beide Bewegungen zusammen, so erhält man eine gleichmäßig ansteigende Linie, die sogenannte Schraubenlinie.

Eine auf der Mantelfläche eines zylindrischen Körpers gleichmäßig ansteigende Linie nennt man **Schraubenlinie**.

Wickelt man diesen Teil des Zylindermantels von der Grundfläche bis zur Schraubenlinie ab, so ergibt sich ein rechtwinkeliges Dreieck. Die Höhe des Dreiecks ist gleich dem Anstieg bei einer Umdrehung und wird beim Gewinde Steigung genannt. Die abgewickelte Schraubenlinie entspricht einer schiefen Ebene (Abb. 12.2).

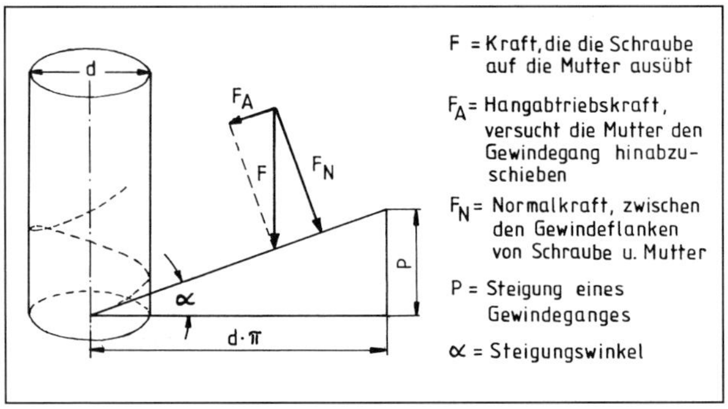

Abb. 12.2 Schraubenabwicklung und Kräfte

Beim Anziehen einer Schraube durch Schraubendreher oder Schlüssel wird auf den Gewindegang eine Kraft F ausgeübt. Sie läßt sich in die Normalkraft F_N und die sogenannte Hangabtriebskraft F_A zerlegen. Die Kraft F_A versucht, die aufgeschraubte Mutter den Gewindegang hinunterzuschieben. Dies gelingt ihr nur, wenn F_A größer ist als die Reibung zwischen den Gewindeflanken von Mutter und Schraube. Die Normalkraft F_N drückt diese Gewindeflanken gegeneinander.

Je nach Größe der Gewindesteigung sind zwei Fälle zu unterscheiden:

1) Bei kleiner Gewindesteigung ist die Hangabtriebskraft F_A klein und die Normalkraft F_N groß. Durch die starke Reibung in den Gewindegängen kann sich das Gewinde nicht selbständig lösen. Es wirkt somit **selbsthemmend** und ist ein Befestigungsgewinde.

2) Bei großer Gewindesteigung ist umgekehrt die Hangabtriebskraft F_A groß und die Normalkraft F_N klein.

Durch die geringe Reibung in den Gewindegängen kann sich das Gewinde selbständig lösen. Es wirkt also **nicht selbsthemmend** und ist ein Bewegungsgewinde.

Befestigungsgewinde sind selbsthemmend. Sie haben kleine Steigungswinkel. Bewegungsgewinde haben geringe oder keine Selbsthemmung. Sie haben große Steigungswinkel.

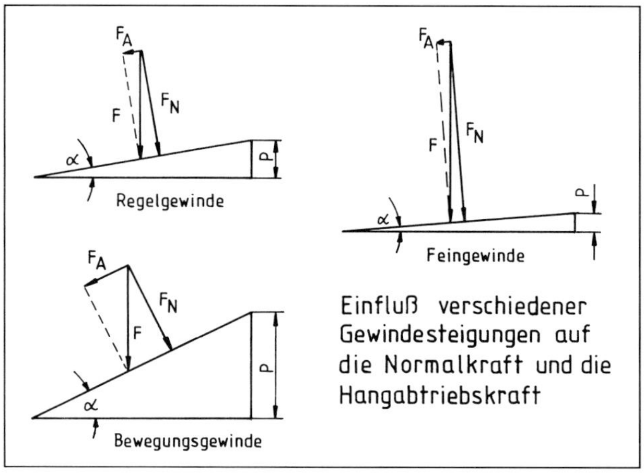

Abb. 12.3 Steigung verschiedener Gewinde

Im Regelfall gilt:

Gewinde mit einem Steigungswinkel unter 6° sind selbsthemmend (Abb. 12.3).

Für Befestigungs- und Bewegungsgewinde sind nicht nur unterschiedliche Steigungswinkel, sondern auch unterschiedliche Gewindeprofile gebräuchlich.

12.1.2 Gewindeprofile und Maße

Die Gestalt eines Gewindeprofils wird entscheidend durch ihren Verwendungszweck bestimmt.

Spitzgewinde

Für Befestigungsgewinde benutzt man vor allem Spitzgewinde. Sie haben bei geringen Steigungen genügend große Gewindetiefen. Die geringe Steigung hat große Normalkräfte und Selbsthemmung zur Folge. An den stark geneigten Gewindeflanken tritt durch Kräftezerlegung eine zusätzliche Verstärkung der Normalkraft auf; hierdurch wächst die Selbsthemmung.
Befestigungsgewinde haben Spitzprofile. Die Folgen sind:
- kleine Steigungswinkel,
- große Flankenwinkel,
- hohe Reibungskräfte.

Trapez- und Sägengewinde

Als Bewegungsgewinde gebraucht man vor allem Trapezgewinde; bei hohen Belastungen in nur einer Achsrichtung auch Sägengewinde. Trapezgewinde lassen sich mit großer Gewindesteigung bei geringer Gewindetiefe herstellen. Das führt zu kleinen Normalkräften und kleinen Reibungskräften. Trapez- und Sägengewinde haben kleine Flankenwinkel von 30°, an denen die Normalkraft nur gering verstärkt wird.
Bewegungsgewinde haben Trapez- oder Sägenprofile. Das bedeutet:
- große Steigungswinkel,
- kleine Flankenwinkel,
- geringe Reibungskräfte (Abb. 12.4).

Gewindenormen

Metrisches ISO-Gewinde

Metrisches ISO-Gewinde DIN 13 (Regelgewinde) ist die gebräuchlichste Gewindeart.
Normkurzzeichen, Beispiele: M 1,4; M 2,0; M 6,0.
Metrisches ISO-Feingewinde DIN 13.
Hat eine geringere Steigung als das Regelgewinde, zum Beispiel 0,5 mm statt 0,7 mm.
Folge: höhere Selbsthemmung als beim Regelgewinde.
Normkurzzeichen, Beispiele: M 2 x 0,2; M 3 x 0,35; M 4 x 0,5; M 8 x 1.

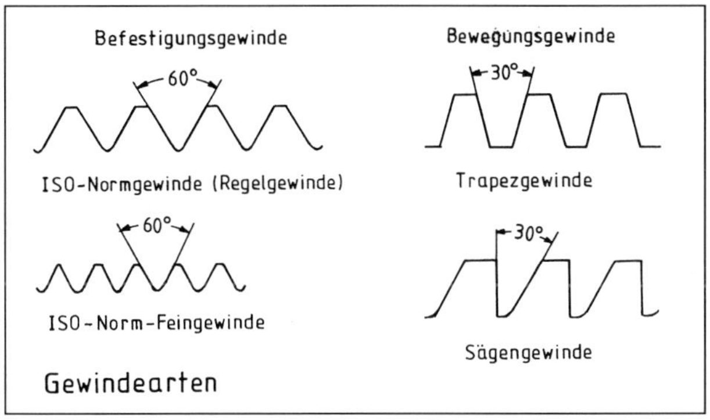

Abb. 12.4 Gewindearten

Bewegungsgewinde (Trapez- und Sägengewinde)

Trapezgewinde DIN 103.
Gewinde für wechselnde große Belastung in axialer Richtung.
Beispiel: Schraubstock, Maschinenvorschubspindel.
Normkurzzeichen, Beispiele: Tr 16 x 4; Tr 40 x 7.
Sägengewinde DIN 513.
Gewinde für große einseitige Belastung in axialer Richtung (Pressen).
Beispiele: S 22 x 5; S 36 x 6.

Gewindemaße

Für den vielfältigen Einsatz von Schraubenverbindungen müssen Gewinde austauschbar sein. Alle Gewindemaße sind daher genormt. Um eine Schraube mit Außengewinde in eine Mutter mit Innengewinde leicht einschrauben zu können, muß zwischen beiden Spiel vorhanden sein. Die entsprechenden Abmessungen eines Innengewindes sind daher größer als die des eingeschraubten Außengewindes. Zur Unterscheidung sind alle Maßzeichen von Innengewinden mit großen Buchstaben, alle Maßzeichen von Außengewinden mit kleinen Buchstaben gekennzeichnet (Abb. 12.5).
Die wichtigsten Gewindemaße sind:

Gewinde- oder Nenndurchmesser (D und d)
Der Nenndurchmesser ist der äußere Gewindedurchmesser. Er kann am Außengewinde leicht mit dem Meßschieber abgenommen werden.
Beispiel: M 3 = 3 mm Außendurchmesser.

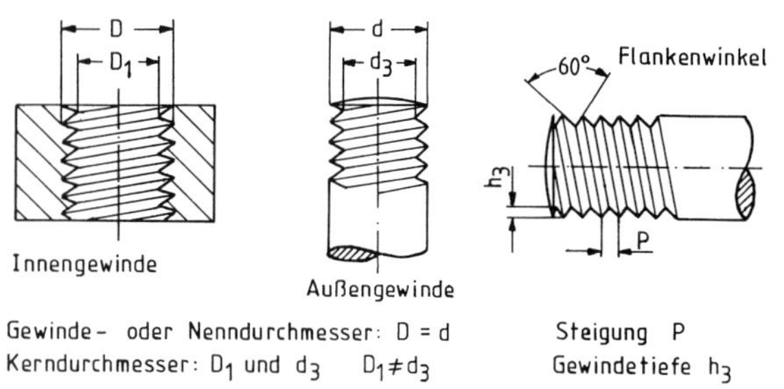

Abb. 12.5 Gewindemaße

Kerndurchmesser (D und d)
Beim Außengewinde: Durchmesser des Restquerschnitts.
Beim Innengewinde: etwa Durchmesser des vorzubohrenden Lochs.

Steigung (P)
- Abstand von Gewindegang zu Gewindegang.

Gewindetiefe (H und h)
Die Gewindetiefe gibt an, wie weit das Gewindeprofil in den Werkstoff hineinragt.
Flankenwinkel: Winkel zwischen den Gewindeflanken. Er beträgt für alle metrischen ISO-Gewinde 60°.

Tabelle Gewindemaße

Nenndurchmesser		Kerndurchmesser	Steigung	Gewindetiefe
M 1	1,0	0,693	0,25	0,153
M 1,2	1,2	0,793	0,25	0,153
M 1,4	1,4	1,032	0,3	0,184
M 1,6	1,6	1,17	0,35	0,215
M 2	2,0	1,509	0,4	0,245
M 3	3,0	2,387	0,5	0,307
M 4	4,0	3,141	0,7	0,429

Schraubenformen

Schrauben werden auch nach ihrer Kopfform benannt. In der Augenoptik sind gebräuchlich:
- Zylinderkopfschrauben, mit kleinem Kopf als Senkschrauben bei Schließblöcken und Gelenken,
- Linsenkopfschrauben, mit größerem Kopf bei Gelenken,
- Linsensenkschrauben, für Glasbrillen und Balken,
- Gewindestifte (Madenschrauben), für Seitenstege und als Sicherungsschrauben (Abb. 12.6).

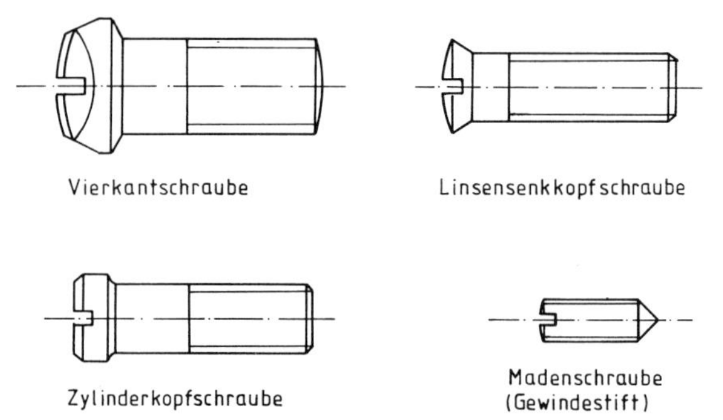

Abb. 12.6 Schraubenformen und Kopfformen

12.1.3 Herstellung einer Schraubenverbindung, Sichern

Bei der korrekten Herstellung einer Schraubenverbindung sind im wesentlichen vier Voraussetzungen zu erfüllen:
- fluchtende Bohrungslöcher (Scharnierlöcher),
- richtiges Verspannen der Verbindung,
- Verwendung eines passenden Schraubendrehers,
- Sicherung der Verbindung.

Fluchtende Bohrungen

Liegen die Bohrungen nicht in einer Achse, das heißt sind die Scharnierösen verbogen, so wird die Schraube beim Einziehen verkantet und zerstört das Gewinde. Verbogene Scharniere müssen vor der Verschraubung gerichtet werden. Ist dies nicht möglich, wie etwa bei der angepaßten Klammer einer Glasbrille, muß das Gewinde nachgeschnitten werden.

Richtiges Verspannen der Schraubenverbindung

Eine genügend fest angezogene Schraube stellt gleichzeitig eine gute Schraubensicherung dar. Wird aber die Schraube zu stark verspannt, bricht sie ab oder zerstört das Gewinde. Beim Festziehen der Schraube sollte die Brille stets auf dem Feilholz aufliegen. Beim freihändigen Schrauben rutscht der Schraubendreher leicht ab und verletzt die Hand oder beschädigt Brille und Schraubenkopf. Passenden Schraubendreher verwenden. Die Klinge des Schraubendrehers muß genauso breit sein wie der Schraubenkopf und sollte die Breite des Schraubenschlitzes ganz ausfüllen. Nicht passende Schraubendreher verletzen den Kopf der Schraube und erschweren das spätere Lösen (Abb. 12.7).

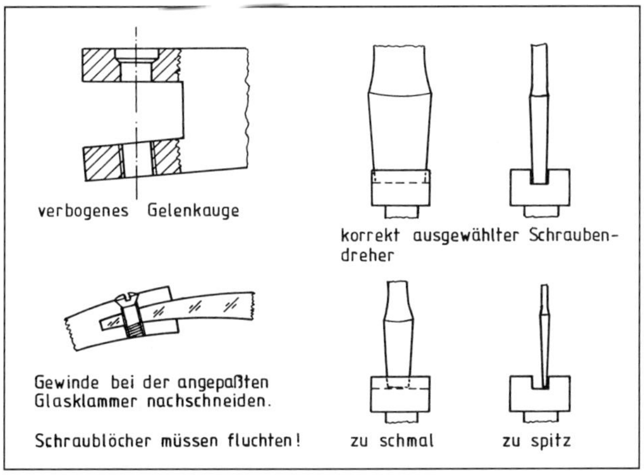

Abb. 12.7 Herstellen einer Schraubenverbindung

Sicherung der Schraubenverbindung

Üblich sind folgende Sicherungstechniken:
- Kontermutter,
- Verkörnen,
- Madenschrauben,
- selbstsichernde Muttern,
- Sicherung durch Verkleben,
- selbstsichernde beschichtete Schrauben.

Insbesondere bei Lesebrillen, die oft abgenommen und deren Bügel oft bewegt werden, lockert sich die Scharnierschraube leicht. Die gelockerte Schraube wird herausgedreht, Mittelteil und Bügel sind getrennt. Daher müssen Scharnierschrauben, aber auch Schließblockschrauben, die oft teure Gläser halten, gesichert werden.

Sicherung durch Kontermutter

Beim Verspannen einer Verschraubung durch Mutter und Kontermutter werden zwischen den Gewindeflanken von Schraube und Mutter, aber auch an ihren Berührflächen, erhöhte Reibungskräfte erzeugt. Es entsteht eine kraftschlüssige Sicherung, die zwar nicht höchsten Anforderungen entspricht, aber schnell und einfach herzustellen ist.

Sicherung durch Verkörnen

Durch einen Schlag mit dem Körner oder Verwendung der Körnerzange wird das Schraubenende deformiert. Es steht dann über den Rand des Muttergewindes und verhindert so ein Lösen der Schraube. Außerdem wird Material in die Gewindegänge gepreßt und klemmt die Schraube fest. Es handelt sich um eine formschlüssige Verbindung, die sich zwar lockern, aber nicht lösen kann (Abb. 12.8).

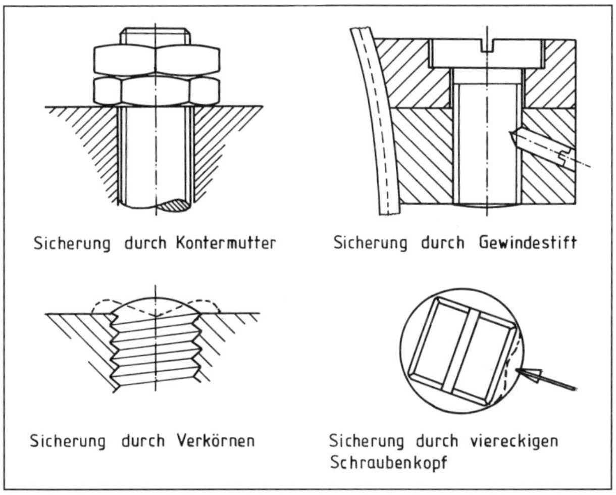

Abb. 12.8 Schraubensicherung

Sicherung durch Madenschraube

Zur Sicherung der Schließblockschraube am Glasrand bei Metallfassungen wird manchmal eine Sicherungsschraube verwendet. Sie klemmt die Schließschraube im Gewinde fest. Ebenso gibt es Schließschrauben mit speziellen Kopfformen, die sich durch Deformieren sichern lassen.

Selbstsichernde Muttern

Diese Muttern besitzen eine Kunststoffeinlage, die das Nachlassen der Spannung in der Schraubenverbindung durch ihre Elastizität ausgleicht. Ferner wirkt das Material der Sicherung so stark klemmend, daß die Schraube im allgemeinen nicht herausfallen kann. Wichtig! Derartige Sicherungsmuttern sollten nur einmal verwendet werden. Nach Gebrauch ist der Kunststoff so weit verformt bzw. herausgequetscht, daß keine Sicherung mehr gewährleistet ist.

Sicherung durch Verkleben

In ähnlicher Art und Weise wirken Sicherungen durch Spezialkleber (Loctite und ähnliche). Der flüssige Kunststoff härtet an der Luft aus. Das Verfahren ist so bewährt, daß es auch für Bremsscheiben bei Kraftfahrzeugen verwendet werden darf.

Sicherung des Schließblocks

Die Sicherung der Schließblockschraube kann grundsätzlich mit den gleichen Methoden erfolgen wie oben bei der Scharnierschraube beschrieben. Neu sind Versuche der Fassungshersteller, durch ein ganzes Bündel von Maßnahmen den Schließblock im Sinne des Wortes fest zu schließen. Hierzu gehört die Gestaltung des Schließblockober- und -unterteils, die durch entsprechende Ausformung gegen Verdrehen gesichert werden sollen. Weiterhin läßt man die

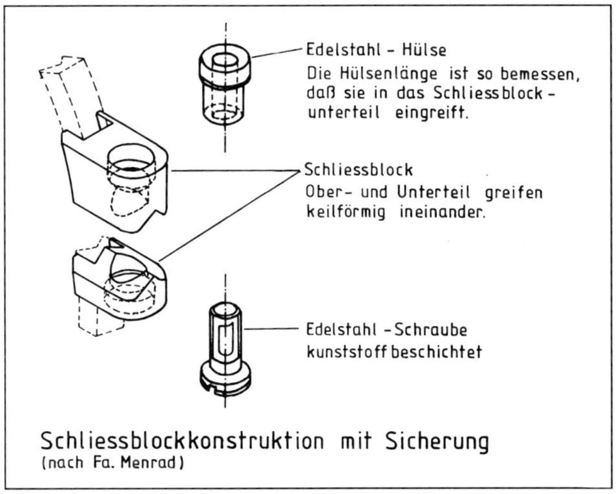

Abb. 12.9 Schließblockkonstruktion

Schraube nicht in das Blockmaterial greifen, sondern setzt eine eigene Schraubenhülse ein, die so lang bemessen ist, daß ein Verschieben der Schließblockteile gegeneinander fast ausgeschlossen ist. Schließlich verwendet man für Schraube und Hülse als Werkstoff Edelstahl, wobei die Schraube beschichtet und selbstsichernd ausgeführt ist. Allerdings ist diese Maßnahme nicht unumstritten. Eine wie auch immer beschädigte Schraube ist nur sehr schwer auszubohren, oft wird bei diesen Versuchen der gesamte Block aufgebohrt. Einfach und gut durchführbar ist die Möglichkeit, den Schraubenkopf nicht rund, sondern viereckig zu gestalten. Dieses Design bietet den Vorteil, den Schließblock leicht zu verformen und an eine Seite des Schraubenkopfes anzupressen. Eine Drehung des Schraubenkopfes ist dadurch fast ausgeschlossen (Abb. 12.9).

12.2 Nietverbindungen

Das Fügen mit Nieten dient der unlösbaren Verbindung von Bauteilen aus gleichen oder verschiedenen Werkstoffen. Die Verbindung wird als unlösbar bezeichnet, weil sie ohne Zerstörung des Niets nicht getrennt werden kann. Beim Nieten wird der Niet in die Bohrung der zu fügenden Bauteile gesteckt und der Schließkopf durch Anstauchen des vorstehenden Schafts geformt.

Bezeichnungen am Niet

Der fertig geschlagene Niet besteht aus
- Setzkopf,
- Schaft,
- Schließkopf.

Die Bezeichnung des Niets richtet sich vielfach nach der Form des Setzkopfs. Man unterscheidet:
- Rundkopfniet,
- Senkkopfniet,
- Schmuck- oder Zierniet (Abb. 12.10).

In der augenoptischen Werkstatt wird der Niet überwiegend zur Scharnierbefestigung bei Kunststoffas-

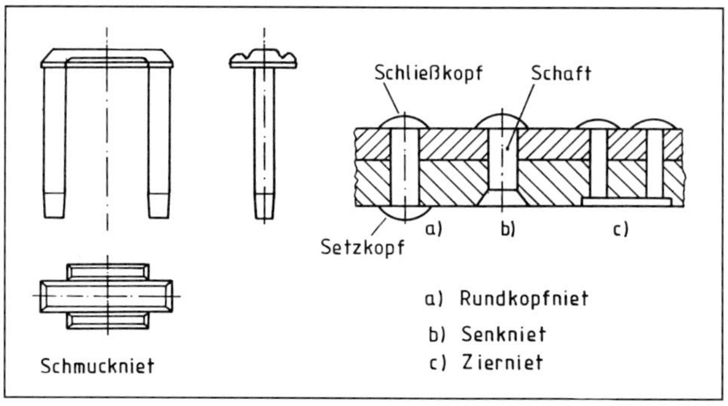

Abb. 12.10 Bezeichnungen am Niet und Nietkopfformen

sungen benutzt. Vielfach handelt es sich um einen Doppelniet, dessen Setzkopf aus Neusilber oder Doublé-Lotblech entsprechend der Brillenmode besteht. Der Nietschaft ist in jedem Falle zylindrisch.

Beanspruchung der Nietverbindung

Der Niet in der Augenoptikwerkstatt wird kaltgesetzt. (Gegensatz: Warmgeschlagene Niete im Hochbau, Kranbau, Kesselbau.)
Durch das Kaltnieten entsteht nur ein geringer Kraftschluß. Die in der Verbindung auftretenden Kräfte überträgt vor allem der Nietschaft durch Formschluß. Der kaltgesetzte Niet wird hauptsächlich auf Abscheren beansprucht. Daraus ergibt sich als Konsequenz, daß der genau fluchtenden Bohrung und dem sorgfältigen Entgraten die entscheidende Bedeutung für die Qualität der Nietverbindung zukommt (Abb. 12.11).

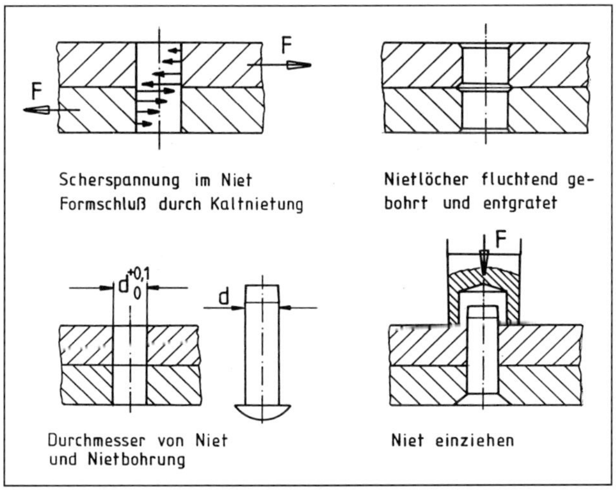

Abb. 12.11 Spannung im Niet und Nietarbeiten

Herstellung einer Kaltnietverbindung

1) Nietlöcher bohren und entgraten.
Da der Niet überwiegend auf Abscheren beansprucht wird, sollte der Bohrungsdurchmesser dem Nietdurchmesser genau entsprechen. Maximal ist eine Zugabe von 1/10 mm erlaubt!
Die Nietlöcher müssen genau fluchten. Es ist daher zu empfehlen, beide Teile gleichzeitig zu bohren. Die Bohrungen sind sorgfältig zu entgraten, damit am fertig geschlagenen Niet keine Kerbwirkungen entstehen. Reste des Bohrgrats könnten eine plane Auflage des Niets verhindern.
2) Niet einziehen und Schaft auf Zugabe abfeilen. Teile ohne Zwischenraum fest zusammenpressen.
Die Zugabe muß so bemessen sein, daß ein guter Schließkopf geformt werden kann. Die Größe der Zugabe richtet sich nach der Form des Nietkopfs und dem Durchmesser des Niets (siehe Abb. 12.12).

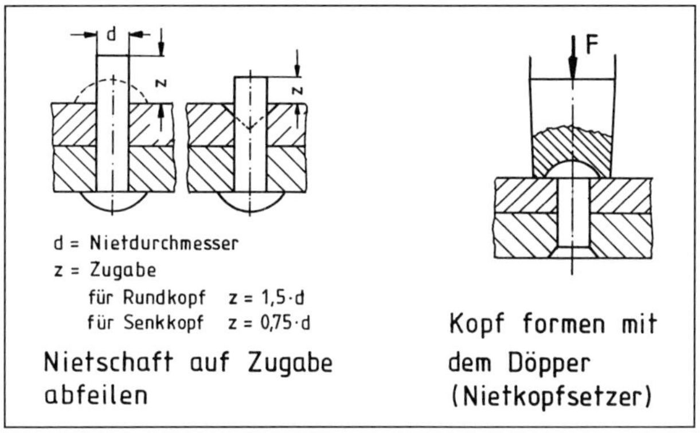

Abb. 12.12 Nietarbeiten

Die Zugabe beträgt
- für Rundkopfniete z = 1,5 x Durchmesser,
- für Senkkopfniete z = 0,75 x Durchmesser.

Der Schaft ist gerade (winkelig) abzufeilen, sonst entsteht ein schiefer Nietkopf.
3) Anstauchen des Niets.
Durch einen leichten Hammerschlag auf den zugefeilten Schaft soll der Schaft die Bohrung ganz ausfüllen. Der Niet erhält einen ersten Sitz.
4) Kopf formen mit Döpper oder „Clavulus".
Richtigen Kopfsetzer verwenden; die Größe richtet sich nach dem Nietdurchmesser. Zu große Kopfsetzer formen den Kopf nicht voll aus, zu kleine zerquetschen Teile des Schafts zu einem unschönen Rand. Kopfsetzer senkrecht halten.

Fehler beim Nieten

Die gröbsten Fehlermöglichkeiten gibt es beim Herstellen der Bohrung. Im einzelnen sind dies:
- Schiefe Bohrung:
  Der Setzkopf wird einseitig verschoben. Die Nietung ist unschön, die Haltbarkeit etwas verringert.
- Bohrungen versetzt:
  Es muß ein zu dünner Niet eingezogen werden.

Folge: Aufbiegen der Nietung bei Belastung. Wakkelndes Scharnier, sehr unsicher. Abhilfe: gemeinsame größere Bohrung herstellen.

- Bohrung zu groß:
  Der Nietschaft füllt die Bohrung nicht aus. Folge: keine formschlüssige Verbindung.
- Bohrung nicht entgratet:
  Folge: keine plane Auflage, wackelndes Scharnier.
- Sonstige Fehler sind:
  Nicht voll ausgebildete Nietköpfe,
  zu stark oder zu schwach angezogene Niete (Abb. 12.13).

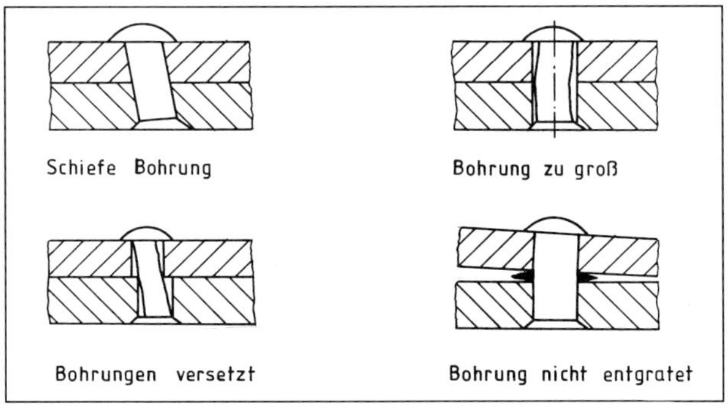

Abb. 12.13 Nietfehler

12.3 Lötverbindungen

Löten ist das Verbinden erwärmter, in festem Zustand verbleibender Metalle durch schmelzende metallische Zusatzwerkstoffe (Lote).
Löten ist ein stoffschlüssiges unlösbares Fügeverfahren. Kennzeichnend für den Lötvorgang ist, daß nur das Lot geschmolzen ist. Der Schmelzpunkt des Lotes liegt immer unter dem Schmelzpunkt der zu fügenden Metalle.
Beim Löten treten – im Gegensatz zum Schweißen – wegen der relativ niedrigeren Temperaturen nur geringe Gefügeveränderungen und Wärmespannungen auf. Ein Verziehen der Werkstücke wird dadurch vermieden.
Im Berufsbild des Augenoptikers hat das Löten zur Herstellung und Instandsetzung von Metallbrillenfassungen seine traditionelle Berechtigung. Die Bauteile können aus unterschiedlichen Metallen bestehen; zum Beispiel kann auf einen Bronzebügel ein Neusilberscharnier gelötet werden.
Außerhalb der Augenoptik findet das Löten Anwendung beim Bau von Fahrradrahmen, Karosserieteilen und Leichtbauteilen. Durch Löten werden auf einfache Weise luftdichte Dosen, Rohrleitungen und Kühler hergestellt.
In der Elektrotechnik nutzt man die gute elektrische Leitfähigkeit der Lötstelle; Kabelanschlüsse und elektronische Bauteile werden häufig durch Löten verbunden.

12.3.1 Technologie des Lötens

Der Lötvorgang läuft in drei Stufen ab:
- Benetzen,
- Fließen,
- Binden.

1) Benetzen

Unterhalb der Arbeitstemperatur ist das Lot fest, es schmilzt bei seinem Schmelzpunkt, wird flüssig und perlt. Beim Erreichen der Arbeitstemperatur breitet sich das Lot auf dem Werkstück aus, es verdrängt das Flußmittel. Die metallisch reine Oberfläche des Werkstücks wird benetzt.

2) Fließen

Durch Kapillarwirkung fließt das Lot überall dorthin, wo aufgrund der herrschenden Arbeitstemperaturen eine Benetzung stattgefunden hat. Beste Fließergebnisse werden bei Spaltbreiten von 0,1 bis 0,2 mm erzielt (Abb. 12.14).

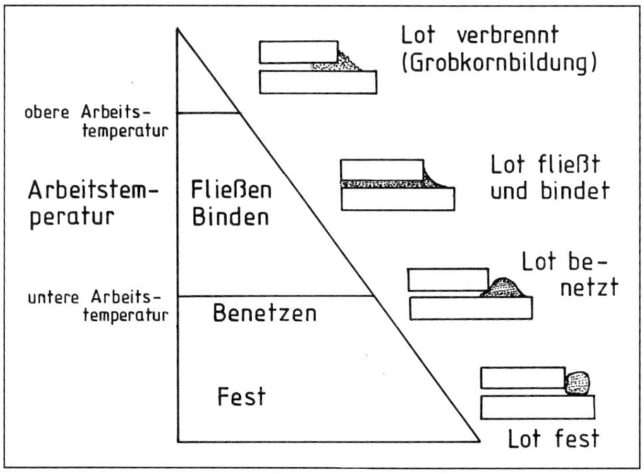

Abb. 12.14 Lötvorgang und Arbeitstemperatur

3) Binden

Beim Binden dringt das Lot in das Gefüge des Werkstoffs ein und legiert sich mit ihm. Zwischen flüssigem Lot und festem Grundwerkstoff kommt es zu Diffusionsvorgängen. **Lot und Grundwerkstoff durchdringen sich an den Grenzflächen gegenseitig.** Es kommt zu einer Verbindung mit teilweiser Legierungsbildung. Je stärker diese Legierungsbildung ist, um so fester ist nach dem Abkühlen die Verbindung zwischen den Werkstücken (Abb. 12.15).

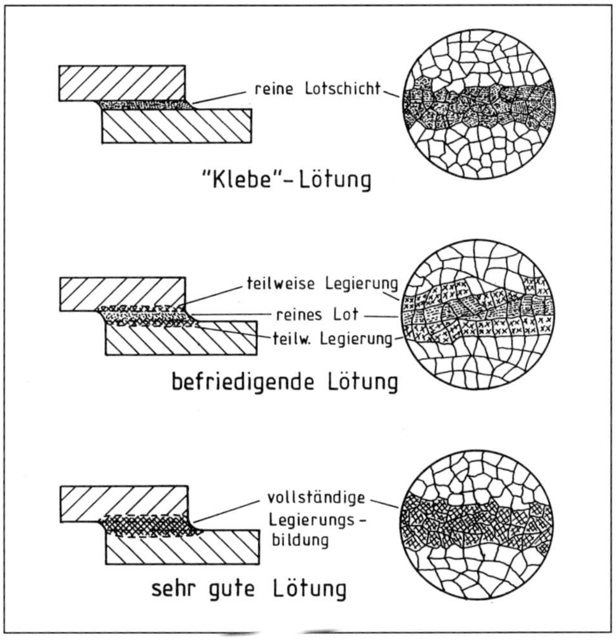

Abb. 12.15 Qualität einer Lötverbindung

Das Legierungs- und Diffusionsverhalten ist die Grundlage der gesamten Löttechnik. Von hier aus leiten sich alle Anforderungen an Lote, Flußmittel und Wärmequellen ab. Durch metallurgische Untersuchungen an Schliffbildern und Gefügeproben kann heute nachgewiesen werden, daß sowohl Bestandteile des Lotes in den Grundwerkstoff diffundieren als auch umgekehrt. Diese Tatsache erklärt auch, warum Löten unter die unlösbaren stoffschlüssigen Verbindungen eingereiht wird. Zwar kann man eine Lötverbindung durch Erwärmen wieder lösen, aber die einmal hin- und herdiffundierten Lot- bzw. Grundmetallbestandteile lassen sich nicht mehr an ihren ursprünglichen Platz zurückführen. Insofern kann eine Lötung nie vollständig rückgängig gemacht werden.

Die Festigkeit einer Lötverbindung

Die Lötstelle erhält ihre Festigkeit nach dem oben Gesagten durch die Diffusionszone zwischen Lot und Grundmetall. Das Zustandekommen einer einwandfreien Diffusionszone hängt wesentlich von vier Faktoren ab:
- Löttemperatur,
- Lotart (und auch der Art des Grundwerkstoffs),
- Spaltbreite und kapillarer Füllung,
- Flußmittel.

1) Einfluß der Löttemperatur

Eine einwandfreie Lötung erfordert die richtige Temperatur. Die niedrigste Temperatur, bei der das Lot fließen und sich mit dem Grundwerkstoff verbinden kann, nennt man Arbeitstemperatur.
Sie ist von der Zusammensetzung des Lotes abhängig und liegt innerhalb des Schmelzbereichs des Lots oder geringfügig darüber. Die Arbeitstemperatur des von Augenoptikern typischerweise benutzten Lotes L-Ag 40 Cd beträgt 610 °C.
Auch nach oben ist die Löttemperatur begrenzt. Sie darf nie so hoch sein, daß Bestandteile des Lots oder des Werkstücks beschädigt werden können. Nach dem Fließen des Lots sollte die Löttemperatur noch einige Sekunden gehalten werden, damit die Legierung stattfinden kann. Bei einer zu niedrigen Löttemperatur schmilzt das Lot zwar, aber es benetzt, fließt und bindet nicht. Die Lötstelle ist nur „geklebt" (Abb. 12.16).

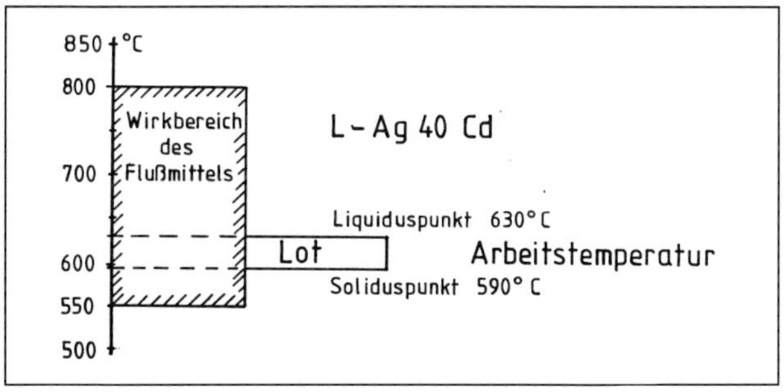

Abb. 12.16 Arbeitstemperatur des Silberlotes L-Ag 40 Cd

2) Lotart

Der Einfluß der Lotart ist für die Reparaturlötung in der Werkstatt von untergeordneter Bedeutung. Zwar ist bekannt, daß die Lotschicht eine geringere Festigkeit hat als der Grundwerkstoff. Da aber aus Gründen der niedrigen Arbeitstemperatur nur ein Lot zur Verfügung steht, ist eine weitere Diskussion nur von theoretischer Bedeutung.

3) Einfluß der Kapillarwirkung (Spaltbreite)

Die Spaltbreite ist die zweite wichtige Größe, die der Augenoptiker bei einer handwerklich ausgeführten Lötung beeinflussen kann, um so ein mehr oder minder gutes Lötergebnis zu erzielen. Um die guten Fließeigenschaften des Lots voll auszunutzen, ist eine bestimmte Kapillare zwischen den beiden Werkstükken notwendig. Als optimal hat sich eine Lötfuge von 0,1 – 0,2 mm erwiesen. Das Lot wird dann durch die Sogwirkung der Kapillare in den Lötspalt hineingezogen.

Bei zu kleinem Spiel zwischen den Werkstücken füllt das Lot wegen seiner Dickflüssigkeit den Lötspalt nicht voll aus. Die Festigkeit nimmt wegen zunehmender Legierungsfehler stark ab (Abb. 12.17).

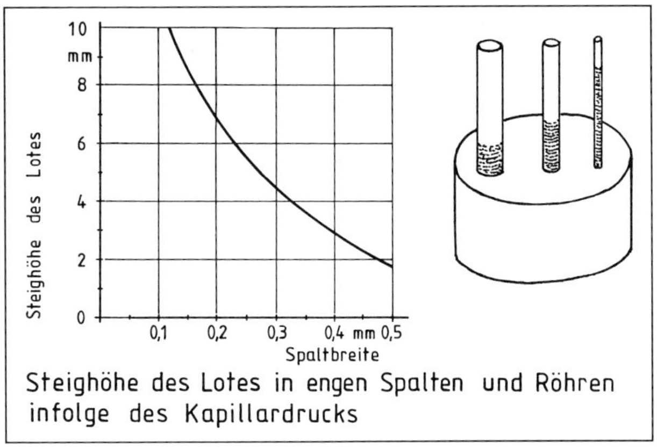

Abb. 12.17 Kapillardruck: Steighöhe des Lotes

Beträgt die Spaltbreite 0,2 – 0,5 mm, so reicht der Kapillardruck noch aus, das Lot gut zu verteilen. Die Festigkeit der Lötung nimmt aber bereits ab, da im Lötspalt eine Schicht aus reinem Lot verbleibt. Ist die Lötfuge breiter als 0,5 mm, so wird das Lot nicht mehr durch Kapillarwirkung fließen, sondern sich entsprechend der Wärmebewegung ausbreiten. Eine solche Lötung ist unbrauchbar.

Wichtig ist ferner, daß die Teile der Verbindungsstelle unbedingt parallel zueinander ausgerichtet werden. Der Lötspalt muß überall gleichmäßig breit sein (Abb. 12.18).

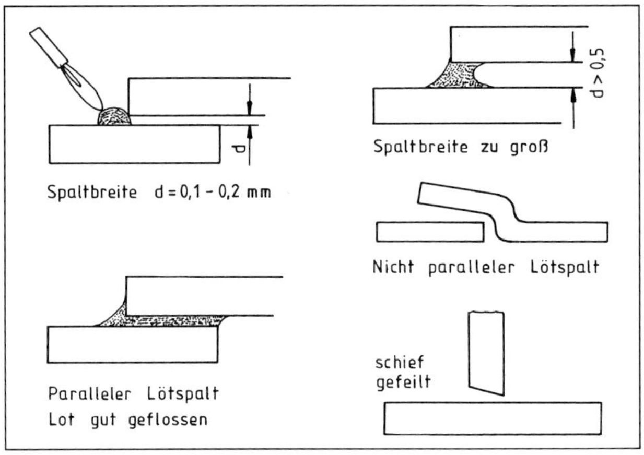

Abb. 12.18 Lötspalt: Breite und Parallelität

12.3.2 Lötverfahren

Nach der Höhe der Arbeitstemperatur unterscheidet man Weichlöten und Hartlöten.

Weichlöten

Die Arbeitstemperatur liegt beim Weichlöten unter 450 °C. Deshalb bildet sich nur eine sehr dünne Legierungsschicht (2 – 5 μm). Die erreichbare Festigkeit ist nicht sehr groß, da das Weichlot selbst nur eine geringe Festigkeit hat. Die Verbindungen sind temperaturempfindlich. Weichlöten findet Anwendung im Karosseriebau, Elektrogerätebau und in der Klempnerei.

Hartlöten

Die Arbeitstemperatur liegt über 450 °C. Eine durch Hartlöten hergestellte Naht kann höhere Kräfte übertragen. Außerhalb der Augenoptik wird in der Schmuckindustrie, im Fahrzeug-, Rohrleitungs- und Werkzeugbau hartgelötet.

Unterscheidung Weich-/Hartlöten nach Arbeitstemperatur und Lotart.

	Weichlöten	Hartlöten
Arbeitstemperatur Lote	120 – 450 °C Blei-Zinn	450 – 1100 °C Kupfer-, Messing-, Silber-, Goldlote

12.3.3 Lote und Flußmittel

Für Reparaturlötungen an Nickel- und Neusilberfassungen verwendet der Augenoptiker niedrigschmelzende silberhaltige Hartlote. Am häufigsten wird die Legierung **L-Ag 40 Cd** benutzt, da sie von allen Silberloten die mit Abstand niedrigste Arbeitstemperatur hat; sie beträgt 610 °C.

Die Bestandteile des Lotes sind:

Silber	(Ag)	= 40%	Kupfer	(Cu)	= 19%
Cadmium	(Cd)	= 20%	Zink	(Zn)	= 21%

Die Bestandteile haben folgende Wirkungen:

- Silber senkt die Arbeitstemperatur, ohne Lot und Lötstelle zu verspröden. Silber verbessert die Qualität der Lötung.
- Zink senkt die Löttemperatur, bringt aber Versprödung und Festigkeitsverluste mit sich.
- Cadmium dient als Weichmacher und verhindert die Perlenbildung während des Fließens.
- Kupfer erhöht die Verformbarkeit der Lötstelle.

Zum Vergleich: Das Lot L-Ag 30 Cd mit je 30% Ag und Cu und je 20% Cd und Zn hat bereits eine Arbeitstemperatur von 680 °C.

Vorteilhaft ist weiterhin das enge Schmelzintervall von L-Ag 40 Cd mit rund 40 °C. Sein Soliduspunkt (solidus = fest) liegt bei 590 °C, der Liquiduspunkt (liquidus = flüssig) bei 630 °C. Da Schmelzbeginn und Schmelzende so nahe beieinanderliegen, erfolgt keine Trennung in Erstschmelze und Rückstand.

Goldlote

Zur Reparatur von Doublé- oder Echtgoldfassungen muß ein Lot ausgewählt werden, das farblich und in der Qualität auf den Goldton der Brille abgestimmt ist. Im wesentlichen werden drei Lote verwendet:

- L Au 333, 8 kt, Arbeitstemperatur 640 °C, Farbton gelblich,
- L Au 500, 12 kt, Arbeitstemperatur 680 °C, Farbton rosé,
- L Au 585, 14 kt, Arbeitstemperatur 670 °C, Farbton gelblich.

Flußmittel

Flußmittel haben folgende Aufgaben:

- Entfernen von Metalloxiden durch chemische Reaktionen,
- Verhindern der Neubildung von Metalloxiden,
- Erhöhen der Benetzbarkeit der Lötstelle mit Lot.

Eine Diffusion und Legierungsbildung beim Löten sind nur möglich, wenn die Werkstückoberflächen sauber und metallisch rein sind. Dazu müssen die Werkstücke vor dem Löten mechanisch und/oder chemisch gereinigt werden. Alte Lotreste müssen unbedingt entfernt werden. Mechanisch schwierig zu entfernende restliche Oxide werden durch chemische Reaktionen mit Flußmitteln in Verbindungen überführt, die bei der Arbeitstemperatur dünnflüssig und leichter als das Lot sind. Während des Lötens schwimmen die Verbindungen von Oxiden und Flußmitteln auf dem Lot und verhindern dadurch eine neue Oxidbildung. Das fließende und benetzende Lot drängt sie dann aus der Lötstelle heraus (Abb. 12.19).

Jedes Flußmittel hat einen bestimmten **Wirktemperaturbereich**. Wird es darüber hinaus erhitzt, verbrennt es und deckt die Lötstelle nicht mehr ab. Flußmittel dürfen nicht zu lange erhitzt werden. Als Faustregel gilt: Nach 10 Sekunden verlieren sie ihre oxidlösende Wirkung. Flußmittel sind als Pulver, als Flüssigkeiten oder in Pastenform erhältlich.

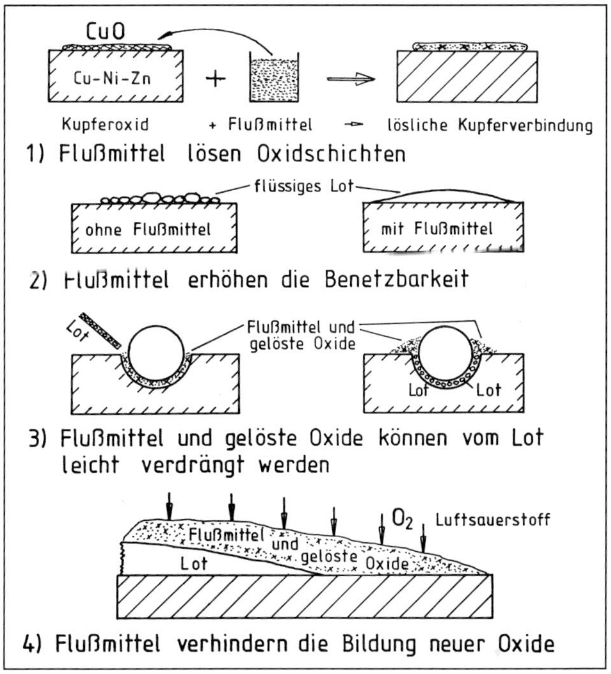

Abb. 12.19 Flußmittel: Wirkung und Aufgaben

Borax

- Ein weißes Pulver, bestehend aus einem Bor-Borsäuregemisch,
- wird mit Wasser angerührt,
- Wirktemperatur bis 850 °C,
- bläht beim Erhitzen auf,
- die oxidlösende Wirkung ist gering,
- kann mit 10% Schwefelsäure entfernt werden.

Fluoron

- Eine grünliche Flüssigkeit aus Bor- und Phosphorsalz,
- Wirktemperatur bis 800 °C,
- bläht nicht auf,
- die oxidlösende Wirkung ist stärker als beim Borax,
- hält relativ schlecht auf der Lötstelle,
- muß mit 10% Säurelösung abgebeizt werden.

Degussa-Flußmittel H

- Pastenförmiges Mittel,
- Wirktemperatur bis 800 °C,
- bläht nicht auf,
- hat eine stark oxidlösende Wirkung,
- haftet gut,
- kann leicht mit heißem Wasser abgewaschen werden.

Wichtig: Alle Flußmittelreste müssen sorgfältig entfernt werden, da sie wasseranziehend sind und die Korrosion fördern.

Geräte zur Erzeugung der Lötwärme

Man unterteilt Löten in elektrische Lötverfahren und in Gas- oder Flammenlötverfahren.

elektrisches Löten	Flammenlöten
Widerstandslöten	nach Art der Brenngase: Wasserstoff/Sauerstoff
Induktionslöten	Propan/Sauerstoff Butan/Luft Stadtgas/Luft

12.3.4 Elektrische Lötverfahren

Widerstandslöten

In einem stromdurchflossenen Leiter entsteht Wärme, die in erster Linie vom elektrischen Widerstand des Materials, ferner von der Stromstärke und Zeit abhängig ist. Da metallische Brillenfassungen stets gute Leiter sind, kommt es entscheidend auf den Kontakt zwischen den zu verlötenden Werkstücken an. Dort berühren sich die Oberflächen der beiden Teile, was einem erhöhten Widerstand an dieser Stelle des Stromkreises gleichkommt. Zum Vergleich: in einem Mittelteil, das aus einem Stück gleichen Querschnitts gefertigt ist, wird der Widerstand überall gleich groß sein.

Nach der Formel

$$R = \frac{\varrho \cdot l}{A}$$

l = Einspannlänge
A = Querschnitt
ϱ = spezifischer Widerstand

müssen Querschnitt und Einspannlänge so gehandhabt werden, daß in beiden Teilen der gleiche Widerstand herrscht. Bei korrekter Anwendung liegt die Erwärmungszone nur in der Kontaktstelle zwischen den zu verlötenden Teilen.
Als Merkregel gilt:
Gleiche Werkstückquerschnitte werden gleich lang eingespannt, aber so kurz wie möglich,
ungleiche Werkstückquerschnitte werden so gespannt, daß der dünnere Teil kurz und der dickere Teil lang eingespannt wird.
Zum Lötgerät selbst ist wenig zu sagen; es besteht aus einem Transformator, der die Netzspannung von 220 V auf ca. 2 bis 5 V herabsetzt bei gleichzeitiger Erhöhung der Stromstärke. Außer einer Kontrolle der Kontaktflächen auf Sauberkeit ist keine weitere Wartung notwendig. Wer das Ohmsche Gesetz beherrscht, kann mit diesem Gerät durchaus saubere Lötungen produzieren. Die früher starke Verbreitung des elektrischen Widerstandslötens ist sehr zurückgegangen. Viele Betriebe haben diese Geräte noch, nutzen sie aber nicht mehr.
Widerstandslöten:

- Erwärmung durch elektrischen Widerstand des Metalls,
- hohe Stromstärken, niedrige Spannung,
- die ganze Brille wird thermisch belastet, ein entscheidender Nachteil dieses Verfahrens.

Induktionslöten

In der industriellen Fassungsfertigung wird dieses Verfahren praktisch ausschließlich benutzt.
Beim Induktionslöten werden durch hochfrequente Wechselströme im Werkstück selbst Wirbelströme induziert. Während bei allen anderen Lötverfahren die Wärme von außen – über die Werkstückoberfläche – an das Teil herangeführt wird, entsteht durch Induktion die benötigte Wärme im Werkstück selbst. Bringt man ein elektrisch leitfähiges Teil in eine Induktionsspule, so werden in ihm Wirbelströme erzeugt, die infolge des Hauteffekts (Skineffekt) von innen her auf die Außenschicht gedrängt werden und dort die gewünschte Erwärmung hervorrufen. Die Eindringtiefe ist im wesentlichen frequenzabhängig und kann leicht reproduzierbar bestimmt werden. Typischerweise arbeitet man mit Frequenzen bis zu 2 MHz.
Die hohen Kosten einer solchen Lötstation werden dadurch wieder aufgefangen, daß auch ungelernte Arbeitskräfte nach kurzer Einarbeitungszeit optimale Lötungen herstellen können. Dazu sind unter anderem folgende Vorrichtungen vorhanden.
Eine automatische Überwachung der Löttemperatur durch Infrarotsensoren, Kontrolle und Regelung der Frequenz des HF-Wechselstroms sowie eine Lötzeitüberwachung. Ein solcher weitgehend automatisierter Lötvorgang läßt den gefürchteten kalten Lötstellen kaum noch eine Chance (Abb. 12.20).

Abb. 12.20 Industrielles Induktionslöten

Als weiterer Vorteil dieses aufwendigen Verfahrens ist die geringe Erwärmung der umgebenden Lötstelle zu nennen. Die Energiekonzentration an der Oberfläche ist beim Induktionslöten so hoch, daß die Erwärmtiefe im Zehntelmillimeterbereich genau vorherbestimmt und dosiert werden kann. Die gewünschte Festigkeit und Elastizität eines Brillenbügels, der zuvor mit hohem mechanischem Aufwand reduziert wurde, werden durch die minimale Erhitzung der Umgebung kaum verringert.
Induktionslöten:

- hochwertiges industrielles Verfahren, sehr teuer, sehr schnelle Lötung,
- Wärmeübertragung durch elektrische Induktion,
- Überwachung der Arbeitstemperatur durch Infrarotsensoren auf wenige Grad Differenz genau.

12.3.5 Gaslötverfahren

Beim Gaslöten wird durch Mischung eines Brenngases mit Sauerstoff in kleinen Lötpistolen oder Brennern die erforderliche Lötwärme erzeugt.
Es sei an dieser Stelle daran erinnert, daß eine qualitativ einwandfreie Lötung durch Diffusion eines Lotes in den Grundwerkstoff zustande kommt. Das im Regelfall in der Augenoptikwerkstatt verwendete Lot L-Ag 40 Cd hat eine Arbeitstemperatur von 610 °C.
Alle bekannten Lötgeräte überschreiten diese Temperaturgrenze mühelos, einige Verfahren erlauben bis zu 3000 °C Flammentemperatur. Derartig hohe Temperaturen machen aber nur Sinn, wenn sie auch entsprechend handwerklich einwandfrei angewandt werden. Geräte mit hohen und höchsten Leistungen sollen nicht dazu dienen, die Lötstelle auf ebensolche Temperaturen aufzuheizen; ihr Vorteil liegt entscheidend darin, in kürzester Zeit die Lötstellen (und nur diese) auf die Arbeitstemperatur von rund 600 °C zu erwärmen, ohne daß die umgebenden Metallteile langwierig aufgeheizt und damit „tot"geglüht werden.
Als Brenngas kann theoretisch jedes brennbare Gas verwendet werden, in der Praxis haben sich Wasserstoff, Butan, Propan und Stadtgas bewährt. Die Unterschiede zwischen den einzelnen Brenngasen liegen in ihrem Heizwert, ihrer typischen Brenncharakteristik sowie ihrer Oxidationsfähigkeit. Optimal ist Wasserstoff, da er den höchsten Heizwert hat, also

die höchste Flammentemperatur erlaubt. Außerdem kann der Wasserstoff/Sauerstoff-Flamme Flußmittel zugesetzt werden, ihre oxidierende Wirkung ist dadurch gering. Bei dem sogenannten Hydrozon-Lötgerät fällt die Wasserstoffproduktion zwangsläufig neben der Sauerstoffherstellung an. Die Brenngase Propan und Butan werden im Handel in Gasflaschen bzw. Kartuschen in unterschiedlichen Größen angeboten.

Der wesentliche Unterschied zwischen den älteren Verfahren mit Propan, Butan bzw. Stadtgas als Brenngas und der modernen Mikroschweißtechnik liegt in der Temperatur der Flamme und der chemischen Zusammensetzung des Gases.

Propangeräte mit durch Blasen zugeführtem Sauerstoff

Flammenaufbau und Temperaturverteilung zeigt Abb. 12.21. Die Temperatur der Propanflamme liegt wesentlich niedriger und kann erst durch Zufuhr von Sauerstoff technisch genutzt werden. Gerade die Zufuhr von Sauerstoff mindert aber die Qualität einer Lötung, da Sauerstoff als oxidierendes Element aus dem Lötbereich ferngehalten werden sollte. Die höchste Temperatur liegt in der Mitte des Flammenkegels.

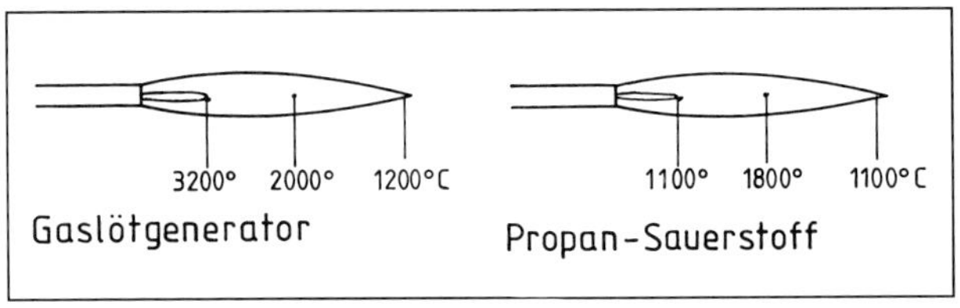

Abb. 12.21 Verteilung der Flammentemperatur

Hydrozonlötgeräte

Das Arbeitsgas des Mikrolötgerätes ist Knallgas, das auf elektrolytischem Wege durch Zerlegung von Wasser gewonnen wird. (Korrekt ist die Bezeichnung Mikrolötgerät und nicht „Schweißgerät", denn „Schweißen" bedeutet das Verschmelzen eines Zusatzwerkstoffes, der dem Grundwerkstoff gleich oder sehr ähnlich ist.) Das Knallgas verbrennt ohne Sauerstoffzusatz bei ca. 2 500 °C; nimmt man noch Sauerstoff hinzu, so steigt die Temperatur auf 3 500 °C. Die höchste Temperatur liegt knapp vor der Düse, an der Spitze des blaßgrün leuchtenden kleinen Flammkegels.

Alle Gaslötgeneratoren arbeiten nach dem Hoffmannschen Zerlegungsprinzip: Wasser wird durch Anlegen einer elektrischen Spannung – und Fließen eines Stroms – zerlegt.

Am Pluspol der Anlage wird Wasserstoff, am Minuspol Sauerstoff abgeschieden. Da destilliertes Wasser den Strom kaum leitet, fügt man als Elektrolyt Kalilauge hinzu. Das so gewonnene Knallgas enthält relativ wenig Sauerstoff, aber leider einigen Wasserdampf (Kondensat).

Zur Trocknung des Knallgases sind folgende Methoden üblich:

- Trocknung durch Silikatgele (Mineralstoffe),
- Zurückhalten des Kondensats durch Ventilation,
- Rückführung des Kondensats in das Elektrolysegefäß durch eine Kurzschlußleitung.

Die auf dem Markt befindlichen Geräte nutzen zwei oder gar alle drei Möglichkeiten aus.

Weiterhin wird in fast allen Geräten das Arbeitsgas noch über ein Methanolbad angereichert und Flußmittel zugesetzt. Der Methylalkohol hat die Aufgabe, die Kristallisation des Flußmittels zu vermindern.

12.3.6 Arbeitstechnik beim Hartlöten

1) Vorbereitung der Lötstelle

Alle zu verbindenden Teile müssen metallisch rein sein, alle Fette, Farben und Oxide sind mechanisch oder chemisch zu entfernen. Bei einer Reparaturlötung ist das Anfeilen der Lötstelle unerläßlich, um alte Lotreste (Diffusion) zu entfernen. Beim Gebrauch von sauren Lösungen muß bedacht werden, diese später rückstandslos zu beseitigen. Andernfalls ist eine Roststelle vorprogrammiert. Die Festigkeit einer Lötung wird auch durch die Größe der Verbindungsstelle beeinflußt. Falls es mit dem Aussehen der Brille vereinbar ist, sollte die Lötstelle durch Schäften, Absetzen oder Einkerben auf eine größere Fläche verteilt werden.

Selbstverständlich ist dieser Punkt gerade bei Brillenfassungen problematisch; erreichen kann man aber immer eine optimale Spaltbreite von 0,2 mm und eine Parallelität des Spalts.

2) Lotanbringung und Lotmenge

Drei Varianten sind weit verbreitet:

a) Werkstücke werden fixiert und mit Flußmittel bestrichen. Während des Erwärmens wird der Lotdraht an die Lötstelle gehalten. Nachteil: Lotmenge ist schwer zu dosieren, oft zuviel Lot.

b) Lot wird auf ein Teil angebracht, dazu wird mit Flußmittel bestrichen, erwärmt und die gewünschte Lötmenge angetragen. Danach wird das zweite Teil mit Flußmittel bestrichen, fixiert und erwärmt. Während der zweiten Erwärmung fließt und bindet das Lot zwischen den beiden Teilen.

Vorteil: Eine zügige Methode.

Nachteil: Doppelte Erwärmung des Grundmaterials und Lotes. Der Weichmacher Cadmium wird im allgemeinen verdampfen, Folge: schlechtes Fließen des Lotes.

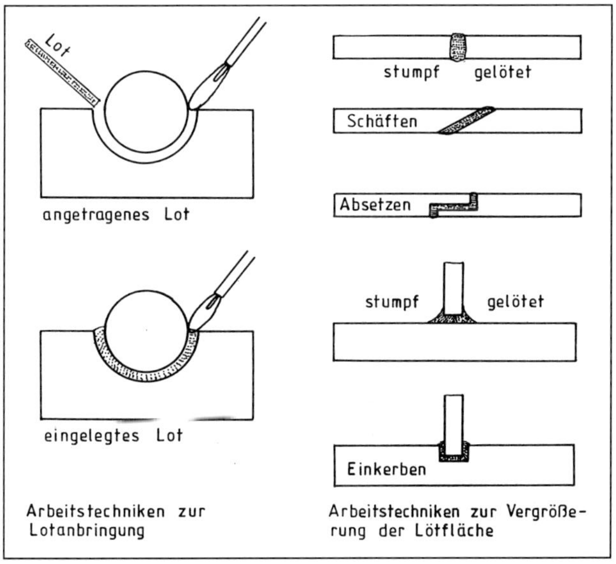

Abb. 12.22 Arbeitstechniken – Löten

c) Lötung mit eingelegtem Lot. Ein Stück Lötdraht wird flachgeklopft – 0,2 mm – und zwischen den Teilen eingelegt. Danach großzügig mit Flußmittel bestrichen und zügig erwärmt.

Nachteil: Aufwendige Vorbereitung und Fixierung.

Vorteil: Eine optimale Lötung mit minimaler Lotmenge.

3) Löttemperatur

Während in der Industrie beim Induktionslöten Infrarotsensoren die Überwachung und Steuerung der Löttemperatur übernehmen, ist der Augenoptiker auf seine eigenen Augen angewiesen.

Für das übliche Neusilbermaterial gelten folgende Temperatur- und Farbangaben:

Dunkelblau	= 500 °C	erste Farbwahrnehmung
Kirschrot	= 580–620 °C	Arbeitstemperatur
Hellrot-gelb	= 620–700 °C	maximale mögliche Überschreitung der Arbeitstemperatur für wenige Sekunden
Hellgelb	= 700–800 °C	Flußmittelmantel reißt, einzelne Lotbestandteile verdampfen; Grundmetall zeigt erste Verbrennungen
Weißgelb	= über 800 °C	nicht mehr rückgängig zu machende Schäden im Werkstoff

Die übliche Neusilberfassung darf bis zu einer kirschroten, kurzfristig hellroten Oberflächenverfärbung erwärmt werden. Die Lötflamme ist über der Lötstelle hin und her zu bewegen.

4) Abkühlen nach dem Löten

Während des Abkühlens muß die Lötstelle erschütterungsfrei gehalten werden. Erst unter 350° C kann im Wasserbad abgeschreckt werden. Das bedeutet für Neusilber- und Bronzelegierungen einen gewissen Härteeffekt, da die Lötstelle infolge der Erwärmung ausgeglüht und ziemlich weich ist. Außerdem wird das verglaste Flußmittel hierbei abgesprengt.

Zusammenfassung

1) Mechanisch-chemische Reinigung, alte Lotreste abfeilen. Spaltbreite 0,1 bis 0,2 mm, Lötfuge parallel ausrichten, wenn möglich Lötfläche groß gestalten.
2) Werkstücke sicher fixieren, Hilfsmittel: Dritte Hand, Festbinden und Stecken auf Montagekohlen.
3) Lot- und Flußmittelgabe: Lot einlegen, Flußmittel auftragen, Schichtdicke dabei gleich Lotspaltbreite. Großzügig über die Lötstelle geben.
4) Erwärmen: Zügig erwärmen, Flamme über der Lötstelle bewegen, Metalloberfläche sollte kirschrot sein, Temperatur einige Sekunden halten.

5) Abkühlen lassen, dann abschrecken, Flußmittelreste sorgfältig abwaschen.
6) Kontrollieren der Lötstelle, polieren.

12.4 Kitten und Kleben

Klebeverbindungen finden zunehmend Anwendung in Industrie und Handwerk. Sie werden bevorzugt dort eingesetzt, wo durch Schweißen oder Löten negative Auswirkungen auf den Werkstoff wie Wärmeverzug oder Spannungen zu befürchten sind oder wo Schraubenverbindungen zu aufwendig und kostenintensiv sind. Durch Kleben können die unterschiedlichsten Werkstoffe verbunden werden, zum Beispiel: Metall/Kunststoff, Holz/Leder, Glas/Keramik.
Vorzüge der Klebeverbindung sind:
- gewichtsmäßig leichte Verbindung,
- Verbindung unterschiedlicher Werkstoffe möglich,
- Verhinderung von Kontaktkorrosion durch elektrisch nicht leitende Klebeschicht,
- Dichtigkeit der Verbindung,
- gleichmäßige Spannungsverteilung,
- keine Querschnittsschwächung durch Niet- oder Schraubenlöcher.

Nachteile sind die niedrigere Belastungsfähigkeit einer Klebeverbindung, geringere Temperaturfestigkeit und die Gefahr des Abschälens der Klebestelle.
Klebeverbindungen sind stoffschlüssige, unlösbare Verbindungen gleicher oder unterschiedlicher Werkstoffe.
Geklebt werden nach heutigem Stand der Technik hochfeste Sandwich-Konstruktionen im Flugzeugbau, Karosserieteile im Auto, Hartmetallschneidplättchen auf Drehmeißeln, Polymil-Brillenfassungen, Silikonpads auf Stegstützen, Innenspiegel im Kfz auf die Windschutzscheibe aus Glas.

12.4.1 Wirkungsweise einer Klebeverbindung

Die Wirkung einer Klebeverbindung beruht auf Adhäsions- und Kohäsionskräften. **Adhäsionskräfte** wirken zwischen dem Werkstück und Kleber, **Kohäsionskräfte** erzeugen den inneren Zusammenhalt im Klebstoff. Da die Kohäsionskräfte im Regelfall kleiner sind als die Adhäsionskräfte, wird bei einer Überlastung der Fügestelle der Klebefilm zerstört, die Verbindung zerfällt in ihre unbeschädigten Einzelbauteile. Da die Größe der Kohäsionskräfte durch den Anwender nicht beeinflußbar ist, wird die Qualität der Verbindung durch die Adhäsionskräfte bestimmt (Abb. 12.23).

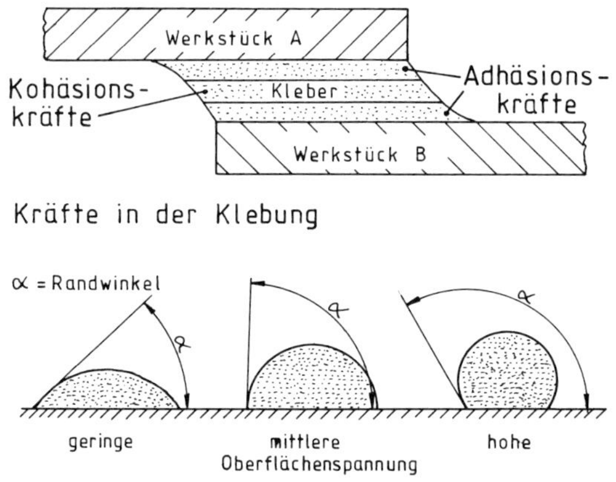

Abb. 12.23 Kräfte in der Klebung und Benetzungsfähigkeit

Die Adhäsionskräfte werden durch die elektrischen Anziehungskräfte zwischen den Atomen des Werkstücks und denen des Klebers hervorgerufen. Sie müssen größer sein als die Kohäsionskräfte, weil sonst die Benetzung der Klebefläche nicht gewährleistet wäre; der Kleber würde sich wie Wasser auf einer fettigen Unterlage zu einem Tropfen zusammenziehen.
Die Größe der Adhäsionskräfte wird wesentlich bestimmt durch:
- Material des Werkstücks,
- Qualität der Oberfläche,
- Kleber mit Grundstoff bzw. Lösungsmittel.

Die Adhäsion eines Klebstoffs ist aus seinem Benetzungsvermögen in etwa erkennbar. Gibt man einen Klebetropfen auf eine Oberfläche, so wird ein Kleber geringer Haltbarkeit und Festigkeit zu einer großen Fläche auseinanderlaufen. Ein Klebstoff hoher Festigkeit wird annähernd kugelförmig verbleiben.
Die Wirkung der Adhäsionskräfte ist auf die direkte Berührungsschicht begrenzt. Mit wachsendem Abstand zur Werkstückoberfläche nehmen diese Kräfte sehr stark ab. Um also die Adhäsion voll zur Wirkung zu bringen, muß die Oberfläche des Werkstücks sorgfältig vorbereitet werden. Alle Korrosions-, Schmutz- und Farbschichten sowie jegliche Öl- und

Fettspuren müssen restlos entfernt werden. Vorteilhaft ist ein leichtes Anrauhen der Klebefläche.
Der Klebefilm selbst ist so dünn wie möglich aufzutragen. Je dünner der Film, desto größer die Festigkeit der Verbindung. Daneben sind die Hinweise der Gebrauchsanleitung sorgfältig zu befolgen: Mischungsverhältnisse, Temperaturen, Bindedruck und Aushärtezeit bestimmen die Qualität der Verbindung.
Die Gestaltung der Klebefläche bestimmt maßgeblich die Festigkeit. Die einfache Stumpf-Stoß-Verbindung ist nicht zu empfehlen. Bereits durch einfaches Anschäften erhält man eine größere Klebefläche. Deutlich besser ist eine Überlappungsverbindung oder eine Laschung. Auch ein einfaches Umfalten kann deutlich zur Verbesserung der Festigkeit beitragen.
Chemisch gesehen handelt es sich bei einer Klebung um eine Verbindung gleich- oder verschiedenartiger reaktionsfähiger Moleküle, die Stellen aufweisen, die von anderen Molekülen besetzt werden können. Der Vernetzungsvorgang erfolgt auf drei Arten:

1. Polykondensation
Hierbei werden aus kleineren, meist verschiedenartigen Molekülen Makromoleküle gebildet. Dabei werden Stoffe wie Wasser, Ammoniak, Salzsäure und andere abgeschieden. Nachteilig ist insbesondere der Wasseraustritt, der eine Metallklebung praktisch unmöglich macht. Kleber dieser Art werden überwiegend zum Kantenkleben in der Holzindustrie benutzt.

2. Polymerisation
Aus kleineren, meist gleichartigen Molekülen mit Doppelbindung bilden sich Makromoleküle mit Einfachbindung. Andere Stoffe werden nicht abgeschieden. Polymerisationskleber härten aus, indem das Lösungsmittel verdunstet. Typische Produkte dieser Art sind „Uhu-Alleskleber", „Pattex" und „Technicoll".

3. Polyaddition
Verschiedenartige kleinere Moleküle bilden Makromoleküle, wobei Atome ihren Platz wechseln.
Polyadditionskleber geben weder Wasser noch Lösungsmittel ab, weshalb zum Aushärten nur ein geringer Fügedruck notwendig ist. Der Klebstoff ist meistens ein pulverförmiges oder flüssiges Epoxidharz. Durch Erwärmen oder Mischen mit einer zweiten Komponente wird der Kleber flüssig. Das Mischungsverhältnis der Stoffe bestimmt die Vernetzungsdichte.
Produktnamen hierfür sind: „Uhu-Plus", „Stabilit", „Optivit", „Araldit" usw.
Verläuft die Klebung als chemische Reaktion, so bezeichnet man die Kleber auch als Reaktionskleber (2-Komponenten-, Sekundenkleber).
Werden die Stoffe durch das Lösungsmittel des Klebers oder direkt durch Lösungsmittel angelöst (Aceton – Acetat), so sind die Bindungskräfte am größten. Die Festigkeit einer solchen Klebeverbindung ist außerordentlich hoch. Die Bindung kann als eine Art Kaltschweißung bezeichnet werden. Allgemein wird das „Lösungskleben" als Kitten bezeichnet. Daher unterteilt man üblicherweise die Klebeverfahren in
- Kontaktkleben,
- Lösungskleben.

12.4.2 Einteilung der Klebstoffe

Lösungsmittelkleber

Hierzu zählen die große Gruppe der „Alleskleber", der Hart- und Plastikkleber. Die Kunstharzklebstoffe sind in organischen Lösungsmitteln gelöst und härten durch Verdunstung dieser Mittel aus. Ist die Klebefuge schmal, so muß der Löser durch einen der beiden Werkstoffe entweichen können. Üblicherweise sind diese Mittel nur für Papier, Pappe, Kunststoff und ähnliches geeignet.

Kontaktkleber

Diese Variante der Lösungsmittelkleber ist zumeist auf Synthesekautschukbasis aufgebaut. Die Verbindungsflächen werden mit dem Kleber eingestrichen und so lange abgelüftet, bis keine Fäden mehr gezogen werden können. Hierfür genügen meist 5 bis 15 Minuten. Danach werden beide Teile fest zusammengepreßt. Der Preßdruck bestimmt wesentlich die Festigkeit der Verbindung.
Da der Lösungsmittelanteil weitgehend verdampft ist, bevor die Teile zusammengepreßt werden, eignen sich solche Kleber auch für die Klebung dichter Stoffe wie Glas oder Metall.

Dispersionskleber

Sie bestehen aus in Wasser fein verteilten Kunstharzschuppen, die durch einen minimalen Lösungsmittelanteil leicht angequollen sind. Beim Verdunsten des Wassers verkleben sie miteinander und zugleich mit dem Werkstück. Die Oberfläche der Werkstücke muß dementsprechend saug- und diffusionsfähig sein. Die bekanntesten Beispiele hierfür sind die milchig-weißen Holzleime.

Reaktionskleber

a) Zweikomponentenkleber

Solche Kleber härten chemisch aus und wirken erst durch die Mischung ihrer beiden Komponenten, Kunstharz und Härter. Wichtig sind die exakte Einhaltung des Mischungsverhältnisses und die schnelle Verarbeitung (Topfzeit). Hierunter versteht man jene Zeit, in der die Mischung ohne Qualitätsverlust verarbeitet werden kann; sie beträgt zumeist nur wenige Minuten. Da die Stoffe lösungsmittelfrei sind, eignen sie sich sehr gut zur Klebung von Metall und Glas. Die Endfestigkeit kann je nach Klebertyp in wenigen Minuten oder auch erst nach 24 Stunden erreicht werden. Die Schnellkleber haben zumeist eine geringere Festigkeit, während die langsam aushärtenden Systeme eine höhere Endfestigkeit erreichen. Für alle Kleber dieser Art gilt, daß eine Temperaturerhöhung die Aushärtung beschleunigt und die Festigkeit zunimmt. Maximal sind bis zu 30 N/mm^2 erreichbar.

b) Sekunden- oder Blitzkleber

Diese sogenannten Cyanoacrylatkleber sind wasserdünne Einkomponenten-Reaktionskleber, deren Härtung entweder durch die kondensierte Feuchtigkeit auf der Werkstückoberfläche oder durch UV-Licht ausgelöst wird. Sie eignen sich hervorragend zur Klebung kleinster Flächen, verlangen aber exakt zueinander passende Werkstücke. Ihre Endfestigkeit von etwa 17 bis 22 N/mm^2 erreichen diese Kleber nicht in Sekunden, wie ihr Name vermuten läßt, sondern erst nach Stunden. Immerhin liegt ihre Anfangsfestigkeit so hoch, daß eine Brille nach zwei bis fünf Minuten vorsichtig wieder in Gebrauch genommen werden kann.

12.4.3 Reparaturklebungen an Brillenfassungen

Bei Klebungen an Kunststoffassungen müssen die üblichen Stoffe Acetat, Propionat, Epoxidharz und Polyamid sorgfältig unterschieden werden. Jeder dieser Stoffe verlangt eine andere Behandlung.

Acetatfassungen sollten nur mit Aceton behandelt werden. Diese Aussage gilt insbesondere für Blockacetat. Das extrudierte Acetat mit seinem hohen Veresterungsgrad ist oft mit sehr leicht flüchtigen Weichmachern ausgestattet. Hier wirkt Aceton mit seiner hohen Diffusionsgeschwindigkeit und seiner raschen Verdunstung oft so aggressiv, daß die Weichmacheranteile weitgehend verdunsten und eine Versprödung der Klebestelle auftritt. In solchen Fällen ist Äthylacetat (= Äthylester) das Mittel der Wahl.

Propionatfassungen sollten in gar keinem Fall mit Aceton gekittet werden. Der geringe Weichmacheranteil würde intensiv in Lösung gehen, die Klebestelle wäre äußerst spröde. Standardmittel für die Propionatkittung ist Eisessig (Essigsäure ohne Wasser).

Eine wesentlich bessere Klebung ist durch folgende Mischung zu erzielen:

ca. 50% Äthyl-Acetat und 50% Methyl-Glykol-Acetat.

Vorteilhaft sind ca. 2% Dibutyl-Adiptat (Weichmacher) und etwa 5% Propionat-Späne zum Andicken der Lösung.

Acetat und Propionat sollten nie zusammengekittet werden. Trotz naher chemischer Verwandtschaft sind beide Materialien vollständig unverträglich miteinander.

Epoxidharz („Optyl") und Polyamid können mit Reaktions- oder Schnellklebern geklebt werden. Dabei sind Polyamidklebungen stets nur „Notbehelfslösungen", aus Sicherheitsgründen ist eine Klebung der Polyamid Sport- oder Arbeitsschutzbrille nicht zulässig!

Arbeitshinweise für Klebereparaturen

Wichtigste Voraussetzung für eine gute Klebung ist die sorgfältige Reinigung der Klebefläche. Nach der Ultraschallreinigung sollte das zerbrochene Fassungsteil parallel gefeilt, eventuell geschmirgelt werden.

Für die Aceton-Kittung werden jetzt beide Teile mit

der Aceton-Lösung benetzt; schon nach wenigen Minuten wird die Oberfläche erweichen und das Material wird insgesamt zähteigig. In diesem Zustand kann die Kittung erfolgen. Die Teile werden fest zusammengedrückt, positioniert und der Anpreßdruck bis zur völligen Aushärtung (max. bis 24 h) aufrechterhalten. Die beim Zusammenpressen entstehende Wulst kann mit einem acetonfeuchten Pinsel gleichmäßig verstrichen werden.
Epoxidharzbrüche sind üblicherweise glatte Brüche, daher ist ein Anfeilen der Bruchstelle oft entbehrlich, leichtes Schmirgeln genügt. Wichtig ist die feste Positionierung während der Aushärtezeit. Spannhilfen wie „Dritte Hand" sind empfehlenswert.
Blitz- oder Sekundenkleber sind ideale Kleber für die kleinflächigen Fassungsreparaturen der Augenoptiker. Die Bruchstellen müssen absolut paßgenau sein! Sobald Fugen oder Spalten überbrückt werden müssen, sind Sekundenkleber ungeeignet. Hierfür sind nur Epoxidkleber zu verwenden.
Die Spitze der Klebertube ist mit der beigelegten Nadel zu öffnen und nach dem Ausdrücken sofort wieder zu schließen. Ein kleiner Klebetropfen ist einseitig anzutragen, danach das zweite Teil sofort dagegendrücken und in der richtigen Position einige Sekunden halten.
Cyanoacrylatkleber altern sehr schnell, daher auch die winzigen Packungsgrößen. Sie sollten im Kühlschrank aufbewahrt werden. Sobald der Kleber Fäden zieht und nicht dünnflüssig wie Wasser fließt, ist er unbrauchbar geworden.

13 Biegen und Richten von Brillenfassungen

Beim Biegen und Richten einer Brillenfassung wirken Kräfte, die ihrerseits Spannungen hervorrufen. Dies gilt in besonderem Maße für die Metallfassung, aber auch die Kunststoffassung muß gerichtet werden.

Technologische Grundlagen

Zugspannungen verlängern den Werkstoff, Druckspannungen verkürzen ihn, Biegespannungen bzw. Torsionsspannungen verbiegen oder verdrehen den Werkstoff.

13.1 Elastische und plastische Formänderung

Spannungen führen zu Formänderungen des Werkstoffs.

Elastische Formänderung

Bei niedrigen Spannungen verformt sich das Werkstück elastisch, das heißt, seine Formänderung geht nach der Entlastung wieder zurück.
Beispiel: Feder, Brillenbügel während der Tragezeit am Kopf des Benutzers.
Dieser Vorgang läßt sich vereinfacht schematisch darstellen, wenn man zwei Schichten von Metallatomen betrachtet.
Durch Schubspannung schieben sich die Atome der oberen Schicht aus ihrer Vertiefung heraus. Solange sie aber noch nicht „über dem Berg sind", können sie nach Entlastung in ihre alte Lage zurückrutschen. Die Formänderung ist elastisch.

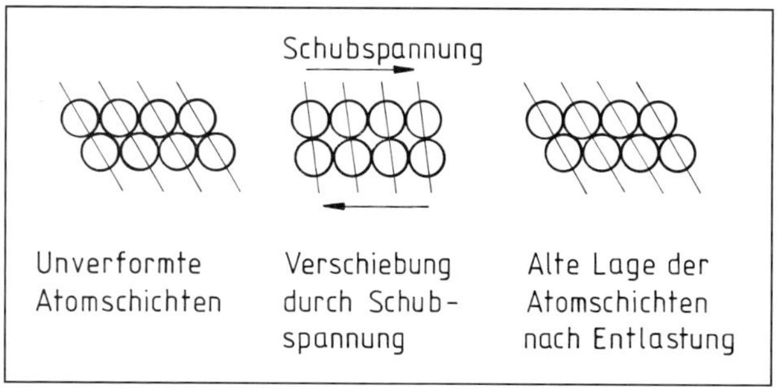

Abb. 13.1 Elastische Formänderung

Brillenbügel, Brücke und Schraube im Gelenk werden typischerweise elastisch beansprucht (Abb. 13.1).

Plastische Formänderung

Ist die angreifende Schubspannung groß genug, so rutschen die Atome der oberen Schicht „über den Berg" in die benachbarte Vertiefung. Nach der Entlastung sind keine Kräfte vorhanden, die die Atome in ihre Ursprungslage zurückführen könnten. Die Formänderung bleibt bestehen, das Werkstück ist plastisch verformt (Abb. 13.2).

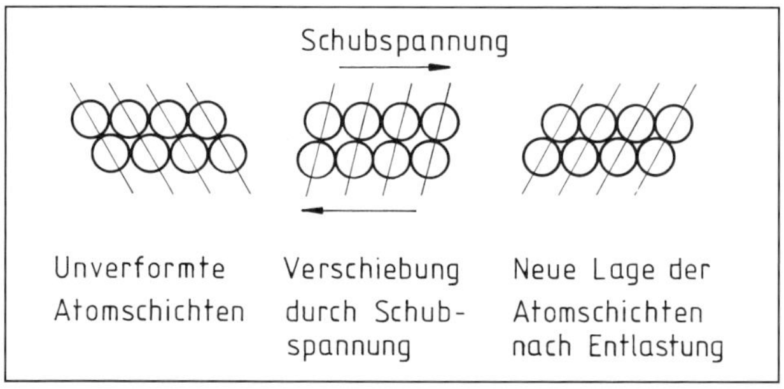

Abb. 13.2 Plastische Formänderung

Soll ein Werkstoff plastisch verformt werden, so muß seine Streckgrenze überschritten werden (Streckgrenze, siehe Kap. 4.2).
Reale Werkstoffe enthalten in ihrem Gitteraufbau zahlreiche Störstellen, oft Baufehler oder Versetzungen genannt.
So kann zum Beispiel eine Atomschicht an falscher Stelle in das Gitter hineingelangen und es verzerren. Bei starker Vergrößerung wäre im Gitter eine Art Treppenstufe sichtbar. Unter der Wirkung einer Spannung wandert diese Versetzung schrittweise durch das Gitter hindurch.
Bei der plastischen Verformung müssen im Werkstoff viele dieser Vorgänge ablaufen. Entscheidend ist dabei die Tatsache, daß ein „Gleiten" der Atomschichten wesentlich leichter möglich ist, wenn keine Versetzungen überwunden werden müssen. Zwei vollständige Atomschichten rollen relativ leicht aufeinander ab (Abb. 13.3).
Mit zunehmender Zahl der Umformungen steigt die Zahl der Versetzungen und anderer Störungen erheblich an. Ein weicher Kupferdraht läßt sich zunächst leicht biegen. Nach mehrfachem Hin- und Herbiegen

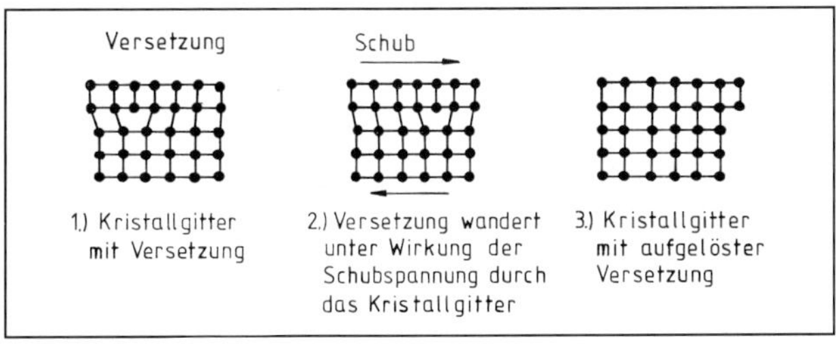

Abb. 13.3 Auflösung einer Versetzung durch Kaltumformung

ist er jedoch hart und fest geworden. Versucht man dann, ihn erneut zu biegen, so bricht er.
Durch Umformung steigen die Festigkeit und die Härte eines Werkstoffs, gleichzeitig sinkt jedoch seine Zähigkeit.
Diese Kaltverfestigung ist in der Technik vielfach beabsichtigt. Biegt man einen Brillenbügel bei der Anpassung, so wird er kaltverfestigt (Abb. 13.4).

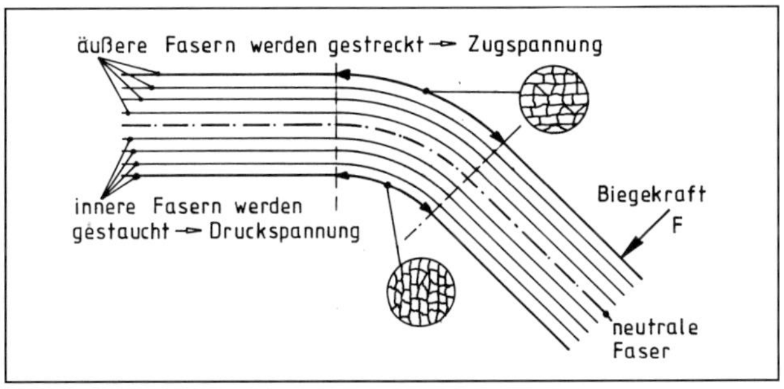

Abb. 13.4 Spannungen und Gefügeveränderung beim Biegen

Seine äußeren Faserschichten werden auf der Außenseite gestreckt, die Folge sind Zugspannungen. Auf der Innenseite werden seine Fasern gekürzt, Druckspannungen sind die Folge. Nur eine Faser, die sogenannte neutrale Faser, ist frei von Spannungen. Bei der plastischen Verformung (Anpassung des Bügels) ist zu beachten, daß der Werkstoff nach der Entlastung um die elastische Verformung zurückfedert.
Arbeitshinweise für die Anpassung: (siehe auch Band V aus der Schulbuchreihe: Brillenanpassung.)

Die Anpassung der Brille setzt voraus:

- Form- und größengenaue Brillengläser,
- Facettenverlauf muß der Nut in der Brillenfassung folgen,
- die optische Anpassung darf durch die anatomische Anpassung nicht verändert werden.

13.2 Richten der Metallfassung

Die Brille wird von innen nach außen gerichtet.

1) Ausrichten der Brücke
   a) horizontal
   b) vertikal
   c) Durchbiegung
2) Ausrichten der Fassungsränder
3) Ausrichten von Scharnier bzw. Backe
4) Richten der Brillenbügel
   a) Bügelschaft
   b) Bügelende
   c) Bügelzugang
5) Richten von Stegstützen/Pads
   a) Nasenwinkel
   b) Stegwinkel
   c) Seitenspiel

13.3 Richten der Kunststoffassung

Eine Fassung aus Kunststoff oder Naturstoff wird in der gleichen Reihenfolge gerichtet wie die Metallfassung.
Die technologischen Grundlagen beim Richten des Kunststoffs sind jedoch ganz andere.
Die Makromoleküle der Kunststoffe sind in ihrem Aufbau einem filzähnlichen Gewirr von Molekülfäden vergleichbar, oft als Wattebausch oder Spaghettiknäuel beschrieben (Abb. 13.5).
Die chemische Bindung im Molekülfaden selbst ist zwar sehr stabil, aber die Fäden des Knäuels halten

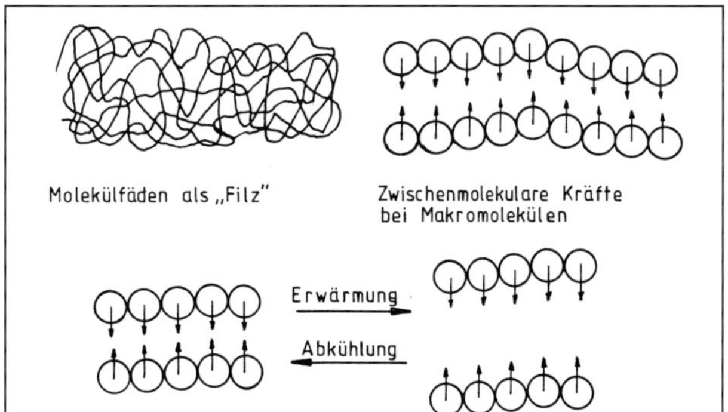

Abb. 13.5 Struktur von Kunststoffen

untereinander nur durch physikalische, sogenannte intermolekulare Kräfte. Diese sind aber sehr klein und nehmen bei steigender Temperatur noch mehr ab.
Folglich muß zur Anpassung der Kunststoff erwärmt werden, der Zusammenhalt der Verfilzung lockert sich, die Molekülfäden sind leicht gegeneinander verschiebbar, ohne zu zerreißen.
Nach der Abkühlung erlangt die Kunststoffassung ihre Härte wieder zurück, weil die zwischenmolekularen Kräfte zunehmen.

14 Schablonengesteuertes Randbearbeiten von Brillengläsern

14.1 Schleifen mit Diamantschleifscheiben

Das Schleifen von Glas mit Diamantscheiben stellt heute den Regelfall der Randbearbeitung in der Optikerwerkstatt dar.

Technologisch ist dieser Vorgang nicht mit anderen spanenden Verfahren (Bohren, Sägen, Fräsen) vergleichbar. Beim Schleifen erfolgt die Zerspanung durch geometrisch nicht definierte Schneiden. Die Ursache liegt in der unregelmäßigen Gestalt der Schleifkörner und deren unbestimmter Lage im Schleifbelag.

Die bestimmenden Parameter des Schleifvorgangs sind

- Schleifmittel nach Art, Korngröße, Konzentration und Geometrie,
- Bindemittel,
- Schleifgeschwindigkeit,
- das zu zerspanende Material nach Glasart,
- Kühlung,
- Anpreßdruck der Scheibe an das Glas.

14.1.1 Anforderungen an die Schleifscheibe

Das Schleifen von Brillengläsern soll einerseits schnell vonstatten gehen, zum anderen wird gewünscht, daß am Ende dieses Arbeitsvorganges eine feine Facettenfläche ohne Aussprünge vorliegt. Diese Forderungen sind konträr und nach dem Stand der Technik in einem Schleifvorgang nicht zu erfüllen. Die Schleifarbeit wird daher auf eine Vorschleifscheibe für den schnellen Materialabtrag und eine Feinschleifscheibe für eine glatte ausplatzerfreie Facette verteilt.

14.1.2 Schleifen mineralischer Gläser

Verfolgt man den Weg eines Diamantkorns, so läßt sich die Glasabnahme in drei Phasen zergliedern:

- Beim Eintauchen des Schleifkorns in die Oberfläche des Glases wird dieses bis zu einer kritischen Schnittiefe rein plastisch durch Spanbildung ausgehobelt. Damit verbunden kommt es zur Erhitzung, wärmebedingter Ausdehnung der Oberflächenschicht und zu Spannungen.
- Beim anschließenden Abschrecken durch das Kühlmittel und der damit verbundenen Kontraktion wird die Zugfestigkeit des Werkstoffes überschritten, es entstehen Risse, in die Wasser eindringt.
- Schließlich erfolgt der Glasabtrag großflächig und in die Tiefe hinein durch Sprödbruchbildung. Dabei werden mehr oder weniger große Bruchschollen (Splitter) muschelartig aus der Glasoberfläche herausgeschlagen.

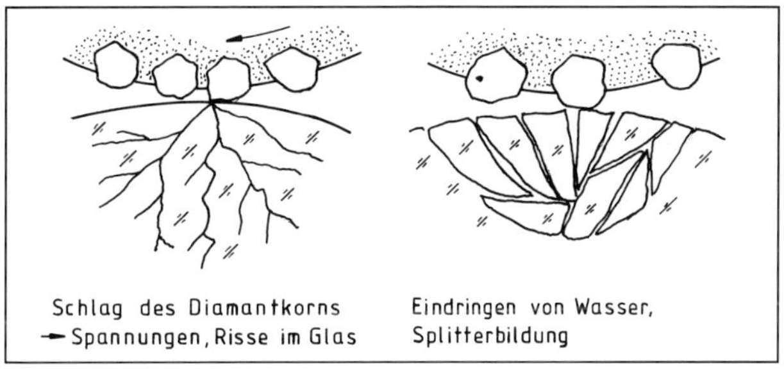

Abb. 14.1 Schleifen von mineralischem Glas

Die entstandenen Splitter können, je nach Glassorte, bis zu zwanzigmal so groß sein, wie das Schleifmittelkorn selbst.

Die zwischen den Körnern liegenden Spanräume nehmen den Abschliff (Glasbruch) auf und führen ihn zusammen mit dem Kühlwasser ab.

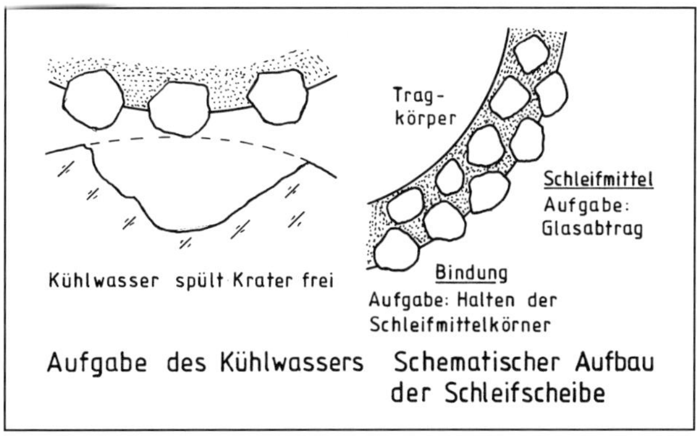

Abb. 14.2 Schematischer Aufbau der Schleifscheibe

14.1.3 Zerspanen organischer Gläser

CR 39 und hochbrechender Kunststoff

Beim CR 39 erfolgt die Zerspanung grundsätzlich anders. Da dieser Kunststoff eine erheblich höhere Zähigkeit aufweist als das mineralische Glas, kommt es beim Aufschlag des Diamantkornes nicht zu einer Riß- und Splitterbildung im Werkstoff. Die aus der Bindung hervorstehenden Diamantkörner zerspanen den Kunststoff mit schneidender oder schabender Wirkung, wobei die Zerspanungsleistung des einzelnen Diamantkornes von seiner Schneidengeometrie und seiner jeweiligen Lage in der Bindung abhängt. Die Späne des Epoxidharzes CR 39 zerfallen aufgrund ihrer fadenförmigen Molekülketten und durch die Wasserverwirbelung im Schleifraum zu „Mehl", was wiederum bei Umwälzpumpenbetrieb leicht zum Aufschäumen der Kühlflüssigkeit führt.

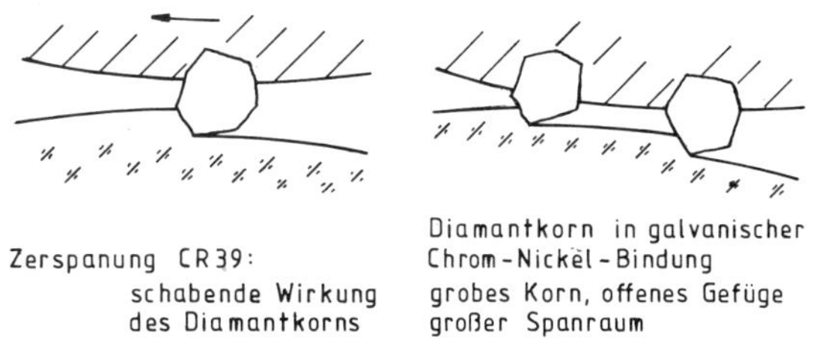

Abb. 14.3 Zerspanungsmodell organischer Kunststoff

Polycarbonat

Bei Gläsern aus Spritzguß-Polycarbonat kommt es am Diamantkorn zu einer Fließspanbildung und durch die entstehende Reibungswärme schnell zu einem Zusetzen der Scheibe; die Späne werden am Diamantkorn regelrecht plastifiziert.

Die Scheibenoberfläche, selbst die einer groben Scheibe, setzt sich schnell bahnenförmig zu. Die Schichtdicke ist dabei ungleichmäßig; der Belag bildet Schlieren oder Inseln und der Diamant wird durch Anschmelzen überbaut. Die Folge ist ein sehr unterschiedlicher Höhenschlag.

Da das Polycarbonat ein Thermoplast ist, erfolgt die Anschmelzung am Brillenglasrand unmittelbar hinter dem zerspanenden Diamantkorn. Daran ändert auch eine optimale Wasserkühlung nichts. Der zähflüssig gewordene Kunststoff baut sich also direkt hinter der eigentlichen Zerspanungsstelle wieder am Glasrand auf. Das Brillenglas selbst gelangt so nicht mehr in Kontakt mit der Scheibe. Die unrund gewordene Schleifscheibe schlägt gegen das Brillenglas, das leicht Sprünge und Risse bekommt. Wesentlich unproblematischer kann Polycarbonat mit messerkopfartigen Fräsern bearbeitet werden.

Statt mit Wasserkühlung arbeiten diese Geräte trokken mit Staubabsaugung; der Fräserkopf hat einen Durchmesser von 12,5 mm. Die Arbeitsweise ähnelt stark der Holzbearbeitung mit Hochgeschwindigkeitsfräsern. Leider läßt die Qualität der Facette noch zu wünschen übrig; es wird empfohlen, mit Übermaß zu arbeiten und die Facette von einer herkömmlichen Diamantscheibe randen zu lassen.

In großen Werkstätten mit einem hohen Anteil an Kunststoffgläsern könnte die Investition in eine solche Maschine lohnend sein, zumal dann hiermit alle Arten von Kunststoff bearbeitet werden könnten.

14.2 Daten der Diamantschleifscheibe

Diamantschleifscheiben bestehen aus
- Schleifmittel,
- Bindung,
- Tragkörper.

14.2.1 Schleifmittel

Schleifmittel sind
- Diamant (C),
- Elektrokorund (AlO),
- Siliziumkarbid (SiC).

Diamant ist der härteste Werkstoff. Er besteht aus reinem Kohlenstoff, wobei sich die Atome in tetraederförmiger Anordnung gruppieren. In der relativen Härteskala nach Mohs hat er die Härte 10; die meßbare Härte im Vergleich zu Korund ist aber mehr als dreimal so hoch. Dieser großen Härte stehen aber eine sehr große Sprödigkeit und auch Temperaturempfindlichkeit gegenüber. Die Schläge des Diamantkorns auf das Glas beschädigen auch den Diamanten, da er ja eine gleich große Gegenkraft ertragen muß. Zu hohe Temperaturen beim Schleifvorgang können ihn in Graphit oder auch direkt in Kohlendioxid überführen.

Die Herstellung künstlicher Diamanten ist der Natur abgeschaut. Man benötigt hierzu Temperaturen bis 1500 °C, Drücke bis 60 kbar sowie metallische Katalysatoren. Künstliche Diamanten haben den Vorteil einer relativ konstanten Korngröße, das bedeutet ei-

Abb. 14.4 Synthetische und Naturdiamanten

nen gleichmäßigeren Schliff und weniger Ausplatzer. Außerdem ist ihre Kantenform gleichmäßiger; im Regelfall liegt eine stumpfwinkelige Form vor, die stabiler ist und eine längere Lebensdauer garantiert.
Obwohl der Diamant von allen Schneidstoffen die höchste Temperatur verträgt, ist er doch gegen Überhitzungen, auch wenn sie nur wenige Sekunden andauern, sehr empfindlich. Eine momentane Unterbrechung der Kühlwasserzufuhr genügt, um die Temperatur an der Kornspitze auf ca. 1400 °C ansteigen zu lassen. Der Diamant nimmt dann seine andere Kristallform, die des butterweichen Graphits an.
Elektro- und Edelkorund werden aus Bauxit hergestellt, der im Elektroofen erschmolzen wird.
Siliziumcarbid (SiC) wird aus Quarz- oder Kiessand erschmolzen.

14.2.2 Korngröße und Konzentration

Die Größe eines Schleifkorns wird als Körnung angegeben. Nach der Herstellung werden die Schleifkörner gesiebt. In einem feinmaschigen Sieb bleiben kleine Körner übrig, hingegen läßt ein grobes Sieb (geringe Maschenzahl) entsprechend große Körner zurück.
Die Körnung wird nach Anzahl der Lochmaschen pro Zoll angegeben und ist genormt (siehe Kap. 11.2.7).
Diamantschleifscheiben für den Feinschliff sind überwiegend mit synthetischen Diamanten bestückt wegen ihrer stabilen stumpfwinkeligen Kristallform. Die Korngröße liegt zwischen D 25 und D 35.
Abweichend von der Kennzeichnung der Schleifmittel wird die mittlere Korngröße der synthetisch hergestellten Diamanten direkt in Tausendstel Millimeter angegeben.
Vor diese Meßzahl wird ein „D" für Diamant als Kennbuchstabe gesetzt.
Die Zahl D 150 bedeutet demnach, daß die mittlere Korngröße 150/1000 mm beträgt.

Beispiel:
D 110 = mittlere Korngröße 110/1000 = 0,11 mm
D 35 = mittlere Korngröße 35/1000 = 0,035 mm
D 25 = mittlere Korngröße 25/1000 = 0,025 mm

Für die Vorschleifscheibe verwendet man neben den künstlichen auch den natürlichen gebrochenen Diamanten wegen seiner höheren Härte. Die Körnung liegt üblicherweise um D 151 bis D 181.

	Handschleif-maschine	automatische Schleifmaschine
Keramik	0,06–0,08 mm	-----
Diamant-vorschliff	D 110	D 151/181 (mineralisch) D 210/235 (organisch)
Diamant-feinschliff	D 25	D 30/35

Kornkonzentration

Eine Aussage über die „Besiedlungsdichte" der Diamantkörner im Scheibenbelag liefert die Kornkonzentration, Kennbuchstabe „K". Sie gibt den Gewichtsanteil der Diamanten am Schleifbelagvolumen an. K 100 bedeutet, daß in einem Kubikzentimeter Belag 4,4 Karat Diamanten, also 4,4 mal 0,2 g = 0,88 g Diamanten enthalten sind. Versuche haben gezeigt,

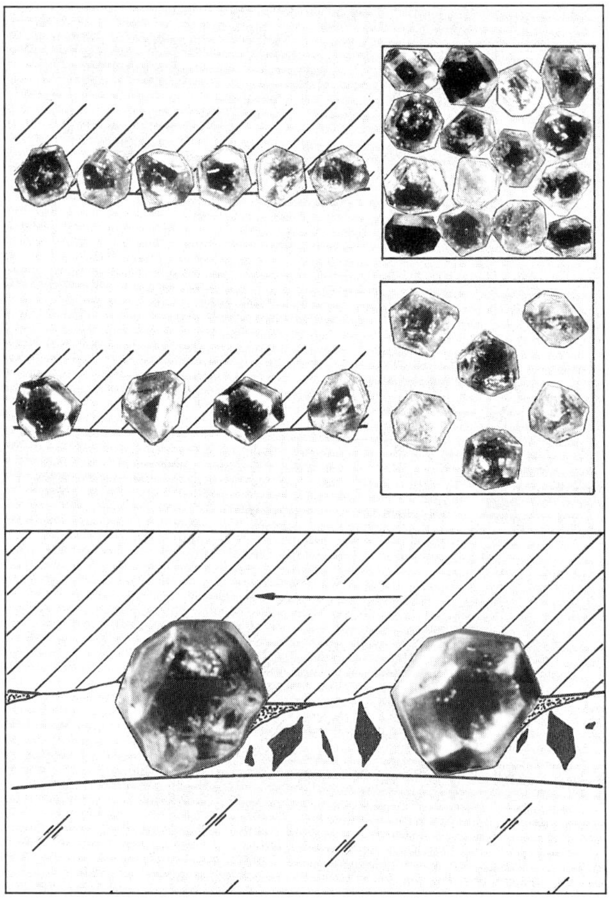

Abb. 14.5 Kornkonzentration

daß Schleifscheiben für mineralische Gläser bei etwa K 50 beste Schleifergebnisse erzielen, weshalb auch die meisten Scheibenhersteller pro cm^3 Belag 0,44 g (= K 50) Diamanten verwenden.

Die Kornkonzentration ist ein wichtiger Faktor für die „Standzeit" einer Schleifscheibe, das heißt für die Zeitspanne, innerhalb der eine Scheibe bis zum nötigen Nachschärfen einsatzbereit bleibt.

14.2.3 Bindung

Die harten Schleifkörner werden durch ein weicheres Bindemittel in der Scheibe festgehalten.

Ein ideales Bindemittel sollte so verschleißfest sein, daß es die noch arbeitsfähigen Schleifkörner bis zu ihrem Stumpfwerden festhält. Andererseits muß die Bindung in dem Maße verschleißen, daß bereits stumpf gewordene Körnchen rechtzeitig aus der Belagoberfläche herausbrechen können, wodurch dann bisher tiefer gelegene, scharfe Körner zum Einsatz kommen. Bindungsmaterial und Schleifmittel müssen also in ihren Eigenschaften exakt aufeinander abgestimmt sein.

Als Grundregel gilt: Für die Bearbeitung harter Werkstoffe muß eine weiche Bindung gewählt werden; die stumpfen Körner können so schnell ausbrechen und neuen Schleifkörnern Platz machen.

Bei weichen Werkstoffen wird das Schleifmittel nur langsam stumpf. Daher kann hier eine harte Bindung das Korn lange festhalten.

Bei Diamantschleifscheiben liegen Schleif- und Bindemittel nur in dem relativ dünnen Belag von ca. 1,0 bis 2,4 mm Dicke vor. Das Bindemittel ist grundsätzlich ein Sintermetall. Überwiegend wird eine Stahl-Bronze-Bindung mit Zusätzen von Hartmetallkarbiden wie Kobaltkarbid, Wolframkarbid und andere verwendet.

Spezialschleifscheiben für die ausschließliche Bearbeitung von organischen Gläsern werden mit einer galvanisch aufgebrachten Metallschicht (meist Chrom-Nickel) hergestellt. Typisch hierbei ist die harte Bindung, da der weiche Kunststoff die Diamanten kaum beansprucht. Die relativ groben Diamantkörner ragen weit aus der Oberfläche heraus. Es ist genügend Spanraum für den Abtrag des Kunststoffs vorhanden.

Gefüge

Mit Gefüge bezeichnet man die räumliche Verteilung von Körnern, Bindung und Poren.

Die Poren, die beim Sinterprozeß entstehen, haben die Aufgabe, die Späne aufzunehmen und abzutransportieren. Sie müssen also mindestens so groß sein wie die anfallenden Späne.

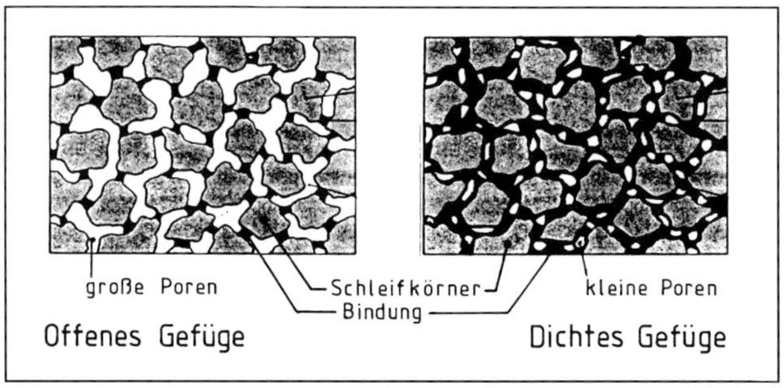

Abb. 14.6 Gefüge

Ein Gefüge mit kleinen Poren nennt man ein dichtes Gefüge. Es dient zum Feinschleifen, wenn wenig Späne anfallen.
Die Schleifleistung vermindert sich, wenn sogenannte „Verglasungen", das heißt Rückstände von Glasmaterial, Kalk, Schmutz usw. die Oberfläche der Schleifscheibe bedecken.

14.2.4 Tragkörper

Schleifmittel und Bindung werden auf einen Tragkörper aus Bronze oder Kunststoff aufgebracht.
Scheiben mit einem Kunststofftragkörper stellen den Stand der Technik dar. Ihr Gewicht beträgt nur ca. ein Drittel des Gewichts einer Bronzescheibe. Der leichtere Kunststoffkörper erlaubt ein schnelleres Hochlaufen der Scheibe auf ihre Arbeitsdrehzahl. Da das Scheibenpaket aus 3 bzw. 4 Scheiben einseitig gelagert ist, wird auch die Belastung des Spindellagers erheblich reduziert. Ferner ist der Kunststoff korrosionsfest und dämpft die Übertragung von Schwingungen zwischen Spindellager und Glas.
Die Keramikschleifscheibe, wie sie vereinzelt noch zu finden ist, hat keinen Tragkörper; sie besteht vollständig aus keramischer Bindung mit eingelagerten Korund-Schleifkörnern.

14.2.5 Schleifgeschwindigkeiten

Beste Schleifleistungen erreicht man bei Silikatgläsern innerhalb folgender Geschwindigkeiten:
Keramikschleifscheiben 6 – 7 m/s,
Diamantschleifscheiben 20 – 30 m/s.
Ein Abweichen von diesen Werten hat einen Abfall der Schleifleistung und eine Verringerung der Standzeit zur Folge.

14.2.6 Herstellung der Diamantschleifscheibe

Die Herstellung der Diamantschleifscheibe ist eine überwiegend handwerkliche Tätigkeit, die viel Erfahrung und Fingerspitzengefühl erfordert.
Die wichtigsten Produktionsschritte sind:
- Mischen des Sinterpulvers mit den abgewogenen Diamantkörnern.
- Einfüllen der Mischung. Dazu wird ein Ring um den

Abb. 14.7 Herstellung der Diamantscheibe: Rohform

Abb. 14.8 Herstellung der Diamantscheibe: Füllen der Form

Abb. 14.9 Herstellung der Diamantscheibe: Füllen der Form

Abb. 14.10 Herstellung der Diamantscheibe: Sintern im Ofen

Abb. 14.11 Herstellung der Diamantscheibe: Aufreißen der frisch gesinterten Scheibe

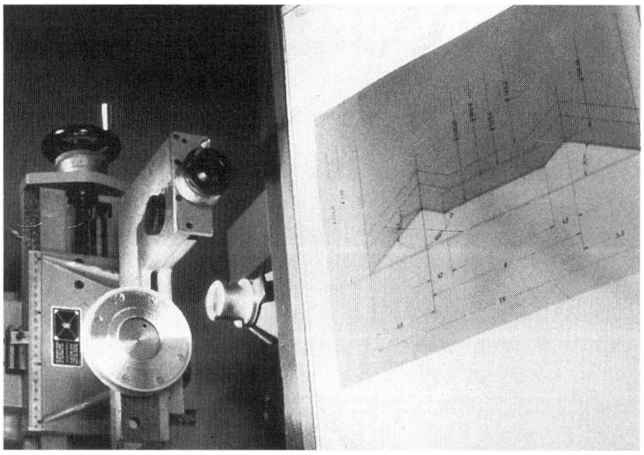

Abb. 14.12 Herstellung der Diamantscheibe: Profilkontrolle mit optischer Vergrößerungseinrichtung

Tragkörper gelegt; der Zwischenraum wird mit der Mischung verfüllt.
- Sintern im Elektroofen.
- Langsames Abkühlen, erste Kontrolle, Härteprüfung nach Rockwell.
- Aufreißen der Rohscheibe an einer SiC-Scheibe, um eine erste Diamantschicht freizulegen.
- Abdrehen auf korrekte Breite, Feinwuchten.

14.3 Schleifautomaten

Die Entwicklung der Brille vom reinen Funktionsgegenstand hin zum Modeartikel förderte eine Vielzahl von Glasformen und -größen, die ständig durch neue modische Schöpfungen ergänzt und abgelöst werden. Schleifautomaten ermöglichen das schnelle und exakte Kopieren der gewünschten Glasform von der Formscheibe auf das zu randende Brillenglas.

14.3.1 Anforderungen an Schleifautomaten

Ein Schleifautomat sollte folgende Kriterien erfüllen:
- Kopiergenauigkeit,
- Facettenlage und Durchbiegung,
- Facettengüte,
- Genauigkeit der horizontalen Einschleifachse (definiert durch die Lage der Aufnahmebohrungen).

Ferner im Zusammenspiel mit der Formscheibe:
- Maß- und Formtreue gegenüber der Fassung.

Zur Erfüllung all dieser Forderungen haben die Konstrukteure der „automatischen Brillenglasrandbearbeitungsmaschinen" unterschiedliche Konstruktions-

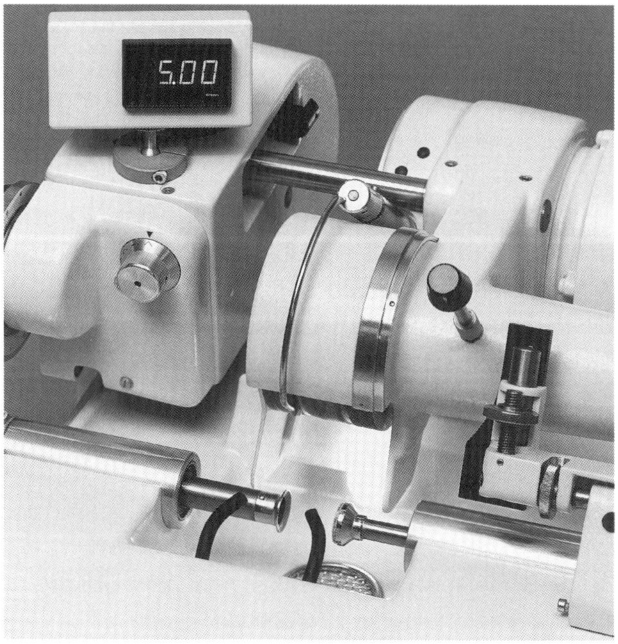

Abb. 14.13 Schleifautomat – Ansicht

prinzipien und Ausstattungsdetails in ihre Konzepte eines zeitgemäßen Automaten einfließen lassen.
Definition: Die automatische Randbearbeitung ist ein schablonengesteuerter Schleifvorgang mit Diamantschleifscheiben, bei dem durch ein elektronisches Programm eine maximale Schleifleistung erzielt werden soll.

14.3.2 Prinzipaufbau des Schleifautomaten

Der Schleifautomat besteht aus einem feststehenden Unterteil, einem beweglichen Oberteil (Schlitten) und dem elektronischen Steuerteil mit Einstellmöglichkeit

und Anzeigeleuchten für den jeweiligen Betriebszustand.
Das Maschinenunterteil besteht aus:
- Diamantschleifscheibe,
- Kühlmittelzufuhr,
- Antriebsmotor,
- Keilriemen,
- Abtastblock,
- Schalt- und Regelknöpfe.

Das Oberteil besteht aus:
- Glashaltewelle,
- Antriebsmotor der Glashaltewelle,
- Formscheibenaufnahme,
- Lagerelemente zur seitlichen Bewegung des Schlittens.

Das Steuerungsteil besteht aus:
- Kühlmittelzuführung,
- Elektronikteil mit Relais bzw. Mikroschaltern an den beweglichen Teilen.

Je nach Konzeption des Automaten kann der Systemaufbau von dieser Gliederung etwas abweichen, zum Beispiel was die Lage der Schleifscheiben, die Glashaltewelle oder die Kühlmittelzufuhr anbelangt.
Das Oberteil ist in Präzisionskugelrollenlagern geführt, die eine sehr leichte Querbewegung des Schlittens erlauben. Wenn das Glas nach dem Vorschliff auf der schrägen Einlauffläche der Feinschleifscheibe aufsetzt, kann es sofort in die Nut geführt werden. Außerdem kann so das Glas entsprechend seiner Durchbiegung in der Facettenlage geführt und eine optimal verlagerte Facette erzielt werden.

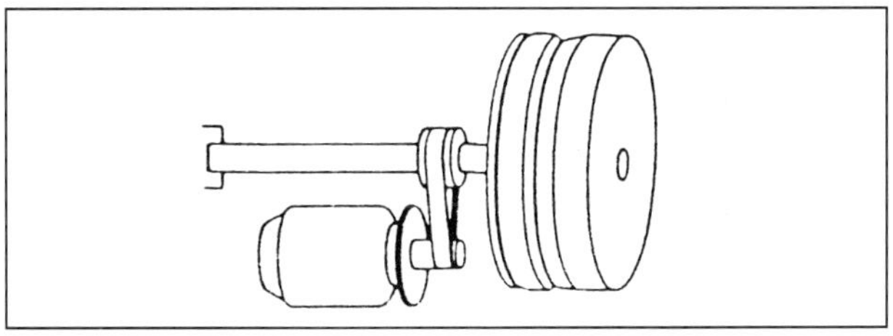

Abb. 14.14 Beidseitiger Antrieb der Glashaltewelle

Der Antrieb der Diamantschleifscheiben erfolgt über einen elektrischen Motor, wobei im Regelfall eine Zwischenwelle zwischen Motor und Scheibe geschaltet ist. Ihre Funktion hängt eng mit der sogenannten Glashaltewelle zusammen.

Um jegliche Achsverdrehung eines Glases zu vermeiden, muß der Antrieb der beiden Wellenenden, die das Glas einspannen, absolut synchron erfolgen. Eine gleichmäßige Übertragung des Drehmoments auf beide Glasoberflächen ist nach heutigem Stand der Technik nur über eine Zwischenwelle möglich. Würde die Glashaltewelle ungleichförmig angetrieben, so besteht die Gefahr, daß das Glas beim Schleifen verdreht wird und damit Achsversatz oder Formverzeichnungen auftreten.
Die Übertragung der Kraft auf die Glashaltewelle und die Zwischenwelle geschieht über Zahnriemen, wie sie beispielsweise auch im Automobilbau zur Steuerung der Nockenwelle eingesetzt werden. Solche Zahnriemen erlauben eine spielfreie Kraftübertragung, sind problemlos einzustellen und außerdem sehr laufruhig.

14.3.3 Glasgrößeneinstellung

Das Handrad für die Glasgrößeneinstellung ist mit einer oder mehreren Skalen versehen, durch die die gewünschte Glasgröße auf 0,1 mm genau eingestellt werden kann.
Mechanisch geschieht dies durch das Verdrehen eines Exzenters. Eine zeitgemäße Elektronik ermöglicht es auch, die Größen über Digitalanzeige sichtbar zu machen, oder gar die Form 1:1 vom Fassungsrand abzutasten.
Zum Ein- und Ausschalten des Automaten sowie zum Starten der Schleifprogramme werden einige Bedienungselemente benötigt.

Abb. 14.15 Justiermöglichkeiten über Mikroschalter

Je mehr Knöpfe aber vorhanden sind, desto größere Fehlbedienungsmöglichkeiten gibt es.
Vorrangiges Gewicht sollten haben:
- Übersichtlichkeit,
- ergonomische Anordnung in Griffhöhenweite,
- soviele Bedienungselemente wie nötig, aber sowenig wie möglich,
- einheitliches Bezeichnungssystem bei allen Maschinen.

14.3.4 Schleifzugabe beim Vorschliff

Die Vorschleifscheibe wird durch laufende Abnutzung im Durchmesser kleiner und demzufolge das vorgeschliffene Glas größer. Die Differenz zwischen Vor- und Feinschliff sollte je nach Körnung der Vorschleifscheibe bei der Einlauffacettenscheibe 1,2 – 1,5 mm betragen. Um die Feinschleifscheibe zu schonen, sollte die Schleifzugabe (Vorschliffdifferenz) regelmäßig überprüft und gegebenenfalls nachjustiert werden.

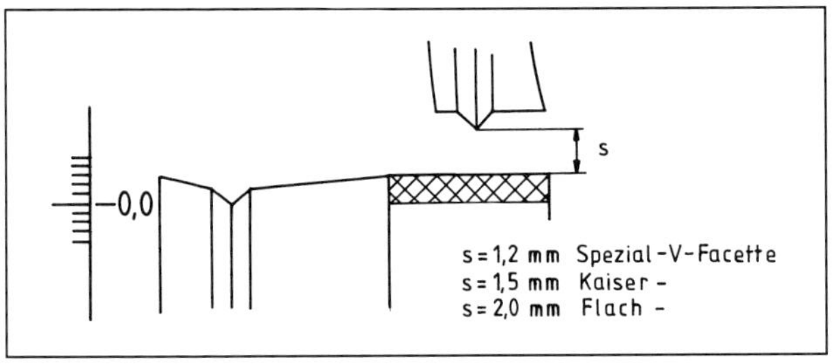

Abb. 14.16 Schleifzugabe beim Vorschliff

Je nach Gerätetyp erfolgt die Verstellung über Exzenter oder Nocken. Unterläßt man eine Nachjustierung, so führt das zu längeren Schleifzeiten und einem erhöhten Verschleiß der Feinschleifscheibe im Facettenprofil und damit schlechterer Facettenqualität.

14.3.5 Schleifzyklus

Das Oberteil mit dem eingespannten Glas muß zum Vor- und Feinschliff zur entsprechenden Diamantschleifscheibe geführt werden. Das kann durch einen Handhebel oder motorisch geschehen. Das Absetzen und Ausheben des Oberteils von der Schleifscheibe erfolgt ebenfalls durch einen Aushebemotor automatisch.

Das eigentliche Senken und Heben des Glases zur Vor- und Feinschleifscheibe bewirkt die Formscheibe, die sich auf dem Abtastblock abstützt. Ist das Glas an einer Stelle fertig geschliffen, drückt die Formscheibe auf den Abtastblock und betätigt dadurch einige Mikroschalter. Diese steuern das Drehen der Glashaltewelle sowie das Ausheben des Oberteils.
Den Gesamtablauf eines Schleifvorganges nennt man Schleifzyklus. Je nach Facettenart und Schliff kann ein Zyklus halb- oder vollautomatisch ablaufen. Die Steuerung eines Schleifzyklus erfolgt durch mechanische und elektronische Bauelemente. Mechanische Teile sind: Laufrolle, Kopierpilz, Exzenterlaufbolzen und Stellschrauben.
Die elektronische Steuerung ist auf einer oder mehreren Platinen zusammengefaßt. Eine wichtige Verbindung zwischen der Mechanik und Elektronik stellen die Mikroschalter dar, die für eine Änderung von Ausheben, Absenken, Vorschliffdifferenz etc. auch verstellt werden können.
Da das Zusammenspiel von Strom, Wasser und Metall die Einhaltung strenger Vorschriften erfordert, ist von einer eventuell Selbstreparatur bei Störungen abzuraten. Dies ist Sache des Kundendienstes.
Justagen und Korrekturen sollte jeder Bediener aber selbst ausführen können.
In einem guten Handbuch sind die wichtigsten Handgriffe für solche Korrekturen beschrieben. Hierzu gehören etwa Kontrolle einer elektrischen Sicherung, Wechsel einer Schleifscheibe, Einstellen der Vorschliffdifferenz, Spannen eines Keilriemens, Kontrolle der Achslage.

14.4 Formscheibe

Die Formscheibe ist der eigentliche Informationsspeicher für die Steuerung des Automaten. Sie muß alle Informationen enthalten über
- Formgenauigkeit,
- Größengenauigkeit,
- Zentriergenauigkeit,
- Achsgenauigkeit.

An die Form- und Maßhaltigkeit der Formscheiben werden hohe Anforderungen gestellt, damit unproduktive Nacharbeit von Hand entfallen kann. DIN

5345 legt die zulässigen Toleranzen für Formscheiben fest.
Beim Einlegen der Formscheibe ist je nach Bearbeitung der rechten oder linken Linse zu beachten, daß die nasale oder temporale Seite zwischen Linse und Formscheibe übereinstimmt. Abb. 14.17 zeigt die richtige Stellung der Formscheibe zum Brillenglas.

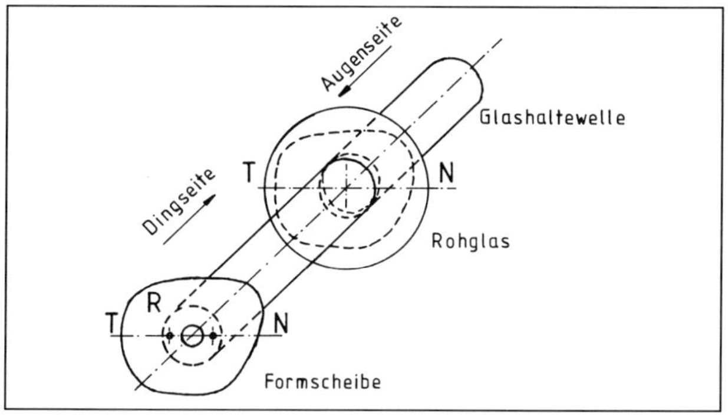

Abb. 14.17 Stellung der Formscheibe zum Brillenglas

14.4.1 Einstellung der Glasgröße

Nachdem die Formscheibe mit der gegebenen Brillenfassung hinsichtlich der Größe verglichen wurde, kann eine entsprechende Einstellung auf dem Skalenring erfolgen.
Eine Kontrolle (Form, Größe) des fertig geschliffenen Glases ist besonders bei Metallfassungen unumgänglich.

14.4.2 Kontrolle der Glasgröße

Mit der Abnutzung der Schleifscheibe verändert sich bei konstanter Position des Skalenringes die Größe des geschliffenen Glases.
Eine Kontrolle und Korrektur der Nullstellung am Skalenring ist deshalb von Zeit zu Zeit notwendig.

14.5 Systeme der Glashalterung bei Schleifautomaten

Im Laufe der Entwicklung des Schleifautomaten kristallisierten sich drei Systeme heraus, um das Glas während des Schleifprozesses in der Maschine zu halten. Nach dem Stand der Technik ist aber nur das erstgenannte im Handwerksbetrieb noch empfehlenswert:

1. Klebepadsystem,
2. Aufblocken des Glases mittels Metallblock,
3. Saugeraufnahme des Glases.

14.5.1 Klebepadsystem

Die Glasaufnahmevorrichtung besteht aus einer doppelseitig klebenden Kunststoffolie, dem „Klebepad“ und einem Maschinenaufnahmeblock, dem „Blockpad“, an das folgende Forderungen zu stellen sind:

1. Das Klebepad darf entspiegelte Gläser an der Oberfläche nicht beschädigen.
2. Das Klebepad muß nach dem Aufbringen des Klebers wieder leicht ablösbar sein.
3. Das Klebepad darf nicht so dick und nachgiebig sein, daß sich gegebenenfalls ein Verschieben des Glases in der Glashaltewelle ergibt.
4. Das Klebepad muß von den Schutzpapieren leicht und ohne Kraftaufwand zu lösen sein.
5. Der Zentrierablauf darf durch den Klebevorgang zeitlich und vom Schwierigkeitsgrad her in keiner Weise erschwert werden.
6. Das Klebepad soll beim Bearbeitungsprozeß ähnliche Hafteigenschaften haben wie bei der Verwendung von Metallblocks.
7. Das Klebepad darf nach dem Abziehen vom Glas keine Rückstände zurücklassen, sowohl bei Kunststoff- als auch bei Silikatgläsern.

Klebepads gibt es in dreifacher Ausführung:

a) als vorgestanzte Einzelklebepads, auf Blätter geklebt. Diese gibt es auch in keilförmiger Ausführung, um stark dezentrierte oder prismatische Gläser aufnehmen zu können,
b) als vorgestanzte Einzelklebepads, bandförmig auf Rolle,
c) als selbstportionierbares Doppelklebeband (am kostengünstigsten).

Die einzelnen Klebepads sollten seitlich eine kleine Schlaufe haben, um ein einfaches Abziehen der Klebepads von der Basisfolie zu ermöglichen. Diese Schlaufe erleichtert auch das Abziehen vom bearbeiteten Brillenglas, ohne die Oberfläche zu beschädigen. Ein kleiner, aber wirksamer Trick besteht darin, die Schlaufe prinzipiell „zum Bearbeiter zeigend“ aufzukleben. Wird diese Regel strikt befolgt, ist ein falsches Einsetzen des Glases ausgeschlossen.

Ferner sollte das Klebepad aus dehnbarem Material gefertigt sein, das ein gutes Anpassen an die Glasoberfläche ermöglicht. Der Kleber selbst verwittert nicht und hat eine Lebensdauer von mehreren Jahren.

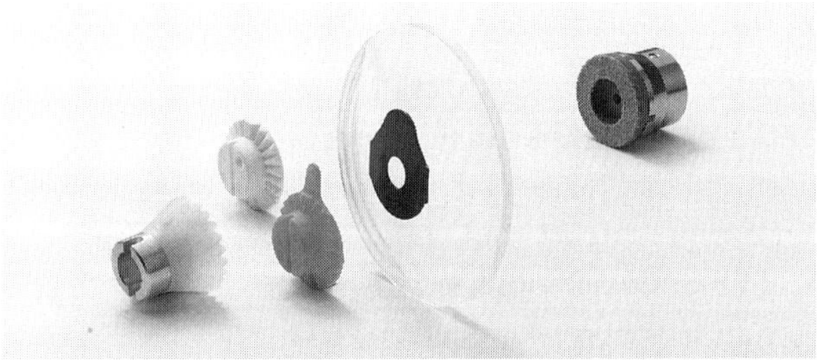

Abb. 14.18 Klebepadsystem

Diese Klebepads können auf Blockpads aufgebracht werden, die unterschiedliche Krümmungen aufweisen (zum Beispiel Fa. WECO), um eine Anpassung an unterschiedliche Glasoberflächen zu ermöglichen. Die Blockpads werden aus Kunststoff hergestellt und unterschiedlich eingefärbt, um ein schnelles Erkennen zu erreichen.
Es gibt auch verschleißfestere Blockpads mit Metallaufnahme und aufvulkanisiertem Gummiteller. Dieser ist elastisch genug, um beim Anpressen im Zentriergerät und infolge der Klebewirkung die Glaskrümmung mitzumachen.
Da die einmal gebrauchte Klebefolie weggeworfen wird, gibt es keine Beschädigung der Glasoberfläche durch Schleifpartikel. Auch eine Beschädigung der Glasoberfläche durch unsachgemäßes Aufbringen des Blocks oder durch dessen Lösevorgang von der Glasoberfläche ist so gut wie ausgeschlossen.
Wie wird zentriert? Ein Klebepad wird vom Schutzpapier einseitig abgezogen und auf den Blockpad aufgesetzt. Das Blockpad mit dem Klebepad wird in die Aufnahme des Zentriergerätes eingeschoben und dann die zweite Schutzfolie von dem Klebepad abgezogen. Das Glas wird nun in das Zentriergerät eingelegt und zentriert. Nach dem Einschwenken des Blockpads und dem Aufsetzen auf das Glas ist dieses fertig für die Randbearbeitung.
Ist die Randbearbeitung abgeschlossen, können Blockpad und Klebepad leicht ohne Rückstände von der Glasoberfläche wieder entfernt werden, indem man das Klebepad an der Schlaufe, die nicht mit der Glasoberfläche verklebt, abzieht. Sollten dennoch Kleberückstände am Glas verbleiben, können diese leicht mit Spiritus oder Benzin entfernt werden.

14.5.2 Metallblock

In der industriellen Fertigung ist das Metallblockverfahren weit verbreitet.
Das Metallblock-System stellt eine absolut starre Verbindung zwischen Glas und Adapter her. Das Glas kann sich also während des Arbeitsprozesses in der Maschine nicht verschieben oder verdrehen; das heißt, zur Kontrolle kann das Brillenglas ohne weiteres entnommen werden und wird beim zweiten Einsetzen exakt gleich in der Glashaltewelle positioniert. Diesem Vorteil der sehr genauen Fixierung des Glases steht jedoch ein hoher Zeit- und Kostenaufwand zur Herstellung und auch zum Lösen des Blocks gegenüber.
In der Vorbereitung des Glases muß mit einem Kontaktspray oder einer Schutzfolie gearbeitet werden, um die (veredelte) Glasoberfläche zu schützen. Im Zentriergerät wird dann die Gießform aufgesetzt mit dem Metallblock versehen, wobei es immer wieder vorkommt, daß sich bei unsachgemäßer Vorbereitung des Glases ein Block wieder lösen kann und der gesamte Zentriervorgang nochmals durchgeführt werden muß. Hinzu kommt noch, daß während des Blockvorganges Metall verlorengeht und – da das Metall (Alloy) relativ teuer ist – jeder Blockvorgang einen gewissen Kostenaufwand darstellt. Das **Aufblockmetall** ist ein Kristallgemenge mit extrem niedrigem Schmelzpunkt. Seine Hauptbestandteile sind:

		Vol% – Anteil	Schmelztemperatur
Blei	(Pb)	36,5%	323 °C
Wismut	(Bi)	24,5%	271 °C
Cadmium	(Cd)	21,1%	321 °C
Zinn	(Sn)	16,2%	232 °C
Silizium	(Si)	1,6%	1400 °C
Alloy – Schmelztemperatur: 67 °C			

Das genannte Beispiel beschreibt nur ein mögliches Blockmetall nach Zusammensetzung und Schmelz-

punkt. Insgesamt stehen industriell etwa 10 verschiedene Legierungen mit Schmelztemperaturen zwischen 48 °C und 85 °C zur Verfügung.
Nach dem Schleifprozeß bedarf es einer intensiven Reinigung des Glases, um Rückstände des aufgebrachten Kontaktsprays wieder zu beseitigen, was wiederum sehr kostenintensiv sein kann.
Es hat sich gerade bei Kunststoffgläsern gezeigt, daß sich bei nicht sachgemäßer Einhaltung der Schmelztemperatur leichte Abdrücke vom Block – auch als „Apfelsinenhaut" bekannt – abzeichnen, die in vielen Fällen einen Verlust des Glases zur Folge haben.
Aber nicht nur das Aufbringen des Glases ist sehr aufwendig, kostenintensiv und nicht absolut sicher, sondern es können auch nach dem Schleifen des Glases Schwierigkeiten auftreten, nämlich den Block sicher und ohne Beschädigung des Glases wieder vom Glas zu trennen. Dieser Trennvorgang hat oft schon zu Glasbruch oder zur Beschädigung von Entspiegelungsschichten geführt.

14.5.3 Saugeraufnahme

Das Prinzip des Glasaufsaugens ist antiquiert und wegen der Summe seiner Nachteile nicht mehr zu empfehlen.

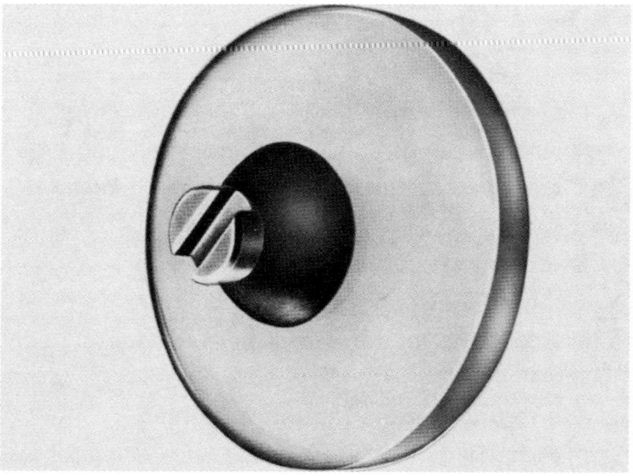

Abb. 14.19 Sauger

Sauger gibt es (noch) in folgenden Ausführungen:

a. Plastiksauger (transparent) mit Achsenkreuz und Aufnahmestück aus Kunststoff,
b. Gummisauger (schwarz) mit Zentrierpunkt und/oder Achsenkreuz und Aufnahmestück aus Metall.

Beide Saugertypen gibt es in den Ausführungen: klein (für Halbbrillen) und groß (Normalfall).
Sauger haben den grundsätzlichen Nachteil, daß sich Schmutzreste, die dem Zerspanungsprozeß entstammen, sehr leicht im Gummiteil festsetzen. Verwendet man die Sauger auf Kunststoffgläsern, drücken sich die Schmutzpartikel schnell in die Oberfläche ein und zerkratzen das Glas. Ferner haften mehrfach gebrauchte Sauger nicht besonders gut. Durch häufiges Einspannen ist der Gummi ringförmig an den Druckstellen „mürbe" geworden oder die Innenfläche der Sauger durch Glassplitter verletzt, also matt geworden. Die transparenten Silikonsauger verschleißen noch schneller, da ihr Kunststoff schnell altert, zunehmend härter wird und nicht mehr flexibel bleibt. Durch die hohe Druckbelastung zwischen der Hülse, der Glaseinspannachse und dem Brillenglas wird also mit der Zeit der Gummi porös und das Glas „elastischer" (Sichtbarmachen durch Umkrempeln des Saugers). Dies kann bei eckigen und stark exzentrischen Formen und bei hohem Schleifdruck zu Achsverdrehungen führen.
Ein weiterer Nachteil ist, daß der sichere Halt des Saugers bei Serienarbeiten, in der das Glas einige Zeit unbearbeitet am Werktisch liegt, nicht gewährleistet ist. Daraus resultiert eine hohe Unsicherheit und eventuell auch ein erhöhter Arbeitsaufwand.
Beim Aufsetzen des Saugers an geneigten Glasflächen (bei dezentrierten oder prismatischen Brillengläsern) kann es vorkommen, daß der Sauger das Glas seitlich verschiebt, da er in der Aufnahme des Zentriergerätes stets senkrecht nach unten gedrückt wird. Trifft er auf schräge Flächen, wird die Druckverteilung ungleichmäßig. Die im Sauger eingeschlossene Luft entweicht an der tiefsten Stelle, und damit entstehen seitlich gerichtete Kraftkomponenten. Diese führen zu einer horizontalen Verschiebung des Brillenglases auf dem Zentriertisch.

14.6 Schleifprogramme

14.6.1 Selbststeuerung des Facettenverlaufs

Eine Verlagerung des Facettenverlaufs entsteht dadurch, daß zum einen das Brillenglas dem Zerspanen einen Widerstand entgegensetzt, und zum anderen, daß dieses durch das Schlittengewicht auf die Schleifscheibe gedrückt wird. Während der Drehung der Glashaltewelle wird es beim Feinschliff „freilaufend" geschliffen. Das heißt, daß es in der Facette der Feinschleifscheibe abgesetzt und die seitliche Blokkierung des Oberschlittens nach dem Vorschleifprogramm aufgehoben wird. Das Brillenglas setzt beim Absenken des Oberschlittens auf einer schräg verlaufenden Facettenfläche auf, gleitet an dieser durch den senkrechten Anpreßdruck ab und wird in die Mitte geschoben, bis der Schleifwiderstand an beiden Schleifscheibenflanken gleich groß ist. Da Brillengläser unterschiedlich geneigte Flächen und Durchbiegungen haben, entstehen manchmal unterschiedliche Facettenlagen.

14.6.2 Zwangssteuerung des Facettenverlaufs

Dieses Facettenschleifprogramm eignet sich für alle Brillengläser mit starker optischer Wirkung bei Brillen mit Vollrandfassung. Hier muß bei stärkeren Randbreiten oder extremen Breitenunterschieden (starke Zylinderwerte) an Brillengläsern die Facette gezielt verlagert werden. Dies gilt auch für Brillengläser, bei denen der Facettenverlauf aus Gründen der Fassungsbeschaffenheit oder aus ästhetischen Gesichtspunkten kontrolliert geschliffen werden muß.
Der Facettenverlauf ist abhängig von der jeweiligen Einstellung der Facettensteuerung.
Die Möglichkeiten glasformabhängiger Facettensteuerungen sind jedoch begrenzt, wenn extrem ekkige flache Formen bei starker Glaskrümmung geschliffen werden sollen. Eine „Übersteuerung" führt zu einer unbrauchbaren Facettenverwerfung an den Ecken des Glases. Das Schleifen eines Probeglases ist oft ratsam.
Der Kurvenverlauf am Brillenglas hängt ab von

- der geometrischen Form der Formscheibe,
- der Dezentration des Brillenglases,
- der Durchbiegung des Brillenglases,
- der Vergrößerung/Verkleinerung des gegebenen Formscheibenmaßes,
- dem Nutenverlauf in der Brillenfassung.

Um bei stärkeren Randbreiten oder extremen Breitenunterschieden an den Brillengläsern die Facette bewußt verlagern zu können, ist in der Regel am Maschinenunterteil eine höhenverschiebbare und/oder neigbare Kurve angebracht. Diese wird durch einen am Maschinenoberteil angebrachten Bolzen abgetastet.

14.6.3 Verfahren der Zwangssteuerung

Die Facettengestaltung vollzieht sich in 3 Phasen:

- Wahl des Randprofils,
- Einstellung einer Raumkurve.
  Die Raumkurve hängt von den beiden Flächenkrümmungen des Brillenglases und der Scheibenform ab,
- Verlagerung der Facette zur Vorder- bzw. Rückfläche.

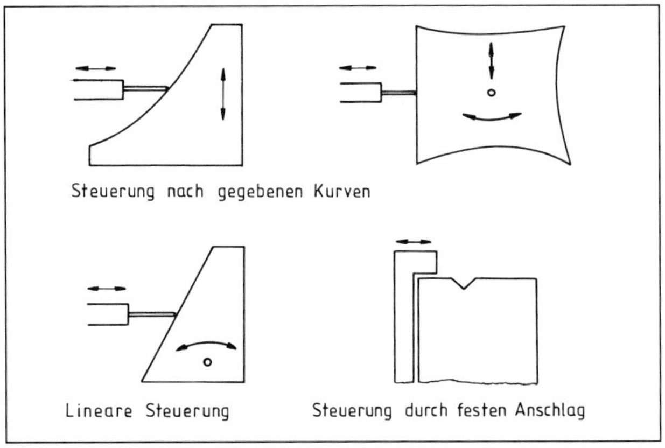

Abb. 14.20 Verfahren der Zwangssteuerung

a. Lineares Prinzip
Projiziert man eine räumliche Kurve linear, so erhält man eine brauchbare Näherung des Facettenverlaufs.

b. Steuerung nach gegebenen Kurven
Die richtige Einstellung erfordert eine intensive praktische Erfahrung. Im Einsatz ist diese Steuerung aber universeller.

c. Steuerung mittels festem Anschlag
Beim Feinschliff wird das Brillenglas an seiner Vorderfläche abgetastet (Nylonschuh oder ähnliches) und die Facette vorderflächenparallel geschliffen.
Die unter a. bis c. genannten Methoden sind nicht mehr so verbreitet, überwiegend wird heute mit dem Panhard-Stab gesteuert.

d. Steuerung mit dem Panhard-Stab
Eine ausgezeichnete Möglichkeit der Kurvensteue-

rung bietet der „Panhard-Stab". Durch die Führung des Oberteils in zwei Gelenken des Panhard-Stabes wird die Einstellarbeit wesentlich vereinfacht.
Funktion und Handhabung:
Die Auf- und Abbewegung des Oberteils beim Schleifen unrunder Formen wird mit Hilfe des Panhard-Stabes in eine waagerechte (seitliche) Bewegung umgesetzt.
Der Stab ist rechts im Maschinengehäuse durch ein Gelenk fixiert. Somit beschreibt das linke Ende des Stabes einen Kreisabschnitt.
Je weiter das Oberteil beim Schleifen absinkt, um so mehr wird es dadurch nach rechts bewegt.

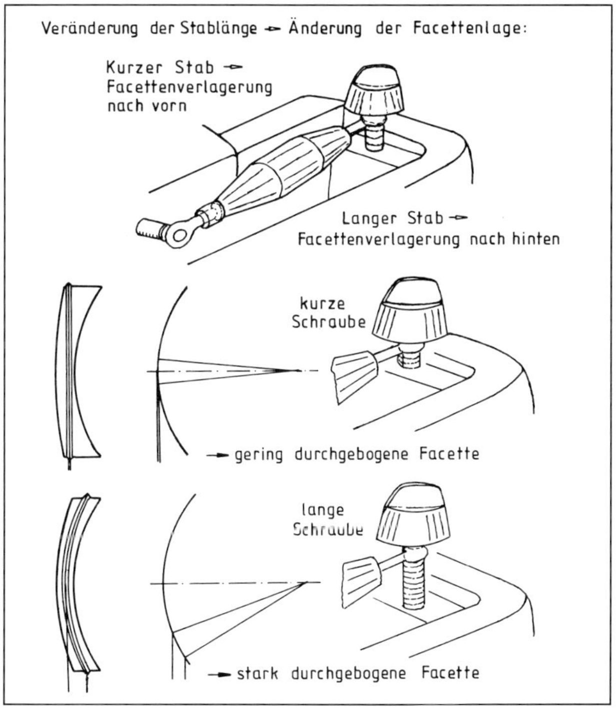

Abb. 14.21 Zwangssteuerung durch Panhard-Stab

Durch die Höhenverstellung des rechten Gelenkpunktes setzt man die vertikale Bewegung stufenlos in eine geringere oder stärkere horizontale Bewegung um.
Die **Höhenverstellung** hat folgende Wirkung:
Drehung der Einstellschraube nach oben ergibt eine starke Querbewegung und damit eine stark durchgebogene Facettenkurve.
Drehung der Einstellschraube nach unten ergibt eine geringe Querbewegung und damit eine wenig durchgebogene Facettenkurve.

Verändert man die **Stablänge** mittels Schraubwalze, so ändert sich die Facettenlage am Glasrand nach folgender Regel:
Langer Stab: Glasverschiebung zur Objektseite hin und damit Verlagerung der Facette zum hinteren Brillenglasrand.
Kurzer Stab: Glasverschiebung zur Bildseite hin und damit Facettenverlagerung nach vorne.

14.7 Schleifscheibenprofile

14.7.1 Einfache Spitzfacette

Die Schleifscheibe für die einfache Spitzfacette ist eine der ältesten Scheibenarten. Ihre beiden Schleifflanken schließen einen Winkel von 120° ein. Da das Schleifergebnis bei stärkeren Plusgläsern durch die relativ breiten vorderen Facettenflächen ästhetisch wenig ansprechend ist, wurde dieses Profil schon bald unmodern. Ferner waren die Schleifscheiben ziemlich schmal, so daß man bei Brillengläsern mit größerer Randdicke auf andere Scheibentypen ausweichen mußte.

14.7.2 Plus-Minus-Facette

Bei dieser Facette entspricht eine Hälfte der einer Spitzfacette, die andere ist abgesetzt.
Durch die lange schräge Fläche schiebt sich dann das Brillenglas während des Schleifens nach einer Seite hin; die Facette verlagert sich.
Das Ergebnis ist eine Facette, deren schräge Vorderseite etwas höher ist als die abgesetzte Hinterseite. Um die geschliffene Facette nach vorn oder hinten verlagern zu können, besteht diese Schleifscheibe aus zwei spiegelbildlich angeordneten Nuten. Der Facettenverlauf regelt sich hier zwar auch selbsttätig und braucht nicht mehr jedesmal neu eingestellt zu werden, aber auch diese Schleifscheiben erwiesen sich für ein automatisches Einsetzen als zu schmal.

14.7.3 Einlauffacette (Spezial-V-Facette)

Das Schleifscheibenprofil der Einlauffacette ist an der Vorderseite des Brillenglases zusätzlich abgesetzt. Die Facettenbahn an der Glasrückfläche ist breiter

Automaten

	Scheibenart	Körnung D
	Vorschliff	151 / 181
	Spitzfacette	35
	Flach- und Spezialfacette	35
	Plus-Minus-Facette	35
	Spezial-V-Facette	30/35

Handschleifmaschinen

	Feinschliff mit Facettennut und Schulter	25
	Feinschliff mit Flachbahn und Schulter	25
	Feinschliff mit Facettennut und schulter	25
	Vorschliff	110 35
	Feinschliff	25
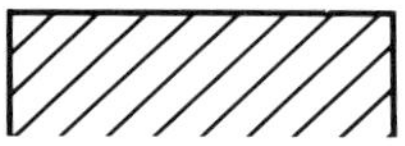	Keramikscheibe Feinschliff	–
	Feinschliff mit Flachbahn und Facettennut	25

Abb. 14.22 Auszug aus dem Scheibenangebot eines Herstellers

und flacher als die der Vorderseite. Beim Absenken des Brillenglases läuft dieses auch an die tiefste Stelle der Facettennut, aber durch unterschiedliche Neigungswinkel und Diamantkörnung (Korngröße) ergibt sich eine Verschiebung des Glases zur flacheren Seite hin: Wenn nämlich eine Seite der Schleifscheibe kleinere Diamanten enthält, schleift diese Seite langsamer und das Brillenglas verschiebt sich mehr zur gegenüberliegenden Facettenfläche. Dies kann bei Gläsern mit unterschiedlicher Randdicke zu recht verschiedenen Facettenlagen führen. Bei dünnen Brillengläsern oder frisch gereinigten Schleifscheiben besteht oft die Gefahr, daß die geschliffene Facette „entgleist", weil das Brillenglas durch mangelnden Schleifwiderstand den Oberschlitten nicht korrekt seitlich bewegen kann.

Der große Vorteil der Einlauffacette liegt darin, daß mit dieser Schleifscheibe Brillengläser mit unterschiedlicher Randdicke und Durchbiegung weitgehend automatisch schleifbar geworden sind, ohne daß jedesmal der Aufsetzpunkt beim Feinschliff korrigiert werden muß.

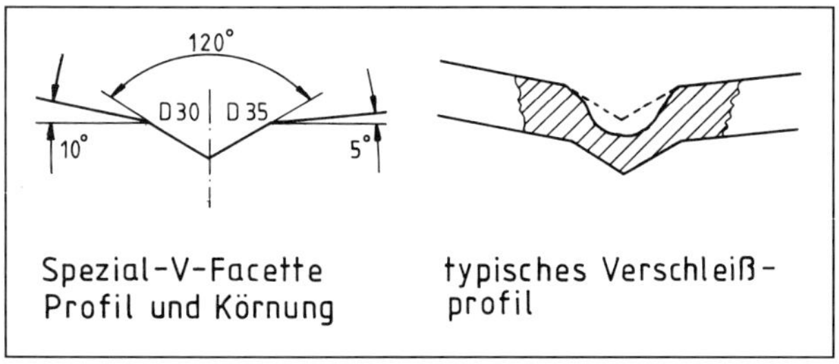

Abb. 14.23 Spezial-V-Faxette (Einlauffacette)

14.7.4 Kaiserfacette

Diese Schleifscheibe ermöglicht durch ihre breiten Flachbahnen und die nur wenig tiefe Spitzfacette kaum eine selbsttätige Verlagerung der Facetten, da sie keine seitliche Führung des Brillenglases zustande bringt. Sie ist daher nur für zwangsgesteuerte Facetten tauglich.

14.8 Leistungssteigerung bei Diamantschleifscheiben

14.8.1 Ausnutzung der Vorschleifscheibe

Die Lebensdauer der Vorschleifscheibe kann man spürbar verlängern, wenn das Brillenglas nicht immer auf der gleichen Stelle aufgesetzt und geschliffen wird. Eine gleichmäßige Ausnutzung des Scheibenbelags erreicht man durch Verlegung des Aufsetzpunktes. Alle zwei bis vier Wochen sollte der Aufsetzpunkt durch Verdrehen der entsprechenden Stellschraube etwas verstellt werden.
Eine andere Möglichkeit besteht darin, das Brillenglas mit seiner Konvexseite möglichst außen am Schleifscheibenrand aufzusetzen. Wird das Glas kleiner geschliffen, wandert es von selbst weiter in die Mitte. Nach einer gewissen Zeit sollte man dann die Vorschleifscheibe umdrehen, um die andere Schleifscheibenseite abzunutzen.
Eine Positionskorrektur auf der Schleifscheibe nimmt man zweckmäßigerweise während des Schleifprozesses vor.

14.8.2 Ausnutzung der Feinschleifscheibe

Die Standzeit der Feinschleifscheibe verlängert man, indem man in regelmäßigen Zeitabständen das Differenzmaß zwischen Vor- und Feinschliff überprüft und gegebenenfalls nachstellt. Die sogenannte Vorschliffdifferenz sollte je nach Scheibentyp 1,2 mm bis maximal 2,0 mm betragen. Das Handbuch zum Automaten gibt hier nähere Auskunft. Ein zu häufiges Reinigen der Schleifscheibe führt zu einem vermehrten Abtrag der Metallbindung und verkürzt ebenfalls die Lebensdauer.

14.9 Pflege und Kühlung der Schleifscheibe

14.9.1 Keramikschleifscheibe

Die Keramikschleifscheibe wird bei ungenügender Schleifleistung abgezogen.
Dazu wird von Hand ein Siliziumkarbidstein gegen die laufende Scheibe gedrückt. Das harte SiC reißt die Oberfläche der Scheibe auf und fördert neue schleiffähige Steine nach oben.
Ist die Scheibe unrund geworden, so wird sie mit einem Diamant abgedreht. Der Diamant ist üblicherweise in einer Haltevorrichtung eingebaut und wird gegen die laufende Scheibe geführt. Auf reichliche Wasserzufuhr ist zu achten!

14.9.2 Pflege der Diamantschleifscheibe

Hierzu zählen das Reinigen mit Reinigungssteinen sowie das Egalisieren, das aber nur beim Hersteller oder bei einem Scheibenservice möglich ist.

Abb. 14.24 Scheibenpaket eines Schleifautomaten

Beim Schleifen der Brillengläser entstehen am Schleifpunkt durch die große Umfangsgeschwindigkeit der Schleifscheibe, besonders beim mineralischen Glas, sehr hohe Temperaturen. Dies führt einerseits zu Schmelzrückständen, die das Diamantkorn zusetzen, und andererseits zu einer Graphitisierung des Diamants an seinen Kanten.
Die organischen Gläser hingegen „schmieren“. Da Kunststoff nie vollkommen ausreagiert ist, bilden die noch vorhandenen Weichmacherbestandteile einen Schmierfilm, der die Diamanten zusetzt und sie daran hindert, das Material schneller zu zerspanen. Diese und andere Kriterien führen dazu, daß die Schleifscheibe von Zeit zu Zeit gereinigt werden muß.
Im einfachsten Fall erreicht man dies durch abwechselndes Schleifen von organischem und mineralischem Glas. Falls möglich, sollten verschiedene Glassorten nacheinander geschliffen werden, man erreicht hierdurch einen gewissen Selbstreinigungseffekt.

Trotz aller Vorsichtsmaßnahmen wird man nicht umhin kommen, manchmal die Diamantschleifscheiben wirkungsvoll zu „reinigen". Dies geschieht mit Hilfe der Reinigungssteine. Es handelt sich hierbei um Schleifsteine, die die Rückstände von der Scheibenoberfläche abschleifen. Sie bewirken durch Bindungsabtrag das Hervorkommen neuer und schneidfähigerer Diamantkörner, welche die Zerspanungsfähigkeit der Schleifscheibe wieder vollständig herstellen.

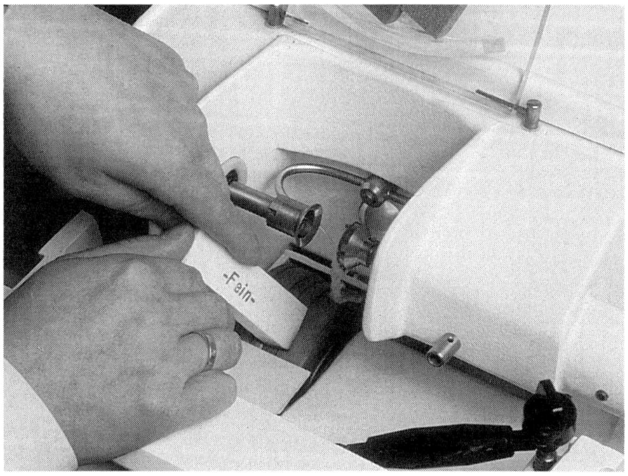

Abb. 14.25 Reinigung der Feinschleifscheibe

Die Reinigungssteine bestehen aus verschiedenen Materialien mit entsprechender Bindung, Härte und Körnung. Sie sind auf die Diamantgröße und Bindung der jeweiligen Schleifscheibe abgestimmt.

Reinigungssteine:	
Rot:	nur für Vorschleifscheiben
Grün (bzw. Weiß-hart):	nur für Feinschleifscheiben zum gründlichen Reinigen
Weiß-weich:	nur für Feinschleifscheiben zum Zwischendurchreinigen („Schärfen")

Die Färbung der Reinigungssteine ist leider bei den verschiedenen Schleifautomatenherstellern unterschiedlich.

Durch ungleiches Schärfen der Nutflanken kann man zusätzlich die Lage der geschliffenen Facette am Brillenglas beeinflussen. Reinigt man hauptsächlich die rechte Nutflanke, erreicht man dadurch, daß das Brillenglas von der stumpferen linken Seite zur rechten schärferen Seite gedrückt wird. Dies bedeutet, daß sich die geschliffene Facette zum linken Glasrand hin verlagert.

Vor dem Reinigen sollten zunächst die Reinigungssteine gewässert werden, damit beim Reinigungsprozeß keine trockene Reibung zwischen dem Stein und der Schleifscheibe entsteht. Beim Reinigen der Schleifscheibe drückt man bei erhöhter Wasserzufuhr die Reinigungssteine mehrmals mit kurzem kräftigem Druck gegen die laufende Schleifscheibe.

Nacharbeit des Schleifscheibenprofils

Diesen Vorgang nennt man „Egalisieren". Zeigen sich auf der Oberfläche der Vorschleifscheibe tiefere Verschleißrillen oder beginnt die Spitzfacette der Feinschleifscheibe rund zu werden, sollte man die Schleifscheiben zum Egalisieren an den Hersteller schicken. Dieser schleift mit einer geeigneten Gegenschleifscheibe den Diamantbelag so lange ab, bis die Laufrillen entfernt sind. Die Nuten der Feinschleifscheiben werden nachprofiliert. Die Schleifscheiben mehr als einmal zum Egalisieren zu schicken, lohnt sich nicht, da die Beläge oft nur einen Millimeter dick sind.

14.9.3 Kühlung während des Schleifprozesses

Durch das Aufschlagen der Diamantkörner erwärmen sich das zu zerspanende Brillenglas und die Schleifscheibe mit den enthaltenen Diamanten an der Oberfläche. Für den Schleifprozeß bedeutet eine gute Diamantenkühlung längere Lebensdauer der Diamantschleifscheibe. Deshalb muß die Schleiffläche ständig gekühlt werden.

Für die Zerspanung von Glas ist Wasser das beste Kühlmittel. Schwierigkeiten können auftreten, wenn hartes Leitungswasser benutzt wird; es ist schlecht benetzend, da es eine große Oberflächenspannung und damit eine mangelhafte Kühlfähigkeit hat.

Der Flüssigkeitsfilm sollte die Oberfläche der Schleifscheibe gleichmäßig benetzen und dabei nicht abreißen.

Der Aufgabenbereich des Kühlwassers beim Schleifen umfaßt:

- die Kühlung des Glases,
- die Kühlung des Schleifmittels,
- die Kühlung des Bindemittels,
- den Abtransport der Glassplitter,
- eine merkbare Senkung des Geräuschpegels.

Wichtig ist, das Wasser an jene Stelle zu leiten, an der das Glas auf der Schleifscheibe aufliegt. Dazu gibt es verschiedene Methoden der Schleifscheibenbewässerung.

a. Wasservorhang über der Diamantschleifscheibe gegen das Brillenglas

Bei Schleifautomaten mit schrägem Blickwinkel auf die Diamantschleifscheiben spritzt das Wasser vorhangartig über die Schleifscheibe auf das Brillenglas.

b. Bewässerung des gesamten Schleifkörpers aus einer Rechteckdüse oder mehreren Röhrchen

Das Wasser strömt gleichmäßig und ständig auf das gesamte Schleifscheibenpaket. Nachteilig ist hierbei der große Wasserverbrauch bei Frischwasseranschluß bzw. der schnelle Durchsatz des Kühlmittels in der Umwälzanlage. Bei Verwendung einer Umwälzpumpe können sich die Schwebteile nicht mehr vollständig absetzen und es gelangt Wasser in den Schleifraum, das mit Schleifrückständen angereichert ist. Trifft der Wasserstrahl zu weit vor dem Brillenglas auf die Schleifscheibe auf, besteht die Gefahr, daß das Wasser zu früh von der Scheibenoberfläche weggeschleudert und Luft unter das Brillenglas gezogen wird.

c. Wasseraustritt aus zwei Düsen oberhalb der Glashaltewelle

Hier hat man in der Regel zwei Wasserdüsen im beweglichen Oberteil, die gegen das Brillenglas spritzen. Der Nachteil hierbei ist, daß der relativ starre Wasserschlauch die seitliche Bewegungsfähigkeit des Oberschlittens behindern kann. In der Nähe der Schleifstelle befindet sich oft noch ein Schwamm oder eine Bürste als Abstreifer und Spritzschutz. Die Menge der Wasserzufuhr muß entsprechend dimensioniert und möglichst regelbar sein.

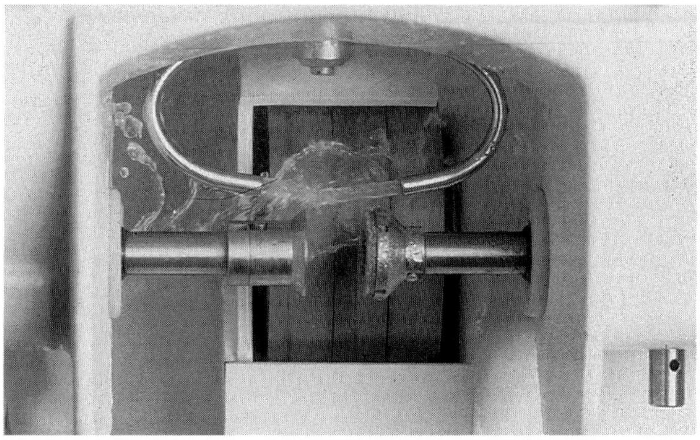

Abb. 14.26 Kühlung der Schleifscheibe

14.9.4 Kühlung durch Frischwasseranschluß

Der Schleifautomat benötigt pro Glas für Vor- und Feinschliff zwischen 5 bis 10 Liter Wasser. Nach heutigem Wasserpreis und Umweltverständnis spricht vieles für den Einsatz einer Umwälzpumpe.

Möchte man dennoch den Schleifautomaten direkt an das Frischwasser der Wasserleitung anschließen, benötigt man am Kühlwassereingang ein Magnetventil, das von der Elektronik des Automaten angesteuert wird.

Frischwasser hat den Vorteil, daß kein mitgeführter Glasstaub austreten kann und somit der Bereich der Glasaufnahme relativ sauber bleibt.

Viele Wasserproben enthalten aber reichlich Kalk, das heißt, das Wasser ist „hart". Hartes Wasser kühlt und benetzt schlecht. Außerdem setzt sich der Kalk unter dem Einfluß der Zerspanungswärme schnell an den Diamantkornflächen an, macht sie „matt" und lagert Glasrückstände dort leichter an.

In solchen Fällen ist das Vorschalten einer Entkalkeranlage dringend zu empfehlen. Ohne Entkalkung ist ein häufiges Reinigen des Schleifscheibenbelages erforderlich, was dann wiederum einen schnelleren Verschleiß der Scheibe fördert.

Beim Frischwasseranschluß fordern die gesetzlichen Vorschriften den Einbau eines Siphons (Setzbehälter). Er wird hinter dem Schleifautomat, aber vor dem Ablauf in die Kanalisation eingebaut. Dort soll sich der Schleifschlamm setzen, damit er nicht in das Kanalnetz gelangt. Der Siphon muß regelmäßig gereinigt werden.

14.9.5 Kühlanlage mit Umwälzpumpe

Empfehlenswert ist nach dem Stand der Technik, der Wasserpreise und des Umweltschutzes ein geschlossener Kühlwasserkreislauf.

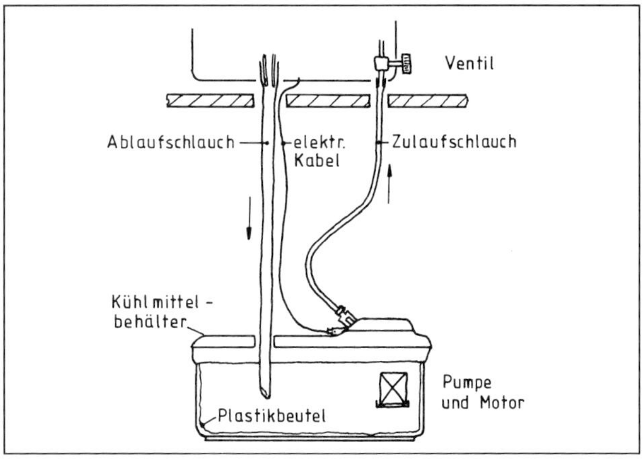

Abb. 14.27 Prinzipaufbau Kühlkreislauf mit Umwälzpumpe

Dazu wird die Wasserpumpe mit der elektronischen Steuerung des Schleifautomaten verbunden und von dieser geschaltet.

Im Kühlmittelbehälter können außerdem diverse Kläreinsätze oder spezielle Faltenfilter vorgeschaltet werden. Dadurch erreicht man einen ausreichenden Reinigungsgrad des wiederverwendeten Wassers. Damit keine Gratspäne von organischem Kunststoff in den Wasserzulauf gelangen, setzt man die Pumpe in einen Siebbehälter. Das Auskleiden des Kühlmittelbehälters mit einem Plastikbeutel ist üblich und erleichtert die regelmäßige Reinigung des Behälters, da sich der Schleifschlamm am Gehäuse nicht festsetzen kann.

Abb. 14.28 Das Ergebnis: die perfekte Facette

Für Umwälzanlagen sind spezielle Kühlmittelzusätze im Handel, deren Wirkung darauf hinausläuft, das Wasser benetzungsfähiger und damit auch kühlfähiger zu machen.

Diese Zusätze sollen ferner die Schaumentwicklung bremsen und die Korrosion der Schleifscheibenoberfläche verhindern.

Nach etwa 200 bis 250 geschliffenen Brillengläsern oder spätestens alle zwei Wochen sollte das Kühlwasser erneuert werden.

15 CNC-Schleifen

CNC-Schleifen, Computer Numerically Controlled, was frei übersetzt rechnergesteuertes Schleifen bedeutet, stellt den Stand der Technik im Randen von Brillengläsern dar. Die besonders aufwendige Technik stellt aber auch die Frage nach dem Sinn solcher Geräte.

Zweifellos wird diese Technik das Berufsbild des Augenoptikers ändern. Während Skeptiker hier nur „Knöpfedrückerei" vermuten, zeigen Erfahrungen aus anderen Berufsgruppen, die mit solcher Technik bereits seit längerer Zeit arbeiten (zum Beispiel Industriemechaniker, Feinmechaniker), daß die volle Leistung hochtechnischer Systeme nur durch Fachleute auch voll ausgenutzt werden kann. Die Qualifizierung der Mitarbeiter wird durch spezielle Schulungen der Gerätehersteller unterstützt.

Da elektronische Geräte, wie die Vergangenheit zeigt, stets billiger und gleichzeitig leistungsfähiger werden, wird diese Technik sicher auch in Betriebe einziehen, die ihr heute noch skeptisch gegenüberstehen oder vor den hohen Kosten zurückschrecken.

15.1 Bestandteile von CNC-Systemen

Die wichtigsten Einzelteile eines CNC-Systems sind:

- Abtastgerät für die Brillenfassung bzw. Formscheibe für die randlose Brille,
- Zentrier- und Aufblockeinheit,
- Schleifmaschine.

Die Verbindung der Geräte ist je nach Herstellerkonzept unterschiedlich:

– **modular:** alle Komponenten sind Einzelgeräte, natürlich durch Schnittstellen und Kabel miteinander verbunden,

– **kompakt:** alle Komponenten sind in einem Gerät zusammengefaßt,

– **teilmodular:** die Schleifmaschine ist von den übrigen Geräten getrennt.

Typisch ist auch, daß fast alle Geräte an einen vorhandenen PC angeschlossen werden können bzw. sogar ihren eigenen PC zur Steuerung besitzen. Die weitere Vernetzung mit einem elektronischen Refraktionssystem oder die Übermittlung von Daten, die bereits im Verkaufsraum erfaßt wurden, ist keine Utopie mehr. Zielpunkt jeder elektronischen Vernetzung ist ja die einmalige Erfassung von Daten und Übermittlung an jede abrufende Stelle. Eine doppelte Erfassung bedeutet doppelte Kosten und birgt außerdem das Risiko einer Falscheingabe in sich.

Sind die einzelnen Systeme in ihrer Konzeption und technischen Ausstattung auch verschieden, so ist der Arbeitsablauf in allen wesentlichen Punkten identisch.

Abb. 15.1 CNC-System: Gesamtansicht

15.2 Aufnahme der Fassungsform

Abtastgeräte tasten mechanisch die Fassungsform ab und setzen sie in einen elektronischen Formdatensatz um, der dann an das Zentrier- oder Schleifsystem übergeben werden kann. Dabei sind die verschiedensten Abtastvarianten möglich:

- Innenabtastung von Fassungen,
- Außenabtastung von Formscheiben und Stützscheiben,
- Außenabtastung von gerandeten Gläsern.

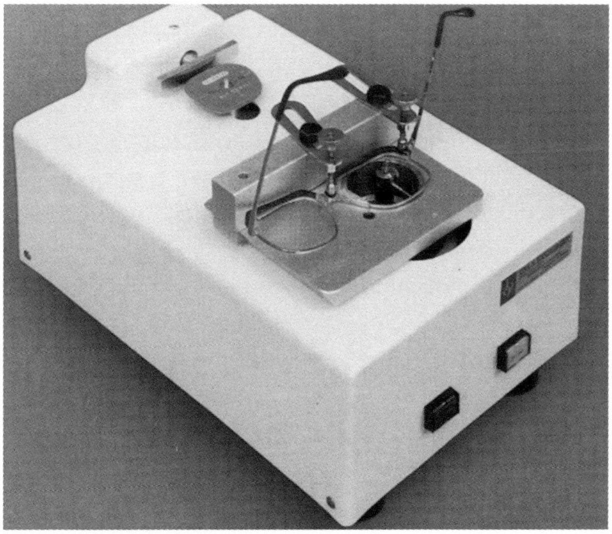

Abb. 15.2 Abtasten der Fassungsform

Ist zum Beispiel ein Glas einer Brille mit Fadenhalterung zerbrochen, so kann das andere Glas entnommen und seine Form abgetastet werden, um danach ein formgetreues Gegenglas zu schleifen.
Wesentliche Vorteile der Abtastung sind die exakte Erfassung der augenblicklich vorliegenden Glasform, unabhängig von Fassungstoleranzen des Herstellers und Änderungen durch den Augenoptiker. Die Abtastung erfolgt so schnell – ca. 15 bis 20 Sekunden –, daß die vergleichbare Situation des Heraussuchens der richtigen Formscheibe im Regelfall länger dauert, die Kontrolle der Glasgröße an der Fassung nicht einmal eingerechnet. Selbst das Suchen einer im Computer abgespeicherten Fassungsform könnte wahrscheinlich länger dauern.
Unter „deutschen" Herstellungsverhältnissen ist das Abtasten vorteilhafter und exakter. Die Betrachtungsweise ist eine ganz andere, wenn man sich die Fertigung in den großen amerikanischen Opto-Labs vorstellt. Hier ist das Abspeichern einer Form und das automatische Abarbeiten von vielen Fassungen gleicher Form vorteilhafter.
Außer durch Abtasten ist eine Form auch rein mathematisch definierbar. Regelmäßige geometrische Formen wie Kreis, Dreieck, Viereck und Kreissegmente sowie Formen, die sich durch Kombination geometrischer Regeln erzeugen lassen, sind ohne Abtastung als **Datensatz** darstellbar. Ähnlich dem Testbild im Fernsehgerät können also Formen auch rein „virtuell" erzeugt werden.
Viele Augenoptiker konnten sich bereits auf Ausstellungen und Messen von der außerordentlichen Exaktheit überzeugen, mit der ein Dreieck oder Viereck geschliffen werden kann. Diese Formen sind aber nie durch Abtastung erzeugt worden, sondern stets als mathematischer Datensatz definiert. Sie sind also kein Maßstab für die Leistungsfähigkeit und Genauigkeit eines Abtastgerätes. Für einen solchen Test möge man stets die eigene Fassung abtasten lassen!

15.3 Zentrierung

Die Zentrierung der Fassungsform kann entweder in einem eigenen Gerät mit integriertem Bildschirm erfolgen oder am Monitor des PC.
Modellhaft ist die Zentrierung so vorstellbar: Der Rechner erzeugt sich sein eigenes Koordinatensystem bzw. ruft ein solches gespeichertes Achsensystem ab. Bewegt man jetzt den Abtaststift aus der Nullage heraus, so wird der Rechner jede Bewegung mitverfolgen und sich „merken". Im Schnitt wird eine Glasform aus ca. 600 Einzelpunkten zusammengesetzt.

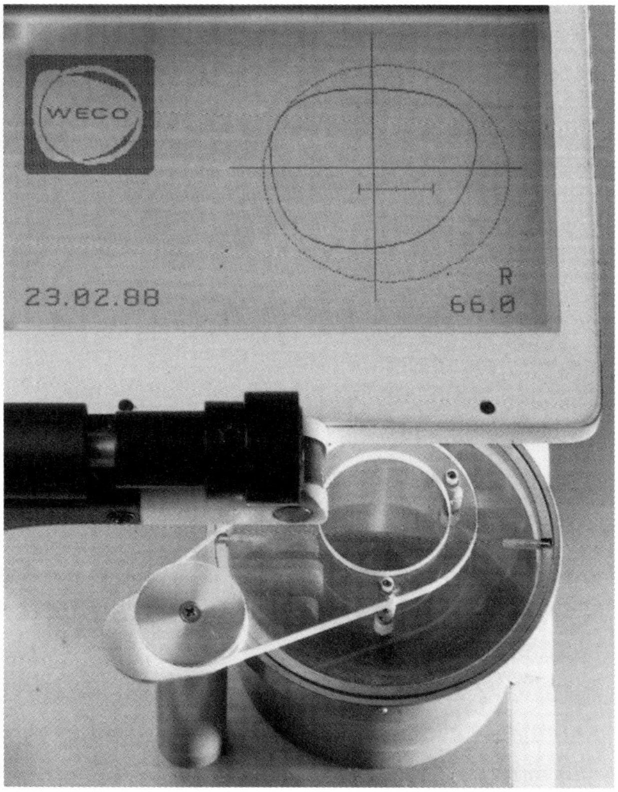

Abb. 15.3 Zentrieren (Menü-Abbildung)

Theoretisch sind unendlich viele Zentriervarianten denkbar, da der Rechner von jedem Punkt aus starten kann, das heißt jeden Punkt zum Nullpunkt erklären kann. In der Praxis wird man entweder im Formscheibendrehpunkt M oder im Bezugspunkt B aufblocken. Letztere Methode ist vergleichbar der Anfertigung einer dezentrierten Formscheibe.
Das Zentrieren beginnt mit der Übertragung der im Abtastgerät gewonnenen Glasform auf den Bildschirm. Je nach Glasart – Ein- oder Zweistärkenglas – kann jetzt ein entsprechendes Menü ausgewählt werden, in das die vom Kunden genommenen Zentrierdaten (PD, Nahteilhöhe) eingetragen werden. Die durch Abtastung der Fassung gewonnenen Werte liegen dabei bereits vor, können aber auch abgeändert

(„überschrieben") werden. Je nach werkstattüblichem Verfahren kann ein Menü zur Zentrierung nach DIN oder auch nach RAL ausgewählt werden.
Die Zentrierdaten werden zunächst für das rechte Glas eingetragen, liegen dann aber beim Umschalten auf das linke Glas als spiegelsymmetrische Daten vor. Falls Höhen- und Seitenzentrierung gleich sind, werden die „gespiegelten" Daten nur noch bestätigt. Selbstverständlich kann bei unsymmetrischen Verhältnissen jeder Zentrierwert einzeln überschrieben werden.
Zu den sofort sichtbaren Vorteilen der elektronischen Zentrierung zählt die Anzeige des benötigten Rohglasdurchmessers. Er wird als Kreisform um die Scheibenform herumgelegt und gleichzeitig als Zahlenwert angezeigt. Das Blocken des Glases schließt den Zentriervorgang ab.
Zentrier- und Formdaten können jetzt an den Schleifautomaten übergeben und das eingespannte Rohglas kann unmittelbar geschliffen werden.
Alternativ kann die Arbeit so eingeteilt werden, daß der Formdatensatz des Glases im PC oder im Automaten zwischengespeichert wird, um später alle Aufträge nacheinander zu schleifen. Dies ist lediglich eine Frage der Organisation des Arbeitsablaufs.
Je nach Modell und Ausstattung kann der Tagesdurchsatz eines Augenoptikgeschäftes gespeichert werden. Nach heutigem Stand der Technik sind bei der Bearbeitung von mehr als 50 Fassungen noch Zwischenlösungen notwendig. Dennoch wird der rasante Fortschritt auf dem Gebiet der Computertechnik hier bald größere Speicher anbieten.
Schaltet man einen PC mit Festplatte als Speichermedium ein, so können über 10000 Jobs verwaltet werden.

15.4 Schleifen mit CNC-Schleifautomaten

Das Schleifen mit einem CNC-gesteuerten Automaten unterscheidet sich auf den ersten Blick nicht wesentlich von der Randbearbeitung mit Kopier- (das heißt Formscheiben-)steuerung. Nach dem Einspannen des Glases wird der entsprechende Arbeitsauftrag über seine Identnummer aufgerufen und es wird vollautomatisch geschliffen.
Vergleicht man das erzielte Ergebnis mit dem Schliff, der durch ein konventionelles (Formscheiben-)Kopierschleifen erzielt wird, so werden bei sorgfältiger Betrachtung der Facette leichte Unterschiede sichtbar. Diskutiert man die beiden Varianten des Schleifens allgemein, so erkennt man, daß die Genauigkeit des Schleifergebnisses von folgenden Faktoren abhängig ist:

Formscheibenkopie	CNC-Schleifen
1) Exaktheit der Formscheibe	Aufnahme der Scheibenform
2) Dezentration von Hand	Dezentration am Bildschirm
3) Kopierschleifverfahren	softwaregesteuertes Schleifen

Abb. 15.4 Teilgeöffneter Automat mit Platine

Zu 1)
Formscheibe – Elektronische Aufnahme der Scheibenform.
Wie jeder Augenoptiker schon erkennen mußte, ist die Genauigkeit der beigefügten Formscheibe nicht immer überragend gut. Anders gesagt: die Formscheibe mag im Rahmen der Toleranz nach DIN 5345 liegen, die in Serie von 100 oder 1000 Stück gefertigte Fassung hat stets Toleranzen, die nicht immer mit der Formscheibe übereinstimmen.
Wird eine vorliegende Fassung abgetastet, so sind alle herrschenden Toleranzen erfaßt. Die Gerätehersteller raten dringend davon ab, auch häufig im Betrieb verkaufte Fassungen „auf Vorrat" abzuspeichern und dann wieder aus dem Speicher aufzurufen. Die Toleranz des gerade in diesem Moment zu verarbei-

tenden Modells wird hierdurch nicht erfaßt. Wesentlich einfacher und genauer ist eine (schnelle) Abtastung der Fassung.

Zu 2)

Prinzipiell besteht zwischen der Dezentration von Hand und am PC-Bildschirm kein Unterschied, denn auch am Bildschirm wird das Brillenglas ja von Hand auf den Zentrierpunkt bewegt und dann aufgeblockt. Entscheidende Vor- oder Nachteile sind bei keinem Verfahren zu erkennen.

Zu 3)

Das konventionelle Kopierschleifverfahren hat einen prinzipiellen Nachteil: der Eingriffspunkt der Schleifscheibe eilt dem gerade abgetasteten Punkt auf der Formscheibe immer um „ein wenig“ voraus: das heißt, es werden bereits Teile der Facette geschliffen, die noch nicht exakt kopiert wurden.

Dieser Effekt läßt sich sehr gut an Scheibenformen beobachten, die lange, relativ gerade Flächen haben und dann sehr scharf abknicken, also näherungsweise rechte Winkel oder vergleichbare „scharfe Ecken“ besitzen. Solche Ecken werden überproportional stark abgeschliffen.

Läßt man dieselbe Form abtasten und dann auf der CNC-Schleifmaschine randen, so wird das Ergebnis besser ausfallen: denn der Computer „weiß ja vorher“, daß jetzt eine scharfe Ecke folgt.

Insgesamt hängt die Genauigkeit des Schleifvorganges von folgenden Faktoren ab:

- Exaktheit des Softwareprogramms,
- Auflösung des Programms in kleinstmögliche Stellschritte („Digits“),
- Genauigkeit der Positionierung der Schleifspindel bzw. -scheibe, das heißt Stellgenauigkeit der Elektromotoren,
- Glasstärke,
- Durchbiegung des Glases.

Betrachtet man die erstgenannten drei Punkte pauschal, so erkennt man, daß hier noch Entwicklungsreserven des CNC-Systems liegen, die das Kopierverfahren nicht mehr hat.

Betrachtet man den letzten Punkt – Durchbiegung des Glases –, so erkennt man weiter, daß eine ebene Formscheibe niemals ein gekrümmtes Glas wiedergeben kann. Natürlich ist die Projektion des gekrümmten Glases in die Ebene eine gute Näherung, aber eben nur eine Näherung.

Auch hier hat das CNC-System noch Entwicklungschancen: es ist nur eine Frage des Rechenaufwandes, die Glasdurchbiegung (also die z-Achse) mit in die Gesamtrechnung einzubeziehen.

Insgesamt liegen die größeren Entwicklungsreserven auf seiten des CNC-Systems.

Zusammengefaßt liegen die Vorteile des CNC-Systems in der exakten Abtastung, der präzisen und formtreuen Facette und dem gleichmäßigen Schliff. Ferner entfällt die aufwendige Formscheibenverwaltung mit dem Suchen der Formscheibe, dem Zusortieren zum Auftrag und dem späteren Einordnen. Auch ein Verwechseln der Scheibe rechts/links oder ein Vergessen des „Umdrehens“ der Formscheibe ist ausgeschlossen.

Nachteilig sind die Kosten des Systems, die aber durch den Wegfall der „Formscheibensortierarbeit“ betriebswirtschaftlich aufgefangen werden können. Dennoch: man muß zu einem solchen System ein gewisses „Verhältnis“ haben. Rein rechnerisch sind Vorzüge und Ablehnung bei einem CNC-System schwer zu beschreiben und zu erklären.

16 Formscheibenherstellgeräte

Formscheibenherstellgeräte dienen der maschinellen Herstellung von Formscheiben. Dabei wird die Brillenfassung abgetastet und durch Stanzen eine entsprechende Scheibe hergestellt. Diese kann dann in konventioneller Art in einem Schleifautomaten verwendet werden, um das Brillenglas zu randen.

Aufspannen der Fassung, Abtasten der Nut

Die Brillenfassung wird im Aufspanntisch in einer Spannvorrichtung aus Kunststoff, um Verkratzen zu vermeiden, eingespannt und von innen im Nutengrund abgetastet. Die Tastspitze besteht aus einer Rollkugel, ähnlich einer Kugelschreibermine. Hierdurch wird der Anpreßdruck gering gehalten, um einerseits Verformungen der Fassung zu vermeiden, andererseits die Kunststoffeinlage in der Nut nicht zu beschädigen.
Der Taster kann stufenlos in der Höhe verstellt werden; er wird vor Arbeitsbeginn höhengleich mit der Fassung eingestellt, damit keine Größen- oder Formverzeichnungen übertragen werden.

Abb. 16.1 Aufspanntisch mit Taster

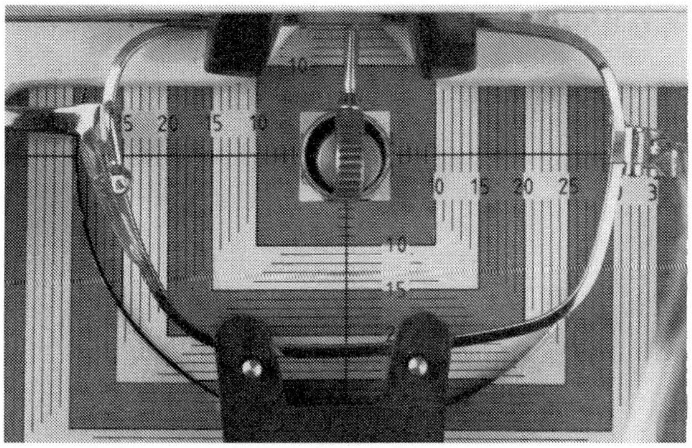

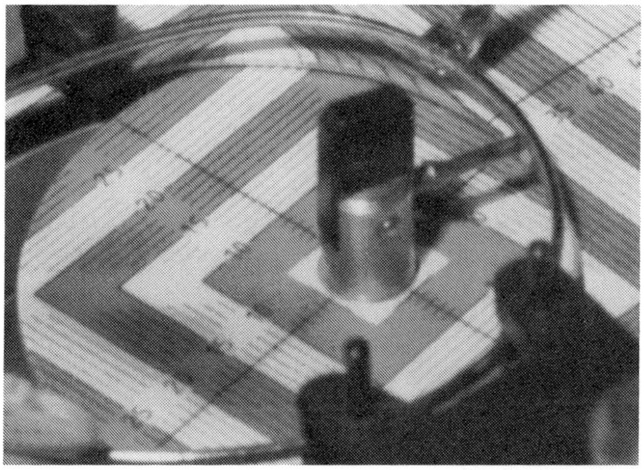

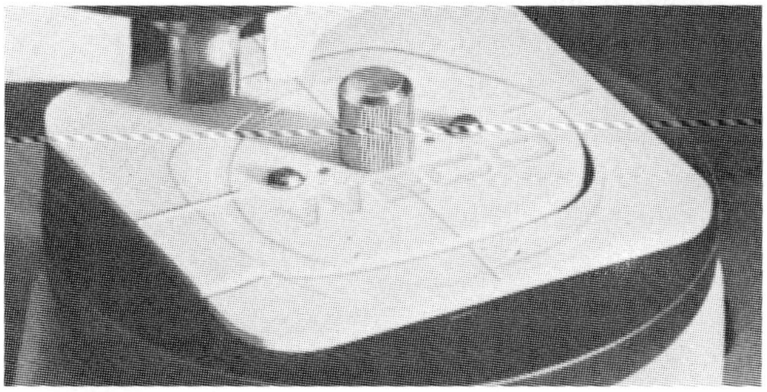

Abb. 16.2 Gerät beim Bearbeiten einer Formscheibe

Stanzen der Formscheibe

Die rohe Formscheibe wird durch Stanzen in die Fassungsform gebracht; dabei zerspant ein Stößel, der senkrecht von oben nach unten geführt wird, das Kunststoffmaterial der Rohscheibe. Die Schneidrückstände werden in einer Auffangschale gesammelt.
Die Bedienung solcher Geräte ist einfach und übersichtlich, eine spezielle Wartung ist nicht notwendig. Der Stößel kann gegebenfalls leicht gewechselt werden.

17 Rillgeräte

Randlose Brillenfassungen, bei denen das Glas durch einen Nylonfaden am Balken des Mittelteils befestigt wird, sind zeitlos modern und erfreuen sich eines festen Kundenstamms.

Das Fräsen der Nut in das mit einer Flachfacette gerandete Glas gehört zu den regelmäßigen Arbeiten eines Augenoptikers. Dabei sind zwei Arbeitstechniken möglich:

- Der Rillautomat, der das Glas weitgehend selbständig fräst,
- die Rillmaschine, die einige Handhabungspraxis erfordert.

Rillen mit dem Rillautomat

Derartige Geräte bestehen aus zwei Hauptteilen, dem festen Unterbau mit Fräsrädchen, Führung des Glases, Tiefeneinstellung und Kühlmittelbehälter. Im beweglichen Oberteil sind die Einspannvorrichtung des Glases, seitliche Verstellmöglichkeit und Glasdrehung integriert (Abb. 17.1).

Die wesentlichen Arbeitsgänge sind:

- Auffüllen mit Kühlwasser, Schwamm positionieren.
- Wahl der Rillenlage. Je nach Form und Art des Brillenglases kann die Nut parallel zur Vorderfläche, Rückfläche oder mittig verlaufen. Einstellung über Führungsrolle.
- Einspannen des Glases, seitenrichtig und zentrisch.

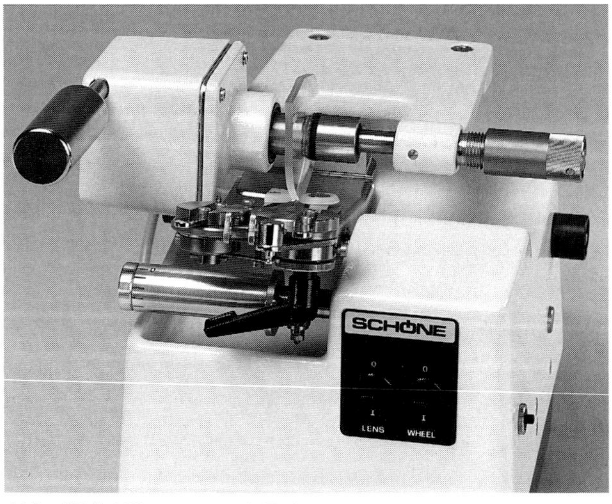

Abb. 17.1 Rillautomat mit Teilen

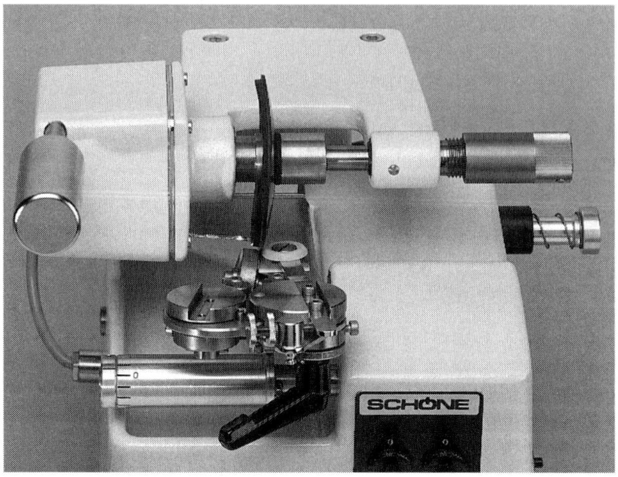

Abb. 17.2 Detailansicht

- Rillvorgang, dazu Frästiefe auf Null einstellen, Antrieb einschalten und vorsichtig zwischen den Führungsarmen aufsetzen. Empfehlenswert: eine Kontrollumdrehung, bei der das Glas nur angekratzt wird, eventuell nachjustieren der Rillenlage.
- Rilltiefe ca. 0,4 mm einstellen und rillen.
- Pflege des Geräts: Rillrad und Einspannelemente trocknen, Schwamm entfernen.

Zusatzausrüstung:

Viele Rillautomaten können mit einigen Zusätzen für besondere Verglasungsaufgaben verwendet werden:

- Einkerben zur Verglasung von Klammerbrillen,
- Lenti-Ausschliff, geführt nach der Glasvorderfläche, auch für starke Minusgläser,
- Dekor-Rille.

Rillen mit der Handrillmaschine

Die Handrillmaschine besteht aus

- Führungsblock mit Glasträger,
- Glasträger mit Sauger,
- Wasserbehälter mit Schwamm,
- Arbeitstisch zur Glasauflage,
- Diamantschleifscheibe,
- Glasführungsarmen.

Vorbearbeitung des Brillenglases

- Die Mindestranddicke für Gläser, die durch Nylonfaden gehalten werden sollen, sollte nicht unter 1,4 mm betragen. Bei der Bestellung des Glases ist eine entsprechende Angabe erforderlich. Plusgläser eventuell mit größerem Rohglasdurchmesser bestellen.

- Alle zu rillenden Gläser müssen unbedingt abgefast (abgekantet) werden. Die Schwingungen der Rillmaschine, auch wenn sie noch so gering sind, führen stets zu Ausplatzern auf der konkaven Glasseite.

Arbeitstechnik

- Glasträger entriegeln, Glas auf dem Klebepad zentrieren, das heißt etwa im geometrischen Mittelpunkt aufkleben.
- Glasträger verriegeln und einsetzen.
- Kühlwasserzufuhr in Betrieb nehmen.
- Glasführungsarme entsprechend der Glasdicke öffnen und das Glas auf die laufende Scheibe aufsetzen.
- Brillenglas gleichmäßig gegen die Drehrichtung des Diamanträdchens drehen.
- Glas immer an der Stelle bearbeiten, an der die Schleifscheibe am weitesten vorsteht.

Freihandrillen

Bei großen Radienunterschieden am Brillenglas kommt es beim Einsatz des Glasträgers oft zu einer Verkippung der Flachfacette relativ zum Arbeitstisch. Das hat eine unterschiedliche Nutentiefe zur Folge. Abhilfe ist durch Aufkleben von Klebepads auf beiden Glasflächen möglich. Das Glas kann dann von Hand an den Klebeadaptern gedreht werden und die Glasneigung individuell eingestellt werden. Mit entspechendem Geschick kann das Glas auch freihändig geführt werden.

Die Maschine sollte auf eine Rilltiefe von 0,3 bis 0,4 mm eingestellt werden, das ist geringfügig mehr als der halbe Durchmesser des Nylonfadens. Beim Verschleiß des Rillrädchens kann die Rilltiefe durch Verdrehen der Tiefenanschlagschraube neu eingestellt werden.

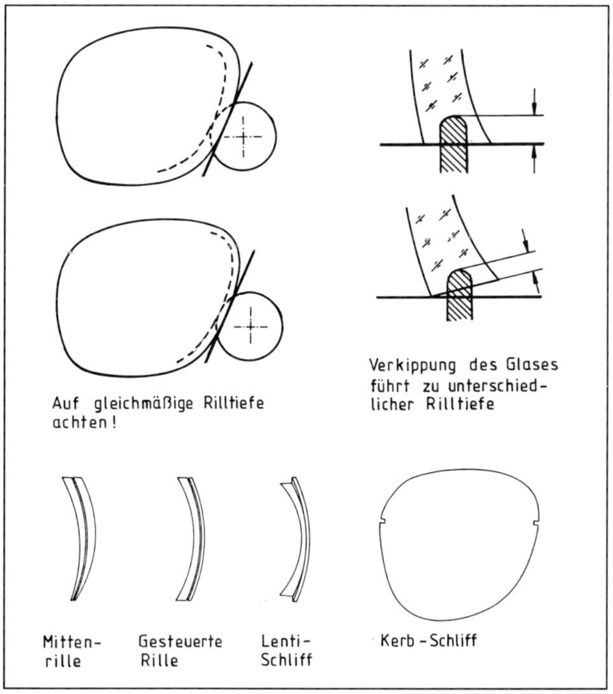

Abb. 17.3 Rillentechnik und Schliffarben

Pflege und Wartung

Die Glasführungsarme sind im Regelfall mit Nylonrollen ausgerüstet. Diese sind eingeklemmt, also nicht beweglich; sie werden sich relativ schnell einseitig abnutzen. Durch den Schlitz in der Rollenachse können diese aber verdroht und so der gesamte Umfang ausgenutzt werden.

Es ist empfehlenswert, die Rollen häufig und gründlich zu reinigen, da sich Diamantkörner hier gerne ablagern und zu Glaskratzern führen.

Maschinen mit drehbaren Rollen sind besser ausgestattet.

Auch der Glasschwamm sollte häufig ausgewaschen und gegebenenfalls auch ersetzt werden.

Steht die Maschine längere Zeit still, sollten Wasserbehälter und Schwamm herausgenommen werden, um der Oxidation vorzubeugen.

18 Ultraschallreinigung

Ähnlich den Lichtwellen teilt man auch Schallwellen in verschiedene Bereiche ein:

< 20 Hz	Infraschall
20 Hz – 20KHz	Hörschall für das menschliche Ohr
20 KHz – 100 KHz	industrielle Ultraschallverfahren
1 MHz – 15 MHz	medizinische Diagnostik und Therapie, Werkstoffprüfung
> 10 GHz	Hyperschall

Das menschliche Ohr vermag in jungen Jahren Frequenzen zwischen 16 Hz (entsprechend 20 m Wellenlänge in Luft) und 20 KHz (entsprechend 1,7 cm Wellenlänge) als Ton zu hören. Als reinen Ton bezeichnet man eine physikalisch reine Sinusschwingung, während musikalische Klänge erst durch komplizierte Überlagerung mehrerer Schwingungen und zahlreicher Obertöne zum Musikgenuß werden.
Schallwellen unterscheiden sich aber von Lichtwellen durch ihre Schwingungsrichtung. Sie breiten sich längs ihrer Ausbreitungsrichtung als sogenannte Longitudinalwellen aus, wohingegen Lichtwellen quer zur Ausbreitungsrichtung schwingen (Transversalwellen) (Abb. 18.1).

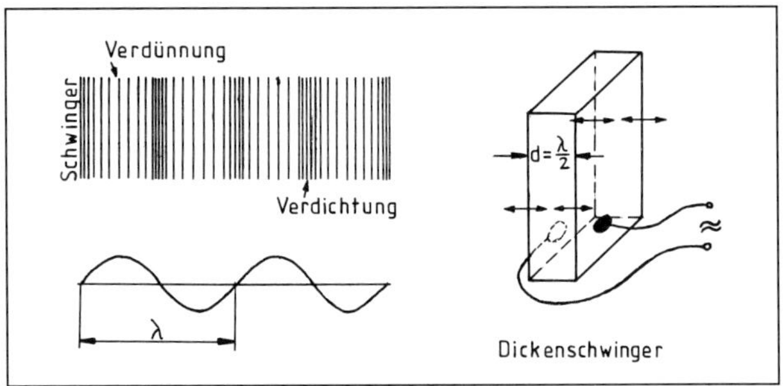

Abb. 18.1 Ausbreitung von Schallwellen (Longitudinalwellen)

Reinigung mit Ultraschall

Die Reinigung einer Brille im Ultraschallbad ist bezüglich Schnelligkeit, Intensität und Qualität optimal. Auch außerhalb der Augenoptik wird im feinmechanischen und elektrotechnischen Bereich diese Reinigungsmethode gerne eingesetzt. Man kann nahezu jedes Werkstück aus Metall, Glas oder Kunststoff einsetzen. Die reinigende Wirkung tritt überall dort auf, wo die Werkstücke von der Flüssigkeit umspült werden können. Fest anhaftende Stoffe, ja sogar Oxide, können durch Ultraschallbehandlung entfernt werden.
Gewarnt werden muß nur vor dem Einsatz von Schildpatt oder Hornfassungen im Ultraschallbad; ihr schichtartiger Aufbau würde durch die Beschallung angegriffen und zerstört werden.

Erzeugung des Ultraschalls

Zur Erzeugung des Ultraschalls benutzt man magnetostriktive oder piezoelektrische Geber.
Bringt man einen ferromagnetischen Stoff (Eisen oder Nickel) in ein Magnetfeld, welches parallel zu seiner Achse verläuft, so wird sich der Eisenstab verlängern, der Nickelstab verkürzen. Das Magnetfeld erzeugt man durch Spulen. Legt man einen hochfrequenten Wechselstrom an die Spule an, so wird sich der Eisenstab im Takt der Wechselstromfrequenz ausdehnen und zusammenziehen. Vorzugsweise werden dabei Ströme im Bereich zwischen 20 und 44 KHz verwendet.
Der ferromagnetische Stab verwandelt also die elektrische Energie in mechanische Energie, die als Ultraschall abgestrahlt wird. Setzt man einen solchen Schwinger in Flüssigkeit ein, so wird der Ultraschall an die Flüssigkeit übertragen. Die Leistung derartiger magnetostriktiver Geber ist begrenzt, reicht aber für die kleinen Ultraschallbäder im Bereich der augenoptischen Werkstatt völlig aus.
Der piezoelektrische Effekt ist handgreiflich an einem modernen Feuerzeug zu demonstrieren. Ein mechanischer Schlag auf einen Kristall (Quarz oder Bariumtitanat) läßt an der Oberfläche eine elektrische Ladung entstehen, die ausreicht, ein Gas zu entzünden. Kehrt man den Prozeß um, das heißt, legt man eine elektrische Spannung an den Kristall an, so wird er sich ausdehnen oder zusammenziehen, je nachdem ob eine positive oder negative elektrische Ladung an ihn angelegt wird. Ein hochfrequenter Wechselstrom bringt den Quarz zum Schwingen. Der Effekt wird durch einen Sandwich-Aufbau des Schwingerelements noch verstärkt. So lassen sich höchste Schalldichten für große industrielle Anwendungen erzeugen.

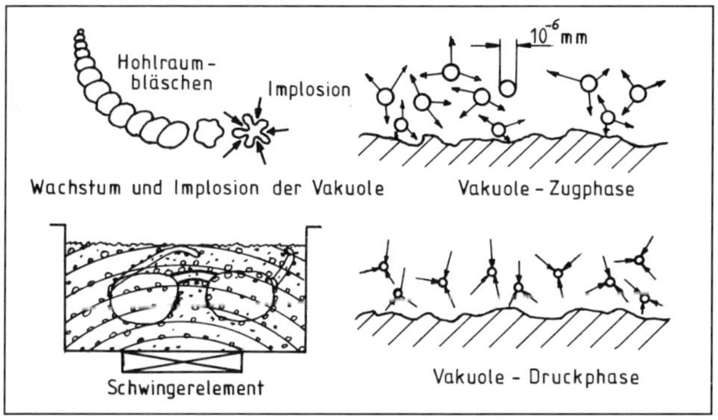

Abb. 18.2 Prinzip der Ultraschallreinigung

Reinigungsprinzip des Ultraschalls

Die piezostriktiven Geber sind mit Zweikomponentenkleber unter den Boden der Wasserwanne geklebt. Im Rhythmus des Ultraschalls ziehen sie die darüberliegende Wasserschicht zusammen und lassen sie wieder entspannen. Durch die schnellen Zug- und Druckwechsel wird das Wasser an einigen Stellen auseinandergerissen. Es entstehen winzige Bläschen, sogenannte Vakuolen, die einen Durchmesser von nur 1/1000000 mm haben und so für das menschliche Auge unsichtbar bleiben. Der Flüssigkeitsabriß samt Bläschenbildung wird Kavitation genannt. In der darauffolgenden Druckphase zerplatzen diese Bläschen nach innen (Implosion), wodurch in der unmittelbaren Umgebung Energie frei wird (Abb. 18.2). Die Kavitation tritt vornehmlich an der Grenzschicht zwischen Flüssigkeit und Festkörper auf, aber auch im Innern kleinster Risse und Poren. Alle im Wasser gelösten Gase wie Sauerstoff oder Kohlensäure werden unmittelbar nach dem Einschalten ausgetrieben, man erhält praktisch eine gasfreie homogene Flüssigkeit. Ein Teil der Schallenergie wird aber von der Flüssigkeit aufgenommen und in Wärme umgewandelt, dies gilt um so mehr, je verunreinigter das Bad ist. Ein „dreckiges“ Bad ist also auch unwirtschaftlich und arbeitet langsamer.

Die Reinigungsflüssigkeit

Als Flüssigkeit im Ultraschallbad wird fast ausschließlich Wasser verwendet, da es den Schall am wenigsten dämpft. Zur Unterstützung der reinigenden Wirkung sollte ein mildes Putz- oder Spülmittel zugesetzt werden. Derartige Reiniger halten die Fette, Schleif- und Flußmittelreste in Lösung und greifen die Weichmacher in den Kunststoffen nicht zu intensiv an. Korrosionsanfällige Teile sollten nach der Reinigung sorgfältig getrocknet und eingefettet werden.

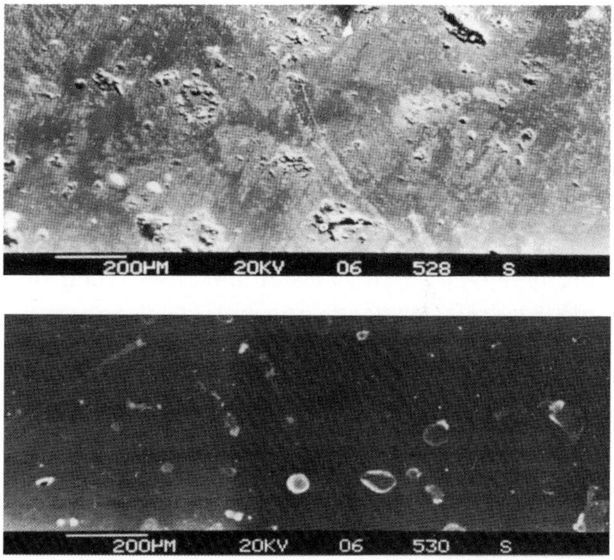

Abb. 18.3 Gereinigtes Brillenglas – Mikroskopansicht

Benutzungshinweise

Größere Schmutzablagerungen oder trübe Flüssigkeiten sind zu entfernen bzw. auszutauschen, da sie die Schallwellen dämpfen.
Die Mindestfüllhöhe an Wasser sollte etwa der Wellenlänge des Schallerzeugers entsprechen, also ca. 3 cm bei 50 KHz und 6 cm bei 25 KHz betragen.
Freie Aufhängung und leichte Bewegung der Teile in der Wasserwanne verbessern die Reinigungswirkung.
Nie Teile im Ultraschallbad vergessen oder stundenlang reinigen.

19 Fassungserwärmungsgeräte

Kunststoffbrillenfassungen müssen durch Nachformen der Fassungsteile an die individuelle Kopfform des Brillenträgers angepaßt werden.
Damit eine bleibende Formänderung des Kunststoffs erreicht wird, muß er bis an seine Biegetemperatur erwärmt werden. Das Anpassen der Fassung ist dabei um so schwieriger, je unterschiedlich dick oder dünn die einzelnen Fassungspartien sind.
Kunststoffe haben eine schlechte Wärmeleitung, das heißt, sie geben die Wärmeenergie eines Heizgerätes nur langsam von außen nach innen weiter. Da Kunststoff andererseits empfindlich auf Überhitzung reagiert, besteht das Grundproblem der Fassungserwärmung darin, Überhitzung der äußeren Schicht zu vermeiden und eine genügende Erwärmung im Materialinneren zu erreichen. Dieses Ziel kann durch richtigen Einsatz der Arbeitsmittel und spezielle Konstruktion der Erwärmungsgeräte erreicht werden.

Fassungserwärmung mit Heißluft

Obwohl es prinzipiell mehrere Möglichkeiten gibt, eine Fassung zu erwärmen (Infrarot-, Wasserbad-, Glaskugelbad-Erwärmung) haben sich am Markt und im praktischen Gebrauch die Heißlufterwärmungsgeräte fast ausschließlich durchgesetzt.
In diesen Geräten wird die kalte Raumluft an einem Heizelement erwärmt und durch einen Ventilator zur Fassung transportiert. Dort trifft die heiße Luft auf den kalten Kunststoff der Fassung und gibt einen Teil ihrer mitgeführten Energie ab; der Vergleich mit dem Haarfön ist durchaus zulässig.

Prinzipaufbau eines Erwärmungsgerätes

Heißlufterwärmungsgeräte bestehen im wesentlichen aus vier Bauelementen:
- Gehäuse mit Erwärmungstopf,
- Motor mit Lüfterrad (Ventilator),
- Heizelement,
- Temperatursteuerung (Abb. 19.1).

Im Regelfall werden die gerandeten Gläser nacheinander in die Fassung eingesetzt. Daher wird die Fassung auch nur halbseitig erwärmt, verglast und anschließend das zweite Glas eingesetzt. Geräte, die einen Erwärmungstopf für die gesamte Fassung haben, sind nicht so verbreitet. Beim Einsetzen und eventuell Verdrehen des Glases vergeht normalerweise so viel Zeit, daß die Fassung wieder auskühlt und das zweite Glas nicht mehr eingesetzt werden kann.

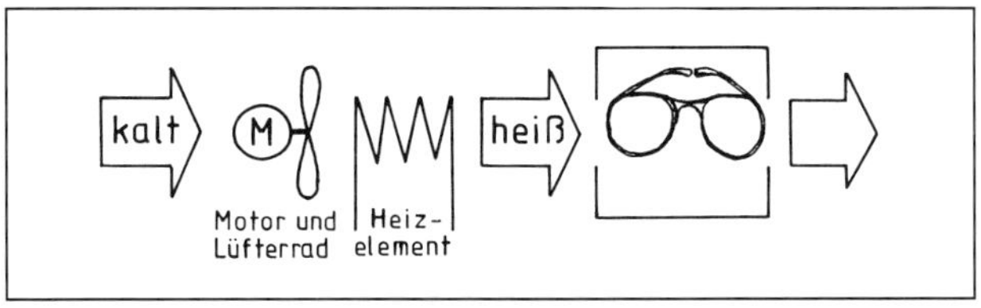

Abb. 19.1 Prinzipaufbau Erwärmungsgerät

Aus diesem Grund ist die Erwärmung einer Fassungshälfte im Topf ausreichend. Wichtiger ist vielmehr, daß die Fassung im Topf genügend gedreht und gewendet werden kann, da sonst leicht die Gefahr der Überhitzung dünner Randteile besteht.
Je nach Leistung von Heizelement und Ventilator läßt man den Topf offen oder schließt ihn durch einen Deckel, der die warme Luft anstaut und so die Erwärmung beschleunigt.

Abb. 19.2 Geöffnetes Erwärmungsgerät

Als **Antriebsmotore** werden überwiegend Kurzschlußläufer-Motore oder Spaltpol-Motore verwendet.
Die erstgenannten haben Kohlebürsten, die im Laufe der Zeit verschleißen und ausgetauscht werden müssen. Im Betrieb entwickeln derartige Motore relativ starke Geräusche. Kurzschlußläufer haben den Vorteil hoher Leistung auf kleinstem Raum. Sie müssen mit Wechselstrom betrieben werden, haben einen

Wirkungsgrad von etwa 50% und bringen einen starken Luftdurchsatz.
Spaltpolmotore benötigen keine Kohlebürsten, laufen mit jeder Stromart, sind aber leistungsschwächer und schwerer. Ihr Wirkungsgrad liegt maximal bei 20%. Ihr großer Vorteil liegt im nahezu geräuschlosen Lauf; der Motor selbst ist sehr temperaturunempfindlich.

Abb. 19.3 Lüfterrad mit Motor

Das **Ventilatorrad** wird direkt auf der Motorwelle befestigt. Zwei Grundformen sowie eine Mischform aus beiden sind üblich.
Das Radialgebläse ähnelt einem mehrflügeligen Propeller, läuft geräuscharm und fast vibrationsfrei.
Das Tangentialgebläse sieht zylinderförmig aus, mit einzelnen Lamellen parallel zur Rotorachse. Mit ihm wird die Luft mehr geschlagen als geschnitten; es ist daher lauter und leistungsschwächer.
Mehrere Erwärmungsgeräte haben Mischformen aus Radial- und Tangentialgebläse. Bei ihnen wird die Luft in der Nähe der Motorachse angesaugt und durch kurze schräggestellte Lamellen nach außen geschleudert.
Beim **Heizelement** wird der Ohmsche Widerstand eines stromdurchflossenen Leiters ausgenutzt, um elektrische Energie (teilweise) in Wärmeenergie umzuwandeln. Der Heizdraht ist eine spezielle Kupfer-Nickel-Legierung, Konstantan genannt, die spiralförmig aufgewickelt ist. Diese Heizwendel wird mehrfach auf einen keramischen Träger aufgewickelt und mit beiden Enden an die Netzspannung angeschlossen. Der spezifische Widerstand und die Länge des Drahtes sind so bemessen, daß sich der Draht erhitzt, aber nicht durchbrennt.

Abb. 19.4 Gebläseformen: Radial- und Tangentialgebläse

Sehr einfache Geräte besitzen keine Temperatursteuerung; ihr Heizverhalten ähnelt dem einfacher Brotröster.
Bessere Geräte haben eine direkte **Temperatursteuerung** durch Thermostate oder, noch besser, eine indirekte Regelung mit elektronischer Steuerung über Phasenanschnitt. Hierdurch kann die Temperatur des Luftstroms in recht engen Grenzen konstant gehalten werden.

Abb. 19.5 Heizelement, neu

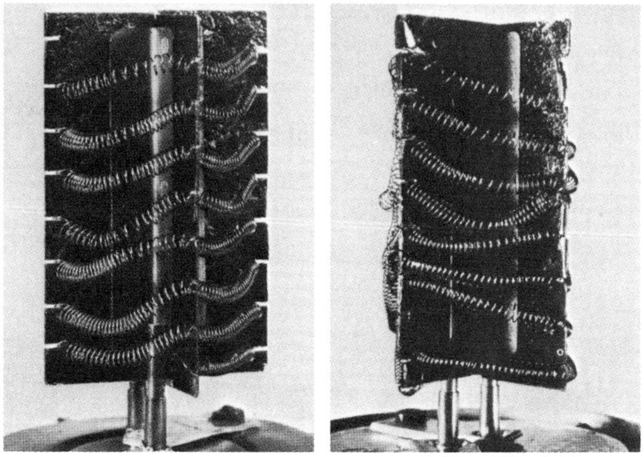

Abb. 19.6 Heizelement, verbraucht

Das **„Kühlgebläse“** ist in vielen Geräten integriert. Es soll die Abkühlzeiten der erwärmten Fassungsteile verkürzen helfen. Der Kühleffekt ist um so größer, je stärker der Luftstrom ist; vergleichbar etwa dem Fahrtwind beim Autofahren.
Optimal ist natürlich die Abkühlung in einem hoch wärmeleitenden Medium, zum Beispiel Wasserbad.

Wichtig ist die schnelle Abkühlung besonders bei Epoxidharzmaterial (Optyl), das bis zur Erkaltung unter 80 °C ja in seiner angepaßten Position gehalten werden muß. Der „Memory-Effekt“ würde das Material sonst wieder in seine ursprüngliche Gußform strecken.

20 Arbeitssicherheit, Personen- und Umweltschutz

Der Arbeitsplatz des Augenoptikers ist mit Werkzeugen, Maschinen und Vorrichtungen wie Steckdosen und Wasseranschluß ausgerüstet. Durch den Umgang mit diesen Betriebsmitteln und den Halbfertigprodukten wie Rohgläser und Fassungen erbringt der arbeitende Augenoptiker seine Arbeitsleistung. Diese Leistung kann durch einen Arbeitsunfall gemindert werden. Den entstandenen Schaden hat nicht nur der Arbeitende selbst erlitten, sondern auch der Betrieb, für den seine Arbeitsleistung ausfällt. Ebenso können auch andere Personen geschädigt werden oder es kann Sachschaden entstehen.

Was ist ein Arbeitsunfall?

Ein Arbeitsunfall ist ein plötzlich auftretendes, nicht beabsichtigtes und längstens eine Arbeitsschicht andauerndes Ereignis, das zur Schädigung der körperlichen und/oder geistigen Kräfte führt.

Unfallursachen können sein:

- sicherheitswidrige Zustände,
- sicherheitswidriges Verhalten,
- höhere Gewalt,
- sicherheitswidrige Arbeitsorganisation.

Unter einem sicherheitswidrigen Zustand versteht man einen Mangel an einem Betriebsmittel, das einen Unfall auslösen kann, zum Beispiel defekte Steckdose, fehlende Abschirmung an einer Schleifscheibe oder freilaufender Keilriemen.

Der arbeitende Augenoptiker verhält sich sicherheitswidrig, wenn er die Unfallverhütungsvorschriften (UVV) der zuständigen Berufsgenossenschaft mißachtet. Beispiel: Benutzung einer Bohrmaschine, ohne das Werkstück einzuspannen. Der Bohrer kann einhaken und das Werkstück herumreißen, so daß es die Hand verletzt. Oder: Unordnung am Arbeitsplatz.

Unfälle infolge höherer Gewalt treten äußerst selten auf und sind nicht vorhersehbar. Sie sollten nicht als Ausrede für ein Fehlverhalten nach den ersten beiden Punkten verwendet werden.

Eine sicherheitswidrige Arbeitsorganisation liegt vor, wenn der arbeitende Mensch veranlaßt wird, gegen die UVV zu verstoßen. Beispiel: Säure wird grundsätzlich in Limonadenflaschen aufbewahrt; eine gekennzeichnete Sicherheitsflasche gibt es im Betrieb nicht.

Was ist zur Vermeidung von Arbeitsunfällen zu tun?

1) In jedem Betrieb müssen die Unfallverhütungsvorschriften der zuständigen Berufsgenossenschaft ausliegen und gelesen werden.
2) Sicherheitstechnische Mängel sind sofort dem Meister zu melden.
3) Beim Arbeitsunfall:
   - Maschine oder Betriebsmittel abschalten,
   - erste Hilfe leisten,
   - gegebenenfalls für Rettungstransport sorgen,
   - Vorgesetzten verständigen.
4) Jeder Arbeitsunfall, der zu einem Arbeitsausfall des Betroffenen von mehr als drei Tagen führt, muß der Berufsgenossenschaft gemeldet werden. Die Auswertung der Unfallmeldung soll zur Beseitigung von Gefahren und Verhinderung künftiger Unfälle dienen. Außerdem sichert sie die Ansprüche des Betroffenen (Rente).

Erfreulicherweise ist der Arbeitsplatz des Augenoptikers statistisch gesehen einer der sichersten Arbeitsplätze in Deutschland. Viele Vorschriften, die für Industriearbeiter sehr wichtig sind, wie die TA-Luft (Technische Anleitung Luft), TA-Lärm, Umgang mit gefährlichen Stoffen, MAK-Werte (maximale Arbeitsplatzkonzentration gefährlicher Stoffe) usw. sind für ihn reine Theorie, da solche Stoffe an seinem Arbeitsplatz nicht vorkommen.

Dennoch sollte der Arbeitsplatz des Augenoptikers den Mindestansprüchen an Beleuchtungsanforderungen, Lärm- und Wärmeschutz genügen.

Spezifische augenoptische Probleme werden im Bereich des Umweltschutzes auftreten, wenn die Frage der Beseitigung von Glas- und Kunststoffabfällen aus der Randbearbeitung des Brillenglases diskutiert wird. Es liegt im Sinne des Berufsstandes, wenn diese Fragen gelöst sind, bevor sie in die öffentliche Diskussion geraten. Es sollte möglich sein, die geringen anfallenden Mengen an Glas- bzw. Kunststoffabfall zu sammeln und einer Wiederverwertung bzw. ordnungsgemäßen Beseitigung zuzuführen.

Der Versand von Brillenfassungen in reinen Papierverpackungen ohne Kunststoffvermischung und ohne aufwendigen Farbdruck mit giftigen Hochglanzfarben, wie er bereits von einzelnen Firmen praktiziert wird, zeigt die Gangbarkeit des Weges und ist ein gutes Beispiel.
Im Sinne des Umweltschutzes wirkt ein Arbeitsplatz nach innen und außen. Nach dem augenblicklichen Stand der Technik sind diese Gefahren durch einen augenoptischen Arbeitsplatz eher gering einzustufen. Im weiteren Sinne gehören hierzu aber auch Auswirkungen durch Verstoß gegen gesetzliche Bestimmungen wie zum Beispiel Datenschutzbestimmungen.
Da im augenoptischen Betrieb im Regelfall eine Datensammlung in Form einer Kundenkartei vorliegt, sei auf die **Einhaltung der Datenschutzbestimmungen** ausdrücklich hingewiesen. Ein Verstoß gegen diese Bestimmungen ist nicht nur juristisch relevant, sondern sollte auch im Sinne einer schlechten Eigenwerbung dringend unterlassen werden.
So wie eine Arzt- oder Apothekenhelferin über die Krankheiten oder abgegebenen Medikamente Stillschweigen zu bewahren hat, so sollte der Augenoptiker über die Rezeptwerte eines Kunden Vertraulichkeit bewahren. Es sei daran erinnert, wie empfindlich manche Menschen bereits auf die Herausgabe ihres Geburtsdatums reagieren.

Personenbezogene Daten sind vertrauliche Daten!

Was gehört zu den personenbezogenen Daten?
Hierzu zählen:
- Name, Adresse, Geburtsdatum,
- Beruf, Arbeitgeber,
- Kassen- bzw. Versicherungsverhältnis,
- Refraktionsdaten wie Sphäre, Zylinder, Achse, Prisma, Basis, HSA und PD,
- KL-Daten wie Hornhautradius, Pupillengröße, Tränenflüssigkeitsqualität, Lidspalte.

Das **Bundesdatenschutzgesetz** (BDSG) in der Fassung vom 1. 6. 1991 gibt jedem Betroffenen ein **Auskunftsrecht** über alle gespeicherten Daten, die seine Person betreffen. Bei der erstmaligen Speicherung ist der Kunde zu benachrichtigen.

Welche Auskunft muß dem Kunden gegeben werden, wenn er von diesem Auskunftsrecht Gebrauch macht?
Der Kunde hat Anspruch auf:
1) Auskunft über seine gespeicherten Daten (siehe oben),
2) den Zweck der Speicherung,
3) Personen und Stellen, an die seine Daten regelmäßig übermittelt werden.

Erläuterungen:

Zu 1)

Der Kunde hat Anspruch auf Auskunft, soweit er fragt und es fordert. Der Augenoptiker ist nicht verpflichtet, von sich aus Auskunft zu erteilen oder den Kunden darauf hinzuweisen.

Zu 2)

Der Zweck der Speicherung ist die Dokumentation der Daten, um bei Rückfragen, Ersatzanspruch oder gar im Streitfalle über (Beweis-)Unterlagen zu verfügen.
Muß der Augenoptiker eine Datei führen?
Er ist nicht verpflichtet, eine Datei zu führen! Auch die Form der Dateiführung ist beliebig, es kann eine Handkartei oder eine elektronisch geführte Computerdatei sein, es muß aber keine Dateiführung erfolgen.

Zu 3)

Erfolgt regelmäßig eine Übermittlung seiner Daten an andere Stellen, so muß dies mitgeteilt werden.
Wer darf Auskunft verlangen?
Nur der betreffende Kunde darf persönlich Auskunft verlangen. Gegenüber Augenärzten und Kollegen besteht keine Auskunftsverpflichtung.
Darf der Kunde Einsicht verlangen?
Das Einsichtsrecht des Kunden in eine Datei ist ebenfalls im BDSG geregelt. Es handelt sich sozusagen um die zweite Stufe, die der Auskunft folgt. Wenn der Kunde gezielt Einsicht verlangt, muß ihm eine Kopie seiner Daten zur Einsicht mitgegeben werden. Das Original darf beim Augenoptiker verbleiben.
Wie lange müssen Daten gespeichert werden?
Da der Augenoptiker keine Dokumentationspflicht hat, gibt es auch keine zeitliche Abgrenzung für Aufzeichnungen. Solange aber eine Aufzeichnung über den Kunden vorhanden ist, solange muß ihm Auskunft bzw. Einsicht gewährt werden.

Bei der Führung einer Handkartei findet das BDSG nur eingeschränkt Anwendung, da die Mißbrauchsgefahr geringer ist. Die moderne Computerdatei erlaubt in weitaus höherem Maße Datenmißbrauch durch Listenbildung und Selektion nach bestimmten Kriterien.

Beispiel: Selektion nach Kunden, die jünger als 30 Jahre sind, deren Hobby Sport ist und die in bestimmten Straßen rund um einen bekannten See wohnen. Sie könnten schon bald Post mit Werbung für eine exklusive Sport- oder Sonnenbrille erhalten.

Dieses eher harmlose und erlaubte Beispiel kann aber in sehr unangenehme Bahnen gelenkt werden. Welche Kunden zahlen immer erst nach Mahnung und wohnen in einer Straße, die als sozialer Brennpunkt gilt?

Die Gefahr des Datenmißbrauchs liegt wesentlich in der Verknüpfungsmöglichkeit von Datenmaterial und der Selektion nach bestimmten Gesichtspunkten.

Moderne EDV-Anlagen filtern hier sehr rasch Personen heraus, auf die ein ganz enges Kriterienmuster zutrifft.

Aus diesem Grunde schreibt das BDSG die Einhaltung von technisch-organisatorischen Maßnahmen vor, um den Datenschutz zu gewährleisten. Hierzu zählt beispielsweise die Verhinderung des Zugriffs unbefugter Personen.

Möglichkeiten dafür sind:
- Zugangskontrolle zum Computer,
- Paßwörter,
- Verschlüsselung sensibler Daten,
- Scheckkartensysteme,
- Netzwerkserver hinter Schloß und Riegel.

Alle diese Sicherheitsmaßnahmen nützen aber nur bei konsequenter Anwendung etwas. Ein Paßwort, das per Haftetikett am Monitor klebt oder unter der Tastatur „verborgen" ist, ist absolut sinnlos. Auch Netzwerkserver, die für jedermann zugänglich im Raum stehen, sind eine Aufforderung zum Datendiebstahl oder zur Manipulation. Solche Geräte gehören hinter Schloß und Riegel.

Sinnvoll sind Zugangssysteme, die nur über eine „Scheckkarte" dem berechtigten Nutzer Zugriff auf seine Datenbestände erlauben. Verbindet man diese Art Schlösser mit einer internen Logbuchfunktion, die alle Zu- und Abgänge im System aufzeichnet, so ist ein relativ hoher Sicherheitsstandard gewahrt. Einen hohen Sicherheitswert hat auch eine Online-Verschlüsselung von Daten. Die Daten werden beim Lesevorgang entschlüsselt und während des Speicherns auf die Platte neu verschlüsselt. Auf der Festplatte existieren nur verschlüsselte Daten.

S

T

U